Java Web应用详解

张 丽◎主编

涉及面广 | 涵盖当前Java Web开发所需的主流应用技术

主线分明 | 以网络留言板开发为主线贯穿全书，循序渐进

效果明显 | 理论阐述与项目演示相结合，所见即所得

案例典型 | 可操作性强，适用范围广，易扩展

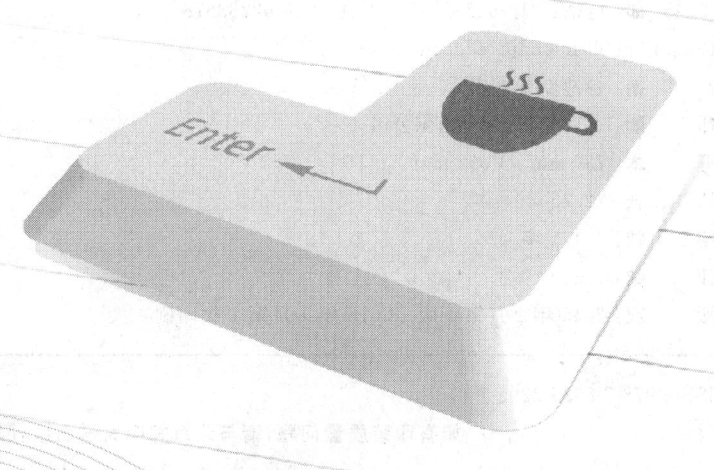

北京邮电大学出版社
www.buptpress.com

内 容 简 介

本书以网络留言板开发为主线将Java Web知识融会贯通,知识模块完整,通过静态网页篇、动态网站篇、系统框架篇、项目实战篇循序渐进地使学生全面掌握Java Web开发技术。静态网页篇主要讲解HTML、CSS、DIV、JavaScript等基础知识。动态网站篇深入讲解Servlet、JSP、JavaBean、JDBC数据库连接、数据库连接池等Java Web开发的核心技术。系统框架篇则是以架构设计的高度,讲解搭建网站的三大框架Struts、Hibernate、Spring及标签库。项目实战篇详细阐述了通用论坛BBS、社交网站、DIY商品电子交易平台3个系统的开发细节,使读者真正掌握Java Web开发的精髓。

本书论述精准而深刻,程序实例丰富实用,不仅适用于数字媒体技术、计算机等相关专业的学生作为教材,也可作为IT培训机构的培训教材,还可供广大Java Web程序员作为参考。

图书在版编目(CIP)数据

Java Web应用详解 / 张丽主编. -- 北京 : 北京邮电大学出版社, 2015.1
ISBN 978-7-5635-3295-7

Ⅰ. ①J… Ⅱ. ①张… Ⅲ. ①JAVA语言—程序设计 Ⅳ. ①TP312

中国版本图书馆CIP数据核字(2014)第304425号

书　　名:Java Web应用详解
主　　编:张　丽
责任编辑:刘春棠
出版发行:北京邮电大学出版社
社　　址:北京市海淀区西土城路10号(邮编:100876)
发 行 部:电话:010-62282185　传真:010-62283578
E-mail:publish@bupt.edu.cn
经　　销:各地新华书店
印　　刷:北京鑫丰华彩印有限公司
开　　本:787 mm×1 092 mm　1/16
印　　张:22.75
字　　数:594千字
印　　数:1—3 000册
版　　次:2015年1月第1版　2015年1月第1次印刷

ISBN 978-7-5635-3295-7　　定　价:46.00元

· 如有印装质量问题,请与北京邮电大学出版社发行部联系 ·

前　言

Java 是 Sun 公司推出的能够跨越多平台、可移植性最高的一种面向对象的编程语言，也是目前最先进、特征最丰富、功能最强大的计算机语言之一。利用 Java 可以编写桌面应用程序、Web 应用程序、分布式系统应用程序、嵌入式系统应用程序等，其应用范围非常广泛，特别是在 Web 程序开发方面。

目前，Java Web 开发领域的书籍有很多，但是能真正把技术讲解透彻的并不是很多，尤其是结合项目的书籍就更少了。作者结合自己多年来在 Java Web 开发和授课指导中的经验，总结和汲取最核心的技术和能力，选取有所见即所得效果的网络留言板开发为主线将 Java Web 知识融会贯通，既诠释了网站设计的理念与方法，又系统讲解了 Java Web 的核心技术。

本书采用理论阐述与项目演示相结合的方式，循序渐进地讲解了 Java Web 开发从入门到编程高手所必备的各类知识，共分 4 篇。

第 1 篇：静态网页篇。本篇通过讲解 Java Web 开发环境安装及配置、HTML 及其应用、CSS 及其应用、JavaScript 及其应用等内容，并结合大量的图表、案例等使读者快速掌握静态网页开发基础，为以后编程奠定坚实的基础。

第 2 篇：动态网站篇。本篇通过讲解 Web 程序运行原理、Servlet 及其应用、JDBC 数据库连接、数据库连接池技术、JSP 及其应用、JavaBean 及其应用等内容，并结合大量的图表、案例等使读者深入掌握动态网站开发所需的核心技术。

第 3 篇：系统框架篇。本篇通过讲解 Struts 框架及其应用、标签库及其应用、Hibernate 框架及其应用、Spring 框架及其应用、SSH 整合应用等内容，并结合大量的图表、案例等使读者掌握网站架构设计理论及方法。

第 4 篇：项目实战篇。本篇通过通用论坛 BBS 设计与实现、社交网站设计与实现、DIY 商品电子交易平台设计与实现三个篇章来详细阐述三个完整系统的开发过程，带领读者一步步亲身体验开发项目的全过程，掌握 Java Web 开发的精髓。这三个系统大小不同，详略各异，从而可以让读者由浅至深、由易到难、由部分到整体地接触各技术。这三个系统偏向的技术各有所不同，读者可以按实际需要任意选取一个进行研究。在讲解各个例程时，作者以框架构建为纵向，以功能实现为横向，详细地介绍了各段代码，从而可以使读者在宏观把握各个技术整体思想的同时，能够切实地掌握实际的技术。

本书特色如下。

主线引人入胜：本书以网络留言板的开发贯彻 Java Web 开发全过程，主线分明，提纲挈领。本书按照最适合初学者学习的顺序编排，将网络留言板由简单到复杂地从1.0版本逐步升级到7.0版本，使读者跟随书的内容渐入佳境，Java Web开发能力不断提高。

案例经典实用：本书选用的案例均比较经典，具有很强的可操作性及很宽的适用范围。很多案例，如论坛系统，在经过简单修改后即可直接应用到具体领域去。读者也可以在此基础之上轻易地扩展，实现更多模块，或用其他实现方法替换现有的功能模块。

技术覆盖主流：本书涵盖了进行Java Web开发所需的基本理论知识，涉及的技术覆盖了当前大部分主流的应用开发技术。读者不仅能轻松进入Java Web开发的大门，而且经过本书例程的实战，读者最终可以熟练掌握这些知识，为进一步的深入理论学习打下坚实的基础。

境界通俗易懂：本书在行文中追求朴实易懂，在编写时充分站在读者的角度来描述问题。在每进行一个案例分析时，给出全面详尽的步骤分析，仿佛一位身边的老师，手把手引导读者解决各种问题。

结构主次分明：本书着重讲解开发中常用的技术，使读者在学习中首先掌握最关键的开发技术，而不为技术难题困扰，当读者逐步熟悉开发所使用的技术后，通过进一步的研究学习很容易地解决开发中遇到的难题。

本书有配套的学习网站，网址是http://111.204.7.22:8089/。读者不仅可以从网上下载书中各篇章所涉及的项目代码和素材，还可以下载相关的学习课件、学习视频，并可以在线留言和作者互动。

本书由张丽担任主编。张丽编写了第1～4章、第7～18章，陈素清编写了第5章和第6章，最后由张丽统稿。

最后感谢在本书写作过程中提供帮助的师长和同事，由于个人的能力和学识绵薄，书中的不足之处敬请各位读者批评指正。

目　　录

静态网页篇

动态网站篇

系统框架篇

项目实战篇

Part One

静态网页篇

第 1 章　开发环境安装及配置

1.1　JDK 的安装及测试

1.1.1　JDK 的安装

安装 JDK 1.6 即 JDK 6.0(如果计算机上安装了此版本 JDK,那么此步骤可以省略)。单击 JDK 6.0 的安装文件,进入安装向导,如图 1-1 所示。

在安装向导中单击“下一步”按钮,进入许可证协议选择界面,如图 1-2 所示。

图 1-1　JDK 安装向导

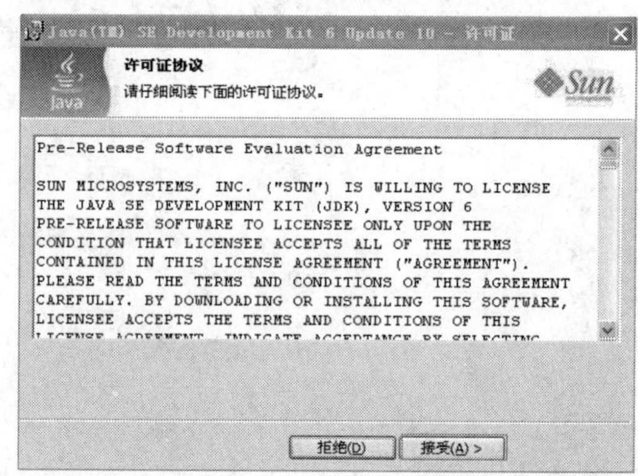

图 1-2　JDK 的许可协议

接受许可证协议后,进入自定义安装界面,暂不安装 Java DB,如图 1-3 所示。

设置完自定义安装后单击“下一步”按钮,进入安装界面,如图 1-4 所示。

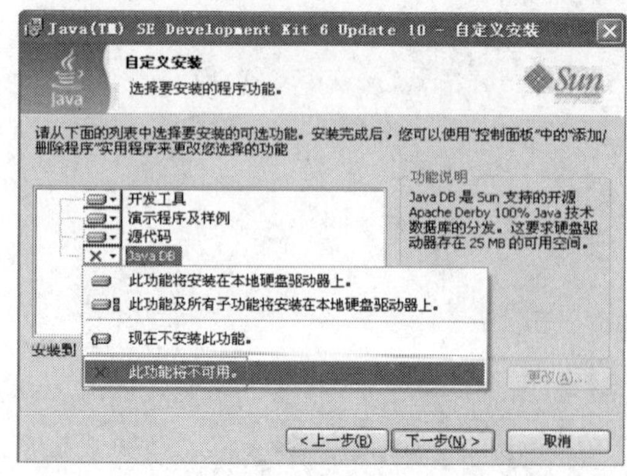

图 1-3　暂不安装 Java DB

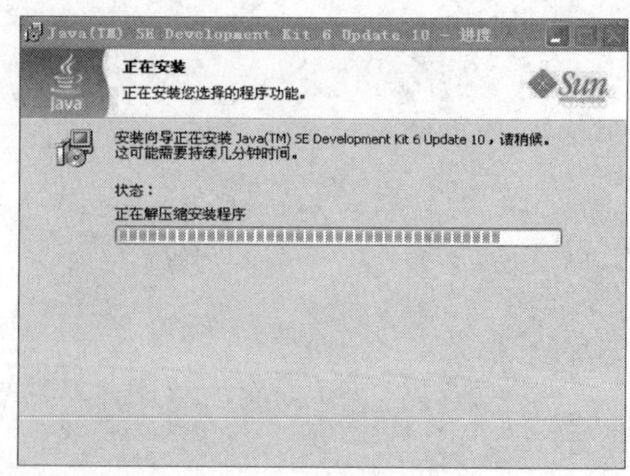

图 1-4　安装进度对话框

1.1.2 JDK 的测试

选择“开始”→“运行”命令，在打开的“运行”窗口中输入“cmd”命令，将进入 DOS 环境中，在命令提示符后面直接输入“java -version”，按“Enter”键，系统会输出 Java 版本信息，此时说明已经成功配置了 JDK，如图 1-5 所示，否则需要仔细检查上面步骤的配置是否正确。

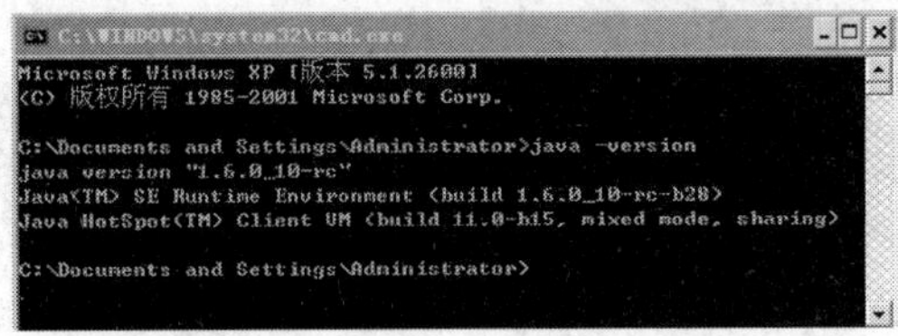

图 1-5 显示安装的 JDK 版本

1.2 Tomcat 的安装及测试

1.2.1 Tomcat 的安装

单击 Tomcat 的安装程序，出现欢迎界面，如图 1-6 所示，单击“Next”按钮，出现 Tomcat 的安装许可协议，如图 1-7 所示，单击“I Agree”按钮，接受协议进行下一步安装。

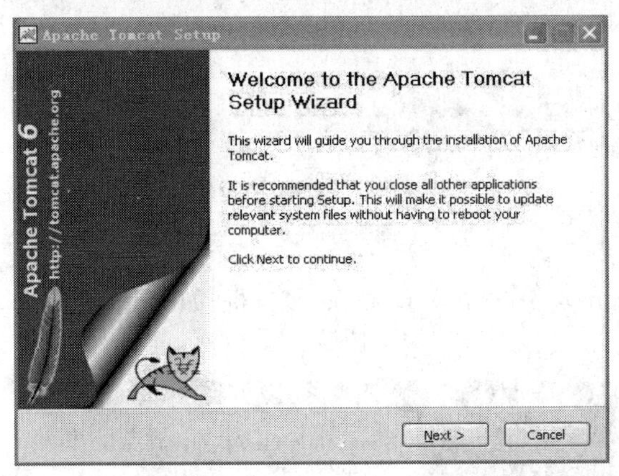

图 1-6 Tomcat 的安装向导

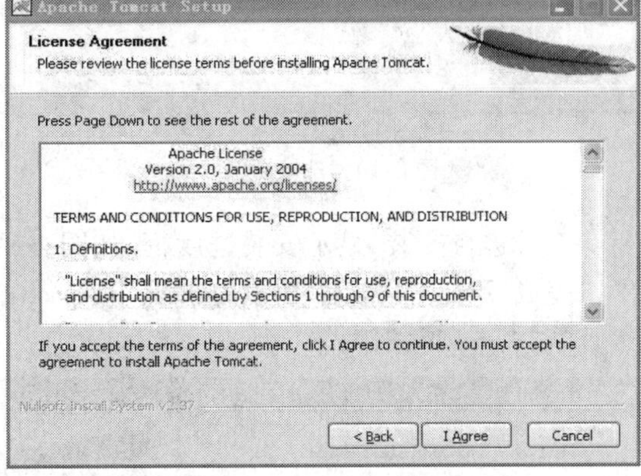

图 1-7 同意许可协议

接受许可协议后选择需要安装的 Tomcat 组件，选择默认安装组件，如图 1-8 所示，单击“Next”按钮进行安装。

选择完需要安装的组件后，选择组件安装的位置，默认是安装到“C:\Program Files\Apache Software Foundation\Tomcat 6.0”路径上，如图 1-9 所示，如果想要更改安装位置，可以单击“Browse”按钮重新选择路径。设置完路径后单击“Next”按钮进行下一步操作。

选择完安装路径后进入选项设置界面，默认端口为 8080，用户名为 admin，密码不用设，如图 1-10 所示，直接单击“Next”按钮进行下一步操作。

系统自动检测 Java 虚拟机并显示已安装的 JRE 路径，要确保这个 JRE 路径是 1.1 节中 JDK 安装时的目录下文件，单击“Install”按钮进行安装，如图 1-11 所示。

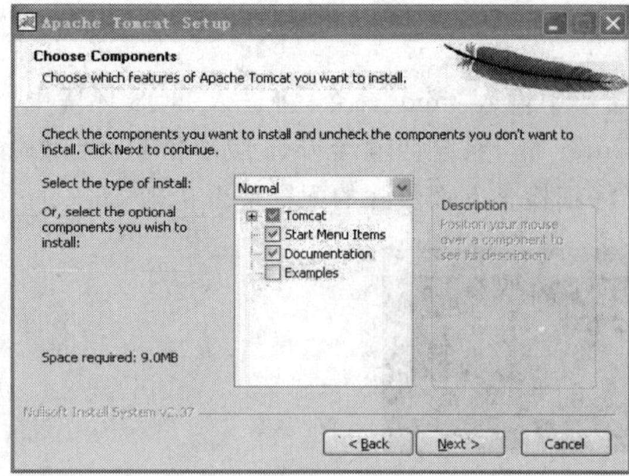

图 1-8　选择要安装的组件

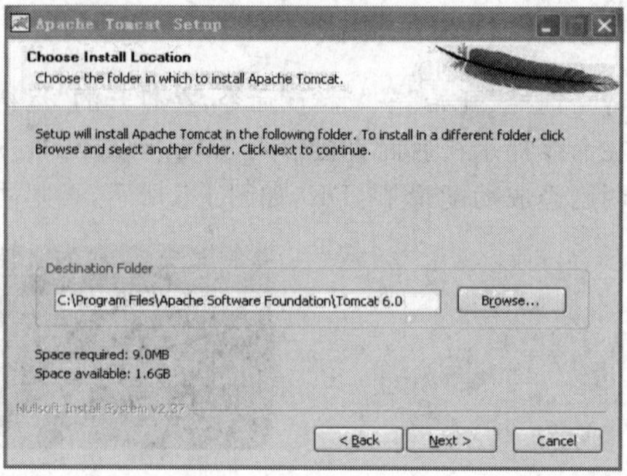

图 1-9　选择安装路径

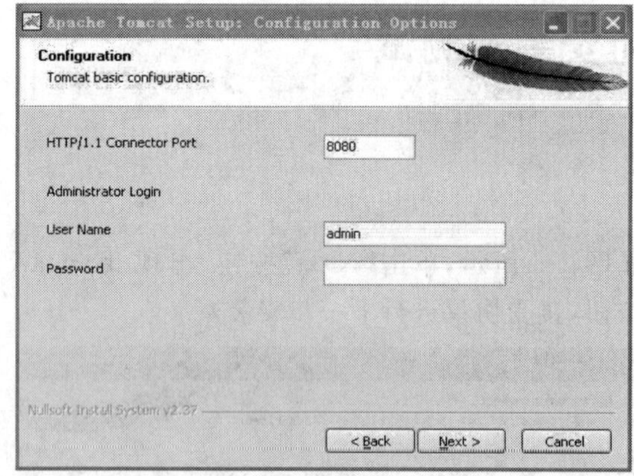

图 1-10　选项设置

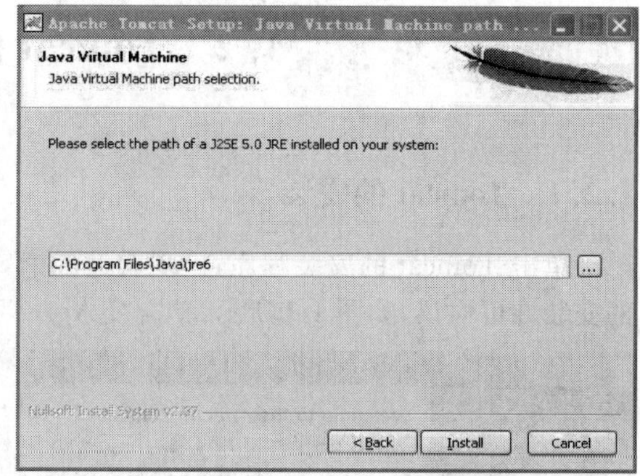

图 1-11　检测 JRE 路径

系统进行安装，显示安装进度框，如图 1-12 所示。

完成 Tomcat 安装后，可以勾选“Run Apache Tomcat”和“Show Readme”复选框，如图 1-13 所示，然后单击“Finish”按钮。

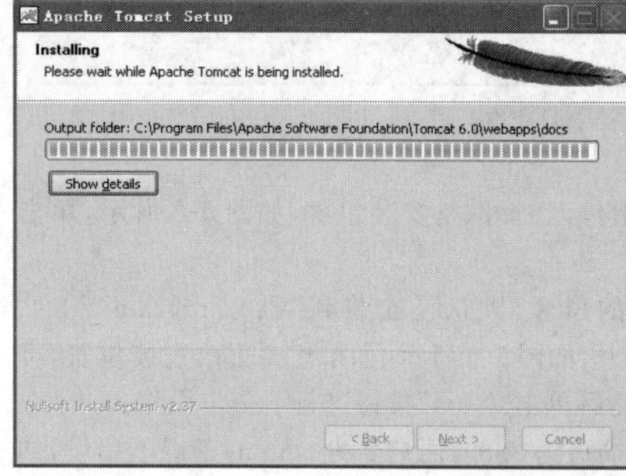

图 1-12　安装进度框

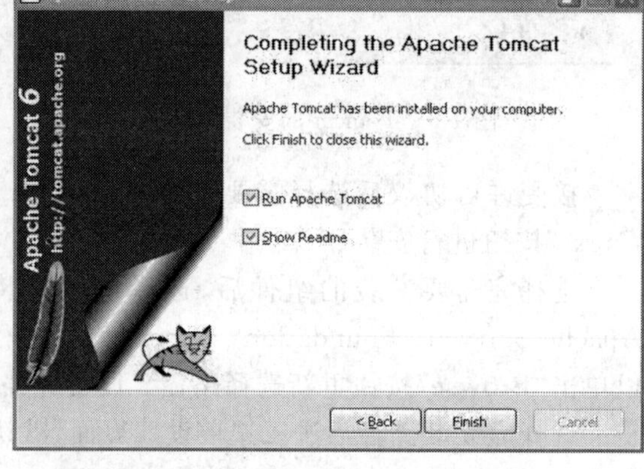

图 1-13　安装完毕并运行 Tomcat

系统会打开相关的说明文件并弹出 Tomcat 打开的进度框，意味着 Tomcat 正在运行并打开，如图 1-14 所示。

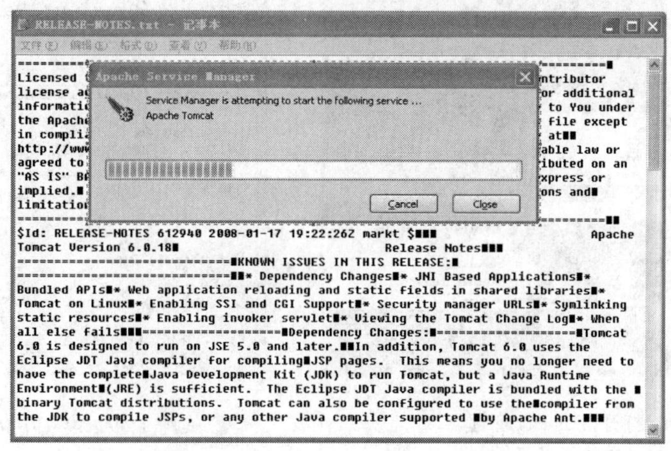

图 1-14　打开说明文件和 Tomcat

计算机桌面右下角的状态栏会出现 Tomcat 开启的标志，如图 1-15 所示，这意味着 Tomcat 在外部被开启。

图 1-15　状态栏显示 Tomcat 被打开

如果想在外部关闭 Tomcat 服务器，可以双击状态栏处的 Tomcat 图标，在弹出的对话框上单击“Stop”按钮，如图 1-16 所示。弹出关闭 Tomcat 服务进度框，如图 1-17 所示。

关闭 Tomcat 服务后，右下角状态栏处会出现 Tomcat 关闭的标志，如图 1-18 所示。

图 1-16　Stop Tomcat 服务

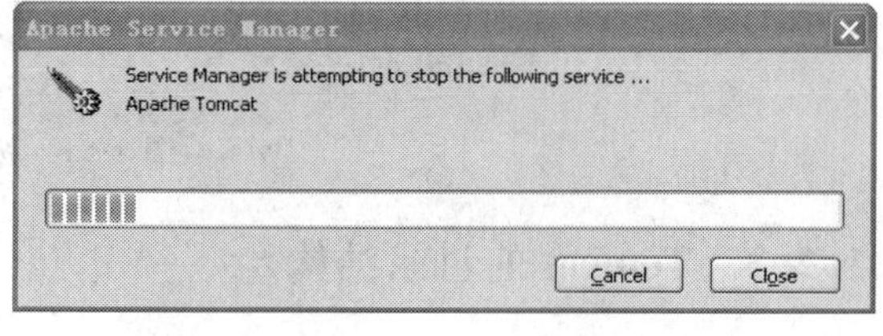

图 1-17　Stop Tomcat 进度框

图 1-18　状态栏显示 Tomcat 关闭

除了以上方式可以打开或者关闭 Tomcat 服务外，还可以通过单击“开始”→“程序”→“Apache Tomcat 6.0”→“Monitor Tomcat”命令打开 Tomcat 管理器的方式操作，如图 1-19 所示。

打开 Tomcat 管理器后，可以单击“Start”或者“Stop”按钮来开启或者关闭 Tomcat 服务，如图 1-20 所示。需注意的是，“Start”和“Stop”按钮不能同时可用，当 Tomcat 已经开启后只能单击“Stop”按钮，当 Tomcat 已经关闭后只能单击“Start”按钮。

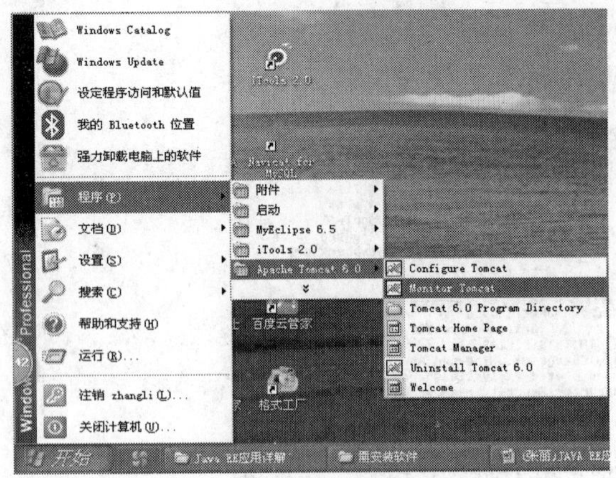

图 1-19 打开 Tomcat 管理器

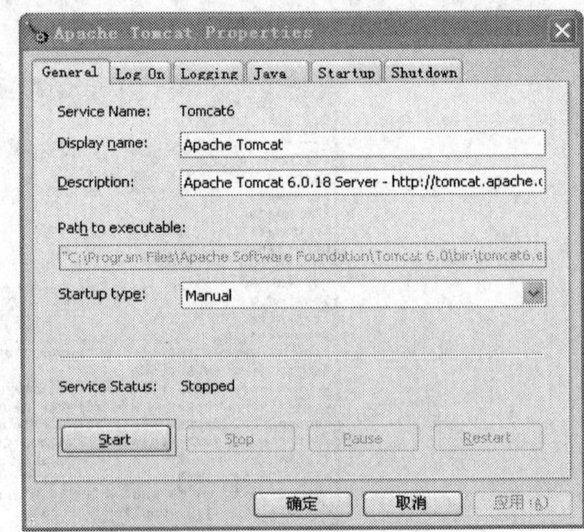

图 1-20 Start Tomcat 服务

1.2.2 Tomcat 的测试

启动 Tomcat 服务后，在网页地址栏输入 http://localhost:8080/，如果出现如图 1-21 所示效果，表示 Tomcat 安装成功并开启，否则表示 Tomcat 未安装或者启动。

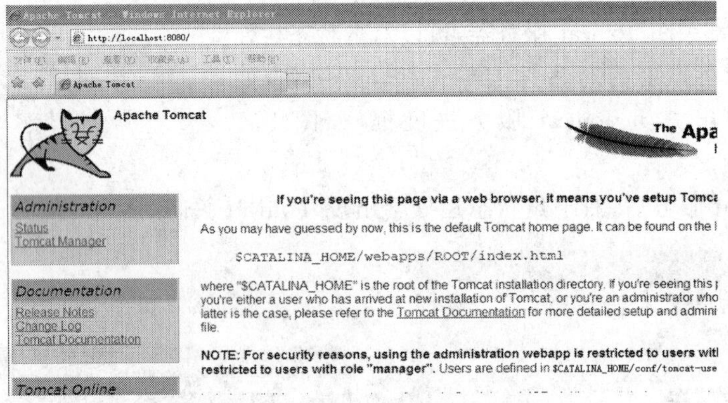

图 1-21 访问 Tomcat

1.2.3 Tomcat 的目录结构

lib 目录：存放部署 Java 类库。

bin 目录：存放与 Tomcat 运行有关的类、类库和 DOS 的批处理文件。

webapps 目录：这个目录存放部署的 Web 应用。

work 目录：存放临时生成的 Servlet 源文件和 class 文件。

log 目录：存放 Tomcat 服务器运行时所产生的日志文件。

temp 目录：存放临时文件。

1.3 MyEclipse 的安装及配置

1.3.1 MyEclipse 的安装

单击 MyEclipse 的安装程序，出现安装向导进度框，如图 1-22 所示。

在出现的安装界面单击“Next”按钮进行下一步安装，如图 1-23 所示。

在许可协议界面选择“I accept the terms of the license agreement”单选按钮，并单击“Next”按钮进行下一步操作，如图 1-24 所示。

安装的默认路径是“C:\Program Files\MyEclipse 6.5”，如图 1-25 所示，也可单击“Change”按钮更改安装路径。选择完安装路径后单击“Next”按钮进行下一步操作。

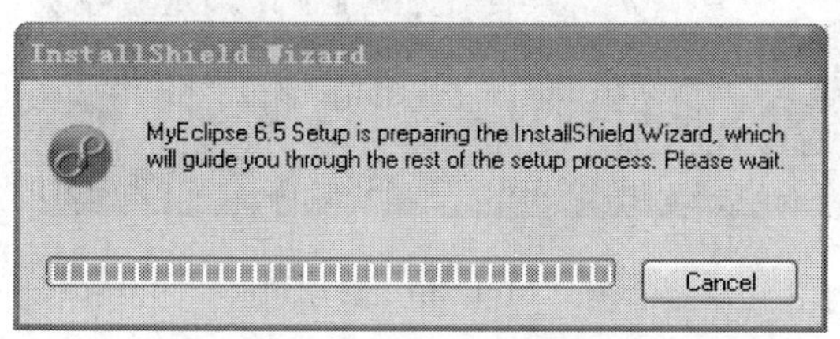

图 1-22　安装向导进度框

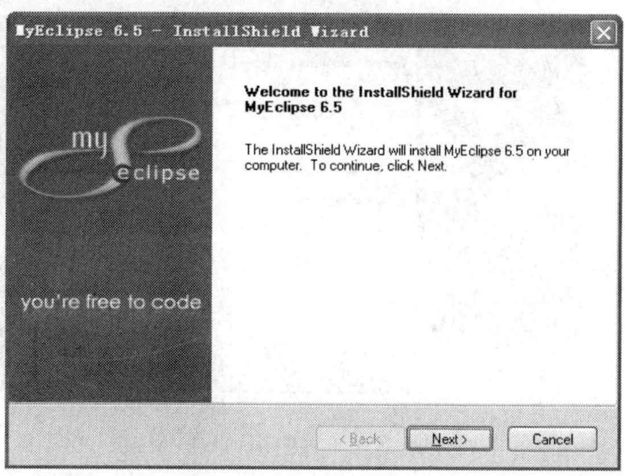

图 1-23　进行下一步安装

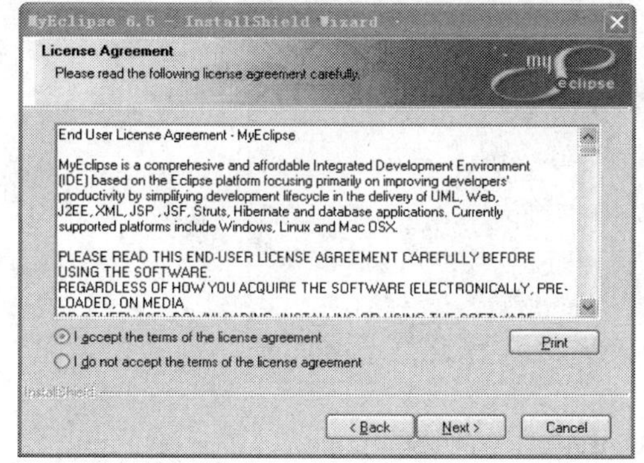

图 1-24　接受许可协议

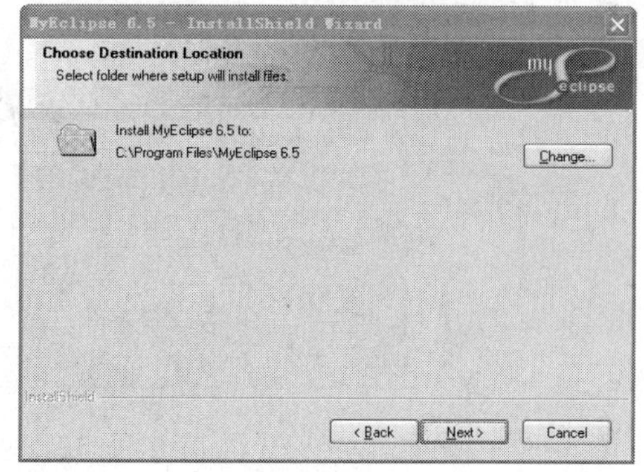

图 1-25　选择安装路径

准备工作做好后进入准备安装界面，如图 1-26 所示。

单击“Install”按钮，出现安装进度框，如图 1-27 所示。

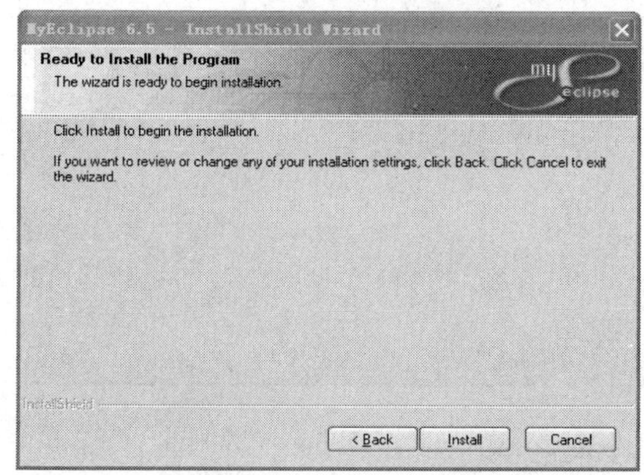

图 1-26　准备进行安装

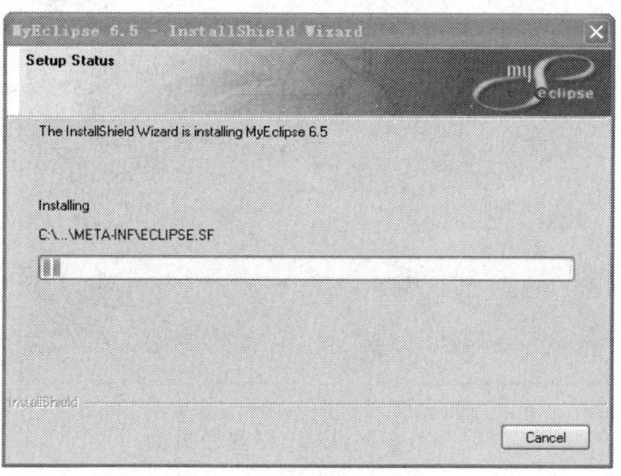

图 1-27　安装进度框

MyEclipse 安装完毕后，勾选“Launch MyEclipse 6.5”复选框，并单击“Finish”按钮，如图 1-28 所示。

打开 MyEclipse，出现启动画面，如图 1-29 所示。

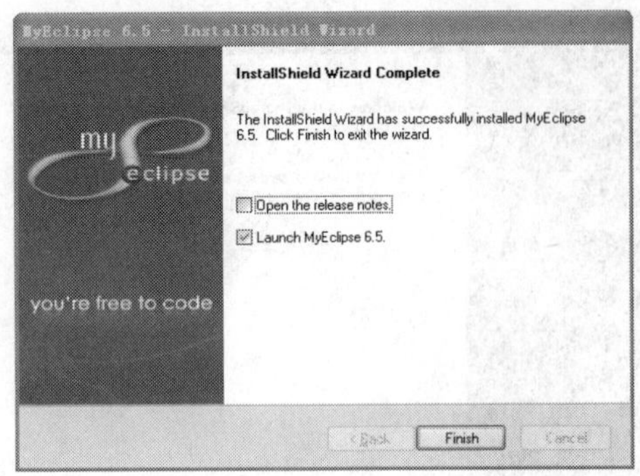

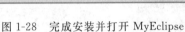

图 1-28　完成安装并打开 MyEclipse

图 1-29　MyEclipse 启动画面

选择 MyEclipse 工作空间，会出现一个默认的路径地址，也可以单击“Browse”按钮重新设置工作空间的路径，设置完毕后勾选“Use this as the default and do not ask again”复选框，并单击“OK”按钮，如图 1-30 所示。

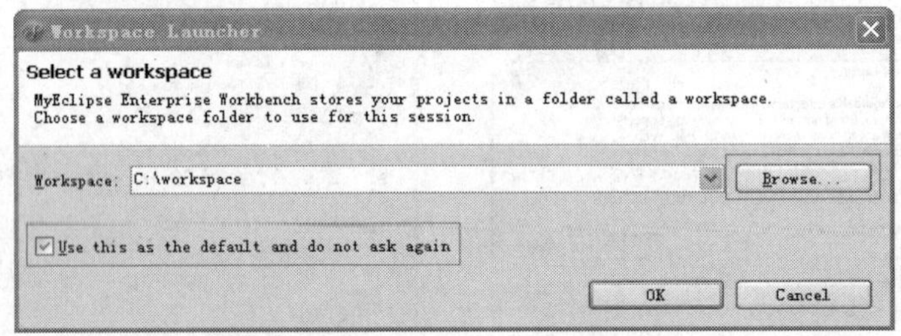

图 1-30　设置 MyEclipse 工作空间

设置完 MyEclipse 工作空间后，进入 MyEclipse 的欢迎页面，如图 1-31 所示。

关闭欢迎页面，进入 MyEclipse 开发平台，用户即可在此平台上进行各种开发工作，如图 1-32 所示。

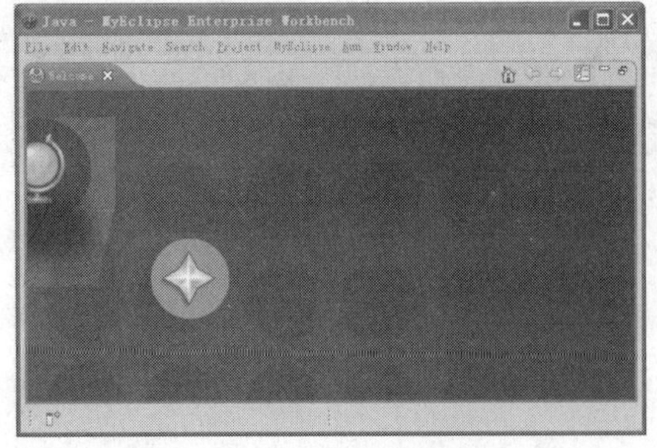

图 1-31　MyEclipse 欢迎页面

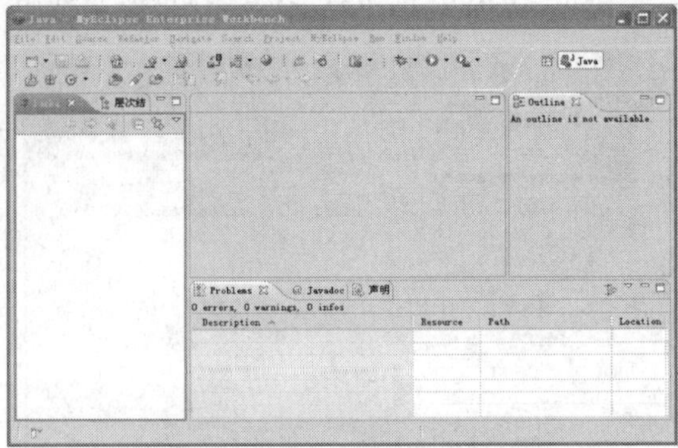

图 1-32　MyEclipse 开发平台

1.3.2 将 Tomcat 配置到 MyEclipse

打开 MyEclipse 后，单击如图 1-33 所示的下拉按钮，出现相应选项，选择“Configure Server”选项。打开属性设置窗口，选择左侧的树状列表“Servers”→“Tomcat”→“Tomcat 6. x”，如图 1-34 所示，右侧会出现 Tomcat 6. x 的相关配置选项。

选中“Enable”单选按钮，并且在“Tomcat home directory”处单击右侧的“Browse”按钮，选择 Tomcat 的安装目录，系统会默认将“Tomcat home directory”、“Tomcat base directory”及“Tomcat temp directory”处的路径显示出来，如图 1-35 所示，然后单击“OK”按钮。

图 1-33 配置服务器

进行 Tomcat 的相关设置后，再回到 MyEclipse 主界面，会发现如图 1-36 所示的下拉按钮处多出了“Tomcat 6. x”选项，单击“Tomcat 6. x”→“Start”选项即可在 MyEclipse 内部开启 Tomcat 服务。

需要注意的是，在 MyEclipse 内部开启 Tomcat 前，务必要在外部关闭 Tomcat 服务，即桌面右下角状态栏处 Tomcat 标志处于关闭状态。

开启 Tomcat 服务后，会在控制台显示相应的信息，如图 1-37 所示界面表示 Tomcat 在内部开启成功，否则表示开启失败。

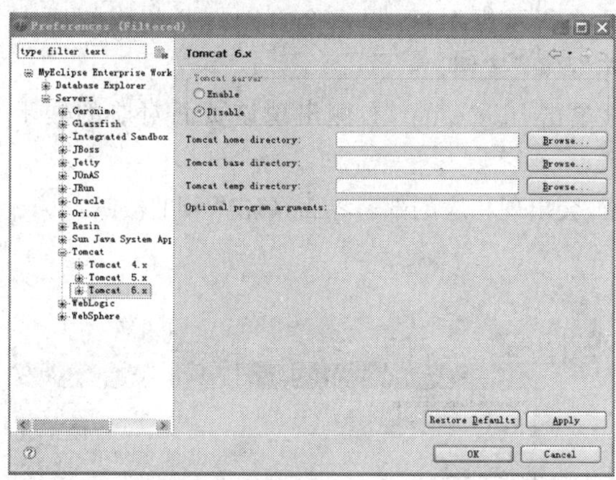

图 1-34 配置 Tomcat 6. x

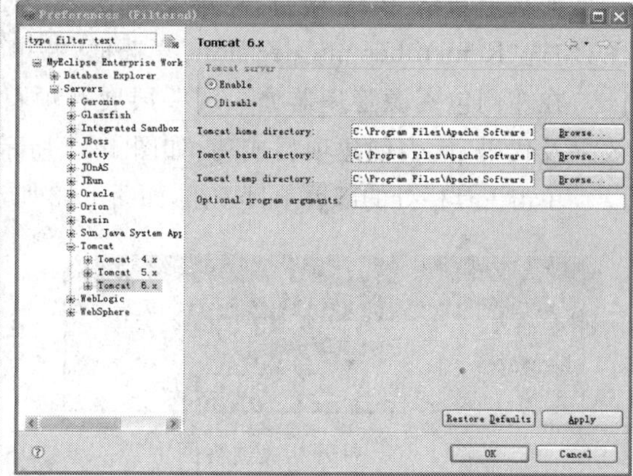

图 1-35 启用 Tomcat 并选择路径

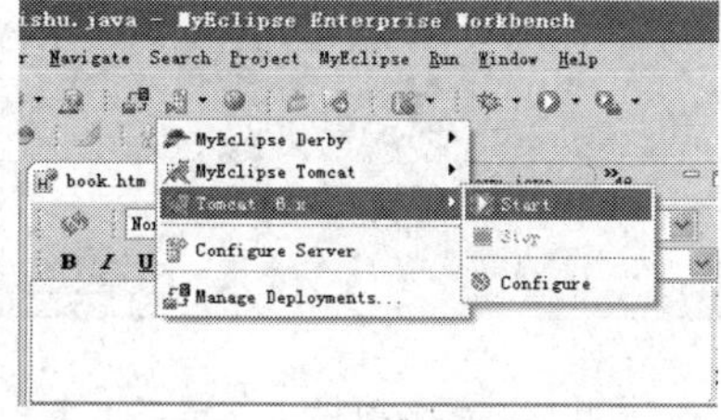

图 1-36 在内部开启 Tomcat 服务

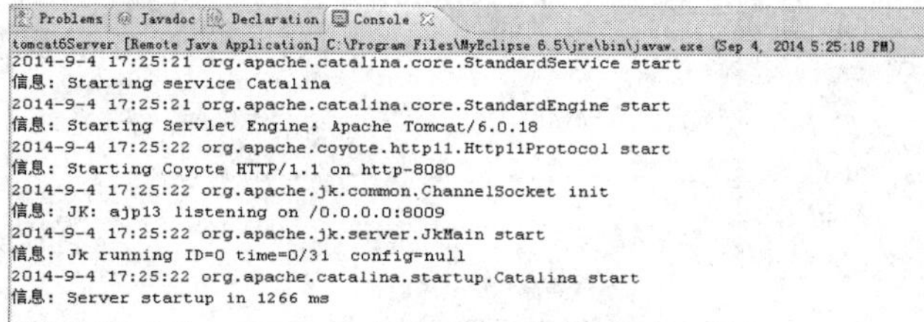

图 1-37 开启 Tomcat 成功

1.3.3 建立 Web Project

下面我们创建一个 Web Projet 来测试 MyEclipse 和 Tomcat 以上的安装和配置步骤是否正确。

选择“File”→“New”→“Web Project(Optional Maven Support)”创建项目，如图 1-38 所示。在弹出的对话框中“Project Name”处输入项目名称“zhangli”，在“J2EE Specification Level”选项组选中“Java EE 5.0”单选按钮，其他输入项使用默认值，然后单击“Finish”按钮，如图 1-39 所示。

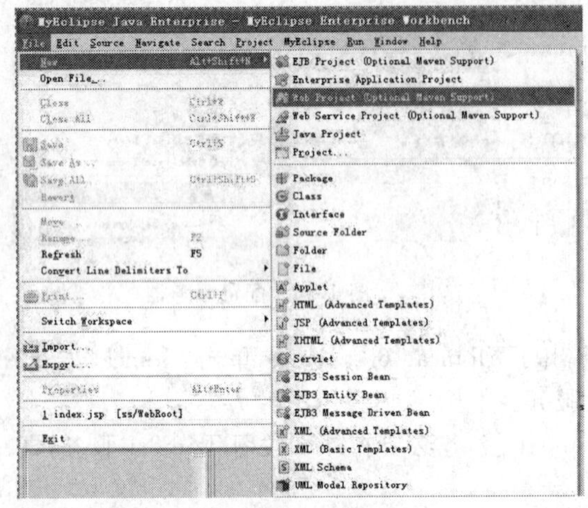

图 1-38　新建 Web 项目

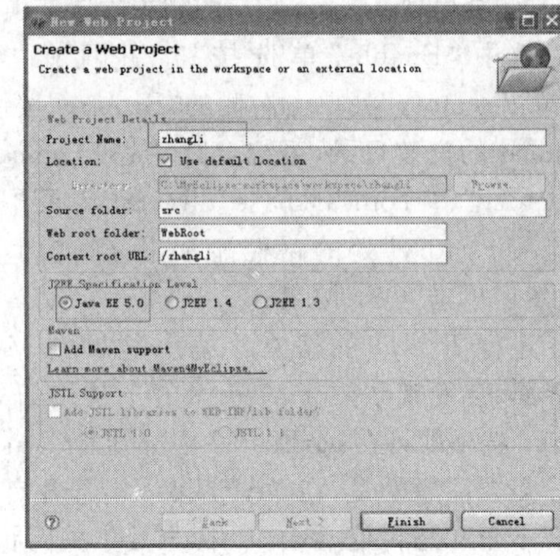

图 1-39　设置项目

如果是新建 Web 项目，可能会出现如图 1-40 所示提示框，提示会自动打开相应的透视图，勾选“Remember my decision”复选框，并单击“Yes”按钮。

在左侧包资源管理器处一层一层展开项目，单击 index.jsp，右侧出现该页面对应的展示效果及代码，代表创建项目成功，如图 1-41 所示。

单击工具栏处的部署项目按钮，如图 1-42 所示，会出现相应的部署界面，单击“Add”按钮。

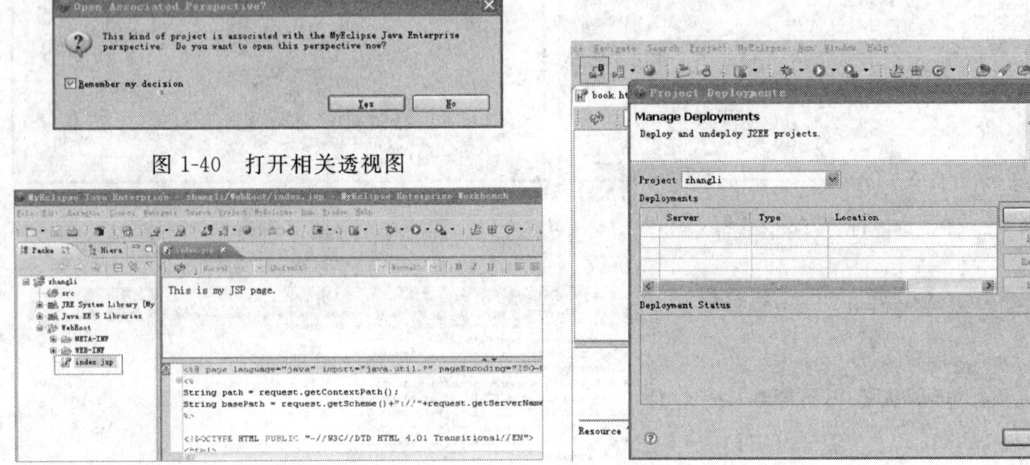

图 1-41　创建项目成功

图 1-42　部署项目

在弹出的对话框中，为项目选择部署到相应的服务器，在“Server”右侧的下拉列表处选择“Tomcat 6.x”，然后单击“Finish”按钮，如图 1-43 所示。

在弹出的对话框中，会显示项目成功部署到 Tomcat 6.x 服务器上，然后单击“OK”按钮，如图 1-44 所示。

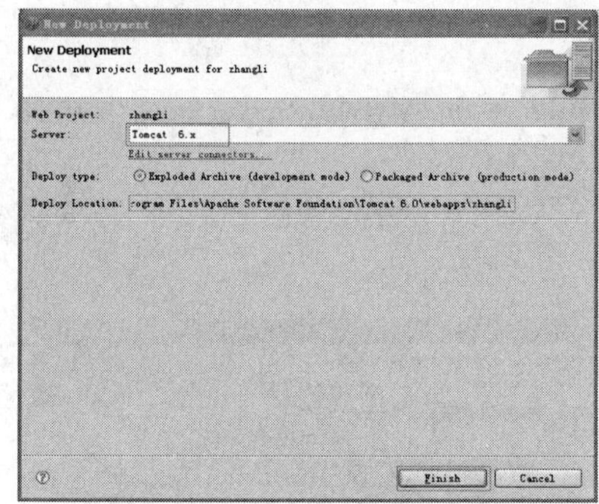

图 1-43　选择部署到 Tomcat 6.x 服务器

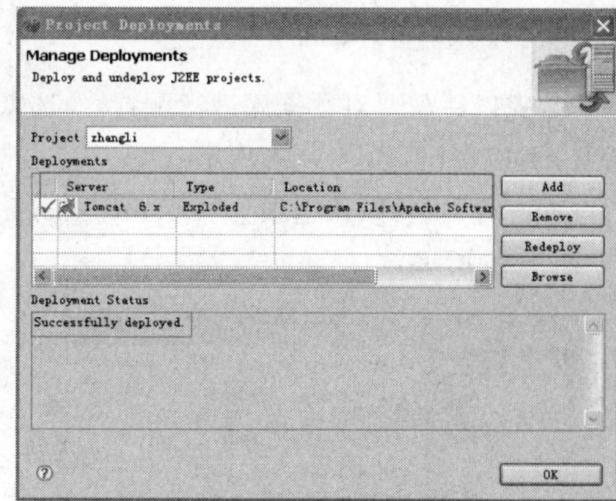

图 1-44　部署成功

单击工具栏处的浏览器按钮，如图 1-45 所示，在地址栏处输入 http://localhost:8080/zhangli/，并单击右侧的三角按钮，即输出页面的显示效果。由于 index.jsp 是 Web 项目的默认欢迎页面，对应网址也可以写作 http://localhost:8080/zhangli/index.jsp。

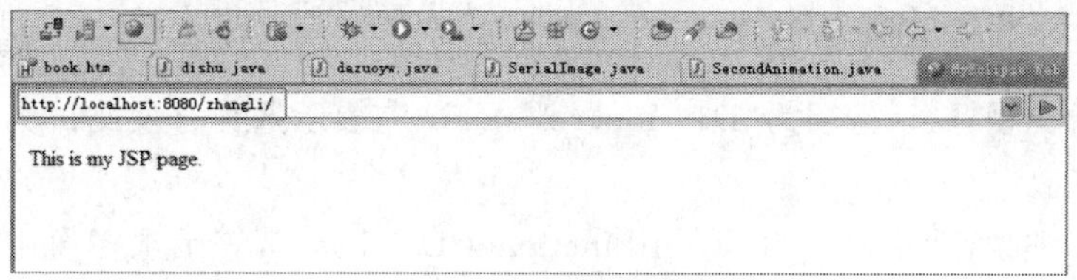

图 1-45　页面测试成功

1.4　MySQL 的安装及配置

1.4.1　MySQL 的安装

单击 MySQL 的安装程序，出现安装向导，单击"Next"按钮，如图 1-46 所示。

选择安装类型，默认选项为"Typical"，单击"Next"按钮进行下一步操作，如图 1-47 所示。

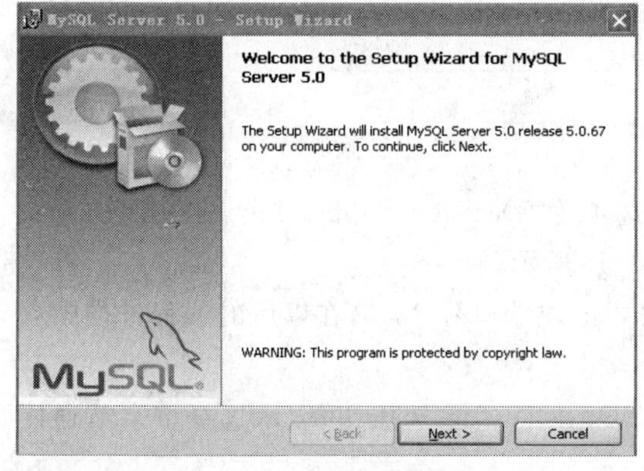

图 1-46　MySQL 的安装向导

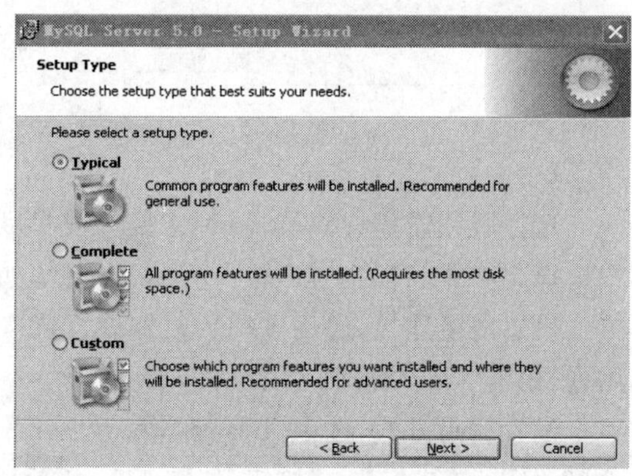

图 1-47　选择典型安装

1.4.2 MySQL 的配置

安装完以后需要对数据库进行配置，勾选“Configure the MySQL Server now”复选框，并单击“Finish”按钮，如图 1-48 所示。

选择配置类型，默认选项为“Detailed Configuration”，表示手动精确配置，单击“Next”按钮，如图 1-49 所示。

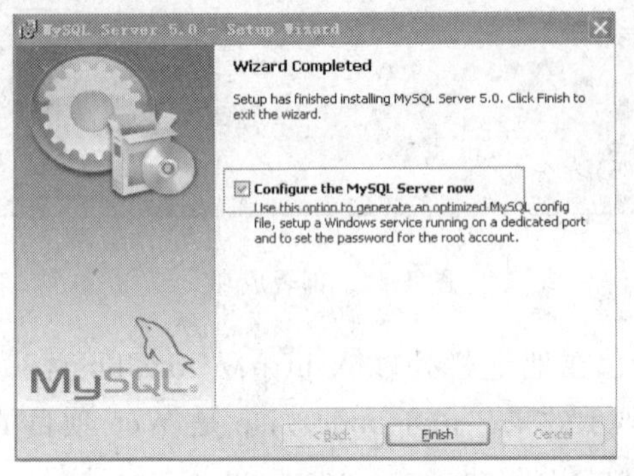

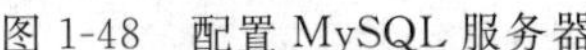
图 1-48　配置 MySQL 服务器

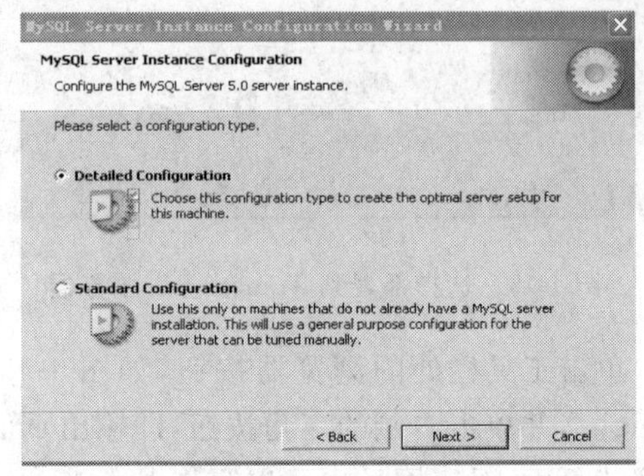

图 1-49　选择 Detailed Configuration

选择服务器类型，默认选项为“Developer Machine”，表示选择开发测试类，单击“Next”按钮，如图 1-50 所示。

选择数据库类型，默认选项为“Multifunctional Database”，表示选择通用多功能型，单击“Next”按钮，如图 1-51 所示。

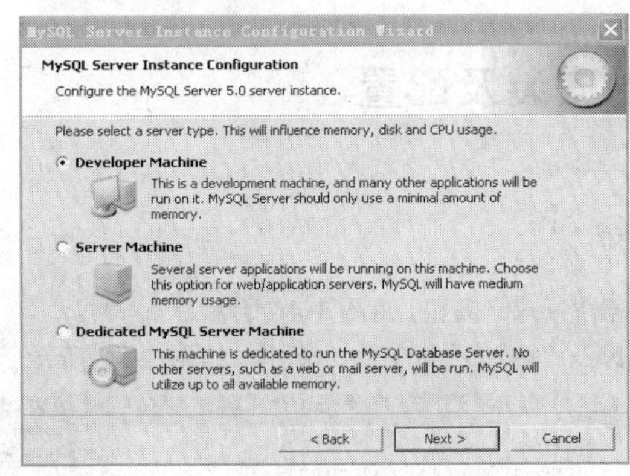

图 1-50　选择 Developer Machine

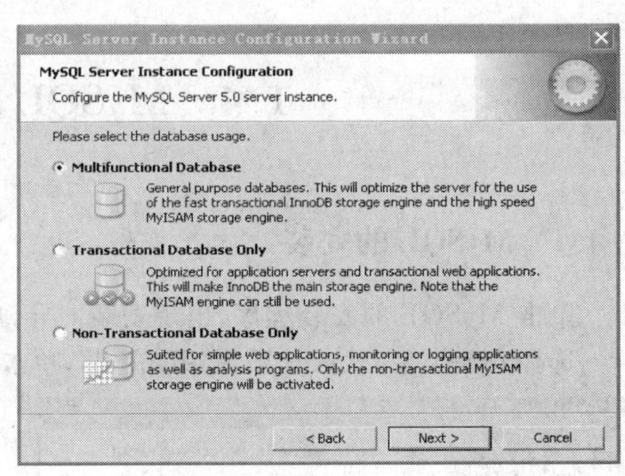

图 1-51　选择 Multifunctional Database

选择服务器的访问量，同时连接的数目默认选项为“Decision Support(DSS)/OLAP”，表示选择 20 个左右的连接，单击“Next”按钮，如图 1-52 所示。

设置网络连接，启用 TCP/IP 并设置端口，需要记住端口号 3306，在以后的编程过程中会用到，单击“Next”按钮，如图 1-53 所示。

设置编码方式，选中“Best Support For Multilingualism”单选按钮，表示选择多字节通用 utf-8 编码，单击“Next”按钮，如图 1-54 所示。

进行安全设置，此处设置的密码一定要记住，以后编程过程中会用到，为了方便起见，密码统一设置为123456,单击“Next”按钮进行下一步操作,如图1-55所示。

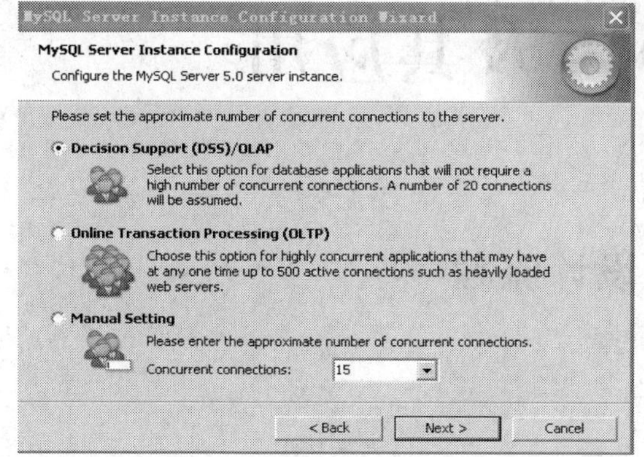

图1-52 选择Decision Support(DSS)/OLAP

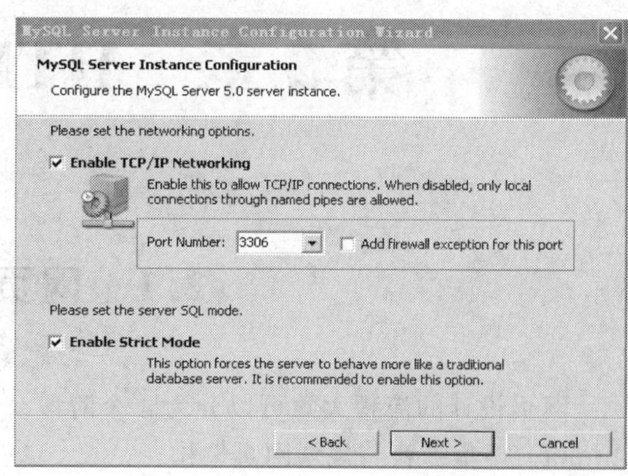

图1-53 设置网络连接

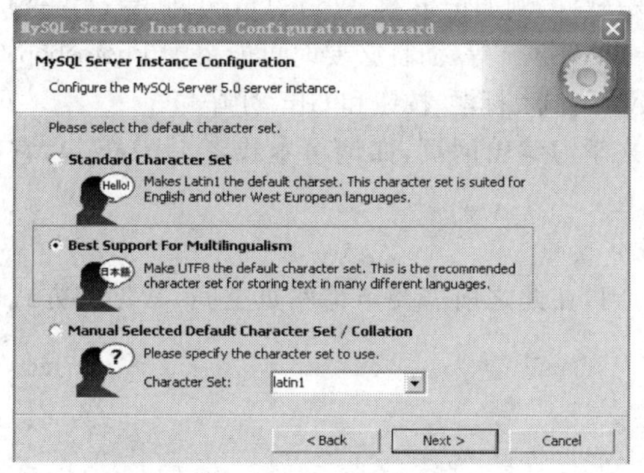

图1-54 选择Best Support For Multilingualism

图1-55 设置Root用户的密码

1.4.3 MySQL的测试

验证MySQL数据库安装配置是否成功的步骤如下。

(1) 单击“开始”→“所有程序”→“MySQL”→“MySQL 5.0”→“MySQL Command Line Client”选项,显示窗口。

(2) 在窗口中输入root用户的密码,窗口的提示符将变成mysql>,这表示已经正确连接MySQL。

(3) 在提示符mysql>后输入语句:show databases;将显示所有数据库列表,如果结果如图1-56所示,表示MySQL安装配置成功,否则表示安装或者配置有问题。

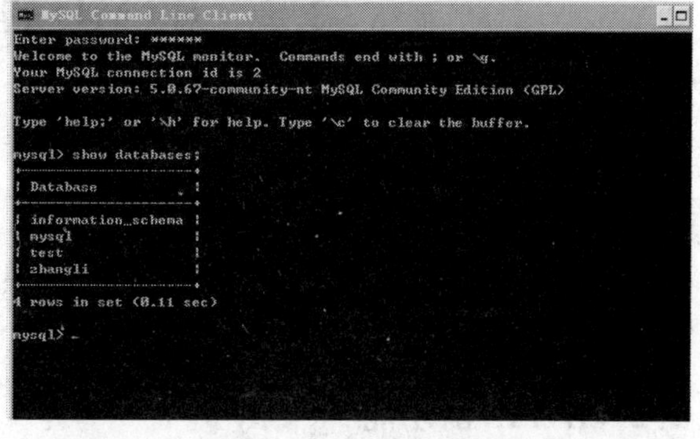

图1-56 显示所有数据库

第 2 章　HTML 及其应用

2.1　网页设计流程

网页设计的流程大致可以分为 4 个阶段。

(1) 搜集资料与规划网页架构

确定网页的宗旨及主要的服务对象，然后规划出网页及内容，包括文字、图形、音频和视频等。

(2) 网页制作与测试

常见的网页编辑软件有两种，一种是纯文本编辑软件，例如记事本、Word、UltraEdit 等；另一种是所见即所得类网页编辑软件，例如 FrontPage、DreamWeaver 等，而且必要时可能搭配 Photoshop、Flash、Fireworks、CoreDraw 等图形图像软件来设计网页背景、标题、按钮和 GIF 动画。

对于初学者来说，我们使用纯文本编辑软件来学习编辑网页，如记事本或者 UltraEdit，它可以让用户专注于 HTML 的语法。

(3) 网页上传与推广

网页需要上传到 Internet 上才能被其他人访问，在此之前需要申请网页空间，常见的方式如下：

① 租用专线；

② 租用网页空间或虚拟主机；

③ 申请免费网页空间；

④ 网页维护与更新。

网页只有及时更新与维护才能不断增加访问量，留住客户。我们可以通过网页空间提供者所提供的接口或者 FTP 软件将更新后的网页上传到 Internet。

2.2　HTML 的基础知识

2.2.1　HTML 的基本概念

HTML，即 Hyper Text Markup Language，超文本标记语言。HTML 起源于标准通用标记语言(Standard Generalized Markup Language，SGML)，是为了在各种网络环境之间、不同文件格式之间进行交流的一种语言格式。

2.2.2　HTML 的功能

(1) 制作网页，以文本、图片、列表、表格等形式显示信息。

(2) 通过超链接检索在线的信息。

(3) 通过表单实现数据的采集和提交，以获取远程服务。

(4) 在页面中嵌入电子表格、动画、视频和音频剪辑以及其他的一些应用。

(5) HTML 文件是纯文本格式，内含文本信息和文本标记，后缀为“.html”或者“.htm”，标记大小写不敏感。

2.3 HTML 文档结构

HTML 文档由标记与属性组成，浏览器只要看到 HTML 标记与属性就会将它解析成网页。HTML 文档结构代码如下所示：

```
<html>
    <head>
      <title>页面标题</title>
      <meta>
    </head>
    <body>
      文件主体
    </body>
</html>
```

(1) 标记(Tag)

标记分为以下两种。

① 第一种用来识别网页上的组件或描述组件的样式，例如网页标题<title>、网页主体<body>、标题 1<h1>、标题 2<h2>、粗体<b>、斜体<i>、段落<p>、项目符号<ul>、编号<ol>等。

② 第二种用来指向其他资源，例如，<img>可以插入图片，<applet>可以插入 Java Applet，<a>可以插入超链接或识别网页上的位置等。

HTML 标记是以“<”和“>”两个符号括起来的，而且多数标记会成对出现，当然也有极个别的标记不会成对出现，比如强制换行标记
。

(2) 属性(Attribute)

除了 HTML 标记本身所能表述的特征外，大部分标记还会搭配属性，以提供更多信息。例如要将一串文字设置成标题 1，而且文字为红色，居中对齐，那么除了要在文字前后加上<h1>和</h1>标记外，还要加上红色及居中对齐的属性。

```
<h1 color = "#FF0000" align = "center">快乐颂</h1>
```

(3) 值(Value)

通常属性都会有一个值，而且这个值必须从预先定义好的范围内选取，不能自行定义，例如<hr>水平线标记的 align 属性的值只有 left、right、center 三种，用户不能自行指定其他值，通常会在值的前后加上" "。

(4) 嵌套标记(Nesting Tag)

有时可能需要使用一个以上的标记来表示网页的数据，那么嵌套的顺序为：第一个结束的标记必须对应最后一个起始标记，第二个结束标记必须对应倒数第二个标记。

例如将一串标题 1 文字中的某个字加上斜体效果，那么就要使用<h1><i>两个标记

```
<h1>Happy<i>Birthday</i></h1>
```

(5) 空格符

浏览器会忽略 HTML 标记之间多余的空格符或“Enter”键，因此可以利用这个特点在

HTML 源文件中加上空格符和“Enter”键，将 HTML 源文件排列整齐，从而方便阅读。

(6) 特殊字符

网页中有一些特殊字符，例如小于(＜)、大于(＞)、双引号(“”)、&、空格符等，如果要在网页上显示这些字符，则不能直接使用键盘输入，而是需要使用特殊的表述方式。

编写第一个 HTML 页面，命名为 01_first. html，用记事本或者 UltraEdit 编辑，然后在 IE 里浏览输出效果。01_first. html 代码如下所示。

```
<html>
    <head>
        <title>My first page</title>
    </head>
    <body>
        生活真美好
    </body>
</html>
```

2.4 HTML 常用标记

2.4.1 文档主体标记＜body＞

＜body＞用于标记 HTML 文档的主体部分，文档主体中通常会包含很多其他标记，这些标记和标记属性构成 HTML 文档的主体部分。

＜body＞标记的主要属性如下。

(1) bgcolor 设置页面背景颜色，如 bgcolor＝"＃CCFFCC"。

(2) background 设置背景图片，如 background＝"images/bg. gif"。

(3) bgproperties＝"fixed"使背景图片不随滚动条的滚动而动。

(4) text 设置文档正文的文字颜色，如 text＝"＃FF6666"。

练习＜body＞标记使用，编写 body01. html，代码如下所示。

```
<html>
    <head>
        <title>body 标记</title>
    </head>
    <body bgcolor = "#cc99ff" text = "red">
        背景颜色：#cc99ff<br>
        字体颜色：red
    </body>
</html>
```

图 2-1　body01. html 网页效果

body01. html 页面输出效果如图 2-1 所示。

编写 body02. html，要求给网页加上背景图片，背景图片不随文字的滚动而滚动，代码如下所示。

```
<html>
    <head>
        <title>body 标记</title>
```

```
    </head>
    <body background = "youyou.jpg" bgproperties = "fixed" text = "red">
        <h3>背景图片随文字滚动<p>世界真美好! </h3>
        <h3>背景图片随文字滚动<p>世界真美好! </h3>
        <h3>背景图片随文字滚动<p>世界真美好! </h3>
        <h3>背景图片随文字滚动<p>世界真美好! </h3>
        <h3>背景图片随文字滚动<p>世界真美好! </h3>
        <h3>背景图片随文字滚动<p>世界真美好! </h3>
        <h3>背景图片随文字滚动<p>世界真美好! </h3>
        <h3>背景图片随文字滚动<p>世界真美好! </h3>
        <h3>背景图片随文字滚动<p>世界真美好! </h3>
        <h3>背景图片随文字滚动<p>世界真美好! </h3>
        <h3>背景图片随文字滚动<p>世界真美好! </h3>
        <h3>背景图片随文字滚动<p>世界真美好! </h3>
        <h3>背景图片随文字滚动<p>世界真美好! </h3>
        <h3>背景图片随文字滚动<p>世界真美好! </h3>
        <h3>背景图片随文字滚动<p>世界真美好! </h3>
        <h3>背景图片随文字滚动<p>世界真美好! </h3>
        <h3>背景图片随文字滚动<p>世界真美好! </h3>
        <h3>背景图片随文字滚动<p>世界真美好! </h3>
        <h3>背景图片随文字滚动<p>世界真美好! </h3>
        <h3>背景图片随文字滚动<p>世界真美好! </h3>
        <h3>背景图片随文字滚动<p>世界真美好! </h3>
        <h3>背景图片随文字滚动<p>世界真美好! </h3>
        <h3>背景图片随文字滚动<p>世界真美好! </h3>
    </body>
</html>
```

body02.html 页面输出效果如图 2-2 所示。

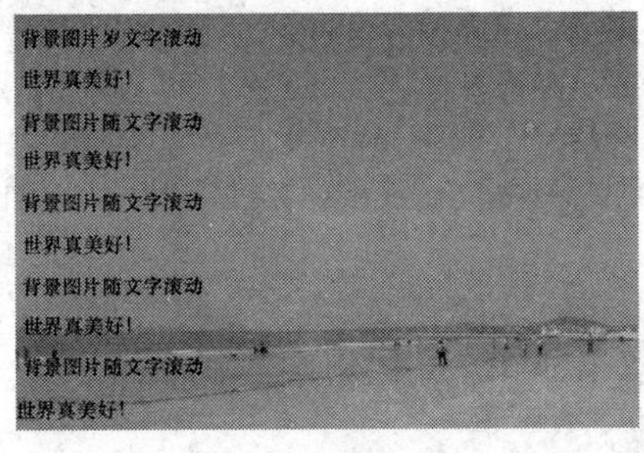

图 2-2　添加背景图片效果

2.4.2　分段标记<p>

使用方法为：

```
<p>段落文字</p>
```

2.4.3　换行标记

使用方法为：

```
<p>段内第一行文字<br>段内第二行文字<br>段内第三行文字</p>
```

2.4.4 正文标题标记

```
<h1>1 号正文标题文字</h1>
<h2>2 号正文标题文字</h2>
<h3>3 号正文标题文字</h3>
<h4>4 号正文标题文字</h4>
<h5>5 号正文标题文字</h5>
<h6>6 号正文标题文字</h6>
```

2.4.5 注释标记

```
<! -- 注释文字 -->
```

2.4.6 水平分隔线标记<hr>

要求综合以上标记，编写 03_basic.html，代码如下所示。

```
<html>
    <head>
        <title>春晓</title>
    </head>
    <body>
    <!-以下是关于春晓的内容 -->
        <h1>春晓</h1>
        <h2 align="center">春晓</h2>
        <h3>春晓</h3>
        <h4 align="left">春晓</h4>
        <h5>春晓</h5>
        <h6>春晓</h6>
        <hr>
        <p>春眠不觉晓<br>处处闻啼鸟</p>
        <p>夜来风雨声<br>花落知多少</p>
        <hr color="blue" size="5" >
        <hr color="#00ff00" size="2" width="50%" align="center">
    </body>
</html>
```

03_basic.html 页面输出效果如图 2-3 所示。

图 2-3 03_basic.html 网页效果

2.4.7 文档头部信息

<head>用于标记 HTML 文档头部信息，主要是供浏览器或网络搜索引擎使用，而不会显示在网页正文中。

<head>主要子标记(子元素)如下。

(1) <title>设置窗口标题

使用方法为：

```
<title>网页头部信息</title>
```

(2) <link>建立到外部文件(主要是 CSS 外部样式表)的链接

使用方法为：

```
<link rel = "stylesheet" href = "mystyle01.css" type = "text/css">
```

(3) <style>设置网页的内部样式表

使用方法为：

```
<style type = "text/css">
      body {background-color:white; color:red;}
</style>
```

(4) <meta>设置当前页面的元数据信息

使用方法为：

```
<meta name = "description" content = "HTML 实用教程">
<meta name = "keywords" content = "HTML,教程">
<meta name = "author" content = "zlg">
<meta http-equiv = "Content-Type" content = "text/html;charset = GBK">
<meta http-equiv = "refresh" content = "5;url = http://www.v512.com">
```

其中 name 表示指定属性的名称，content 是给属性指定的值，http-equiv 属性可以用来取代 name 属性(HTTP 服务器是使用 http-equiv 属性来搜索 HTTP 头信息)。上述代码的最后一行含义是网页停留 5 秒后自动切换到 http://www.v512.com。

要求利用以上所学<head>标记进行练习，编写 04_header.html，代码如下所示。

```
<html>
<head>
        <title>页面头部信息</title>
        <link rel = "stylesheet" href = "mystyle01.css" type = "text/css">
        <style type = "text/css">
           body {background-color:white; color:red;}
        </style>
         <meta name = "description" content = "HTML 实用教程">
         <meta name = "keywords" content = "HTML,教程">
         <meta name = "author" content = "zlg">
         <meta http-equiv = "Content-Type" content = "text/html;charset = GBK">
         <meta http-equiv = "refresh" content = "5;url = http://www.baidu.com">
    </head>
<body>
         <h1>欢迎页面! </h1>
         5 秒钟后页面将跳转...
    </body>
</html>
```

上述代码会涉及页面跳转，故不再截图，请自行演示输出效果。

2.4.8 文本格式标记

HTML 使用文本格式标记来设置文本信息的显示格式，如粗体、斜体、上标/下标等。常用文本格式标记有以下七种。

(1) <b>：粗体。

(2) <i>：斜体。

(3) <del>：文字中部画线表示删除。

(4) <ins>：文字下部画线表示填充。

(5) <sub>：下标。

(6) <sup>：上标。

(7) <pre>：原样显示，保留空格和换行。

要求利用以上所学的文本格式标记编写 05_textFormat.html，代码如下所示。

```
<html>
    <head>
        <title>HTML 实用教程-文本显示格式</title>
    </head>
    <body>
        <p><b>粗体字(bold)</b></p>
        <p><i>斜体字(italic)</i></p>
        <p><del>词当中画线表示删除(delete)</del></p>
        <p><ins>词下画线表示插入/填充内容(insert)</ins></p>
        <p>下标:P<sub>1</sub><br></p>
        <p>上标:-2<sup>7</sup>~2<sup>7</sup>-1</p>
        <pre>
        预设(preformatted)文本,原样显示 --
            保留    文本中的空        格和
        换行。
        </pre>
    </body>
</html>
```

05_textFormat.html 页面输出效果如图 2-4 所示。

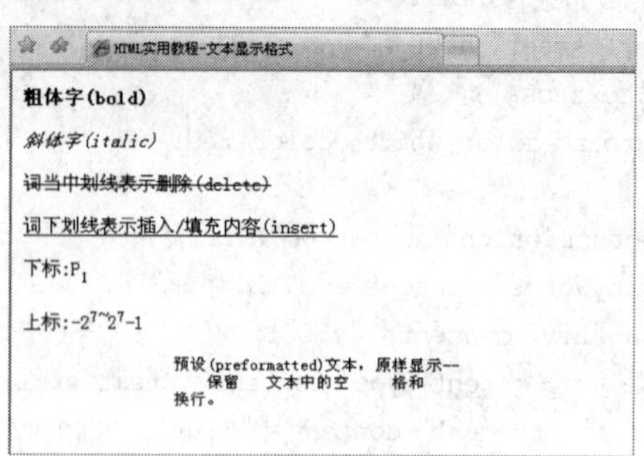

图 2-4 05_textFormat.html 页面效果

2.4.9 字体标记<font>

<font>标记用于设置字体的类型、大小和颜色。常用属性有以下几种。

(1) face——设置字体类型

使用方法为：

```
<font face="宋体">文字内容</font>
```

(2) size——设置字体大小

使用方法为：

```
<font size="6">文字内容</font>
```

(3) color——设置字体颜色

使用方法为：

```
<font color="#9932cc">文字内容</font>
```

要求利用以上所学<font>标记进行练习，编写 06_font.html，代码如下所示。

```
<html>
    <head>
        <title>HTML实用教程-字体</title>
    </head>
    <body>
        <font face="courier">Long long age,there lived a king! </font><br>
        <font face="impact">Long long age,there lived a king! </font><br>
        <font face="impact" size="1">Long long age,there lived a king! </font><br>
        <font face="impact" size="2">Long long age,there lived a king! </font><br>
        <font face="impact" size="3">Long long age,there lived a king! </font><br>
        <font face="impact" size="4">Long long age,there lived a king! </font><br>
        <font face="impact" size="5">Long long age,there lived a king! </font><br>
        <font face="impact" size="6">Long long age,there lived a king! </font><br>
        <p><font face="宋体">少无适俗韵,性本爱丘山</font></p>
        <p><font face="隶书" size="6" color="#9932cc">少无适俗韵,性本爱丘山
        </font></p>
        <font face="黑体" size="8" color="#47ef2e">
            <p align="center">
                少无适俗韵,性本爱丘山<br>
                <font color="red">误落尘网中,一去三十年</font><br>
                羁鸟恋旧林,池鱼思故渊<br>
                开荒南野际,守拙归园田
            </p>
        </font>
    </body>
</html>
```

06_font.html 页面输出效果如图 2-5 所示。

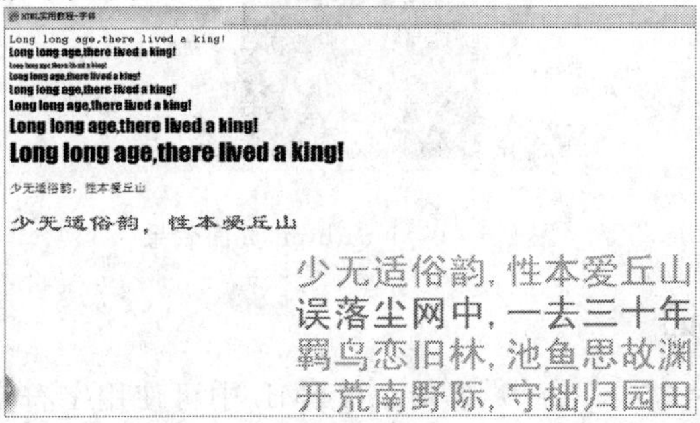

图 2-5　06_font.html 页面效果

2.4.10 图片标记<img>

<img>标记用于在 HTML 页面中插入图片。使用方法为：

```
<img src="youyou.png">
<img src="http://www.v512.com/attachments/book.gif">
```

<img>标记的其他属性有以下几种。

(1) alt——在不支持图片显示的浏览器中将显示本属性值

使用方法为：

```
<img src="youyou.png"alt="悠悠的照片">
```

(2) width/height——设置图片的大小，默认是原图片大小

使用方法为：

```
<img src="youyou.png" width="200" height="120">
<img src="youyou.png" width="30%" height="30%">
```

(3) align——设置图片的水平和垂直对齐方式

使用方法为：

```
<img src="youyou.png" align="center">
```

(4) border——设置图片边框线条宽度

使用方法为：

```
<img src="youyou.png" border="2">
```

要求利用以上所学<image>标记进行练习，编写 07_img.html，代码如下所示。

```
<html>
    <head>
        <title>HTML实用教程-图片</title>
    </head>
    <body>
        <p>显示图片：
        <img src="youyou.png" width="200" height="220">
        其他文字</p>
    </body>
</html>
```

07_img.html 页面输出效果如图 2-6 所示。

图 2-6　07_img.html 页面效果

2.4.11 特殊字符标记

常用特殊字符有空格符、<、>、&、"等，HTML 中可使用字符实体(Character Entities)表示拉丁字符。

(1) 第一种方法：& 实体名；如：<

(2) 第二种方法：& #实体编号；如：<

常用特殊字符的实体名和实体编号表示如表 2-1 所示。

表 2-1 常用特殊字符表示

显示效果	符号说明	实体名表示	实体表号表示
	显示一个空格		
<	小于	<	<
>	大于	>	>
&	& 符号	&	&
"	双引号	"	"
©	版权	©	©
®	注册商标	®	®
×	乘号	×	×
÷	除号	÷	÷

要求利用以上所学特殊字符编写 08_characterEntities.html，代码如下所示。

```
<html>
    <head>
        <title>HTML实用教程-特殊字符显示</title>
    </head>
    <body>
        <p>显示特殊字符：</p>
        <p>空格符：中   国   人！</p>
        <p>小于号：&lt; &#60;</p>
        <p>大于号：&gt; &#62;</p>
        <p>符号 &：&amp;&#38;</p>
        <p>双引号：&quot;&#34;</p>
        <p>版权符号：&copy; &#169;</p>
        <p>注册商标：&reg; &#174;</p>
        <p>乘号：&times; &#215;</p>
        <p>除号：&divide;&#247;</p>
    </body>
</html>
```

08_characterEntities.html 页面输出效果如图 2-7 所示。

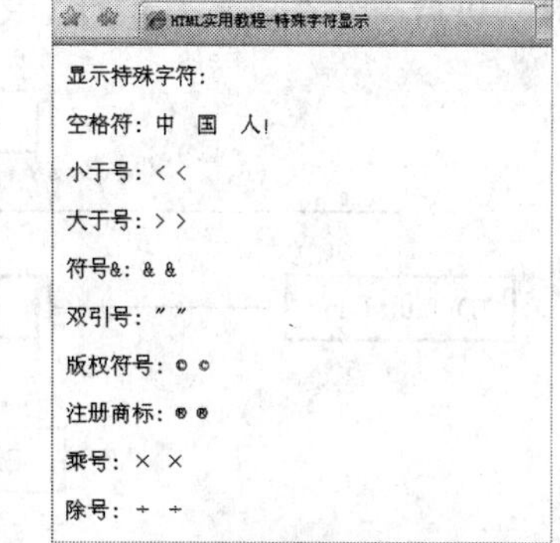

图 2-7 08_characterEntities.html 页面效果

2.4.12 URL 标记

URL，即 Universal Resource Locator，全球资源定位，是超链接的寻址方式，有了 URL，HTTP 不仅能辨别 Internet 上的计算机，还能找出文件在计算机的哪个目录，即 URL 所代表的正是 Web 服务器、网页及超链接的网址。

(1) 绝对 URL

绝对 URL 包含了通信协议的类型、服务器名称、文件夹名称等，我们在 Internet 上进行访问时需要输入绝对 URL，例如 http://www.microsoft.com/taiwan/product/default.htm。

(2) 相对 URL

相对 URL 通常只包含文件夹名称和文件名，有时甚至连文件夹名称都可以省略。当超链接所要连接的文件和超链接所属的文件位于相同的服务器或相同的文件夹时，用户就可以采用相对 URL，而不必将 URL 的通信协议、服务器名称全部写出。

① 文件相对 URL

- 同级目录之间相互访问，直接写“文件名”。
- 高级目录访问低级目录文件，需要写“文件夹/文件名”。
- 低级目录访问高级目录文件，需要写“../文件夹/文件名”。

如果高级目录与低级目录之间差的级别比较多，那么可以多次使用..和/，以返回多级高级目录或者访问多级低级目录。

相对 URL 目录结构如图 2-8 所示。

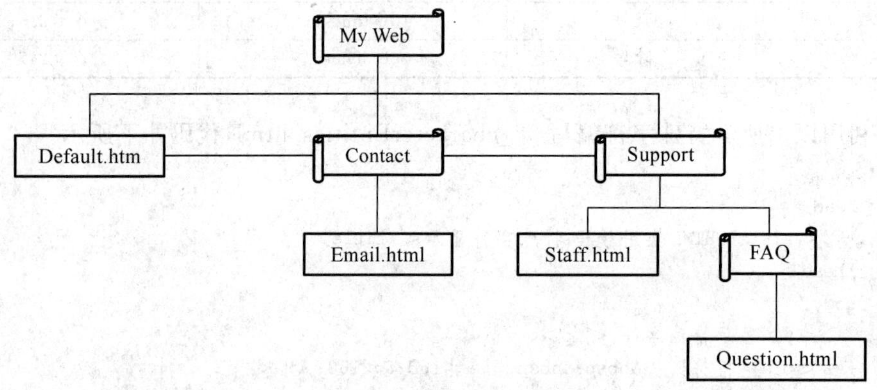

图 2-8　文件相对 URL 目录结构

② 服务器相对 URL

它是相对于服务器的根目录。

斜线/代表根目录，表示任何文件或文件夹都必须从根目录开始。我们当前阶段采用文件相对 URL，以后再结合服务器相对 URL。服务器相对 URL 如图 2-9 所示。

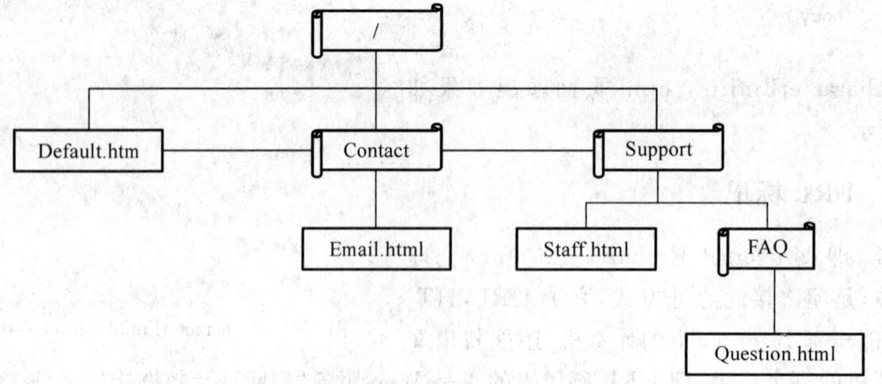

图 2-9　服务器相对 URL 目录结构

要求：根据图 2-8 和图 2-9 所示结构的文件夹和网页，编写代码，从每个页面都能跳转到其他任意页面。

default.html 代码如下所示。

```
<html>
  <head>
    <title>My first page</title>
  </head>
  <body>
        欢迎来到 default.html 页面<br>
        <a href = "content/email.html">连接到 content/email.html 第一种方法</a> <br>
        <a href = "/content/email.html">连接到 content/email.html 第二种方法</a> <br>
        <a href = "support/staff.html">连接到 support/staff.htm</a><br>
        <a href = "support/faq/question.html">连接到 support/faq/question.html</a> <br>
  </body>
</html>
```

email.html 代码如下所示。

```
<html>
  <head>
     <title>My first page</title>
  </head>
  <body>
      欢迎来到 content 文件夹的 email.html 页面<br>
      <a href = "../default.html">连接到 default.html 的第一种方法</a> <br>
      <a href = "/ default.html ">连接到 default.html 的第二种方法</a> <br>
      <a href = "../support/staff.html">连接到 support/staff.htm</a> <br>
      <a href = "../support/faq/question.html">连接到 support/faq/question.html</a> <br>
  </body>
</html>
```

staff.html 代码如下所示。

```
<html>
  <head>
     <title>My first page</title>
  </head>
  <body>
        欢迎您来到 support 文件夹下的 staff.html 网页<br>
        <a href = "../default.html">连接到 default.html</a> <br>
        <a href = "../content/email.html">连接到 content/email.htm</a><br>
        <a href = "faq/question.html">连接到 support/faq/question.html</a> <br>
  </body>
</html>
```

question.html 代码如下所示。

```
<html>
    <head>
    <title>My first page</title>
  </head>
  <body>
        欢迎您来到 support 文件夹下的 faq 文件夹的 question.html 网页<br>
        <a href = "../../default.html">连接到 default.html 的第一种方法</a> <br>
```

```
        <a href="/default.html">连接到 default.html 的第二种方法</a> <br>
        <a href="../../content/email.html">连接到 content/email.htm</a> <br>
        <a href="../staff.html">连接到 support/staff.html</a> <br>
    </body>
</html>
```

2.4.13 超链接标记<a>

HTML 使用<a>标记来实现超链接，使用方法为：

```
<a href="http://www.baidu.com">百度</a>
```

<a>标记的其他属性有以下几种。

(1) target——在制定的窗口或新窗口中显示超链接页面

使用方法为：

```
<a href="http://www.v512.com" target=blank>论坛</a>
```

(2) name——设置锚标记，实现超链接跳转到页面指定位置

使用方法为：

```
<a name="p1">文本内容</a>
<a href="#p1">跳转到 p1 指定的位置</a>
```

(3) title——设置超链接的说明文字(鼠标指针悬停在超链接上显示)

使用方法为：

```
<a href="youyou.png"  title="点这里可以看到我的照片">悠悠</a>
```

(4) 链接到 E-mail 地址

使用方法为：

```
<a href="mailto:zhangli_cuc@163.com">联系我们</a>
```

(5) 用图片作为超链接

使用方法为：

```
<a href="…"><img  src="youyou.png"></a>
```

要求利用以上所学超链接知识编写 href01.html 和 href02.html。

href01.html 代码如下所示。

```
<html>
    <head>
        <title>HTML实用教程-超链接</title>
    </head>
    <body>
      <a href="http://www.baidu.com">百度</a>
      <p><a href="http://map.baidu.com/" target=blank>去百度地图(弹出新窗口)</a>
      <p><a href="youyou.png"  title="点这里可以看到我的照片">悠悠(鼠标悬停在这段文字上试
      试)</a>
      <p><a href="mailto:zhangli_cuc@163.com">联系我们</a>
      <p><a href="http://www.baidu.com"><img  src="v512logo.gif" width=80 height=25>
      </a>
      <p><a href="href02.html#P3">苏轼生平(神宗熙宁元年 -- 元丰八年)</a>
    </body>
</html>
```

href02.html 代码如下所示。

```
<html>
    <head>
        <title>HTML 实用教程-超链接</title>
    </head>
    <body>
        <h1>苏轼生平大事年表</h1>
        索引:<br>
        <a href = "#P1">北宋仁宗天圣元年 -- 嘉祐八年</a> <br>
        <a href = "#P2">英宗治平元年 -- 四年</a> <br>
        <a href = "#P3">神宗熙宁元年 -- 元丰八年</a> <br>
        <a href = "#P4">哲宗元祐年间太后执政</a> <br>
        <a href = "#P5">徽宗太后执政</a><br>
        <p><a name = "P1">
            北宋仁宗天圣元年 -- 嘉祐八年(1023-1064)<br>
            1036 苏轼降生<br>
            1054 娶王弗<br>
            1057 中进士;母丧;服孝(1057.4-1059.6)<br>
            1059 举家前往京都<br>
            1061 仁凤翔判官<br></a>
        </p>
        <p><a name = "P2">
            英宗治平元年 -- 四年(1064-1068)<br>
            1064 任职史馆<br>
            1065 妻丧<br>
            1066 父丧;服孝(1066.4-2068.7)<br></a>
        </p>
        <p><a name = "P3">
            神宗熙宁元年 -- 元丰八年(1068-1086)<br>
            1068 娶王闰之<br>
            1069 返京;任职史馆<br>
            1071 任告监管;任杭州通判<br>
            1074 任密州太守<br>
            1076 任徐州太守<br>
            1079 任湖州太守;入狱<br>
            1080 谪居黄州<br>
            1084 往常州<br>
            1085 往登州;任登州太守;往京都;任中书舍人<br></a>
        </p>
        <p><a name = "P4">
            哲宗(1086-1100)元祐年间太后执政(1085-1093)<br>
            1086 以翰林学士知制诰<br>
            1089 任杭州太守兼浙西军区司令<br>
            1091 任吏部尚书;往京都;任颍州太守<br>
            1092 任扬州太守;兵部尚书;礼部尚书<br>
            1093 妻丧;太后逝世;调定州太守;河北军区司令<br>
            1094 往惠州贬所;谪居惠州<br>
            1097 往海南;谪居海南儋州<br></a>
        </p>
        <p><a name = "P5">
            徽宗(1101-1126)太后执政(1100)<br>
```

```
                1101 北返;往常州;逝世<br>
                1126 北宋亡<br></a>
        </p>
    </body>
</html>
```

href01.html 页面输出效果如图 2-10 所示。

href02.html 页面输出效果如图 2-11 所示。

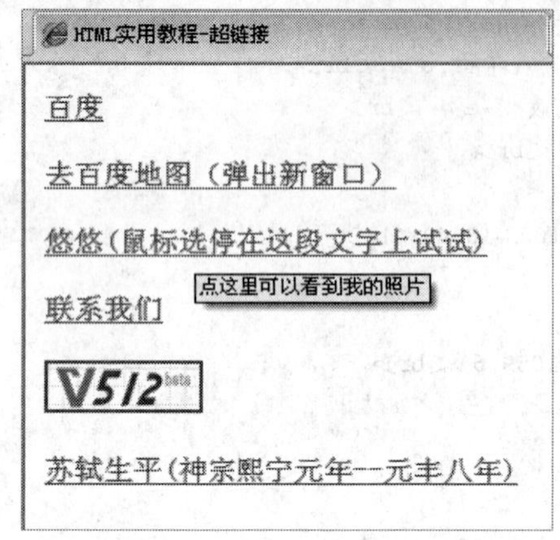

图 2-10　href01.html 页面效果

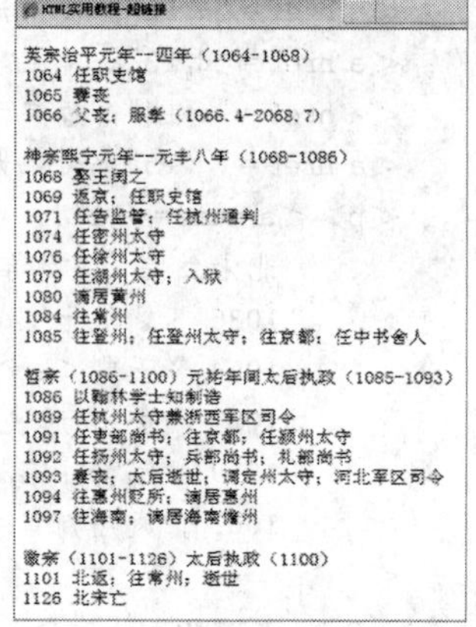

图 2-11　href02.html 页面效果

2.4.14　列表

列表分为有序列表、无序列表、定义列表。

(1) 有序列表(Ordered List)

有序列表是一列使用数字进行标记的项目，它使用<li>包含于<ol>标签(ordered lists)内，使用方法如下：

```
<ol type="a"> <! —可选属性 type 用于设置列表符号 -- >
        <li>列表条目 1</li>
        <! —type 允许取值:"1","a","A","i","I" -- >
        <li>列表条目 2</li>
</ol>
```

有序列表默认情况下使用数字作为列表的开始，也可以通过 type 属性将其设置为英文或罗马数字，常用的 type 属性值如表 2-2 所示。

(2) 无序列表(Unordered List)

无序列表是一组使用项目符号(黑点●、圆圈○、方框□)进行标记的项目，各个列表项之间没有顺序级别之分。它使用<li>包含在<ul>标签(unordered lists)内，使用方法如下：

```
<ul type="disc"> <! —可选属性 type 用于设置列表符号 -- >
        <li>列表条目 1</li>
        <! —type 允许取值:"disc","circle","square" -- >
        <li>列表条目 2</li>
  </ul>
```

无序列表默认情况下使用●作为列表的开始，也可以通过 type 属性将其设置为○或□，常用的 type 属性值如表 2-3 所示。

表 2-2　有序列表 type 属性值

值	描述
1	数字 1,2,3…
a	小写字母 a,b,c…
A	大写字母 A,B,C…
i	小写罗马数字 ⅰ,ⅱ,ⅲ…
I	大写罗马数字 Ⅰ,Ⅱ,Ⅲ…

表 2-3　无序列表 type 属性值

值	描述
disc	●
circle	○
square	□

(3) 定义列表(Declare List)

定义列表语义上表示项目及其注释的组合,它以<dl>标签(Definition Lists)开始,自定义列表项以<dt>(Definition Title)开始,自定义列表项的定义以<dd>(Definition Description)开始。其使用方法如下:

```
<dl>
      <dt>条目 1 标题</dt>
      <dd>条目 1 正文</dd>
      <dt>条目 2 标题</dt>
      <dd>条目 2 正文</dd>
</dl>
```

要求利用以上所学列表知识编写 10_list.html,代码如下所示。

```
<html>
    <head>
        <title>HTML 实用教程 - 列表</title>
    </head>
    <body>
            排序列表:
            <ol type="i">
                  <li>吕布</li>
                  <li>赵云</li>
                  <li>关羽</li>
                  <li>张飞</li>
            </ol>
            <! -- 可选属性 type 允许取值:"1"、"a"、"A"、"i"、"I" -->
        <hr>
            不排序列表:
            <ul type="square">
                  <li>吕布</li>
                  <li>赵云</li>
                  <li>关羽</li>
                  <li>张飞</li>
            </ul>
            <! -- 可选属性 type 允许取值:"disc"、"circle"、"square" -->
        <hr>
            定义列表:
            <dl>
                  <dt>视频名称:</dt><dd>HTML 实用教程</dd>
                  <dt>作者:</dt><dd>张丽</dd>
```

```
            <dt>出品:</dt><dd>世纪学院</dd>
        </dl>
    </body>
</html>
```

10_list.html 页面输出效果如图 2-12 所示。

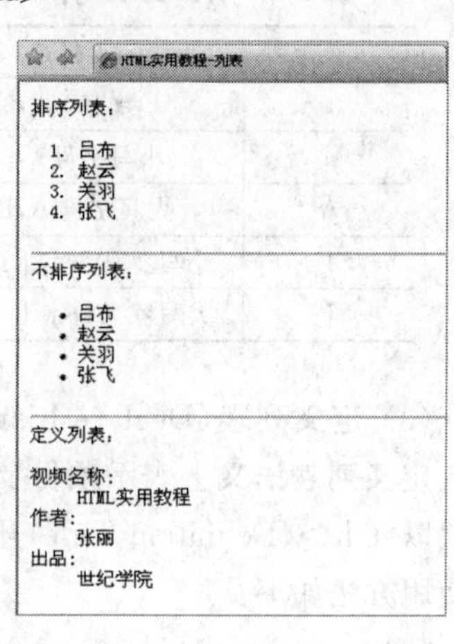

图 2-12　10_list.html 页面效果

2.4.15　表格

表格是网页中十分重要的组成元素，用来存储数据。表格包含标题、表头、行和单元格。在 HTML 语言中，表格标记使用符号<table>表示。定义表格仅仅使用<table>是不够的，还需要定义表格中的行、列、标题等内容，常用的标记有<tr>、<td>、<th>、<caption>等。

表格相关标记的属性如下。

(1) width/height——指定表格或某一单元格的宽度/高度。

(2) border——指定边框线条的宽度。

(3) bordercolor——指定边框线条的颜色。

(4) bgcolor——指定表格或某一单元格的背景颜色。

(5) background——指定表格或某一单元格的背景图片。

(6) align——设置单元格对齐方式。

(7) cellspacing——设置单元格间距。

(8) cellpadding——设置单元格内容与单元格边界之间的距离。

(9) colspan/rowspan——实现跨列/跨行单元格。

要求利用以上所学表格知识编写 table01.html、table02.html、table03.html，并显示相应效果。

table01.html 代码如下所示。

```
<html>
    <head>
        <title>HTML 实用教程-表格</title>
    </head>
    <body>
        <h4>学员成绩表</h4>
        <table border = "1">
            <tr>
                <td>姓名</td>
                <td>科目</td>
                <td>成绩</td>
            </tr>
            <tr>
                <td>张三</td>
                <td>语文</td>
                <td>80</td>
            </tr>
            <tr>
```

```
                <td>李四</td>
                <td>数学</td>
                <td>90</td>
            </tr>
        </table>
    </body>
</html>
```

table01.html 页面输出效果如图 2-13 所示。

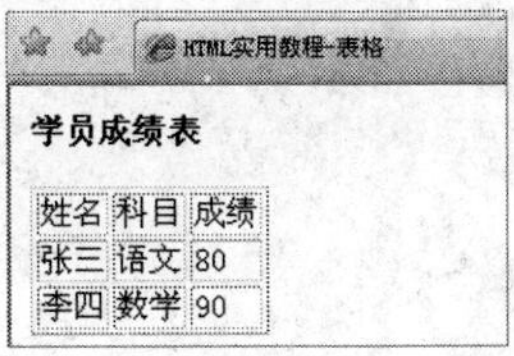

图 2-13　table01.html 页面效果

table02.html 代码如下所示。

```
<html>
    <head>
        <title>HTML 实用教程-表格</title>
    </head>
    <body>
        <table align = "center" border = "2" bordercolor = "blue" width = "300" height = "60"
bgcolor = "#ffcccc" cellspacing = "0" cellpadding = "0">
            <caption><font color = "#887722" size = "6">学生成绩表</caption>
            <tr bgcolor = "#990099">
                <th>姓名</th>
                <th>科目</th>
                <th>成绩</th>
            </tr>
            <tr>
                <td background = "v512logo.gif">张三</td>
                <td>语文</td>
                <td align = "right">80</td>
            </tr>
            <tr>
                <td>李四</td>
                <td>数学</td>
                <td align = "right">90</td>
            </tr>
        </table>
    </body>
</html>
```

table02.html 页面输出效果如图 2-14 所示。

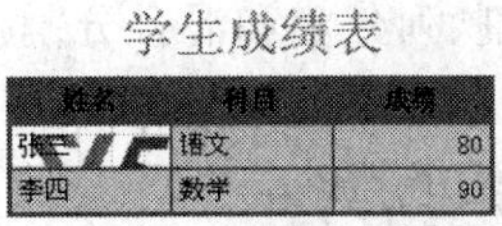

图 2-14　table02.html 页面效果

table03.html 代码如下所示。

```
<html>
    <head>
        <title>HTML 实用教程-表格</title>
    </head>
    <body>
        单元格跨列：
        <table border = "1" width = "250" height = "80">
            <tr>
                <td>xxx</td>
                <td colspan = "2">xxx</td>
```

```
            </tr>
            <tr>
                <td>xxx</td>
                <td>xxx</td>
                <td>xxx</td>
            </tr>
            <tr>
                <td>xxx</td>
                <td>xxx</td>
                <td>xxx</td>
            </tr>
        </table>
        <p>
        单元格跨行：
        <table border = "1" width = "250" height = "80">
            <tr>
                <td>yyy</td>
                <td>yyy</td>
            </tr>
            <tr>
                <td rowspan = "2">联系方式</td>
                <td>yyy</td>
            </tr>
            <tr>
                <td>yyy</td>
            </tr>
        </table>
    </body>
</html>
```

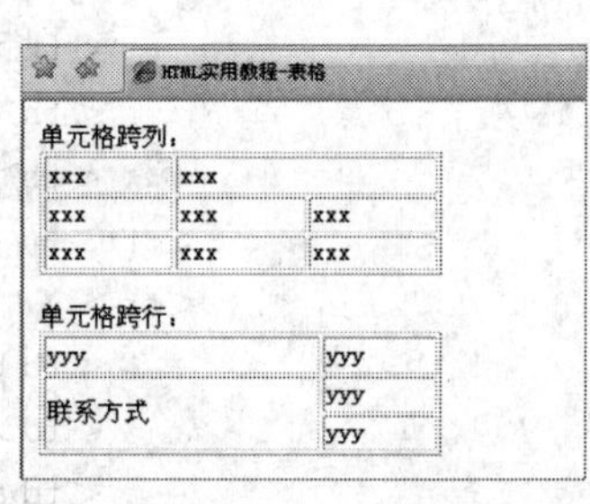

图 2-15　table03. html 页面效果

table03. html 页面输出效果如图 2-15 所示。

2.4.16　页面框架

页面框架通常会将浏览器窗口分割为两个及以上的部分，每个部分连接至不同的 HTML 文件。可以将一个浏览器窗口分割成多个窗格，以同时显示多个不同页面。页面框架可以分行分割、列分割和混合分割。

(1) 行分割

使用方法为：

```
<html>
  <frameset rows = "25 % , * ">
      <frame src = "a. html">
      <frame src = "b. html">
  </frameset>
</html>
```

(2) 列分隔

使用方法为：

```
<html>
  <frameset cols = "300,400, * " border = "0">
      <frame name = "myframe1" noresize  src = "a. html">
```

```
        <frame name = "myframe2" src = "b.html">
        <frame name = "myframe3" src = "c.html">
    </frameset>
    </html>
```

(3) 混合分割和页面导航:综合行分割和列分割

要求利用以上所学页面框架知识编写代码,显示效果如图 2-16 所示。

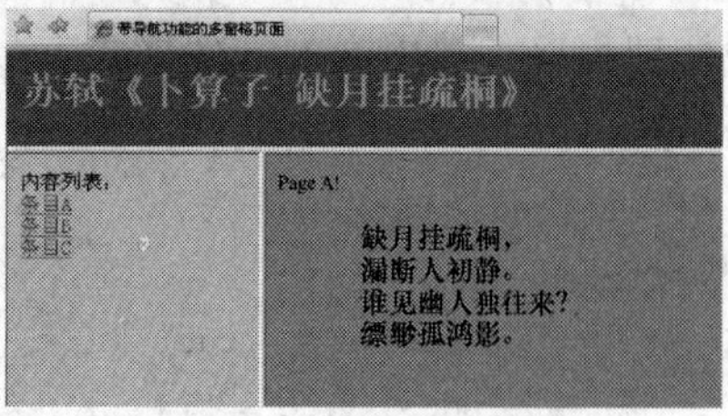

图 2-16　混合分割与页面导航

所需文件为 main.html、top.html、list.html、a.html、b.html、c.html。其中 main.html 为主页面,top.html 为头部页面,list.html 为左侧页面,剩余为与左侧条目对应的显示在右侧的内容页面。

main.html 代码如下所示。

```
<html>
    <head>
        <title>带导航功能的多窗格页面</title>
    </head>
    <frameset rows = "80, * ">
        <frame src = "topic.html" noresize>
        <frameset cols = "200, * ">
            <frame name = "navigateFrame" src = "list.html">
            <frame name = "contentFrame" src = "a.html" >
        </frameset>
    </frameset>
</html>
```

list.html 代码如下所示。

```
<html>
    <body bgcolor = "#abe2d6">
    内容列表:<br>
        <a href = "a.html" target = "contentFrame">条目 A</a><br>
        <a href = "b.html" target = "contentFrame">条目 B</a><br>
        <a href = "c.html" target = "contentFrame">条目 C</a><br>
    </body>
</html>
```

a.html 代码如下所示。

```
<html>
    <body bgcolor = "#89a3e4" text = "#ff00">
        <h4>Page A! </h4>
        <h1>
        <pre>
            缺月挂疏桐,
            漏断人初静。
            谁见幽人独往来?
            缥缈孤鸿影。
        </pre>
        </h1>
    </body>
</html>
```

剩余页面代码较为简单,读者可以自行补充完整。

2.4.17 多媒体嵌入文件

<applet>标记用于在页面中嵌入 JavaApplet。<embed>标记用于在页面中嵌入多种音频和视频格式,格式播放取决于浏览者系统中的播放器,浏览者计算机上需事先安装好相应的处理程序。常用嵌入文件格式有 mp3、mid、wma、asf(流媒体)、asx(音频)、rm、ra、ram、swf、avi 等。

<embed>标记用法为:

```
<embed   src = "..."
         autostart = "true"
         loop = "true"
         hidden = "false"
         controls = "CONSOLE"
         width = "200"
         height = "45">
```

controls 属性规定控制面板的外观,可取值为:console、smallconsole、playbutton、pausebutton、stopbutton 和 volumelever,默认值是 console。

(1) console:一般正常面板;

(2) smallconsole:较小的面板;

(3) playbutton:只显示播放按钮;

(4) pausebutton:只显示暂停按钮;

(5) stopbutton:只显示停止按钮;

(6) volumelever:只显示音量调节按钮。

比较特殊的是,针对 rm、ra、ram 格式的音频文件,需要在<embed>标记中添加一 type 属性:

```
<embed   src = "..."
      type = "audio/x-pn-realaudio-plugin"
      autostart = "true"
      loop = "true"
      hidden = "false"
      controls = "CONSOLE"
      width = "200"
      height = "45">
```

另外 Internet Explorer 浏览器还提供了一种更简单的背景音乐使用:

```
<bgsound src = "....wma" loop = 3>
```

<bgsound>标签的 src 属性常用文件格式为 midi、wav、mp3 和 wma 类型的音乐。

loop 用于指定背景音乐的循环播放次数,设置为-1 则表示无限循环,浏览者可以通过单击浏览器的“停止”按钮停止背景音乐的播放。

第 3 章　CSS 及其应用

3.1　CSS 的基础知识

3.1.1　CSS 的基本概念

CSS 是 W3C 协会为弥补 HTML 在显示属性设定上的不足而定制的一套扩展样式标准，它的全称是 Cascading Style Sheets。传统 HTML 在页面排版和显示效果设置方面存在一些问题，自从引入 CSS 后，HTML 标记专门用于定义网页的内容，而使用 CSS 来设置其显示效果。

CSS 标准中重新定义了 HTML 中原来的文字显示样式，增加了一些新概念，如类、层等，可以对文字重叠、定位等。在 CSS 引入页面设计之前，传统的 HTML 语言要实现页面美化在设计上是十分麻烦的，例如要设计页面中文字的样式，如果使用传统的 HTML 语句来设计页面就不得不在每个需要设计的文字上都定义样式。CSS 的出现改变了这一传统模式。

如果读者想自学更多的 CSS 与 DIV 知识，可以访问 http://www.divcss5.com/，如图 3-1 所示。

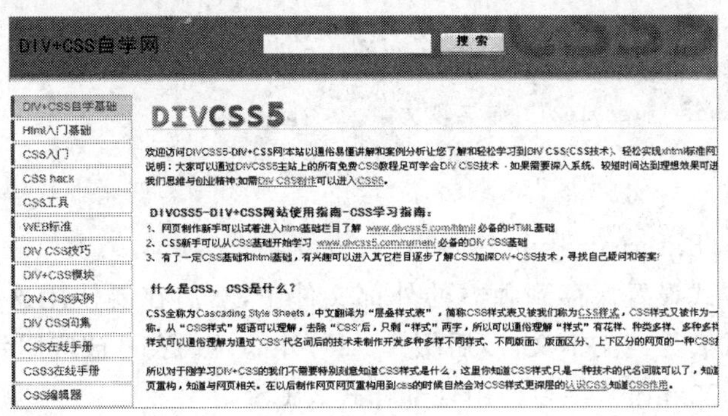

图 3-1　DIV＋CSS 自学网

3.1.2　CSS 样式分类

(1) 内嵌样式(Inline Style)

它以属性的形式直接在 HTML 标记中给出，用于设置该标记所定义信息的显示效果。内嵌样式只对其所在的标记有效。

编写 01.html，练习使用内嵌样式 CSS，代码如下所示。

```
<html>
    <head>
        <title>使用内嵌样式</title>
    </head>
    <body style="background-color:#ccffee">
```

```
        <p style="font-size:16px; color:red">第一段文字。</p>
        <p style="font-sytle:italic; font-size:20px; color:#bb22cc">第二段文字。</p>
    </body>
</html>
```

(2) 内部样式表(Internal Style Sheet)

它在 HTML 页面的头信息元素<head>中给出,可以同时设置多个标记所定义信息的显示效果。内部样式表只对所在的网页有效。

编写 02.html,练习使用内部样式表 CSS,代码如下所示。

```
<html>
    <head>
        <title>使用内部样式表</title>
        <style type="text/css">
            body {background-color:#ccffee}
            h2 {text-align:center; color:red}
            p.mystyle1{font-size:20px; color:blue}
            p.mystyle2{font-style:italic; font-size:40px; color:#dd44aa; text-align:center}
        </style>
    </head>
    <body>
        <h2>标题文字</h2>
        <p class="mystyle1">第一段文字。</p>
        <p class="mystyle2">第二段文字。</p>
        <p class="mystyle1">第三段文字。</p>
        <p>第四段文字。</p>
        <p class="mystyle2">第五段文字。</p>
    </body>
</html>
```

(3) 外部样式表(External Style Sheet)

外部样式表将样式设置保存到独立的外部文件中,然后在要使用这些样式的 HTML 页面中引用。外部样式表为纯文本文件,后缀".css",外部样式表可被应用到多个页面中。

编写 m1.css 和 03.html,练习使用外部样式表 CSS。

m1.css 代码如下所示。

```
body {background-color:#ccffee}
h2 {text-align:center; color:red}
p.mystyle1{font-size:20px; color:blue}
p.mystyle2{font-style:italic; font-size:40px; color:#dd44aa; text-align:center}
```

03.html 代码如下所示。

```
<html>
<head>
    <title>使用外部样式表</title>
    <link href="m1.css" rel="stylesheet" type="text/css">
</head>
<body>
    <h2>标题文字</h2>
    <p class="mystyle1">第一段文字。</p>
```

```
    <p class = "mystyle2">第二段文字。</p>
    <p class = "mystyle1">第三段文字。</p>
    <p>第四段文字。</p>
    <p class = "mystyle2">第五段文字。</p>
</body>
</html>
```

各种样式设置方式的优先级按从高到低的顺序依次为：内嵌样式、内部样式表、外部样式表、浏览器默认样式。如果不同样式的作用范围出现重叠，则高优先级样式将覆盖低优先级样式。

3.1.3 CSS 样式的组成

CSS 样式主要由三部分组成：选择器（或者选择符）(Selector)、属性名(Property)、属性值(Value)。语法格式如下所示：

```
选择符{属性:属性值;}
```

语法说明如下。

(1) 选择器：又称选择符，是 CSS 中很重要的概念，所有 HTML 语言中的标记都是通过不同的 CSS 选择器进行控制的。

(2) 属性：主要包括字体属性、文本属性、背景属性、布局属性、边界属性、列表项目属性、表格属性等内容。其中一些属性只有部分浏览器支持，因此使 CSS 属性的使用变得更加复杂。

(3) 属性值：为某属性的有效值。属性与属性值之间以“:”分割。当有多个属性时，使用“;”分割。

另外，还可以在 CSS 中加注释，示例代码如下所示。

```
/*设置段落显示样式*/
p{ text-align:center;  /*文本居中*/
  color:red;           /*字体为红色*/
  }
```

3.1.4 CSS 选择符

CSS 选择符常用的是标签选择符、类别选择符、id 选择符等。使用选择符即可对不同的 HTML 标签进行控制，从而实现各种效果。下面对各种选择符进行详细介绍。

(1) 标签选择符

HTML 页面是由很多标签组成的，标签选择符就是使用 HTML 中已有的标签作为选择符。标签选择符的结构如图 3-2 所示。

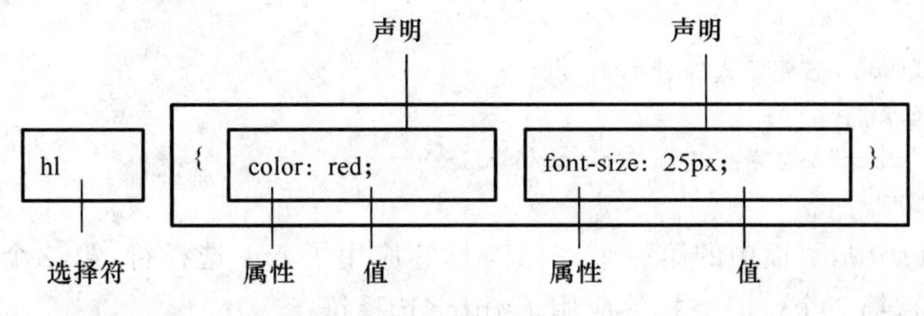

图 3-2 标签选择符

使用的时候跟原来的方式一样，直接调用<h1>标记就可以了，页面中所有的<h1>标签文本都被设置为红色，字体大小设置为 25 像素。

使用标签选择符非常快捷，但是会有一定的局限性，如果声明标签标记选择符，那么页面中所有该标签内容都会有相应的变化。假如页面中有 3 个<h1>标签，如果想要每个<h1>的显示效果不一样，使用标签选择符就无法实现了，这时就需要引入 class 选择符。

（2）类别选择符

类别选择符的名称由用户自己定义，并以“.”开头，定义的属性与属性值也要遵循 CSS 规范。要应用类别选择符的 HTML 标签，只需要使用 class 属性来声明即可。类别选择符的结构如图 3-3 所示。

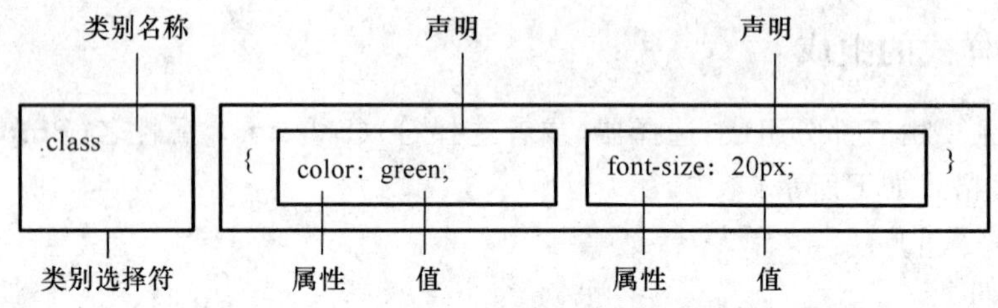

图 3-3　类别选择符

下面使用类别选择符控制页面中的文字样式，代码如下所示。

```
//定义三种类别选择器
.one{                       //定义类名为 one 的类别选择器
    font-family:宋体;       //设置字体
    font-size:24px;         //设置字体大小
    color:red;              //设置字体颜色
   }
.two{
    font-family:宋体;
    font-size:16px;
    color:red;
    }
.three{
    font-family:宋体;
    font-size:12px;
    color:red;
    }
//调用不同的类别选择符
<h1 class = "one">应用了选择符 one</h1>
<p>正文内容 1
<h1 class = "two">应用了选择符 two</h1>
<p>正文内容 2
<h1 class = "three">应用了选择符 three</h1>
<p>正文内容 3
```

在以上的代码中，页面中的第一个<h1>标签应用了 one 选择符，第二个<h1>标签应用了 two 选择符，第三个<h1>标签应用了 three 选择符。

在网站制作导航条的时候，每个子栏目之间的竖条分割线会被多次引用，这时也可以定义一个类别选择符并调用，代码如下所示：

```
.menuDiv {width:1px;height:28px;background:#999}
<li class="menuDiv"></li>
```

类别选择符可以被多次使用，使多处布局拥有统一的样式。

(3) id 选择符

id 选择符是通过 HTML 页面中的 id 属性来选择增添样式，与类别选择符基本相同。但需要注意的是 HTML 页面中不能包含两个相同的 id 标签，因此定义的 id 选择符只能被使用一次，一般用来设置独一无二的样式。

命名 id 选择符要以“#”号开始，后加 HTML 标签中的 id 属性值。id 选择符的结构如图 3-4 所示。

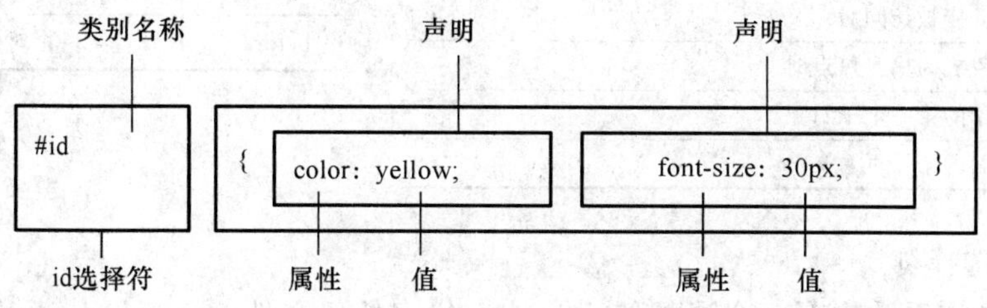

图 3-4　id 选择符

下面使用 id 选择符控制页面中的文字样式，代码如下所示。

```
//定义三种 id 选择符
#first{                    //定义类名为 first 的 id 选择器
      font-size:18px;      //设置字体大小
      }
#second{
      font-size:16px;
      }
#three{
       font-size:12px;
       }
//调用不同的 id 选择符
<p id="first">id 选择符 1
<p id="second">id 选择符 2
<p id="three">id 选择符 3
```

还可以使用 id 选择符定义页面容器，设置一个独一无二的页面样式，代码如下所示：

```
#container {width:800px;margin:10px auto}
<div id="container">页面层容器</div>
```

以上代码的含义是定义一个页面层容器，宽度为 800 像素，页面上、下边距为 10 像素，并且居中显示。如果 margin 的第二个属性值不写，默认是居左显示。

(4) 伪类及伪对象选择符

伪类及伪对象选择符是 CSS 预先定义好的类和对象，编写格式如下：

```
选择符:伪类
选择符:伪对象
```

具体使用方法为：

```
a:visited{color:#ff0000;}
```

使用时无须用 id 或者 class 指明名字，正常调用<a>标记就可以了，以上代码表示页面中的超链接被访问过后，其样式设置为红色文本。

CSS 预定义的伪类和伪对象如表 3-1 和表 3-2 所示。在实际使用中超链接的 4 种状态使用最多：:link、:hover、:active 和:visited。

表 3-1　预定义的伪类

伪类	用法
:link	超链接未被访问时
:hover	对象(一般为超链接)在鼠标指针滑过时
:active	对象(一般为超链接)被用户单击时(鼠标单击未释放)
:visited	超链接被访问后
:focus	对象成为输入焦点时
:first-child	对象的第一个子对象
:first	页面的第一页

表 3-2　预定义的伪对象

伪类	用法
:after	设置某个字符串之后的内容
:first-letter	对象内的第一个字符串
:first-line	对象内的第一行
:before	设置某一个对象之前的内容

(5) 通配选择符

在 DOS 操作系统中有一个通配符，如 *.* 代表任何文件，*.mp3 代表所有的 mp3 文件。在 CSS 中也有 * 通配选择符，代表所有对象，例如：

```
*{margina:0px;}
```

代表所有对象的外边距为 0 像素。

(6) 通配组合

通配组合形成新的选择符类型，常用的有 4 种组合方式。

① 群组选择符。即当需要对多个选择符进行相同的样式设置时，可以把多个选择符写在一起，并用逗号分隔，例如：

```
p,span,div,li{color:#ff0000;}
```

这是一种简化的办法，压缩了代码的编写量，也使代码更容易维护。

② 包含选择符。即通过标签的嵌套包含关系组合选择符，包含关系的两个选择符用空格分隔，例如：

```
#menu ul {list-style:none;margin:0px;}
#menu ul li {float:left;}
```

以上代码意思是只有 menu 选择符内的 ul 标签取消列表前的点并且删除 UL 的缩进，只有嵌套在 menu 选择符内的 ul 标签的 li 标签设置 float 属性，让内容都在同一行显示。

③ 标签指定式选择符。即标签选择符和 id 或 class 的组合，两者之间不需分隔，例如：

```
#hello{color:#ff0000;}
.reader{color:#0000ff}
p#hello {color:#ff0000;}
p.reader {color:#0000ff;}
```

以上代码意思是 id 名称为 hello 的 p 标签文本为红色，class 名称为 reader 的 p 标签为蓝色。

④ 自由组合选择符。即综合以上的选择符类型自由组合的选择符，例如：

```
p#hello h1{color:#ff0000;}
```

以上代码意思是 id 名称为 hello 的 p 标签内 h1 标签的文本为红色。

下面编写常用选择符的 CSS 应用 04.html，代码如下所示。

```
<html>
    <head>
        <title>CSS 基本语法</title>
        <style type = "text/css">
            p {color: #aa66cc}
            h2 {text-align:center; color:red}
            p.mystyle1 {font-size:20px; color:blue}
            p.mystyle2 {font-sytle:italic; font-size:40px; color: #00ffff; text-align:center}
            h1,h3,h4,h5,h6,p.mystyle3 {text-align:center; color:green}
            .mystyle {text-align:right; color:ff00ff}
                            a:link{color: #333}
                            a:visited{color: #333}
                            a:active{color: #f00}
                            a:hover{color: #0ed}
        </style>
    </head>
    <body>
        <h2>h2 标题文字</h2>
        <h5>h5 标题文字</h5>
        <p class = "mystyle1">第一段文字</p>
        <p class = "mystyle2">第二段文字</p>
        <p class = "mystyle3">第三段文字</p>
        <p>第四段文字</p>
        <p class = "mystyle">第五段文字</p>
        <h4 class = "mystyle">h4 标题文字</h4>
        <div class = "mystyle">DIV 块内文字</div>
        <a href = "01.html">请点击我</a>
    </body>
</html>
```

3.1.5 CSS 的属性

(1) 字体属性

字体属性用于设置字体的类型、大小、颜色及显示风格等，CSS 主要字体属性包括以下几种。

① font-family：设置字体类型，如“Arial”“宋体”等。

② font-size：设置字体大小，常用度量单位 pt 和 px。

③ font-style：设置字体风格，可选值为 normal、italic 和 oblique。

④ font-weight：设置字体重量，常用值为 normal 和 bold。

⑤ font：综合设置上述各种字体属性。

编写 05.html，练习使用 CSS 的字体属性，代码如下所示。

```
<html>
    <head>
        <title>CSS 字体属性</title>
        <style type = "text/css">
            p.mf1 {font-family:courier; font-size:20px}
            p.mf2 {font:normal italic bold 20pt 黑体}
        </style>
```

```
    </head>
    <body>
        <p class = "mf1">The first paragraph</p>
        <p class = "mf2">第二段文字</p>
    </body>
</html>
```

（2）文本属性

文本属性用于设置文本的对齐和缩进方式、行高、字间距、文本颜色和修饰效果等，CSS主要文本属性包括以下几种。

① text-align：设置文本对齐方式，可选值为 left、center、right、justify。

② text-indent：设置首行缩进，其值可采用绝对或相对的长度单位及百分比。

③ line-height：设置行高，其值可采用绝对或相对的长度单位及百分比。

④ letter-spacing：设置字符间距，其值可采用绝对或相对的长度单位。

⑤ color：设置文本颜色。

编写 06.html，练习使用 CSS 的文本属性，代码如下所示。

```
<html>
    <head>
        <title>CSS 常用文本属性</title>
        <style type = "text/css">
            .t1 {text-align:left;
                text-indent = 1cm;
                line-height = 20px;
                letter-spacing = 150 % ;
                color = red}
            .t2 {text-align:center;
                text-indent = 0;
                line-height = 20pt;
                letter-spacing = 0.2em;
                color = blue;
                font:-weight:bold}
        </style>
    </head>
    <body>
      <p class = "t1">古希腊有一句民谚说："聪明的人，借助经验说话；而更聪明的人，
      根据经验不说话。"西方还有一句著名的话：雄辩是银，倾听是金。中国人则流传着"言多必失"和
      "讷于言而敏于行"这样的济世名言。</p>
      <p class = "t2">沉舟侧畔千帆过，病树前头万木春</p>
    </body>
</html>
```

CSS 样式表中，长度单位分为两类。

① 绝对长度单位：in——英寸 Inches(1 英寸＝2.54 厘米)；cm——厘米 Centimeters；mm——毫米 Millimeters；pt——点 Points(1 点＝1/72 英寸)；pc——皮卡 Picas(1 皮卡＝12 点)。

② 相对长度单位：em——元素的字体高度；ex——字母 X 的高度；px——像素 Pixels；%——百分比 Percentage。

（3）其他常用属性

CSS 其他常用属性如表 3-3 所示。

表 3-3 CSS 其他常用属性

背景属性	background-color、background-image、background-repeat、background-position、background
边框属性	border-style、border-width、border-color、border
单边边框属性	border-top-width
边距属性	margin-top、margin-bottom、margin-left、margin-right、margin
间隙属性	padding-top、padding-bottom、padding-left、padding-right、padding

3.2 DIV 基础知识

3.2.1 DIV 标记

DIV(Division)是一个 HTML 标记，用于表示一块可现实 HTML 信息的区域。如果不适用任何 CSS 样式设置的话，DIV 标记的效果与分段标记 p 基本相同。使用 CSS+DIV 可以实现结构化的页面布局。使用方法如下所示：

```
<div>第一段文字</div>
<div align="center">第二段文字</div>
```

编写 07.html，用 CSS+DIV 实现简单页面布局，代码如下所示。

```
<html>
    <head>
        <title>CSS+DIV 实现简单页面布局 v</title>
            <style type="text/css">
                * {margin:0px; padding:0px;}
                body{font-size:20px;}
                .main{width:800px;
                    background:blue;
                }
                .main.top1{
                    width:800px;
                    height:40px;
                    background:#ffaaff;
                    border:1px  solid  #dddddd;
                }
                .main.nav{float:left;
                    width:100px;
                    height:300px;
                    background:#bbeeff;
                    border:1px  solid  #dddddd;
                }
                .main.content{float:left;
                    width:700px;
                    height:300px;
                    background:#ffeeaa;
```

```
                border:1px solid #dddddd;
            }
        </style>
    </head>
    <body>
        <div class = "main">
            <div class = "top1">页面标题内容</div>
            <div class = "nav">导航内容</div>
            <div class = "content">主体内容</div>
        </div>
    </body>
</html>
```

HTML 元素按其显示方式可分为“块级”(Block)元素和“行内”(Inline)元素两种。

(1) 块级元素:前后换行,可设定块大小(宽度和高度)、块的定位、块边框、块间距、块内和块边框间空隙等,如 body、p、tr、td、div 等。

(2) 行内元素:位于当前行中,后行不换行,不单独定位,如 span 元素。

编写 08.html,练习使用块级元素和行内元素,代码如下所示。

```
<html>
    <head>
        <title>使用 span 标记</title>
    </head>
    <body>
        <p>一段文字中的<span style = "font-size:40px; color:red">一部分显示效果有所不同</span>,可以采用 span 元素来实现</p>
    </body>
</html>
```

可以使用 CSS 的 display 属性设置/修改元素的具体显示方式,其常用属性取值为:block、inline、none。

编写 09.html,练习 display 属性的应用,代码如下所示。

```
<html>
    <head>
        <title>使用 CSS 的 display 属性</title>
    </head>
    <body>
        <p>一段文字中的<span style = "display:inline; font-size:40px; color:red">一部分
        显示效果有所不同</span>,可以采用 span 元素来实现</p>
        <hr>
        <p>一段文字中的<span style = "display:block; font-size:40px; color:red">一部分
        显示效果有所不同</span>,可以采用 span 元素来实现</p>
        <hr>
        <p>一段文字中的<span style = "display:none; font-size:40px; color:red">一部分
        显示效果有所不同</span>,可以采用 span 元素来实现</p>
        <hr>
        DIV 之前的文字 --<div style = "display:inline; font-size:40px; color:blue">DIV 块
        内文字</div> -- DIV 之后的文字
        <hr>
```

```
        DIV 之前的文字 -- <div style = "display:block; font-size:40px; color:blue">DIV 块
        内文字</div> -- DIV 之后的文字
        <hr>
        DIV 之前的文字 -- <div style = "display:none; font-size:40px; color:blue">DIV 块内
        文字</div> -- DIV 之后的文字
    </body>
</html>
```

3.2.2 DIV+CSS 盒子模型

我们在用 DIV+CSS 布局页面的时候，需要了解什么是盒子模型，只有掌握了它的精确含义才能决定某个元素的最终尺寸，才能在网页上进行精确定位。盒子模型主要用于块级元素，盒子模型有两种，分别是标准 W3C 盒子模型和 IE 盒子模型。

W3C 盒子模型的结构如图 3-5 所示。

从图 3-5 可以看到标准 W3C 盒子模型的范围包括 margin、border、padding、content，并且 content 部分不包含其他部分。

IE 盒子模型的结构如图 3-6 所示。

从图 3-6 可以看到 IE 盒子模型的范围也包括 margin、border、padding、content，和标准 W3C 盒子模型不同的是：IE 盒子模型的 content 部分包含了 border 和 padding。

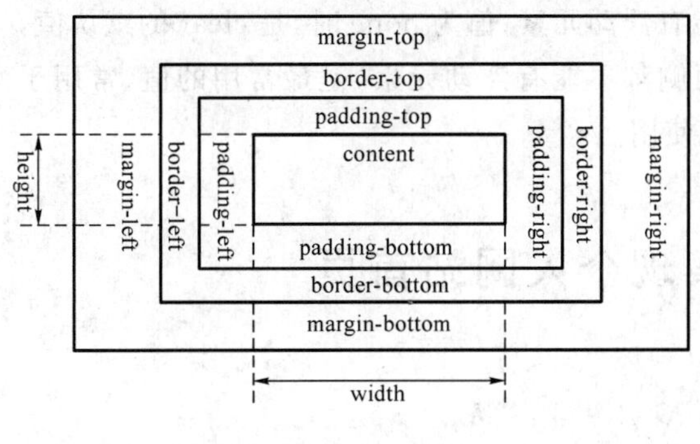

图 3-5　W3C 盒子模型

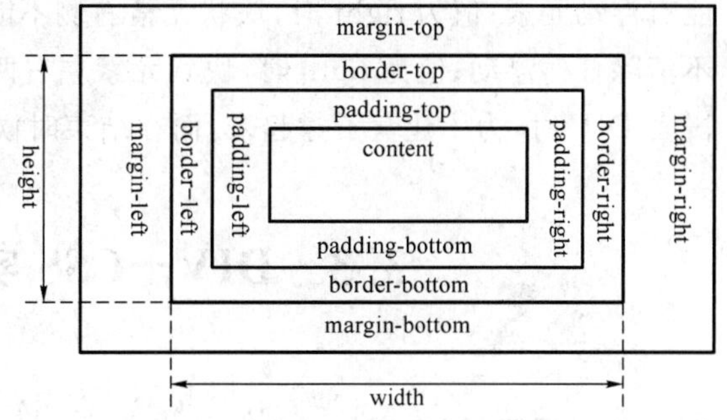

图 3-6　IE 盒子模型

例如，一个盒子的 margin 为 20px，border 为 1px，padding 为 10px，content 的宽为 200px，高为 50px，如果用标准 W3C 盒子模型解释，那么这个盒子需要占据的位置为：宽 (20×2+1×2+10×2+200)px=262 px，高(20×2+1×2+10×2+50)px=112 px，盒子的实际大小为：宽(1×2+10×2+200)px=222 px，高(1×2+10×2+50)px=72 px；如果用 IE 盒子模型，那么这个盒子需要占据的位置为：宽(20×2+200)px=240 px，高(20×2+50)px=90 px，盒子的实际大小为：宽 200 px，高 50 px。

那应该选择哪种盒子模型呢？当然是"标准 W3C 盒子模型"了。怎么样才算是选择了"标准 W3C 盒子模型"呢？很简单，就是在网页的顶部加上 DOCTYPE 声明(<! DOCTYPE html PUBLIC "-//W3C//DTD XHTML 1.0 Transitional//EN" http://www.w3.org/TR/xhtml1/DTD/xhtml1-transitional.dtd>)。如果不加 DOCTYPE 声明，那么各个浏览器会根据自己的行为去理解网页，即 IE 浏览器会采用 IE 盒子模型去解释你的盒子，而 FF 会采用标准 W3C 盒子模型解释你的盒子，所以网页在不同的浏览器中就显示的不一样了。反之，如果加上了 DOCTYPE 声明，那么所有浏览器都会采用标准 W3C 盒子模型去解释你的盒子，网页就能在各个浏览器中显示一致了。为了让网页能兼容各个浏览器，我们选用标准 W3C 盒子模型。

3.2.3 DIV 浮动与清除

DIV 是块级元素，一个 DIV 独占一行，但是如果想让布局中实现两个并列的块元素，该怎么办？

块级元素有一个很重要的 float 属性，可以使多个块级元素并列于一行。

(1) 当前面的 DIV 元素设置浮动属性；

(2) 且当前面的 DIV 元素留有足够的空白宽度时，后面的 DIV 元素将自动浮上来，和前面的 DIV 元素并列于一行。

float 属性的值有 left、right、none。值为 none 时，块状元素不会浮动，也就是块状元素默认值；值为 left 时，块状元素向左浮动；值为 right 时，块状元素向右浮动。

有些情况下，又不需要把所有的 DIV 块都并列为一行，那就需要清除浮动属性。

比如有 A、B、C 三个 DIV 块，A 和 B 块都设置了 float:left 属性，那么 A、B 并列为一行了，但是又不想与 C 块级元素同行，可以将 C 取消向左的浮动属性，那么 C 就不会流上去了。

要取消浮动，则用 clear 属性，值有 left、right、none、both。值为 left 时，块状元素左侧不能有浮动元素；值为 right 时，块状元素右侧不能有浮动元素；值为 none 时，是 clear 的默认值，不清除任何浮动；值为 both 时，块状元素左右两侧都不能有浮动元素，是最常用的值，常用于嵌套 DIV 时，为了让盒子撑起来，而在结束时候使用。

3.3 DIV+CSS 实现个人网站首页

3.3.1 网页构思

设计网页的第一步就是构思，构思好了，一般来说还需要 Photoshop 或 FireWorks（以下简称 PS 或 FW）等图片处理软件将需要制作的界面布局简单地构画出来。以下是我们构思好的界面布局图，如图 3-7 所示。

3.3.2 规划布局

我们需要根据构思图来规划一下页面的布局。仔细分析一下该图，我们不难发现，图片大致分为以下几个部分。

(1) 顶部部分，其中又包括了 Logo、Menu 和一幅 Banner 图片。

(2) 内容部分，又可分为侧边栏、主体内容。

(3) 底部，包括一些版权信息。

有了以上的分析，我们就可以很容易地布局了，我们设计层如图 3-8 所示。

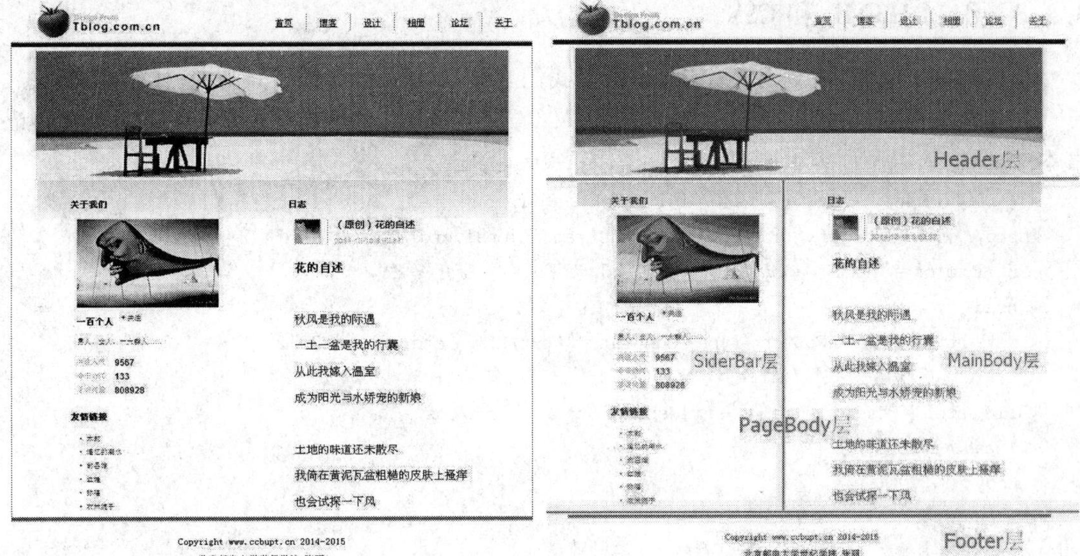

图 3-7　构思好的网页效果图　　　　图 3-8　网页的规划布局效果图

根据图 3-8，我们再画一个实际的页面布局图，说明一下层的嵌套关系，这样理解起来就会更简单了，如图 3-9 所示。

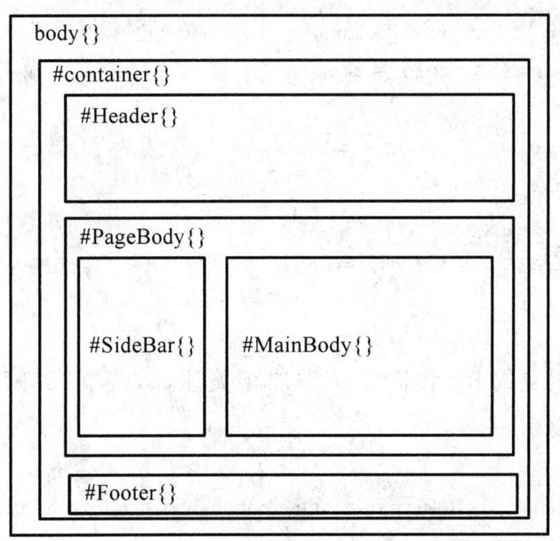

图 3-9　布局嵌套关系图

DIV 结构如下：

```
| body {}  /＊这是一个 HTML 元素，具体我就不说明了＊/
└＃Container {}  /＊页面层容器＊/
        ├＃Header {}  /＊页面头部＊/
          ├＃PageBody {}  /＊页面主体＊/
| ├＃Sidebar {}  /＊侧边栏＊/
          | └＃MainBody {}  /＊主体内容＊/
└＃Footer {}  /＊页面底部＊/
```

3.3.3 编写 HTML 和 CSS

至此,页面布局与规划已经完成,接下来我们要做的就是开始书写 HTML 代码和 CSS。

我们在桌面新建一个文件夹,命名为"DIV+CSS 布局练习",在文件夹下新建两个空的记事本文档,输入以下内容:

```
<! DOCTYPE html PUBLIC "-//W3C//DTD XHTML 1.0 Transitional//EN"
"http://www.w3.org/TR/xhtml1/DTD/xhtml1-transitional.dtd">
<html xmlns = "http://www.w3.org/1999/xhtml">
<head>
<meta http-equiv = "Content-Type" content = "text/html; charset = gb2312" />
<title>无标题文档</title>
<link href = "css.css" rel = "stylesheet" type = "text/css" />
</head>
<body>
</body>
</html>
```

这是 HTML 的基本结构,将其命名为 index.htm,另一个记事本文档则命名为 css.css。下面,我们在<body></body>标签对中写入 DIV 的基本结构,代码如下。

```
<div id = "container">[color = #aaaaaa]<! -- 页面层容器 -- >[/color]
    <div id = "Header">[color = #aaaaaa]<! -- 页面头部 -- >[/color]
    </div>
    <div id = "PageBody">[color = #aaaaaa]<! -- 页面主体 -- >[/color]
        <div id = "Sidebar">[color = #aaaaaa]<! -- 侧边栏 -- >[/color]
        </div>
        <div id = "MainBody">[color = #aaaaaa]<! -- 主体内容 -- >[/color]
        </div>
    </div>
    <div id = "Footer">[color = #aaaaaa]<! -- 页面底部 -- >[/color]
    </div>
</div>
```

为了使以后阅读代码更简易,我们应该添加相关注释,接下来打开 css.css 文件,写入 CSS 信息,代码如下。

```
/*基本信息*/
body {font:12px Tahoma;margin:0px;text-align:center;background:#FFF;}
/*页面层容器*/
#container {width:100%}
/*页面头部*/
#Header {width:800px;margin:0 auto;height:100px;background:#FFCC99}
/*页面主体*/
#PageBody {width:800px;margin:0 auto;height:400px;background:#CCFF00}
/*页面底部*/
#Footer {width:800px;margin:0 auto;height:50px;background:#00FFFF}
```

把以上文件保存,用浏览器打开,这时我们已经可以看到基础结构了,这个就是页面的框架了。

关于以上 CSS 代码,我们讲解一些常用的属性含义。

(1) font:12px Tahoma;

这里使用了缩写,完整的代码应该是:font-size:12px;font-family:Tahoma;说明字体为12像素大小,字体为Tahoma格式。

(2) margin:0px;

这里也使用了缩写,完整的代码应该是margin-top:0px;margin-right:0px;margin-bottom:0px;margin-left:0px或margin:0px 0px 0px 0px;顺序是上/右/下/左,也可以书写为margin:0px(缩写)。

以上样式说明body部分对上右下左边距为0像素,如果使用auto则是自动调整边距。另外,还有以下写法:

```
margin:0px auto;
```

说明上下边距为0px,左右为自动调整。

我们以后将使用到的padding属性和margin有许多相似之处,它们的参数是一样的,只不过各自表示的含义不相同,margin是外部距离,而padding则是内部距离。

(3) text-align:center;

文字对齐方式,可以设置为左、右、中,这里我将它设置为居中对齐。

(4) background:#FFF;

设置背景色为白色,这里颜色使用了缩写,完整的应该是background:#FFFFFF。

background可以用来给指定的层填充背景色、背景图片,以后我们将用到如下格式:

```
background:#ccc url('bg.gif') top left no-repeat;
```

表示使用#CCC(灰度色)填充整个层,使用bg.gif作为背景图片。

(5) top left;

表示图片位于当前层的左上端。

top/right/bottom/left/center用于定位背景图片,分别表示上/右/下/左/中。还可以使用background:url('bg.gif') 20px 100px;表示X坐标为20像素,Y坐标为100像素的精确定位。

(6) no-repeat;

表示仅显示图片大小而不填充满整个层。

repeat/no-repeat/repeat-x/repeat-y分别表示填充满整个层/不填充/沿X轴填充/沿Y轴填充。height/width/color分别表示高度(px)、宽度(px)、字体颜色(HTML色系表)。

大家将代码保存后可以看到,整个页面是居中显示的,那么究竟是什么原因使得页面居中显示呢?是因为我们在#container中使用了以下属性:

```
margin:0 auto;
```

按照前面的说明,可以知道,表示上下边距为0,左右为自动,因此该层就会自动居中。如果要让页面居左,则取消auto值就可以了,因为默认就是居左显示的。通过margin: auto我们就可以轻易地使层自动居中。

3.3.4 细化每一个布局

当我们写好了页面大致的DIV结构后,我们就可以开始细致地对每一个部分进行制作。在上一节中我们写入了一些样式,那些样式是为了预览结构而写入的,我们把css.css中的样式全部清除掉,重新写入以下样式代码:

```
/*基本信息*/
body{font:12px Tahoma;margin:0px;text-align:center;background:#FFF;}
a:link,a:visited{font-size:12px;text-decoration:none;}
a:hover{}
/*页面层容器*/
#container{width:800px;margin:10px auto}
```

样式说明:

```
a:link,a:visited{font-size:12px;text-decoration:none;}
a:hover{}
```

这两项分别是控制页面中超链接的样式。

```
#container{width:800px;margin:10px auto}
```

指定整个页面的显示区域。width:800px 指定宽度为 800 像素,这里根据实际所需设定。margin:10px auto 则是页面上、下边距为 10 像素,并且居中显示。对层的 margin 属性的左右边距设置为 auto 可以让层居中显示。

(1) TOP 切片

TOP 部分包括了 Logo、菜单和 Banner,首先我们要做的就是对设计好的图片进行切片。切片的完成是在 FW 里进行的,我们将 TOP 部分切片为两部分,第一部分包括了 Logo 和一条横线。由于 Logo 图片并没有太多的颜色,于是将这一部分保存为 GIF 格式,调色板选择为精确,选择 Alpha 透明度,色板为白色(此处颜色应与背景色相同),导出为 logo.gif,图像宽度为 800 像素。

问题 1:为什么要使用 GIF 格式,使用 JPEG 不是更好吗?

因为 GIF 格式的图片文件更小,这样能使页面载入的速度更快,当然使用此格式之前必须确定图片并没有使用太多的颜色,当我们使用了 GIF 格式时,从肉眼上并不能看出图片有什么太大的变化,因此这是可行的。

切片效果如图 3-10 所示。

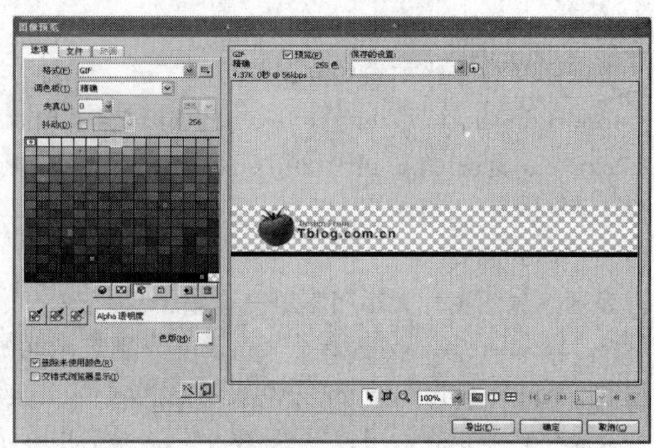

图 3-10　TOP 第一部分切片效果

问题 2:接下来的 Banner 部分还能使用 GIF 格式吗?

答案是不能,因为 Banner 部分是一个细致的图片,如果使用 GIF 格式颜色会有太大的损失,所以必须使用 JPEG 格式,将文件导出为 banner.jpg。

合理的切片是非常重要的,因为切片的方法正确与否决定了 CSS 书写的简易程度以及页面载入速度。

(2) 菜单项设置

切好片后,我们还需要对 TOP 部分进行分析并将 DIV 结构写入 Header 中,代码如下所示。

```
<div id="menu">
  <ul>
    <li><a href="#">首页</a></li>
    <li class="menuDiv"></li>
```

```
        <li><a href = "#">博客</a></li>
        <li class = "menuDiv"></li>
        <li><a href = "#">设计</a></li>
        <li class = "menuDiv"></li>
        <li><a href = "#">相册</a></li>
        <li class = "menuDiv"></li>
        <li><a href = "#">论坛</a></li>
        <li class = "menuDiv"></li>
        <li><a href = "#">关于</a></li>
    </ul>
  </div>
  <div id = "banner">
  </div>
```

对菜单使用列表<li>形式，可以在以后方便对菜单定制样式。

<li class="menuDiv"></li>可以方便地对菜单选项之间插入一些分隔样式，例如预览图中的竖线分隔。

然后我们在 css. css 中再写入以下样式：

```
/*页面头部*/
#header {background:url(logo.gif) no-repeat}
```

样式说明：

#header {background:url(logo.gif) no-repeat}是给页面头部分加入一个背景图片 Logo，并且不作填充。

这里，我们没有指定 header 层的高度，因为 header 层中还有菜单和 banner 项，所以层的高度暂时是未知的，而层的属性又可以让层根据内容自动设定调整，因此我们并不需要指定高度。

接下来在 css. css 中写入以下代码：

```
#menu ul {list-style:none;margin:0px;}
#menu ul li {float:left;}
```

样式说明：

```
#menu ul {list-style:none;margin:0px;}
```

list-style:none，这一句是取消列表前点，因为我们不需要这些点。

margin:0px，这一句是删除 UL 的缩进，这样做可以使所有的列表内容都不缩进。

```
#menu ul li {float:left;}
```

这里的 float:left 的左右是让内容都在同一行显示，因此使用了浮动属性(float)。

到这一步，建议大家先保存预览一下效果，我们再添加下面的内容，效果如图 3-11 所示。

这时，列表内容排列在一行，我们在#menu ul li {}再加入代码 margin:0 10px。margin:0 10px 的作用就是让列表内容之间产生一个 20 像素的距离(左:10 像素，右:10 像素)，预览的效果如图 3-12 所示。

首页博客设计相册论坛关于

图 3-11　菜单项效果

首页　　博客　　设计　　相册　　论坛　　关于

图 3-12　加入距离后的菜单项效果

现在，雏形已经出来了，我们再来固定菜单的位置，把代码改成如下：

```
#menu {padding:20px 20px 0 0}
/*利用 padding:20px 20px 0 0 来固定菜单位置*/
#menu ul {float:right;list-style:none;margin:0px;}
/*添加了 float:right 使得菜单位于页面右侧*/
#menu ul li {float:left;margin:0 10px}
```

这时，位置已经确定了，可是构思图中，菜单选项之间还有一条竖线，怎么办呢？别忘了，我们早就已经留好了一个空的<li class="menuDiv"></li>，要想加入竖线就使用它了。按照上面说的方法，我们再添加以下代码：

```
.menuDiv {width:1px;height:28px;background:#999}
```

保存并预览一下，竖线就会出来了，效果如图 3-13 所示。

不过，菜单选项的文字却在顶部，我们再修改成以下代码：

```
#menu ul li {float:left;margin:0 10px;display:block;line-height:28px}
```

效果基本上已实现，剩下的就是修改菜单的超链接样式，在 css.css 中添加以下代码：

```
#menu ul li a:link,#menu ul li a:visited {font-weight:bold;color:#666}
#menu ul li a:hover{}
```

最后效果如图 3-14 所示。

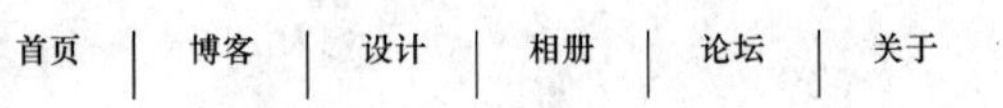

首页 | 博客 | 设计 | 相册 | 论坛 | 关于

图 3-13　加入竖线后的菜单项效果

首页 | 博客 | 设计 | 相册 | 论坛 | 关于

图 3-14　菜单项最后效果

(3) 主体设置

本部分内容主要是想告诉大家如何使用好 border 和 clear 这两个属性。

在 css.css 中加入以下样式：

```
#banner {
  background:url(banner.jpg) 0 30px no-repeat; /*加入背景图片*/
  width:730px; /*设定层的宽度*/
  margin:auto; /*层居中*/
  height:240px; /*设定高度*/
  border-bottom:5px solid #EFEFEF; /*画一条浅灰色实线*/
  clear:both /*清除浮动*/
}
```

通过 border 很容易就绘制出一条实线了，并且减少了图片下载所占用的网络资源，使得页面载入速度变得更快。

另一个要说明的就是 clear:both，表示清除左、右所有的浮动，在接下来的布局中我们还会用这个属性：clear:left/right。在这里添加 clear:both 是由于之前的 ul、li 元素设置了浮动，如果不清除则会影响 banner 层位置的设定。

```
<div id="pagebody"><!--页面主体-->
  <div id="sidebar"><!--侧边栏-->
  </div>
  <div id="mainbody"><!--主体内容-->
  </div>
</div>
```

以上是页面主体部分，我们在 css.css 中添加以下样式：

```
#pagebody {
  width:730px; /*设定宽度*/
  margin:8px auto; /*居中*/
}
#sidebar {
  width:160px; /*设定宽度*/
  text-align:left; /*文字左对齐*/
  float:left; /*浮动居左*/
  clear:left; /*不允许左侧存在浮动*/
  overflow:hidden; /*超出宽度部分隐藏*/
}
#mainbody {
  width:570px;
  text-align:left;
  float:right; /*浮动居右*/
  clear:right; /*不允许右侧存在浮动*/
  overflow:hidden
}
```

为了可以查看到效果，建议在#sidebar 和#mainbody 中加入以下代码，预览完成后可以删除这段代码：

```
border:1px solid #E00;
height:200px
```

保存并预览效果，如图 3-15 所示，可以发现这两个层完美的浮动，达到了我们布局的要求，而两个层的实际宽度应该[160+2(border)+570+2]px=734px，已经超出了父层的宽度，由于 clear 的原因，这两个层才不会出现错位的情况，这样可以使我们布局的页面不会因为内容太长(例如图片)而导致错位。

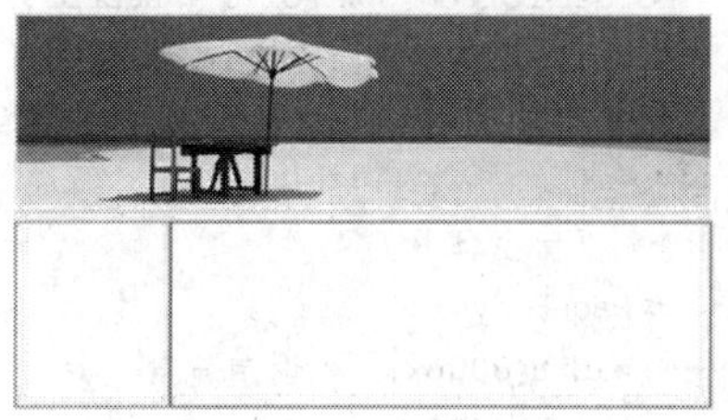

图 3-15 图层浮动效果

而之后添加的 overflow:hidden 则可以使内容太长(例如图片)的部分自动被隐藏。通常我们会看到一些网页在载入时，由于图片太大，布局被撑开，直到页面下载完成才恢复正常，通过添加 overflow:hidden 就可以解决这个问题。

CSS 中每一个属性运用得当，就可以解决许多问题，或许它们与你在布局的页并没有太大的关系，但是你必须知道这些属性的作用，在遇到难题的时候，可以尝试使用这些属性去解决问题。

3.3.5 完整代码示例

(1) css.css 代码

```
/*基本信息*/
body {font:12px Tahoma;margin:0px;text-align:center;background:#FFF;}
/*对 body 标记进行 css 样式定义*/
/*页面层容器*/
#container {width:800px;height:810px;margin:10px auto;background:#EEF;}
```

```
/*页面头部*/
#header {background:url(logo.gif) no-repeat}
#menu {padding:20px 20px 0 0}
/*利用 padding:20px 20px 0 0 来固定菜单位置,与上,下,左,右的间隙*/
#menu ul {float:right;list-style:none;margin:0px;}
/*添加了 float:right 使得菜单位于页面右侧*/
/*list-style:none 是取消列表前的标志*/
#menu ul li {float:left;display:block;line-height:30px;margin:0 10px}
/*这里的 float:left 的左右是让内容都在同一行显示*/
/*margin:0 10px 的作用就是让列表内容之间产生一个 20 像素的距离(左:10px,右:10px)*/
/*display:block 是将 li 设置为块级元素*/
/*line-height 为设置行高*/
#menu ul li a:link{background-color:cf3;color:#333}
/*鼠标访问前*/
#menu ul li a:hover{background-color:69c;color:#fff}
/*鼠标滑过*/
#menu ul li a:active{color:#f00}
/*鼠标单击时*/
#menu ul li a:visited{background-color:cf3;color:#333}
/*鼠标单击后*/
.menuDiv {width:1px;height:28px;background:#999}
/*菜单选项之间还有一条竖线*/
#banner {background:url(banner.jpg) 0 30px no-repeat;  /*加入背景图片*/
width:730px;/*设定层的宽度*/
margin:auto;/*层居中*/
height:240px;/*设定高度*/
border-bottom:5px solid #EFEFEF;/*在底部画一条灰色实线*/
clear:both/*清除左右浮动,在这里添加 clear:both 是由于之前的 ul、li 元素设置了浮动,
如果不清除则会影响 banner 层位置的设定。*/
}
/*页面主体*/
#PageBody {
  width:800px; /*设定宽度*/
  height:400px;
  margin:0px auto; /*居中*/
}
/*左栏*/
#Sidebar {
  width:198px; /*设定宽度*/
  height:398px;
  text-align:left; /*文字左对齐*/
  float:left; /*浮动居左*/
  clear:left; /*不允许左侧存在浮动*/
  overflow:hidden; /*超出宽度部分隐藏*/
  border:1px solid #00ff00;
}
/*右侧内容*/
#MainBody {
  width:590px;
  height:398px;
```

```
  text-align:center;
  clear:right; /*不允许右侧存在浮动*/
  overflow:hidden;/*超出宽度部分隐藏*/
  border:1px solid #0000ff;
}
/*页面底部*/
#footer{width:798px;height:120px;text-align:center;margin:0 auto;border:1px solid
#ff0000;}
```

(2) index.html 代码

```
<!DOCTYPE html PUBLIC "-//W3C//DTD XHTML 1.0 Transitional//EN"
"http://www.w3.org/TR/xhtml1/DTD/xhtml1-transitional.dtd">
<html xmlns="http://www.w3.org/1999/xhtml">
<head>
<meta http-equiv="Content-Type" content="text/html; charset=gb2312" />
<title>无标题文档</title>
<link href="css1.css" rel="stylesheet" type="text/css" media="all" />
</head>
<body>
<div id="container">
      <div id="header">
            <div id="menu">
               <ul>
                  <li><a href="#">首页</a></li>
                  <li class="menuDiv"></li>
                  <li><a href="#">博客</a></li>
                  <li class="menuDiv"></li>
                  <li><a href="#">设计</a></li>
                  <li class="menuDiv"></li>
                  <li><a href="#">相册</a></li>
                  <li class="menuDiv"></li>
                  <li><a href="#">论坛</a></li>
                  <li class="menuDiv"></li>
                  <li><a href="#">关于</a></li>
               </ul>
            </div>
            <div id="banner">
            </div>
      </div>
      <div id="PageBody">
                  <div id="Sidebar">[color=#aaaaaa]侧边栏[/color]
                  </div>
                  <div id="MainBody">[color=#aaaaaa]主体内容[/color]
                  </div>
            </div>
      <div id="footer">copy 张丽 2010-2011</div>
</div>
</body>
</html>
```

第 4 章　JavaScript 及其应用

4.1　JavaScript 的基础知识

4.1.1　JavaScript 的基本概念

JavaScript 是由 Netscape 公司开发的一种脚本语言。它是一种基于对象和事件驱动并具有安全性能的解释型脚本语言，在 Web 应用中得到了非常广泛的应用。它不需要进行编译，而是直接嵌入在 HTTP 页面中，把静态页面转成支持用户交互并响应应用事件的动态页面。在 Java Web 程序中，经常应用 JavaScript 进行数据验证、控制浏览器以及生成时钟、日历和时间戳文档等。

JavaScript 是 Web 页面中一种比较流行的脚本语言，它由客户端浏览器解释执行，可以应用在 JSP、ASP、PHP 等网站中。同时，随着 Ajax 进入 Web 开发的主流市场，JavaScript 已经被推到了舞台的中心，因此，熟练掌握并应用 JavaScript 对于网站开发人员来说非常重要。

4.1.2　JavaScript 的特点

JavaScript 适用于静态或动态页面，是一种被广泛使用的客户端脚本语言。它具有解释性、基于对象、事件驱动、安全性和跨平台等特点，下面进行详细介绍。

(1) 解释性(Interpreted Language)

JavaScript 是一种脚本语言，采用小程序段的开发方式实现编程。和其他脚本语言一样，JavaScript 也是一种解释性语言，它提供了一个简易的开发过程。

(2) 基于对象(Object Based)

JavaScript 是一种基于对象的语言。它可以应用自己创建的对象，因此许多功能来自于脚本环境中对象的方法与脚本的相互作用。

(3) 事件驱动(Event Driven)

事件驱动就是用户进行某种操作(如按下鼠标、选择菜单等)，计算机随之作出相应的响应，这里的某种操作称为事件，而计算机作出的响应称为事件响应。

JavaScript 可以以事件驱动的方式直接对客户端的输入作出响应，无须经过服务器端程序。

(4) 安全性

JavaScript 具有安全性。它不允许访问本地硬盘，不能将数据写入到服务器上，并且不允许对网络文档进行修改和删除，只能通过浏览器实现信息浏览或动态交互，从而有效地防止数据的丢失。

(5) 跨平台

JavaScript 依赖于浏览器本身，与操作系统无关，只要浏览器支持 JavaScript，JavaScript

的程序代码就可以正确执行。

4.1.3 JavaScript 的功能

(1) 增强页面动态效果。

(2) 实现页面(浏览器)与用户之间的实时、动态的交互。

(3) 控制浏览器的行为,如浏览器的退后、刷新、加入收藏夹。

4.1.4 JavaScript 代码位置

在 HTML 页面中,使用<script>标记嵌入脚本代码,代码如下所示。

```
<script language = "javascript">   //或者使用:type = "text/javascript"
        /* JavaScript 代码 */
</script>
```

调用 JavaScript 代码时,JavaScript 的代码可以出现在三个位置:页面主体、页面头部、单独的外部文件,下面就三种位置进行详细介绍。

(1) HTML 页面主体(<body>元素)

编写 01.html,JavaScript 代码在 html 主体位置出现,代码如下所示。

```
<html>
    <head>
        <title>JavaScript 例程</title>
    </head>
    <body>
        <h2>以下内容由 JavaScript 代码输出:</h2>
        <script language = "javascript">
            document.write("Hello,你好!");
        </script>
    </body>
</html>
```

(2) HTML 页面头部(<head>元素)

编写 02.html,JavaScript 代码在 html 头部位置出现,代码如下所示。

```
<html>
    <head>
        <title>JavaScript 例程</title>
        <script language = "javascript">
            document.write("Hello,你好!");
        </script>
    </head>
    <body>
        <h2>以下内容由 JavaScript 代码输出:</h2>
    </body>
</html>
```

(3) 单独的外部文件中

编写 m3.js 和 03.html,JavaScript 代码在单独外部文件出现。

m3.js 代码如下所示。

```
document.write("Hello,你好!");
```

03.html 代码如下所示。

```
<html>
    <head>
        <title>JavaScript 例程</title>
    </head>
    <body>
        <h2>以下内容由 JavaScript 代码输出:</h2>
        <script language = "javascript" src = "m3.js">
        </script>
    </body>
</html>
```

4.2 JavaScript 的基本语法

4.2.1 语法的基本特点

JavaScript 与 Java 在语法上有些相似,但也不尽相同。下面将结合 Java 语言对编写 JavaScript 代码时需要注意的事项进行详细介绍。

(1) JavaScript 区分大小写

JavaScript 区分大小写,这一点与 Java 语言是相同的。例如变量 username 与变量 userName 是两个不同的变量。

(2) 每行结尾的分号可有可无

与 Java 语言不同,JavaScript 并不要求必须以分号(;)作为语句的结束标记。如果语句的结束处没有分号,JavaScript 会自动将该行代码的结尾作为语句的结尾。

不过,最好的代码编写习惯是在每行代码的结尾处加上分号,这样可以保证每行代码的准确性。

(3) 变量是弱类型的

与 Java 语言不同,JavaScript 的变量是弱类型的。因此在定义变量时,只使用 var 运算符,就可以将变量初始化为任意的值。例如,通过以下代码可以将变量 username 初始化为 mrsoft,而将变量 age 初始化为 20。

```
var username = "mrsoft";
var age = "20";
```

(4) 没有 char 数据类型

与 Java 不同,JavaScript 没有 char 数据类型,要表示单个字符,必须使用长度为 1 的字符串。

4.2.2 JavaScript 的关键字

编程语言中,一些被赋予特定的含义并用作专门用途的单词称为关键字(Keyword)或保留字(Reserved Word)。JavaScript 中的常用关键字如表 4-1 所示。

表 4-1 JavaScript 常用关键字

abstract	break	delete	function	return
case	do	if	switch	var
catch	else	in	this	void
continue	false	instanceof	throw	while
debugger	finally	new	true	with
defaule	for	null	try	typeof

4.2.3 JavaScript 的数据类型

JavaScript 的数据类型比较简单，主要有整型、浮点型、字符型、布尔型。

(1) 整型：JavaScript 的整型可以是正整数、负整数和 0，并且可以采用十进制、八进制或十六进制来表示。

(2) 浮点型：浮点型数据由整数部分加小数部分组成，只能采用十进制，但是可以使用科学计数法或是标准方法来表示。

(3) 字符型：字符型数据是使用单引号或双引号括起来的一个或多个字符。

(4) 布尔型：布尔型数据只有两个值，即 true 或 false，主要用来说明或代表一种状态或标志。在 JavaScript 中，也可以使用整数 0 表示 false，使用非 0 的整数表示 true。

JavaScript 支持的基本对象类型有：内置对象（String、Math、Date）、浏览器对象（Window、Document、History、Forms……）、用户自定义对象。相关对象的使用会在后面 4.4 节详细介绍。

4.2.4 变量的定义及使用

变量的命名规则如下。

(1) 必须以字母、下划线（"_"）或美元符（"$"）开头，后面可以跟字母、下划线、美元符和数字。

(2) 变量名区分大小写(Case-Sensitive)。

(3) 不允许使用 JavaScript 关键字做变量名。

JavaScript 作为弱类型语言，变量声明时不指定数据类型，其具体数据类型由给其所赋的值决定。

通常使用 var 声明变量，也可以不经声明而直接使用变量，但必须是先赋值再取用其值。

编写 04.html，进行 JavaScript 语法练习，代码如下所示。

```
<html>
    <head>
        <title>JavaScript 变量</title>
    </head>
    <body>
        <script language = "JavaScript">
            var a;
            a = 2;
            var b = 3.14;
            var c = "Hello,你好";
```

```
            var d = 5, e = 6;
            b = c + d;
            document.write(b);
            document.write("<br>");
            //变量未经声明,直接使用
            f = "Welcome to JavaScript";
            document.write(f);
        </script>
    </body>
</html>
```

4.2.5 JavaScript 的函数

JavaScript 中的函数(Function)相当于其他编程语言中的方法(Method)或子程序(Subroutine),是用来完成相对独立功能的一段代码的集合。

JavaScript 函数在定义时不需要指定其返回值类型和是否有返回值。函数定义格式如下所示。

```
function<函数名>(<形式参数列表>){
    <函数体代码>
    [<return 语句>]
}
```

4.3 JavaScript 事件

4.3.1 事件相关概念

事件(Event)用于描述发生什么事情,用户的鼠标或键盘操作(如单击、文字输入、选中条目等)以及其他的页面操作(如页面加载和卸载等)都会触发相应的事件。

事件源(Event Source):可能产生事件的组件,通常为表单组件。

事件驱动(Event Driven):由事件引发程序的响应,执行事先预备好的事件处理代码。

事件处理代码(Event Handle):JavaScript 中事件处理代码通常定义为函数的形式,其中加入所需的处理逻辑,并将之关联到所关注的事件源组件上。

4.3.2 常用事件及其应用

(1) onclick:鼠标单击事件,通常在表单组件中产生。

(2) onLoad:页面加载事件,当页面加载时,自动调用函数(方法)。注意:此方法只能写在<body>标签之中。

(3) onScroll:窗口滚动事件,当页面滚动时调用函数。注意:此事件写在方法的外面,且函数名(方法名)后不加括号。使用方法为:window.onscroll=move。

(4) onBlur:失去焦点事件,当光标离开文本框时触发调用函数。当 text 对象或 textarea 对象以及 select 对象不再拥有焦点而退到后台时,引发该事件,它与 onFocas 事件是一个对应的关系。

(5) onFocus 事件:光标进入文本框时触发调用函数。当用户单击 Text 或 textarea 以及

select 对象时，产生该事件。

(6) onChange 事件：文本框的 value 值发生改变时调用函数。当利用 text 或 textarea 元素输入字符值改变时引发该事件，同时当在 select 表格项中一个选项状态改变后也会引发该事件。

(7) onSubmit 事件：属于<form>表单元素，写在<form>表单标签内。使用方法为：onSubmit="return 函数名()"。

(8) onKeyDown 事件：在输入框中按下键盘上的任何一个键时，都会触发该事件，调用函数。注意：此事件写在方法的外面，且函数名(方法名)后不加括号。使用方法为：document.onkeydown=函数名()。

(9) setTimeout("函数名()",间隔时间)：函数每暂停一个时间间隔(以毫秒为单位)后执行，可以实现一些特殊的效果。

(10) clearTimeout(对象)：清除已设置的 setTimeout 对象。

(11) onMouseOver：鼠标移动到某对象范围的上方时，触发事件调用函数。注意：在同一个区域之内，无论怎样移动都只触发一次函数。

(12) onMouseOut：鼠标离开某对象范围时，触发事件调用函数。

(13) onMouseMove：鼠标移动到某对象范围的上方时，触发事件调用函数。注意：在同一个区域之内，只要移动一次就触发一次事件调用一次函数。

(14) onmouseup：当鼠标松开。

(15) onmousedown：当鼠标按下。

编写 05.html，要求当加载一个页面时会显示欢迎对话框，当卸载一个页面时会显示再见对话框。代码如下所示。

```
<html>
    <head>
        <title>欢迎与再见</title>
        <script language = "JavaScript">
            function sayHello(){
                window.alert("欢迎光临!");
            }
            function sayBye(){
                window.alert("再见!");
            }
        </script>
    </head>
    <body onLoad = "sayHello()" onUnload = "sayBye()">
        正文内容!
    </body>
</html>
```

图 4-1　05.html 页面效果

05.html 页面输出效果如图 4-1 所示。

编写 06.html，要求当单击一个按钮的时候，弹出一个对话框。代码如下所示。

```
<html>
    <head>
        <title>测试名字</title>
        <script language = "JavaScript">
            function test1(){
                var name = window.prompt("请输入您的姓名","");
```

```
                window.alert("经四柱预测,您的名字很吉利! 请付测算费￥8888!");
            }
        </script>
    </head>
    <body onLoad = "sayHello()" onUnload = "sayBye()">
        <input type = "button" name = "b1" value = "开始测试"  onClick = "test1()">
    </body>
</html>
```

06.html 页面输出效果如图 4-2 所示。

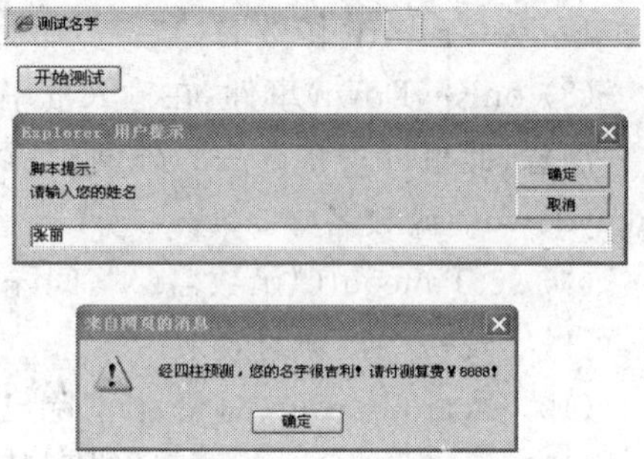

图 4-2 06.html 页面效果

编写 07.html,要求当填写信息的时候,文本框得到焦点时清除以前的信息,当文本框失去焦点时弹出对话框。代码如下所示。

```
<html>
    <head>
        <title>获得与失去焦点</title>
        <script language = "JavaScript">
            function clear1(){
                document.myform1.uname.value = "";
            }
            function show(){
                window.alert("您填写的姓名是:" + document.myform1.uname.value);
            }
        </script>
    </head>
    <body>
        请输入注册信息:
        <form name = "myform1">
            姓名:<input type = "text" name = "uname" value = "请输入姓名:"
onFocus = "clear1()" onBlur = "show()"><br>
            年龄:<input type = "text" name = "age" ><br>
            <input type = "submit">
        </form>
    </body>
</html>
```

07.html 页面输出效果如图 4-3 所示。

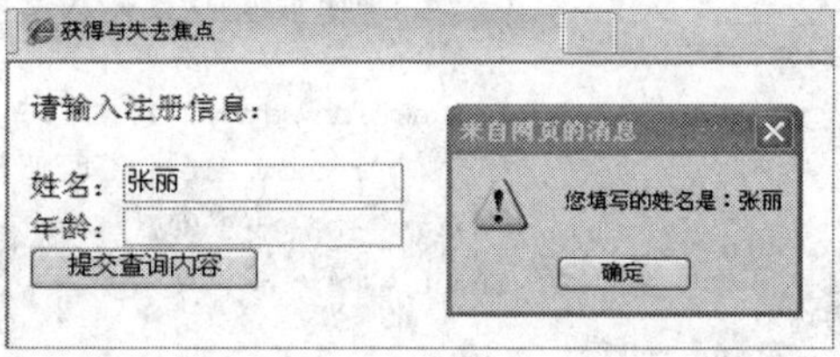

图 4-3 07.html 页面效果

编写 08.html,自定义鼠标,要求鼠标指针移动到哪里就有一只鱼的动画跟随到哪里。代码如下所示。

```
<html>
    <head>
        <title>省会查询</title>
        <style>
            .mystyle{
                position:absolute;
                left:12;
                top:222;
            }
        </style>
        <script language = "JavaScript">
```

```
            function move(x, y){
                mypic.style.left = x;
                mypic.style.top = y;
            }
        </script>
    </head>
    <body  onMousemove = "move(event.x, event.y)" >
        我是一只跟随的鱼
        <div class = "mystyle" id = "mypic"><img src = "fish.gif"></div>
    </body>
</html>
```

08.html 页面输出效果如图 4-4 所示。

图 4-4　08.html 页面效果

编写 09.html,要求能够查询出某省的省会城市。代码如下所示。

```
<html>
    <head>
            <title>省会查询</title>
        <script language = "JavaScript">
            function change()
            {
                switch(myform.option1.value)
                {
                    case "select1":
                        myform.txt1.value = "石家庄";
                        break;
                    case "select2":
                        myform.txt1.value = "济南";
                        break;
                    case "select3":
                        myform.txt1.value = "广州";
                        break;
                }
            }
        </script>
    </head>
    <body>
        省会查询:
        <form name = "myform">
            <SELECT type = "select" name = "option1" size = "3" onChange = "change()">
                <OPTION selected value = "select1">河北</OPTION>
                <OPTION value = "select2">山东</OPTION>
                <OPTION value = "select3">广东</OPTION>
            </SELECT>
            <Input type = "text" name = "txt1" value = "省会">
        </form>
    </body>
</html>
```

09.html 页面输出效果如图 4-5 所示。

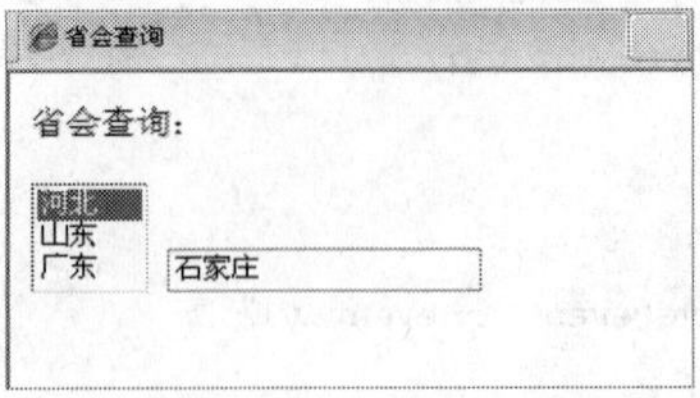

图 4-5　09.html 页面效果

4.4　JavaScript 常用对象

4.4.1　数学对象

内置对象 Math 提供常规的数学运算方法和数学常量：PI、E、abs()、sin()、cos()、sqrt()、pow()、random()。

4.4.2　时间对象

时间对象封装了日期和时间信息并提供相关操作功能。常用方法如下所示。

(1) Var a＝new Date()；//创建 a 为一个新的时期对象

(2) y＝a.getYear()；//y 的值为从对象 a 中获取年份值两位数年

(3) y1＝a.getFullYear()；//获取全年份数四位数年份

(4) m＝a.getMonth()；//获取月份值(0-11)

(5) d＝a.getDate()；//获取日期值

(6) d1＝a.getDay()；//获取当前星期值

(7) h＝a.getHours()；//获取当前小时数

(8) m1＝a.getMinutes()；//获取当前分钟数

(9) s＝a.getSeconds()；//获取当前秒钟数

4.4.3　字符串对象

String 对象描述和处理文本字符串信息。常用属性和方法如下所示。

(1) length：字符串长度。

(2) charAt(idx)：返回指定下标处的字符。

(3) indexOf(chr)：子串第一次在字符串出现的位置。

(4) indexOf(chr, fromIdx)：子串从指定位置起第一次出现位置。

(5) lastIndexOf(chr)：最后一次出现位置。

(6) substring(m,n)substring(m)：从指定索引取子串。

(7) toLowerCase() ：转化为小写。

(8) toUpperCase() ：转化为大写。

编写 10.html，实现用户信息注册功能。代码如下所示。

```
<html>
<head>
```

```
    <title>用户信息注册</title>
            <script language = "JavaScript">
        function check(){
            var valid = true;
            var n = document.myform1.uname.value;
            var p = document.myform1.psw.value;
            var e = document.myform1.email.value;
            if(n == ""){
                window.alert("用户名不能为空!");
                valid = false;
            }else if(p.length<4){
                window.alert("密码不能为空且长度不能小于4个字符!");
                valid = false;
            }else{
                var idx = e.indexOf('@');
                if(idx< = 0 || idx == e.length-1){
                    alert("Email 地址格式不合法!");
                    valid = false;
                }
            }
            if(valid)
                document.myform1.submit();
        }
    </script>
</head>
<body>
请输入注册信息:
<form name = "myform1" action = "http://v512.com/regist.jsp" method = "post">
    姓名:<input type = "text" name = "uname" ><br>
    密码:<input type = "password" name = "psw" ><br>
    邮箱:<input type = "text" name = "email" ><br>
        <input type = "button" value = "提交信息" onClick = "check()"><br>
        <input type = "reset">
    </form>
</body>
</html>
```

10. html 页面输出效果如图 4-6 所示。

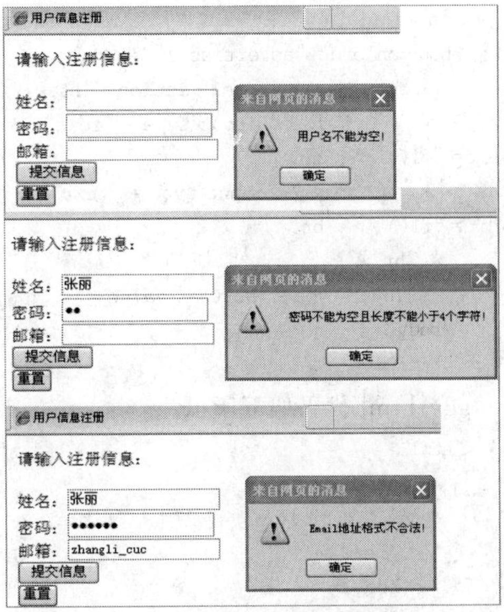

图 4-6　10. html 页面效果

4.4.4　常用浏览器对象

浏览器对象也属于 JavaScript 内置对象,使用这些对象可以实现与 HTML 页面间的交互。主要浏览器对象层次如图 4-7 所示。

(1) Window 对象

Window 对象表示的是浏览器窗口,可使用 Window 对象获取浏览器窗口的状态信息,也可以通过它来访问其他的浏览器对象及窗口中发生事件信息。Window 对象是其他浏览器对象的共同祖先,所以一般在 JavaScript 程序中可以省略 Window 对象。

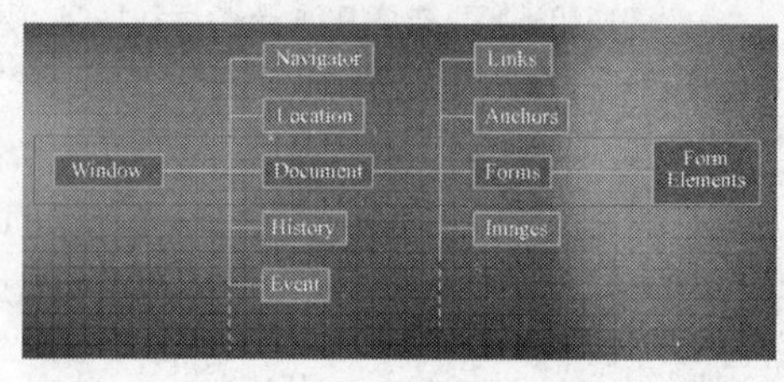

图 4-7　浏览器对象层次结构

浏览器打开 HTML 文档时，通常会创建一个 Window 对象。Window 对象常用方法如下所示。

alert()：弹出警告框。

open(URL，windowName，parameterList)：打开一个 URL，显示窗口名字，还有工具条列表等。

close()：关闭窗口。

promt(text， Defaulttext)：弹出一个文本输入框。

confirm(text)：弹出确认窗口。

srtInterval(func， timer) / clearInterval(timer)：设置/清除定期执行的任务。

编写 11. html 和 adv. html，练习使用 Window 对象。

11. html 代码如下所示。

```
<html>
  <head>
    <title>练习使用 Window 对象</title>
              <script language = "JavaScript">
          function advertise(){
              window.open("adv.html","myAdvWindow","toolbar = no, left = 300, top = 200, menubar = no,
width = 250,height = 200");
          }
          function f1(){
              var flag = window.confirm("确定要删除此记录吗?");
              if(flag){
                  document.form1.submit();
              }
          }
    </script>
  </head>
  <body onload = "advertise()">
    <form name = "form1" action = "http://www.v512.com/del.jsp">
          记录 1<input type = "text" ><input type = "button" name = "r01" value = "删除" on-
Click = "f1()"><br>
          记录 2<input type = "text" ><input type = "button" name = "r02" value = "删除" on-
Click = "f1()"><br>
    <hr>
    <input type = "button" value = "关闭窗口" onClick = "window.close()">
  </body>
  </html>
```

adv. html 代码如下所示。

```
<html>
    <head>
        <title>欢迎文件</title>
    </head>
    <body>
        <h1>欢迎访问我的主页！</h1>
        <hr>
```

```
        <input align = "center" type = "button" value = "关闭窗口" onClick = "window.close()">
    </body>
</html>
```

页面输出效果如图 4-8 所示。

图 4-8　页面效果

(2) Location 对象

Location 对象是 Window 对象的属性,表示的是当前打开的 URL,并提供了相关的基本操作方法。Location 对象常用方法如下所示。

window.location="targetUrl" :页面转向。

reload():重新加载,即刷新页面的功能。

编写 12.html,练习使用 Location 对象。代码如下所示。

```
<html>
<head>
    <title>练习使用 location 对象</title>
            <script language = "JavaScript">
        function redirect(){
            var flag = window.confirm("确定要转到搜索页面吗?");
            if(flag){
                window.location = "http://news.163.com/";
            }
        }
    </script>
</head>
<body>
    <script language = "JavaScript">
        document.write(new Date());
    </script>
    <input type = "button" value = "刷新页面" onClick = "location.reload()">
    <input type = "button" value = "搜索功能" onClick = "redirect()">
</body>
</html>
```

12.html 页面输出效果如图 4-9 所示。

图 4-9　12.html 页面效果

(3) History 对象

History 对象是 Window 对象的属性,它封装了当前浏览器窗口(Window 对象)曾经访问过的网页 URL 信息,并提供了相应的访问和页面跳转功能。History 对象常用方法如下所示。

go(index):跳转到指定页面。

back():后退一步。

forward():前进一步。

编写 13.html,练习使用 History 对象,代码如下所示。

```
<html>
  <head>
```

```
    <title>练习使用 History 对象</title>
        <script language = "JavaScript">
        function f1(){
            location = "http://www.baidu.com/";
        }
    </script>
  </head>
  <body>
    History 对象主要方法:<br>
    <input type = "button" value = "返回 back()" onClick = "history.back()">
    <input type = "button" value = "返回 go(-1)" onClick = "history.go(-1)">
    <input type = "button" value = "返回 go(-2)" onClick = "history.go(-2)">
    <input type = "button" value = "前进 go(1)" onClick = "history.go(1)">
    <input type = "button" value = "前进 forward()" onClick = "history.forward()">
    <input type = "button" value = "转到百度" onClick = "f1()">
  </body>
</html>
```

13. html 页面输出效果如图 4-10 所示。

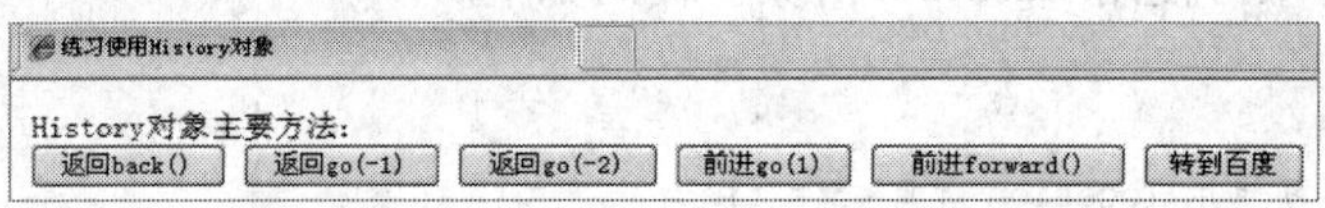

图 4-10　13. html 页面效果

（4）Navigator 对象

Navigator 对象是 Window 对象的属性，它封装了当前浏览器的相关信息，一般不进行操作。Navigator 对象常用属性如下所示。

appName:浏览器的名称。

appVersion:浏览器的版本。

language:浏览器的语言，分为系统语言和用户语言。

platform:平台，使用的操作系统。

编写 14. html，练习使用 Navigator 对象，代码如下所示。

```
<html>
  <head>
    <title>练习使用 Navigator 对象</title>
  </head>
  <body>
    Navigator 对象主要方法:<hr>
    <script language = "JavaScript">
    document.write("<b>navigator.appName: </b>" + navigator.appName + "<br>");
    document.write("<b>navigator.appVersion: </b>" + navigator.appVersion + "<br>");
    document.write("<b>navigator.systemLanguage: </b>" + navigator.systemLanguage +
    "<br>");
    document.write("<b>navigator.userLanguage: </b>" + navigator.userLanguage +
    "<br>");
    document.write("<b>navigator.platform: </b>" + navigator.platform + "<br>");
    </script>
  </body>
</html>
```

14. html 页面输出效果如图 4-11 所示。

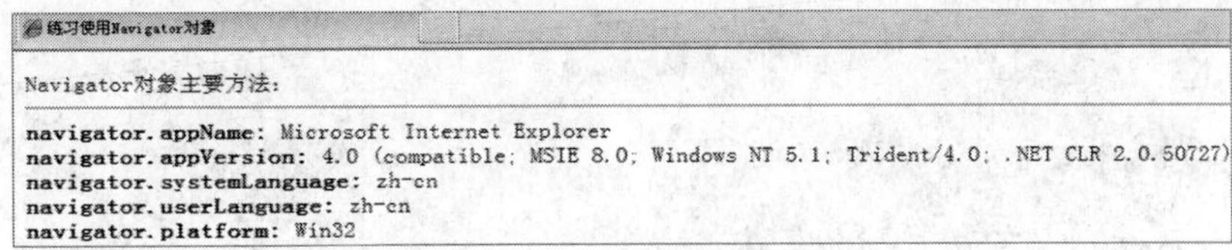

图 4-11　14.html 页面效果

(5) Document 对象

Document 对象即是 HTML 文件本身,可以通过它访问网页上的所有组件,包含＜html＞…＜/html＞标记之间的窗体、图片、表格、超链接、框架等。

write(data):将参数 data 所指定的字符串输出至浏览器。

writeln(data):与 write 方法类似,但每次写完的内容的末尾多加一个换行符。

open 方法:用于打开一个新的文档,与 window.open 方法类似。为了更加可靠,建议使用 windows.open 方法来打开新的文档。

close 方法:当向新打开的文档对象中写完所有内容后,一定要调用该方法关闭文档流。否则,会出现无法确定的结果。

getElementByID(i):取得 html 文件中 ID 属性为 i 的组件。可以为每个 HTML 元素指定一个 id 属性值,在同一个 HTML 文档中,不能有两个 id 属性值相同的元素。

getElementsByName(n):取得 html 文件中 name 属性为 n 的组件。由于多个 HTML 元素可以有相同的 name 属性值,所以这里返回的是数组。

getElementsByTagName(t):取得 html 文件中名称为 t 的组件。

Part Two

动态网站篇

第5章 Web程序运行原理

5.1 Web程序架构

5.1.1 C/S架构

在传统的Web应用程序开发中，需要同时开发客户端和服务器端的程序，由服务器端的程序提供基本的服务，客户端是提供给用户的访问接口，用户可以通过客户端的软件访问服务器提供的服务，这种Web应用程序的开发模式就是传统的C/S开发模式。

在C/S开发模式中，由服务器和客户端的共同配合来完成复杂的业务逻辑。例如以前的网络软件中，一般都会采用这种模式，而且现在的网络游戏中，一般还会采用这种Web开发模式，在这些Web应用程序中，都是需要用户安装客户端才可以使用的。

在C/S架构的开发模式中，服务器端完全是由开发人员自己提供，开发人员自己制定客户端的访问规则，这时候的服务器就不仅要提供逻辑功能的服务，还要提供一点的协议支持，通过这样的协议，客户端程序才可以与服务器端进行通信，从而享受服务器端提供的服务。

5.1.2 B/S架构

在目前的Web应用程序开发中，一般情况下会采用另一种开发模式，在这种开发模式中，不再单独开发客户端软件，客户端只需要一个浏览器就可以访问服务器端提供的服务，这种开发模式就是当前流行的B/S架构。

在B/S架构中，只需要开发服务器端的程序功能，而无须考虑客户端软件的开发，客户通过一个浏览器就可以访问应用系统提供的功能。这种架构是目前Web应用程序的主要开发模式，例如各大门户网站、各种Web信息管理系统等，使用B/S架构可加快Web应用程序开发的速度，提高开发效率。

在B/S架构的开发模式中，客户端就是简单的浏览器程序，可以通过HTTP访问服务器端的应用；在服务器端，与通信相关的处理都是由服务器软件负责的，这些服务器软件都是由第三方的软件厂商提供的，开发人员只需要把功能代码部署在Web服务器中，客户端就可以通过浏览器访问到这些功能代码，从而实现向客户端提供服务。下面简单介绍B/S结构中常用的服务器。

5.2 Web服务器汇总

5.2.1 IIS服务器

IIS是微软公司提供的一种Web服务器，提供对ASP语言的良好支持，通过该插件的安装，也可以提供对PHP语言的支持。

5.2.2 Apache 服务器

Apache 服务器是由 Apache 基金组织提供的一种 Web 服务器，其特长是处理静态页面，对于静态页面的处理效率非常高。

5.2.3 Tomcat 服务器

Tomcat 也是 Apache 基金组织提供的一种 Web 服务器，提供对 JSPServlet 的支持，通过插件的安装，同样可以提供对 PHP 语言的支持，但是 Tomcat 只是一个轻量级的 Java Web 容器，像 EJB 这样的服务在 Tomcat 中是不能运行的。

5.2.4 JBoss 服务器

JBoss 是一个开源的重量级 Java Web 服务器，在 JBoss 中，提供对 J2EE 各种规范的良好支持，而且 JBoss 通过了 Sun 公司的 J2EE 认证，是 SUN 公司认可的 J2EE 容器。

另外，J2EE 的服务器还有 BEA 公司的 Weblogic 和 IBM 公司的 WebSphere 等，这些产品的性能都是非常优秀的，可以提供对 J2EE 的良好支持。用户可以根据自己的需要选择合适的服务器产品。

在本课中我们采用的服务器是 Tomcat 服务器。

5.3 Web 程序流程

5.3.1 C /S 架构程序开发流程

在传统 Web 应用程序的开发过程中，开发一个应用系统一般需要的步骤包括：

(1) 客户端/服务器端软件的开发；

(2) 服务器端程序的部署；

(3) 客户端软件的安装。

只有完成这几个步骤，用户才可以通过客户端访问服务器提供的服务。

5.3.2 B /S 架构程序开发流程

而在基于 B/S 架构的 Web 程序开发过程中，只需要开发服务器的功能代码，然后把服务器端的程序部署在 Web 服务器软件中即可，在部署结束之后，启动 Web 服务器，用户就可以通过浏览器访问 Web 应用程序提供的服务。

5.4 Web 应用程序开发

5.4.1 动态页面语言对比

所谓的动态页面是指可以和用户产生交互，能根据用户的输入信息产生对应的响应，能满足这种需求的语言就可以称为动态语言。

早期动态网页技术主要使用CGI，现在常用的动态网页技术有ASP、JSP、PHP等，下面分别介绍这几种动态语言。

(1) CGI

发展的早期，动态网页技术主要使用CGI(共用网关接口)，CGI程序被用来解释处理表单中的输入信息，并在服务器中产生对应的操作处理，或者是把处理结果返回给客户端的浏览器，从而可以给静态的HTML网页添加上动态的功能。

但是由于CGI程序的编程比较困难，效率低下，而且修改维护也比较复杂，所以在一段时间以后，CGI逐渐被其他新的动态网页技术所替代。

(2) ASP

ASP是微软公司推出的一种动态网页语言，它可以将用户的HTTP请求传入到ASP的解释器中，这个解释器对这些ASP脚本进行分析和执行，然后从服务器中返回处理的结果，从而实现了与用户交互的功能。ASP的语法比较简单，对编程基础没有很高的要求，所以很容易上手，而且微软提供的开发环境的功能十分强大，这更是降低了ASP程序开发的难度。

但是ASP也有其自身的缺点。ASP在本质上还是一种脚本语言，除了使用大量的组件，没有其他办法提高效率，而且ASP还只能运行在Windows环境中，这样Windows自身的一些限制就制约了ASP的发挥，这些都是使用ASP无法回避的弊端。

(3) JSP

JSP(Java Server Page)是Sun公司开发的一种服务器端的脚本语言，自从1999年推出以来，逐步发展为开发Web应用的一项重要技术。

JSP可以嵌套在HTML中，而且支持多个操作系统平台，一个用JSP开发的Web应用系统不用进行什么改动就可以在不同的操作系统中运行。

JSP本质上就是把Java代码嵌套到HTML中，然后经过JSP容器的编译执行，可以根据这些动态代码的运行结果生成对应的HTML代码，从而可以在客户端的浏览器中正常显示。

JSP中使用的是Java的语法，因此Java语言的所有优势都可以在JSP中体现出来，尤其是J2EE中的强大功能，更是成为JSP语言发展的强大后盾。

(4) PHP

PHP和JSP类似，都是可以嵌套到HTML中的语言。不同之处在于，PHP的语法比较独特，其中混合了C语言和Java语言等多种语法中的优秀部分，而且PHP网页的执行速度要比CGI和ASP等语言快很多。

在PHP中，提供了对常见数据库的支持，例如SQL Server 2000、MySQL、Oracle和Sybase等，这种内置的方法使PHP中的数据库操作变得异常简单。而且PHP程序可以在IIS和Apache中运行，提供对多种操作系统平台的支持。

但是PHP也存在一些劣势，PHP的开发环境的配置比较复杂，而且PHP是开源的产品，缺乏正规的商业支持。这些因素在一定程度上限制了PHP的进一步发展。

5.4.2 .NET与Java EE之争

.NET与Java EE推出以来，对两者之间的比较已经不是一天两天的事了，钟情于Windows的用户会选择.NET，而选择UNIX/Linux的用户会钟情于Java EE，其实这两种技术都有各自的优势和不足，下面简单分析一下这两种技术自身的优劣。

(1) .NET的优点

在Windows平台的应用程序中，对用户界面的要求比较高，所以.NET提供了便捷的开发环境和工具。在 Visual Studio 中,用户的界面都可以通过简单地拖拽来完成,这种可视化的编程方式在 Java 中还不是很成熟,. NET 的可视化编程环境是其得到一些程序员支持的原因之一。

. NET 运行在 Windows 操作平台中,而且和 Windows 一样,都是微软公司开发的产品,所以在. NET 中可以访问操作系统中的各个细节,当然也可以调用系统中的各种功能。

对于 J2EE 的程序来说,这样的操作就很难实现了。在 Java 中是无法访问到操作系统底层细节的。

(2) . NET 的局限性

首先,. NET 只能运行在 Windows 操作平台中,不能跨平台,这是. NET 最大的局限性。

其次,. NET 是微软公司的产品,所有开发设计仅仅局限在微软公司内;而 Java 则虽然是由 Sun 公司开发,但是在发展的过程中得到了类似 IBM、BEA 等知名公司的支持,而且还有很多开源力量的支持,这些都是. NET 中不可能拥有的。

(3) Java EE 可以弥补. NET 的局限

在 Java EE 中可以使用的类库是非常广泛的,这些类库都是非常成熟的,在 Java 发展的十多年中,这些类库的功能经过了大量的检验和测试,已经十分成熟。

而且 Java 语言跨平台的特性在这十几年的发展中也经受住了考验,在 J2EE 领域中,有很多的开源资源可供使用,例如 Tomcat、JBoss 等这样的 Web 服务器,还有 Spring、Hibernate、Struts 等这样的开源框架,这些资源都是 Java 社区中开源力量的贡献,这些资源在. NET 中是无法享受的。

. NET 和 Java EE 都是企业级应用系统的解决方案,这两种解决方案都可以很好地实现系统的功能,这两种解决方案之间并没有非常明显的优劣区别,在实际的开发过程中,应该根据具体的需要来选择使用哪种技术。

第6章 Servlet及其应用

6.1 Servlet简介

6.1.1 Servlet的发展

1995年，Java技术正式推出。1996年，Sun公司紧接着又推出Servlet技术，Servlet是用Java来编写服务器端程序的技术。2008年，Servlet的版本已经发展到了2.5版，Servlet已经不再是Java单一的Web编程解决方案，它是Java的Web编程解决方案中的一种技术，Java的Web编程技术还包括我们后面章节要讲解的JSP、JavaBean、标记库、JSTL等相关知识。

Java技术经过10多年的发展，逐渐根据所开发任务的不同，细分成了三个子平台：Java SE、Java EE、Java ME。3个子平台不是完全独立的，它们之间存在相互关联。Java SE平台主要作为其他两个平台的基础，我们也可以利用Java SE平台开发Java图形用户界面的应用程序。Java ME主要是用来开发运行在手机上的Java程序，而Java EE主要用来开发大型的企业级系统。企业级系统指的是对开发出的程序在安全、性能和可靠性等方面要求极其苛刻的软件系统，例如航空售票系统、手机的收费系统和银行存贷款系统等。

6.1.2 Servlet是什么

Servlet就是运行在Web服务器端的Java程序，处理客户浏览器发送过来的请求。一般来说，Servlet最主要用来处理HTTP的请求，但Servlet本身不局限于用来开发基于HTTP的应用，可以开发其他协议的应用。

Servlet能够编写很多基于服务器端的应用，例如：

- 动态处理用户提交上来的HTML表单。
- 提供动态的内容给浏览器进行显示，例如动态从数据库获取的查询数据。
- 在HTTP客户请求间维护用户的状态信息，例如，利用Servlet技术实现虚拟购物车功能，利用虚拟的购物车保持用户在不同购物页面购买的商品信息。

在Java编程中有类似的命名规则和名称，如下所示。

```
Applet = Application + let
Servlet = Server + let
MIDlet = MIDP + let
```

实际上这三个单词是利用英文的构词法创造的新单词，let在英文的构词中一般充当词尾，表示“小部件”的意思。所以Servlet从字面上看，表达的是服务器端的小应用程序的意思。实际上Servlet这个词字面的意思恰如其分的说明了它的作用。

6.1.3 Servlet的工作原理

(1) Servlet处理的流程

① 客户端使用浏览器提交对Servlet调用的Get或者Post请求。

② 服务器接到请求后，如果对 Servlet 是第一次调用，实例化这个 Servlet。

③ 服务器调用该 Servlet 对象的 service()方法。

④ Servlet 产生动态的回复内容。

⑤ 服务器发送回复内容给客户端的浏览器。

(2) 手工编写 Servlet 的具体步骤

① 编写 Servlet 源程序。

② 建立 Web 应用目录结构。

③ 编写 web. xml 文件。

④ 运行 Servlet。

(3) Eclipse 编写 Servlet 的具体步骤

① 新建 Web Project。

② 建立 Servlet 文件。

③ 部署 Web 应用程序。

④ 运行输出。

6.1.4 Servlet 生命周期

(1) 初始化

程序在下列时刻装入 Servlet：

① 如果已配置自动装入选项，则在启动服务器时自动装入。

② 在服务器启动后，客户机首次向 Servlet 发出请求时。

③ 重新装入 Servlet 时装入 Servlet 后，服务器创建一个 Servlet 实例并且调用 Servlet 的 init() 方法。在初始化阶段，Servlet 初始化参数被传递给 Servlet 配置对象。

(2) 请求处理

对于到达服务器的客户机请求，服务器创建特定于请求的一个"请求"对象和一个"响应"对象。服务器调用 Servlet 的 service() 方法，该方法用于传递"请求"和"响应"对象。

service() 方法从"请求"对象获得请求信息、处理该请求并用"响应"对象的方法以将响应传回客户机。service() 方法可以调用其他方法来处理请求，例如 doGet()、doPost() 或其他的方法。

(3) 终止

当服务器不再需要 Servlet，或重新装入 Servlet 的新实例时，服务器会调用 Servlet 的 destroy() 方法。

6.1.5 Servlet 常用 API

Java Servlet 开发工具(JSDK)提供了多个软件包，在编写 Servlet 时需要用到这些软件包。与 Servlet 相关的类、接口都定义在 javax. servlet 和 javax. servlet. http 这两个包中，可以通过下载 Java EE API 文档来查看(网址：http://java. sun. com/javaee/reference/)。javax. servlet 包主要定义了 Servlet 编程的一般架构，而 javax. servlet. http 则定义了基于 HTTP 的 Servlet 相关 API。

如果为了编写一个 Servlet 程序，直接实现 javax. servlet. Servlet 接口，需要实现所有的方法，但是有些方法我们通常不需要使用，但也要实现。所以为了编程方便，提供了 javax. servlet. GenericServlet 这个抽象类，直接把 Servlet 接口中的所有方法都实现了，但是方法体为空，我们编程的时候直接继承 GenericServlet 就可以了。

javax. servlet. Servlet 和 javax. servlet. GenericServlet 适合编写使用任何协议的 Servlet,但在实际的开发过程中我们绝大多数时间是编写使用 HTTP 的 Servlet。这样继承了 javax. servlet. Generic Servlet 的 javax. servlet. http. HttpcServlet 就成为我们编写 Servlet 使用最多的类。

本书主要介绍 javax. servlet. http 提供的 HTTP Servlet 应用编程接口。HTTP Servlet 使用一个 HTML 表格来发送和接收数据。要创建一个 HTTP Servlet,请扩展 HttpServlet 类,该类是用专门的方法来处理 HTML 表格的 GenericServlet 的一个子类。

HTML 表单是由 <FORM> 和 </FORM>标记定义的,表单中典型地包含输入字段(如文本输入字段、复选框、单选按钮和选择列表)和用于提交数据的按钮。当提交信息时,它们还指定服务器应执行哪一个 Servlet(或其他的程序)。

HttpServlet 类包含 init()、destroy()、service() 等方法。其中 init() 和 destroy() 方法是继承的。

(1) init() 方法

在 Servlet 的生命期中,仅执行一次 init() 方法。它是在服务器装入 Servlet 时执行的。可以配置服务器,以在启动服务器或客户机首次访问 Servlet 时装入 Servlet。无论有多少客户机访问 Servlet,都不会重复执行 init()。默认的 init() 方法通常是符合要求的,但也可以用定制 init() 方法来覆盖它。

(2) service() 方法

service() 方法是 Servlet 的核心。每当一个客户请求一个 HttpServlet 对象,该对象的 service() 方法就要被调用,而且传递给这个方法一个"请求"(ServletRequest)对象和一个"响应"(ServletResponse)对象作为参数。

在 HttpServlet 中已存在 service() 方法。默认的服务功能是调用与 HTTP 请求的方法相应的 do 功能。Servlet 应该为 Servlet 支持的 HTTP 方法覆盖 do 功能。因为 HttpServlet. service() 方法会检查请求方法是否调用了适当的处理方法,不必要覆盖 service() 方法,只需覆盖相应的 do 方法就可以了。

当一个客户通过 HTML 表单发出一个 HTTP POST 请求时,doPost()方法被调用。与 POST 请求相关的参数作为一个单独的 HTTP 请求从浏览器发送到服务器。当需要修改服务器端的数据时,应该使用 doPost()方法。

当一个客户通过 HTML 表单发出一个 HTTP GET 请求或直接请求一个 URL 时,doGet()方法被调用。与 GET 请求相关的参数添加到 URL 的后面,并与这个请求一起发送。当不会修改服务器端的数据时,应该使用 doGet()方法。

(3) destroy() 方法

destroy() 方法仅执行一次,即在服务器停止且卸载 Servlet 时执行该方法。默认的 destroy() 方法通常是符合要求的,但也可以覆盖它。

当服务器卸载 Servlet 时,将在所有 service() 方法调用完成后,或在指定的时间间隔过后调用 destroy() 方法。

一个 Servlet 在运行 service() 方法时可能会产生其他的线程,因此请确认在调用 destroy() 方法时,这些线程已终止或完成。

(4) GetServletConfig()方法

GetServletConfig()方法返回一个 ServletConfig 对象,该对象用来返回初始化参数和

ServletContext。ServletContext 接口提供有关 Servlet 的环境信息。

(5) GetServletInfo()方法

GetServletInfo()方法是一个可选的方法,它提供有关 Servlet 的信息,如作者、版本、版权。

6.2 Servlet 应用实例

6.2.1 第一个 Web 项目

创建第一个 Web 项目,步骤如下。

(1) 新建一 Web Project 项目。

选择“File”→“New”→“Web Project(Optional Maven Support)”命令创建项目,如图 6-1 所示。

在“Project Name”处输入项目名称“webproject1”,在“J2EE Specification Level”选项组选中“Java EE 5.0”单选按钮,其他输入项使用默认值,然后单击“Finish”按钮,如图 6-2 所示。

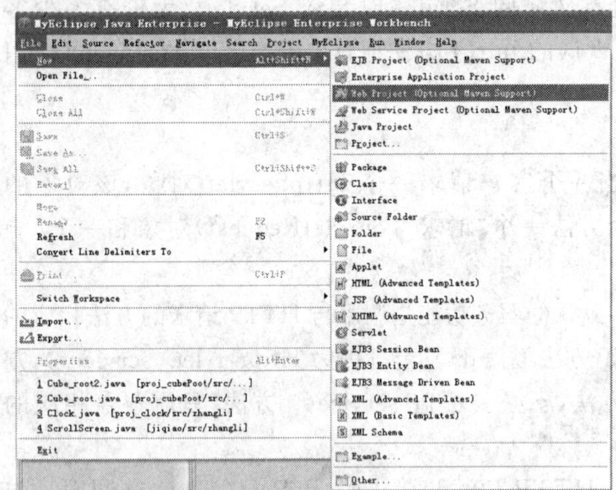

图 6-1 新建项目

图 6-2 项目设置 webproject1

新建 Web 项目向导中相关选项解释如表 6-1 所示。

表 6-1 新建 Web 项目向导中相关选项解释

选项	解释
Project Name	Web 项目的名称
Location	是否需要专门指定项目存放位置。默认选项是选中,使用设置好的项目存放位置。通常使用默认值
Directory	项目默认的存放位置,新建的 Web 项目存放在工作空间(Workspace)中
Source folder	Web 项目中的 Java 源程序的存放目录,例如 JavaBeans 和 Servlet 的源程序就存放在这个目录中。通常该选项使用默认值
Web root folder	这个目录包括所有的 Web 内容,例如 JSP 文件和 HTML,也包括 WEB-INF 目录和 web.xml 文件

续表

选项	解释
Context root URL	这个选项指定将来 Java Web 应用访问的上下文路径名称。这个值，MyEclipse 会默认成"Project name"的值。Java Web 应用部署成功以后，会通过这个名字来访问这个 Java Web 应用。例如，现在开发的这个项目，将来就通过"http://localhost:8080/webproject1"来访问
J2EE Specification Level	设置当前 Web 项目使用哪个 Java EE 版本
Maven	Maven 是个编译和项目管理工具。MyEclipse 集成了对 Maven 的支持。在我们普通的 Web Project 中暂时不勾选"Add Maven support"复选框
JSTL Support	是否需要 Java Standard Tag Library(JSTL)支持，如果勾选，相应的 JAR 文件会添加到项目的"WebRoot/WEB-INF/lib"目录下。Java EE 5.0 版本把 JSTL 作为标准技术已经内置了，所以如果勾选 Java EE 5.0，这个选项是不可选的

新建项目的目录结构如图 6-3 所示。

在图 6-3 的目录结构里有几个文件需要引起关注。

① WebRoot 文件夹存放一些 XML、网页、图像等文件，它是一个隐性文件夹，URL 地址里不用写 WebRoot 文件夹。

② 每一个 Web 项目都会有一个默认的 index. jsp，该文件是项目的欢迎页面，可以修改、保存、删除，在本节中不需要，可以先删除。

③ WEB-INF 目录下有一个很重要的文件 web. xml，该文件是 Servlet 里不可少的配置文件，以后访问的路径就是在这里配置的。每个自动生成的 web. xml 里都会有一些默认代码，如图 6-4 所示。

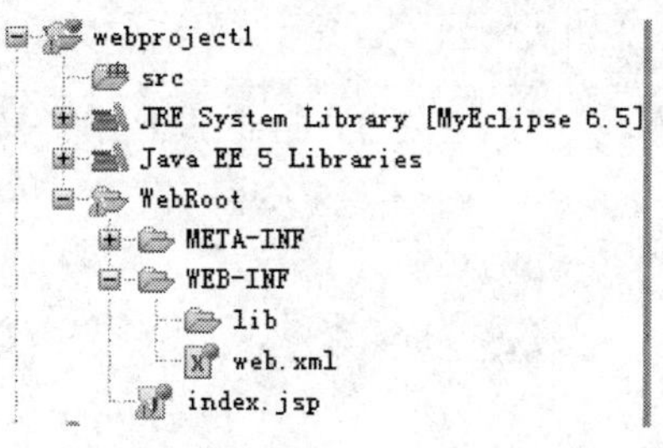

图 6-3 自动生成的项目目录

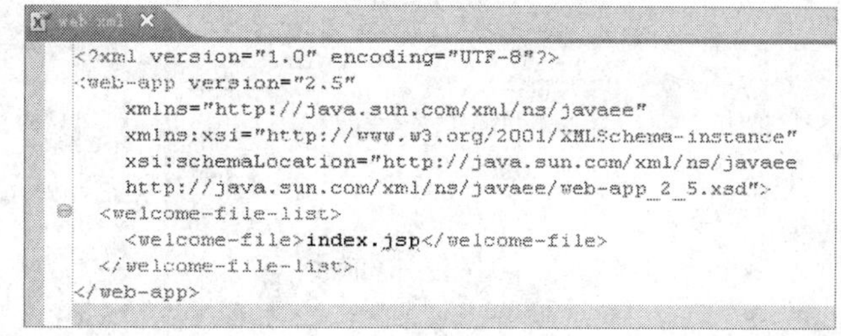

图 6-4 web. xml 默认代码

(2) 建立一个 Servlet 文件。

单击"File"→"New"→"Servlet"命令新建一个 Servlet 文件，如图 6-5 所示。

在弹出的"Create a new Servlet"窗口中，"Package"选项输入"zhangli"，"Name"选项输入"FirstServlet"。勾选 Create doGet 和 Create doPost，这个选项是在生成的 FirstServlet. java 文件中自动增加 doGet()和 doPost()方法的，供我们修改。其他使用默认值，单击"Next"按钮继续下一步操作，如图 6-6 所示。

注意，在 Options 里选择需要重写的方法，保险起见把 doGet 和 doPost 都勾上，一般是只写其中一个方法。

在接下来的窗口中，设置 FirstServlet 在 web. xml 文件中的映射，MyEclipse 提供了非常方便的向导，提供了设置的默认值，如图 6-7 所示。

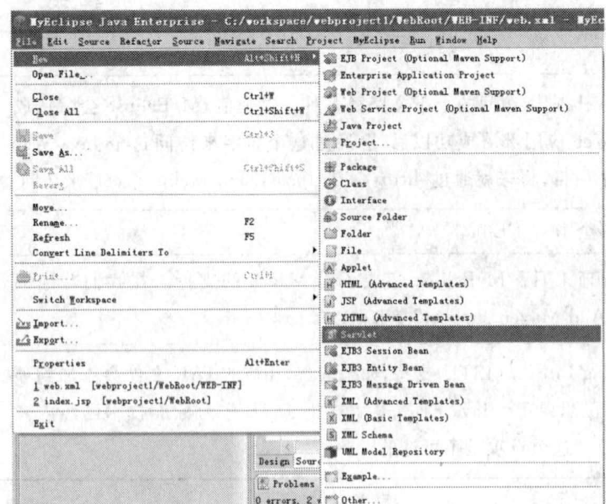

图 6-5　新建 Servlet 文件

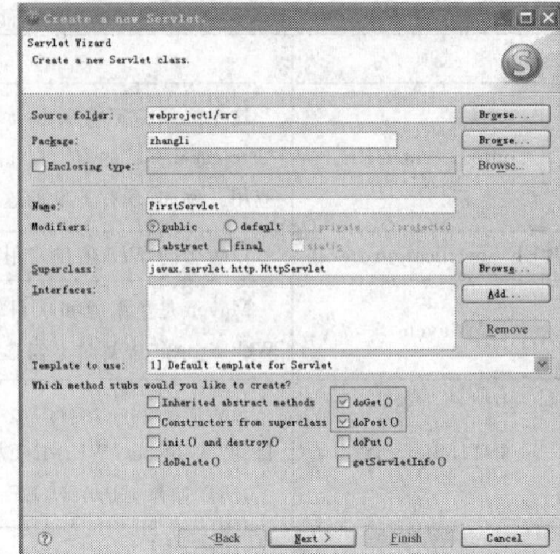

图 6-6　设置 Servlet 文件

我们也可以修改图 6-7 中的“Servlet/JSP Mapping URL”参数。如果将“Servlet/JSP Mapping URL”参数改成“servlet/first”，如图 6-8 所示，效果就是在运行的时候，必须通过 http://localhost:8080/webproject1/servlet/first 这个网址调用 FirstServlet。

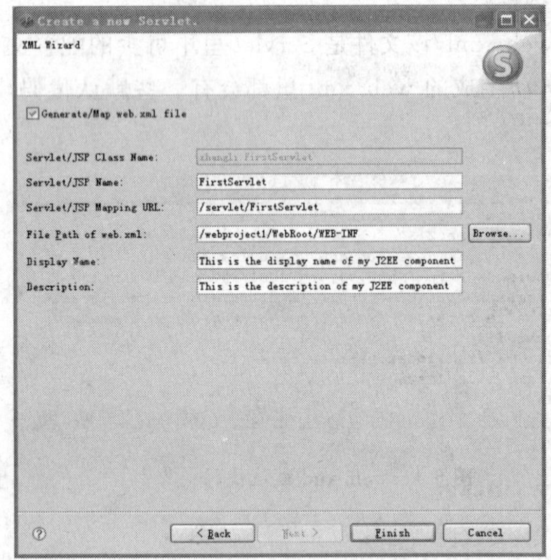

图 6-7　默认设置

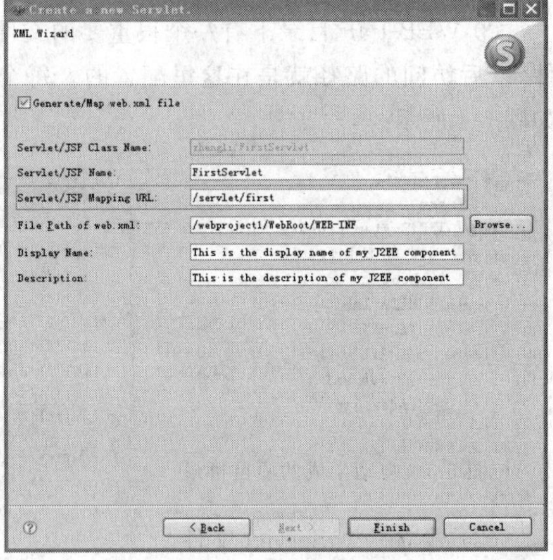

图 6-8　设置映射路径

建立 Servlet 文件后，web.xml 发生变化，将 Servlet 访问地址的配置信息写进去了，如图 6-9 所示。

(3) 编写 Servlet 代码，主要是 do 方法，即 doGet()或 doPost()。

新建的 Servlet 文件会有一些默认代码，如图 6-10 所示。

第 23 行代码含义是使用 HttpServletResponse 类型的 response 对象设定我们输出到客户浏览器的内容类型，还可以设定输出到浏览器的内容的编码格式。

第 24 行代码含义是通过获取的 PrintWriter 类型的对象 out，完成输出内容到浏览器的任务。

第 25 行代码含义是通过 out 对象定义对文件内容的使用规范。

第 26 行到 33 行代码含义是通过 out 对象把 HTML 内容输出到客户浏览器中。

第 34 行代码含义是清空缓冲区。

第 35 行代码含义是释放 out 对象占用的资源。

```xml
<?xml version="1.0" encoding="UTF-8"?>
<web-app version="2.5"
    xmlns="http://java.sun.com/xml/ns/javaee"
    xmlns:xsi="http://www.w3.org/2001/XMLSchema-instance"
    xsi:schemaLocation="http://java.sun.com/xml/ns/javaee
    http://java.sun.com/xml/ns/javaee/web-app_2_5.xsd">
  <servlet>
    <description>This is the description of my J2EE component</description>
    <display-name>This is the display name of my J2EE component</display-name>
    <servlet-name>FirstServlet</servlet-name>
    <servlet-class>zhangli.FirstServlet</servlet-class>
  </servlet>

  <servlet-mapping>
    <servlet-name>FirstServlet</servlet-name>
    <url-pattern>/servlet/first</url-pattern>
  </servlet-mapping>
  <welcome-file-list>
    <welcome-file>index.jsp</welcome-file>
  </welcome-file-list>
</web-app>
```

图 6-9 web. xml 发生变化

```java
10 public class FirstServlet extends HttpServlet {
11     /**
12      * The doGet method of the servlet. <br>
13      *
14      * This method is called when a form has its tag value method equals to get.
15      *
16      * @param request the request send by the client to the server
17      * @param response the response send by the server to the client
18      * @throws ServletException if an error occurred
19      * @throws IOException if an error occurred
20      */
21     public void doGet(HttpServletRequest request, HttpServletResponse response)
22             throws ServletException, IOException {
23         response.setContentType("text/html");
24         PrintWriter out = response.getWriter();
25         out.println("<!DOCTYPE HTML PUBLIC \"-//W3C//DTD HTML 4.01 Transitional//EN\">");
26         out.println("<HTML>");
27         out.println("  <HEAD><TITLE>A Servlet</TITLE></HEAD>");
28         out.println("  <BODY>");
29         out.print("    This is ");
30         out.print(this.getClass());
31         out.println(", using the GET method");
32         out.println("  </BODY>");
33         out.println("</HTML>");
34         out.flush();
35         out.close();
36     }
```

图 6-10 Servlet 默认代码

本次编辑代码,我们主要修改 doGet()方法里的"out. println("<BODY>");"与"out. println(" </BODY>");"之间的代码。修改后的 Servlet 代码如图 6-11 所示。

```java
public class FirstServlet extends HttpServlet {
    /**
     * The doGet method of the servlet. <br>
     *
     * This method is called when a form has its tag value method equals to get.
     *
     * @param request the request send by the client to the server
     * @param response the response send by the server to the client
     * @throws ServletException if an error occurred
     * @throws IOException if an error occurred
     */
    public void doGet(HttpServletRequest request, HttpServletResponse response)
            throws ServletException, IOException {

        response.setContentType("text/html");
        PrintWriter out = response.getWriter();
        out.println("<!DOCTYPE HTML PUBLIC \"-//W3C//DTD HTML 4.01 Transitional//EN\">");
        out.println("<HTML>");
        out.println("  <HEAD><TITLE>A Servlet</TITLE></HEAD>");
        out.println("  <BODY>");
        out.println("请访问我们的网站, <a href='http://www.baidu.com'>baidu</a>");
        out.println("  </BODY>");
        out.println("</HTML>");
        out.flush();
        out.close();
```

图 6-11 修改后的 Servlet 代码

(4) 开启 Tomcat 服务器。

单击如图 6-12 所示服务器下拉按钮处的"Tomcat 6. x"→"Start"命令,在 MyEclipse 内部开启 Tomcat 服务。

需要注意的是,如果在图 6-12 中看不到 Tomcat 6. x 按钮,那么参照 1. 3. 2 节将 Tomcat 6. x 配置到 MyEclipse 中再进行此项操作。

单击"Tomcat 6. x"→"Start"命令后,会在控制台显示相应的信息,如图 6-13 所示界面表示 Tomcat 在内部开启成功,否则表示开启失败。

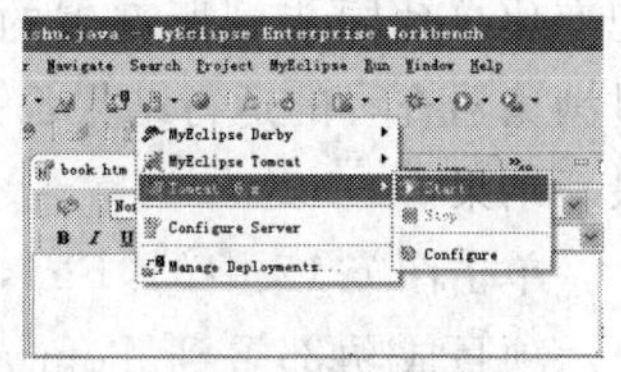

图 6-12 开启 Tomcat 服务

(5) 将 webproject1 部署到 Tomcat 中。

单击工具栏处的部署项目按钮,如图 6-14 所示,会出现相应的部署界面,先选中我们正在开发的"webproject1"项目,再单击"Add"按钮进行下一步操作。为项目选择部署到相应的服务器,

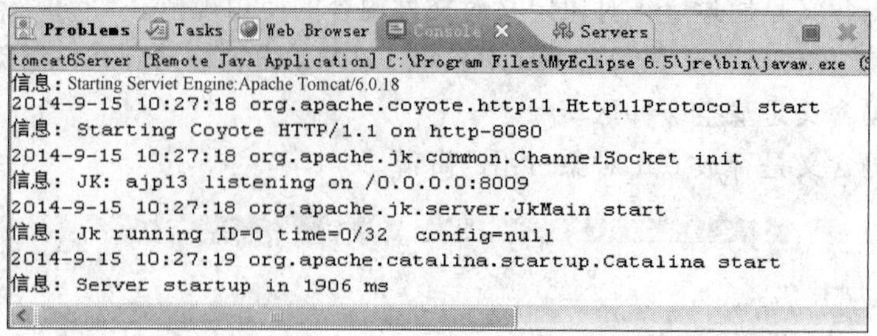

图 6-13　开启 Tomcat 成功

在"Server"右侧的下拉列表处选择"Tomcat 6. x",最后单击"Finish"按钮,如图 6-15 所示。

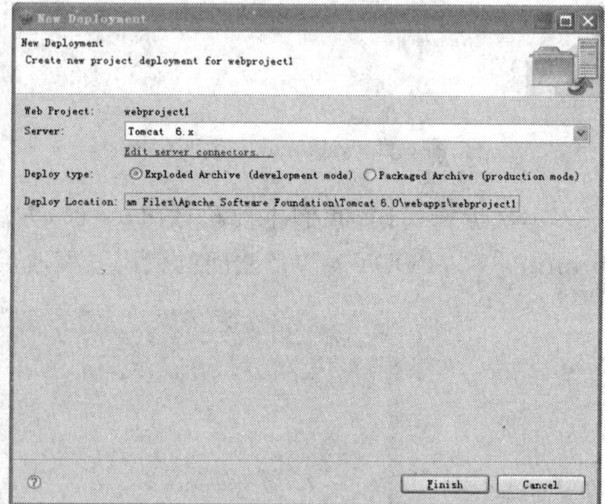

图 6-14　部署项目 webproject1　　　　图 6-15　选择部署到 Tomcat 6. x 服务器

注意:"Deploy type"右侧的"Packaged Archive(production mode)"选项代表选择是否把 Java Web 应用打成一个 WAR 文件的压缩包部署到应用服务器中,我们选择的是不打包部署。

不打包部署适合开发阶段用,打包部署适合产品交付阶段使用。不打包部署方式可以利用 MyEclipse 的"Sync-on-Demand"技术,持续同步开发文件和部署文件。就是不管修改、增加还是删除项目的文件,都会把变化自动同步到所部署的服务器上,通过浏览器查看的运行结果都是修改以后的最新结果。

单击图 6-15 中的"Finish"按钮后,会显示项目成功部署到 Tomcat 6. x 服务器上,最后单击"OK"按钮,如图 6-16 所示。

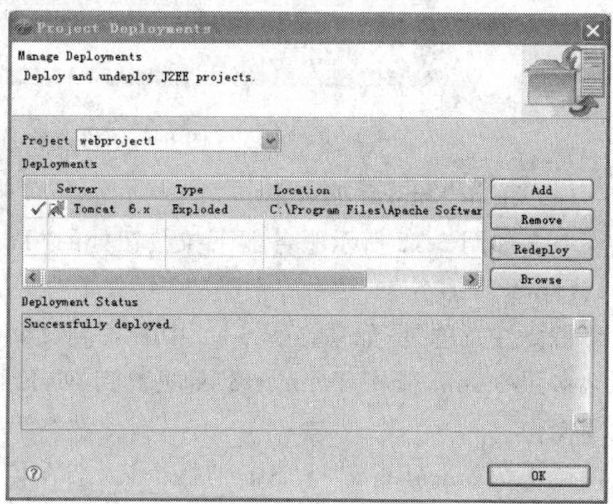

图 6-16　部署成功

如果想反部署(undeploy)webproject1 这个应用,在图 6-16 所示的"Project Deployments"对话框中,选中 webproject1 项目,单击"Remove"按钮即可。如果想重新部署项目,单击"Redeploy"按钮即可。

(6) 测试运行程序。

单击工具栏处的浏览器按钮或者打开外部的浏览器，在网址栏输入：http://localhost:8080/webproject1/servlet/first，就可以输出 FirstServlet 对应的内容。结果如图 6-17 所示。

图 6-17 FirstServlet 输出结果

注意：在上述网址中的“webproject1”是 Web 项目的名字，“servlet/first”是当前所访问的 Servlet 的映射路径，如果不记得映射路径可以去 web.xml 文件查看。

(7) 修改程序，解决乱码问题。

关于中文乱码问题一般有两种解决方案。

① 如果程序用到 response 对象，就将 response.setContentType("text/html")；改为 response.setContentType("text/html;charset = utf-8")；

② 如果程序用到 request 对象，添加代码 request.setCharacterEncoding("utf-8")；根据以上解思路，应该修改 Servlet 代码，将 doGet()方法里的第一行代码进行修改，如图 6-18 所示。

重新部署项目，单击工具栏处的部署项目按钮，如图 6-19 所示，会出现相应的部署界面，先选中我们正在开发的“webproject1”项目，再单击“Redeploy”按钮，最后单击“OK”按钮。

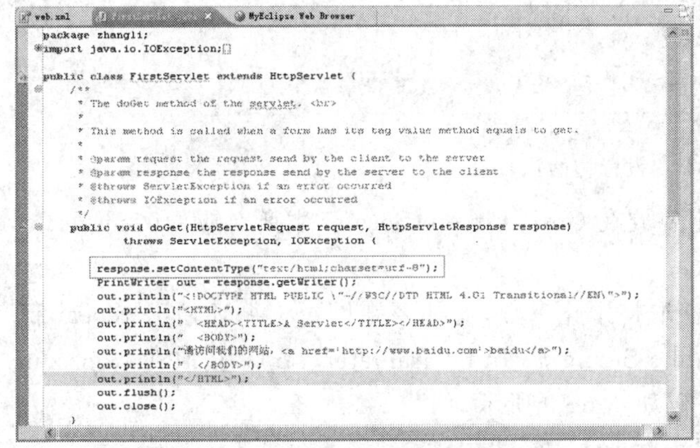

图 6-18 再次修改 FirstServlet 代码

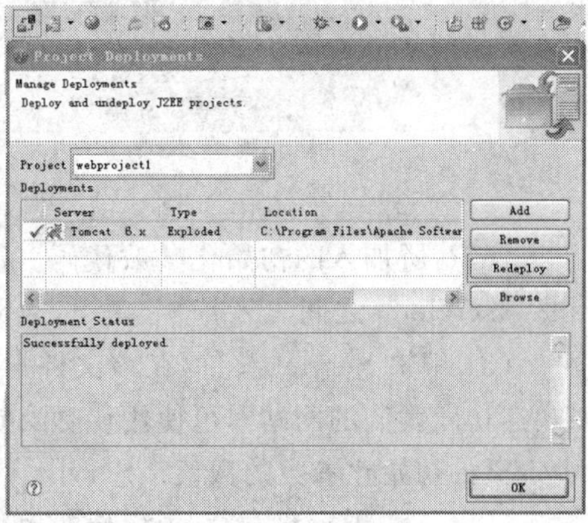

图 6-19 重新部署项目

如果控制台出现如图 6-20 所示提示，表示重新部署项目成功。

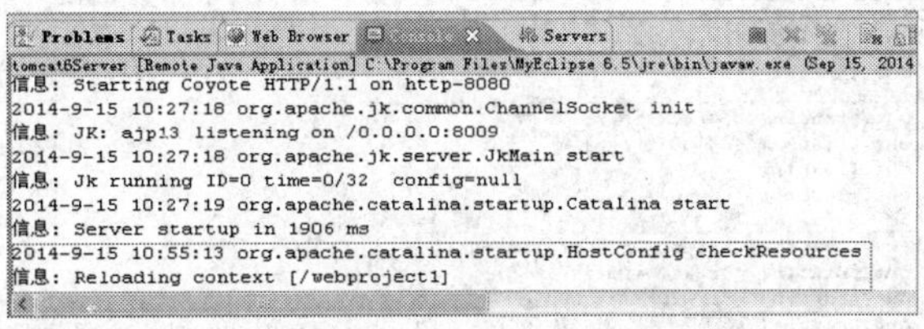

图 6-20 重新部署项目成功

单击工具栏处的浏览器按钮或者打开外部的浏览器，在网址栏输入：http://localhost:8080/webproject1/servlet/first，结果如图 6-21 所示。

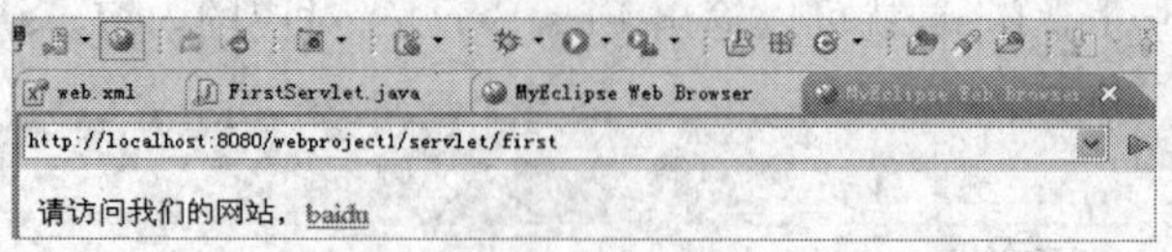

图 6-21　FirstServlet 重新输出结果

此时页面能够输出中文，效果达到我们的预期设想。

6.2.2　获取初始化参数实例

（1）在同一个项目、同一个包中新建一个 Servlet，名称为 GetParameterServlet。

（2）修改 web.xml，在该文件中用<init-param>元素用来声明 servlet 初始化参数，设置参数名称为：repeat，值为 10。修改后 web.xml 代码如图 6-22 所示。

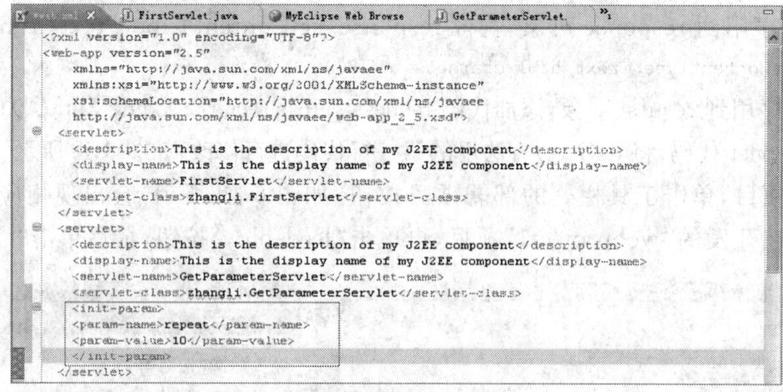

```
<?xml version="1.0" encoding="UTF-8"?>
<web-app version="2.5"
    xmlns="http://java.sun.com/xml/ns/javaee"
    xmlns:xsi="http://www.w3.org/2001/XMLSchema-instance"
    xsi:schemaLocation="http://java.sun.com/xml/ns/javaee
    http://java.sun.com/xml/ns/javaee/web-app_2_5.xsd">
  <servlet>
    <description>This is the description of my J2EE component</description>
    <display-name>This is the display name of my J2EE component</display-name>
    <servlet-name>FirstServlet</servlet-name>
    <servlet-class>zhangli.FirstServlet</servlet-class>
  </servlet>
  <servlet>
    <description>This is the description of my J2EE component</description>
    <display-name>This is the display name of my J2EE component</display-name>
    <servlet-name>GetParameterServlet</servlet-name>
    <servlet-class>zhangli.GetParameterServlet</servlet-class>
    <init-param>
    <param-name>repeat</param-name>
    <param-value>10</param-value>
    </init-param>
  </servlet>
```

图 6-22　设置初始化参数

注意：所加入的初始化参数代码一定要放在 GetParameterServlet 类所对应的<servlet>和</servlet>之间。

（3）编辑 Servlet 文件，在该文件中获取初始化参数，比如要在网页上循环输出 repeat 行“欢迎访问我们的网站”，可使用函数：public String getInit Parameter(str)；获取在 web.xml 中定义的初始化参数的数值。Servlet 代码如图 6-23 所示。

```
public void doGet(HttpServletRequest request, HttpServletResponse response)
        throws ServletException, IOException {
    response.setContentType("text/html");
    PrintWriter out = response.getWriter();
    out.println("<!DOCTYPE HTML PUBLIC \"-//W3C//DTD HTML 4.01 Transitional//EN\">");
    out.println("<HTML>");
    out.println("  <HEAD><TITLE>A Servlet</TITLE></HEAD>");
    out.println("  <BODY>");
    int repeat=Integer.parseInt(getInitParameter("repeat"));
    for(int i=0;i<repeat;i++){
        printContent(out);
    }
    out.println("  </BODY>");
    out.println("</HTML>");
    out.flush();
    out.close();
}
public void printContent(PrintWriter out){
    out.println("<table border='1'>");
    out.println("<tr><td>");
    out.println("欢迎访问我们的网站");
    out.println("</td></tr>");
    out.println("</table><br>");
}
```

图 6-23　GetParameterServlet 代码

注意：printContent()是自己编写的函数，功能是打印输出，应该写在 doGet()方法外面，两者独立。

(4) 部署项目并运行输出。

在浏览器地址栏中输入：http://localhost:8080/webproject1/servlet/GetParameterServlet，输出结果如图 6-24 所示。

输出结果里仍然存在中文乱码问题，根据前面提到的解决方案去修改代码，因为 GetParameterServlet 代码里用到了 response 对象，所以利用“response. setContentType ("text/html; charset=utf-8");”语句设置 reponse 编码格式。代码如图 6-25 所示。

重新部署运行项目，输出正确结果，如图 6-26 所示。

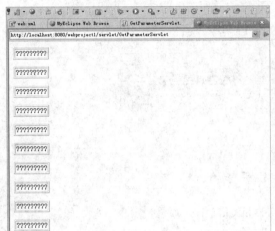

图 6-24　GetParameterServlet 输出结果

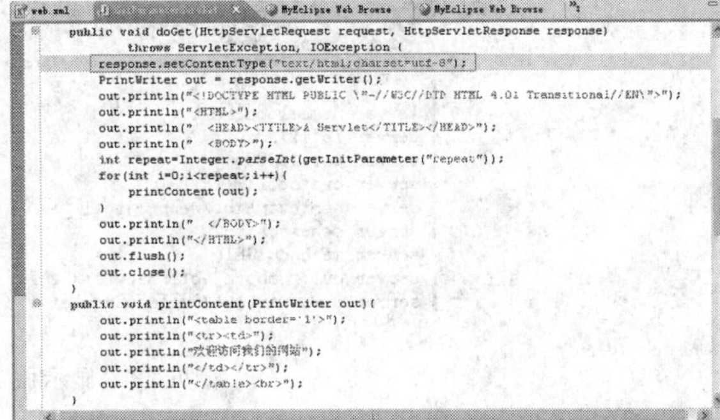

```
public void doGet(HttpServletRequest request, HttpServletResponse response)
        throws ServletException, IOException {
    response.setContentType("text/html;charset=utf-8");
    PrintWriter out = response.getWriter();
    out.println("<!DOCTYPE HTML PUBLIC \"-//W3C//DTD HTML 4.01 Transitional//EN\">");
    out.println("<HTML>");
    out.println("  <HEAD><TITLE>A Servlet</TITLE></HEAD>");
    out.println("  <BODY>");
    int repeat=Integer.parseInt(getInitParameter("repeat"));
    for(int i=0;i<repeat;i++){
        printContent(out);
    }
    out.println("  </BODY>");
    out.println("</HTML>");
    out.flush();
    out.close();
}
public void printContent(PrintWriter out){
    out.println("<table border='1'>");
    out.println("<tr><td>");
    out.println("欢迎访问我们的网站");
    out.println("</td></tr>");
    out.println("</table><br>");
}
```

图 6-25　修改后的 GetParameterServlet 代码

6.2.3　获取服务器参数实例

掌握如何在 Servlet 中获取当前 Servlet 所运行的服务器的运行参数以及这些参数的具体含义。要求能够输出服务器名称、IP 地址、端口号、上下文路径、HTTP。

(1) 在同一个项目、同一个包中新建一个 Servlet，名称为 GetInfoServlet。

(2) 编辑 GetInfoServlet，主要利用 resquest 对象的 getXXX()方法获取服务器参数。代码如图 6-27 所示。

注意：与上一案例类似，printContent()是自己编写的函数，功能是打印输出，应该写在 doGet()方法外面，两者独立。

(3) 部署项目并运行输出。

图 6-26　修改后的 GetParameterServlet 输出结果

在浏览器地址栏中输入：http://localhost:8080/webproject1/servlet/GetInfoServlet，结果如图 6-28 所示。

```
public void doGet(HttpServletRequest request, HttpServletResponse response)
        throws ServletException, IOException {
    response.setContentType("text/html");
    PrintWriter out = response.getWriter();
    out.println("<!DOCTYPE HTML PUBLIC \"-//W3C//DTD HTML 4.01 Transitional//EN\">");
    out.println("<HTML>");
    out.println("  <HEAD><TITLE>A Servlet</TITLE></HEAD>");
    out.println("  <BODY>");
    printContent(request,out);
    out.println("  </BODY>");
    out.println("</HTML>");
    out.flush();
    out.close();
}
public void printContent(HttpServletRequest request, PrintWriter out){
    out.println("server name:"+request.getServerName()+"<br>");
    out.println("server ip:"+request.getRemoteAddr()+"<br>");
    out.println("server port:"+request.getServerPort()+"<br>");
    out.println("server protocol:"+request.getProtocol()+"<br>");
    out.println("server contextpath:"+request.getContextPath()+"<br>");
    out.println("server scheme:"+request.getScheme()+"<br>");
    out.println("server methodp:"+request.getMethod()+"<br>");
    out.println("server uri:"+request.getRequestURI()+"<br>");
    out.println("server uri:"+request.getServletPath()+"<br>");
}
```

图 6-27　GetInfoServlet 代码

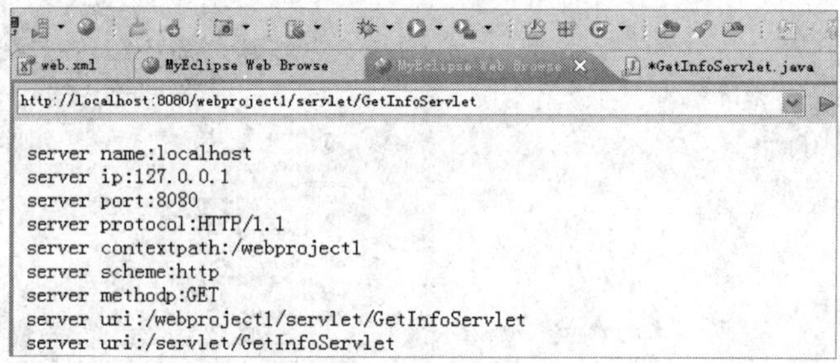

图 6-28　显示服务器相关信息

6.2.4　获取 Servlet 头信息实例

Servlet 头信息包括:能接收的内容类型、语言、编码格式、客户 IE 浏览器及其版本、操作系统、CPU 类型等。其常用于网站的统计系统,统计访问者的 IP、持续时间、浏览器版本等信息。

(1) 在同一个项目、同一个包中新建一个 Servlet,名称为 GetHeaderServlet。

(2) 编辑 GetHeaderServlet,主要利用 resquest 对象的 getHeaderNames()和 getHeader()方法获取 Servlet 头信息。代码如图 6-29 所示。

```
public void doGet(HttpServletRequest request, HttpServletResponse response)
        throws ServletException, IOException {
    response.setContentType("text/html");
    PrintWriter out = response.getWriter();
    out.println("<!DOCTYPE HTML PUBLIC \"-//W3C//DTD HTML 4.01 Transitional//EN\">");
    out.println("<HTML>");
    out.println("  <HEAD><TITLE>A Servlet</TITLE></HEAD>");
    out.println("  <BODY>");
    printContent(request,out);
    out.println("  </BODY>");
    out.println("</HTML>");
    out.flush();
    out.close();
}
public void printContent(HttpServletRequest request, PrintWriter out){
    Enumeration e=request.getHeaderNames();
    String name="";
    out.println("<table border='1'>");
    while(e.hasMoreElements()){
        name=(String)e.nextElement();//object类型强制转化为string类型
        out.println("<tr><td>"+name+"</td>");
        out.println("<td>"+request.getHeader(name)+"</td>");
        out.println("</tr>");
    }
    out.println("</table><br>");
}
```

图 6-29　GetHeaderServlet 代码

注意:与上一案例类似,printContent()是自己编写的函数,功能是打印输出,应该写在

doGet()方法外面，两者独立。

(3) 部署项目并运行输出。

在浏览器地址栏中输入：http://localhost:8080/webproject1/servlet/GetHeaderServlet，结果如图 6-30 所示。

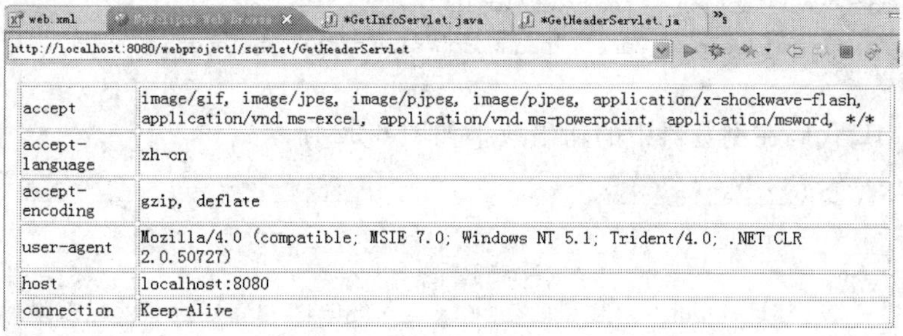
web.xml
*GetInfoServlet.java
*GetHeaderServlet.ja
http://localhost:8080/webproject1/servlet/GetHeaderServlet
accept
image/gif, image/jpeg, image/pjpeg, image/pjpeg, application/x-shockwave-flash, application/vnd.ms-excel, application/vnd.ms-powerpoint, application/msword, */*
accept-language
zh-cn
accept-encoding
gzip, deflate
user-agent
Mozilla/4.0 (compatible; MSIE 7.0; Windows NT 5.1; Trident/4.0; .NET CLR 2.0.50727)
host
localhost:8080
connection
Keep-Alive

图 6-30　网站统计功能相关显示

6.3　HTML 表单在 Servlet 中的应用

6.3.1　HTML 表单基础知识

在上节中我们通过实例讲解了 Servlet 如何把不同的动态内容发送给浏览器进行显示，没有讲解客户如何通过浏览器发送指定的请求给 Web 服务器。客户通过浏览器可以发送给 Web 服务器的请求一共有 7 种，即 POST、GET、PUT、DELETE、OPTIONS、HEAD 和 TRACE。但是在实际的 Web 编程中，我们只需要关注“POST”和“GET”请求，而其他的 5 种请求极少使用。

“POST”请求是通过 HTML 中表单“Form”进行发送的，表单中包括了不同形式的输入组件，例如 Input text、Input password、Input radio、Input checkbox、select 单选、Select 多选、textarea、Submit 按钮、Reset 按钮等。下面详细介绍表单及组件的使用。

(1) Form

Form 标记使用的基本语法如下。

```
<form method = "post"  action = "/servlet/addMessage">
</form>
```

HTML 的标记不区分大小写，所有需要通过表单提交的数据内容都要放到 Form 标记中才能被正确提交。“action”指明处理这个表单的 Servlet 程序所在的 URL 地址；如没特别指明，URL 则以 Form 所在文件的 URL 为设置值。“method”设定将表单的数据传递到 Web 服务器端的方法，为“post”或者“get”，建议使用“post”。

(2) Input text

Input 标记 text 类型，就是让我们输入单行文本内容，示例代码如下。

```
<form method = "post" action = "/servlet/login">
用户名：<input type = "text" name = "username" size = "16" maxlength = "8" value = "zhangli">
</form>
```

name 是输入框的名字，value 是输入框的初始值，size 设置输入框的长度，maxlength 限制输入字符的长度。上述 HTML 代码在浏览器中看到的效果如图 6-31 所示。

(3) Input password

Input 标记 password 类型，设定的是输入密码内容，输入的数据会用“＊”或者“●”显示出来。示例代码如下。

```
<form method = "post" action = "/servlet/login">
密码：<input type = "password" name = "password" size = "20" maxlength = "8">
</form>
```

上述 HTML 代码在浏览器中的输出效果如图 6-32 所示。

图 6-31　Input text 效果

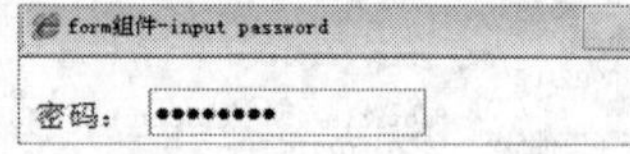

图 6-32　Input password 效果

(4) Input radio

Input 标记 radio 类型，设定的是单选形式，“checked”表示默认为选中状态。示例代码如下。

```
<form method = "post" action = "/servlet/login">
请选择您的性别：
<input name = "gender" type = "radio" value = "male" checked>男
<input name = "gender" type = "radio" value = "female">女
</form>
```

上述 HTML 代码在浏览器中的输出效果如图 6-33 所示。

(5) Input checkbox

Input 标记 checkbox 类型，设定的是多选形式。示例代码如下：

```
<form method = "post" action = "/servlet/login">
请选择您的兴趣：
<input name = "interest" type = "checkbox" value = "move">看电影
<input name = "interest" type = "checkbox" value = "music">听音乐
<input name = "interest" type = "checkbox" value = "tv">看电视
<input name = "interest" type = "checkbox" value = "sing">唱歌
</form>
```

上述 HTML 代码在浏览器中的输出效果如图 6-34 所示。

图 6-33　Input radio 效果　　图 6-34　Input checkbox 效果

(6) Select 单选

Select 是下拉选择菜单形式，可以单选也可以复选。选项“option”中的“selected”为默认选项。示例代码如下。

```
<form method = "post" action = "/servlet/login">
请选择您的出生地：
<select name = "city">
<option value = "Beijing">北京</option>
<option value = "Tianjin">天津</option>
<option value = "Shanghai">上海</option>
```

```
<option value = "Chongqing" selected >重庆</option>
<option value = "etc">其他</option>
</form>
```

上述 HTML 代码在浏览器中的输出效果如图 6-35 所示。

(7) Select 多选

Select 加上“multiple”以后可以进行复选。复选的时候按住“Ctrl”键及鼠标左键。示例代码如下。

```
<form method = "post" action = "/servlet/login">
请选择您的兴趣：
<select name = "interest" multiple size = "5" >
<option value = "move" >看电影</option>
<option value = "music" >听音乐</option>
<option value = "tv" >看电视</option>
<option value = "sing" >唱歌</option>
</form>
```

上述 HTML 代码在浏览器中的输出效果如图 6-36 所示。

图 6-35　Select 单选效果

图 6-36　Select 多选效果

(8) Textarea

Textarea 是文本输入区，与“text”不同的是，Textarea 可以有多行，分别以“rows”来指定行数，以“cols”来指定列数。我们也可以加上预设的内容，加在<textarea>和</textarea>之间，示例代码如下。

```
<form method = "post" action = "/servlet/login">
留言内容：
<textarea name = "comment" rows = "10" cols = "60">大家好
</textarea>
</form>
```

上述 HTML 代码在浏览器中的输出效果如图 6-37 所示。

(9) Submit 按钮

图 6-37　Textarea 效果

Submit 按钮是发送数据的按钮。Submit 按钮如果加了 name 属性，则单击该按钮提交时，其 name 属性以及 value 属性的值也会作为一组表单参数发送到服务器端，否则将不会发送。有时在同一个表单中可以使用多个 Submit 按钮，配以相同的 name 值(如“action”)和不同的 value 值(如“delete”“edit”“modify”)，在提交表单时，单击的那个 Submit 按钮的 value 属性值被发送，然后服务器端根据其值进行分支处理。Submit 按钮的显示大小则会依“value”值的大小自动调整。示例代码如下。

```
<form method = "post" action = "/servlet/login">
<input type = "submit" name = "submit" value = "确定">
</form>
```

上述 HTML 代码在浏览器中的输出效果如图 6-38 所示。

(10) Reset 按钮

Reset 按钮重置当前表单到这个表单未被编辑的状态，比如文本框、选择组件恢复到原来设置的默认值。所以 Reset 也就是重新填写的意思，示例代码如下。

```
<form method = "post" action = "/servlet/login">
用户名：<input name = "username" size = "16" maxlength = "16" >
<input type = "reset"   value = "重新输入">
</form>
```

上述 HTML 代码在浏览器中的输出效果如图 6-39 所示。

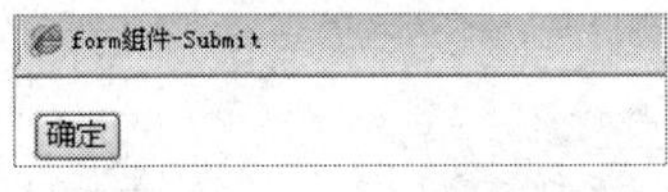

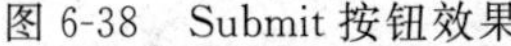

图 6-38　Submit 按钮效果

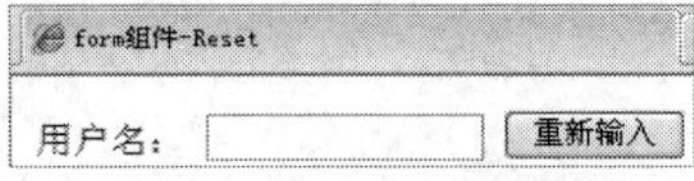

图 6-39　Reset 按钮效果

6.3.2　表单应用实例——用户登录

(1) 新建一个 Web 项目，名称为 webproject2。

(2) 新建一个 HTML 名称为 login.html，并编辑页面。

① 右键单击 WebRoot 文件夹，选择“New”→“HTML(Advanced Templates)”选项，如图 6-40 所示。

选择新建 HTML 后，弹出 HTML 向导，在 File Name 处可以重新设置页面名称为“login.html”，然后单击“Finish”按钮进行下一步操作，如图 6-41 所示。

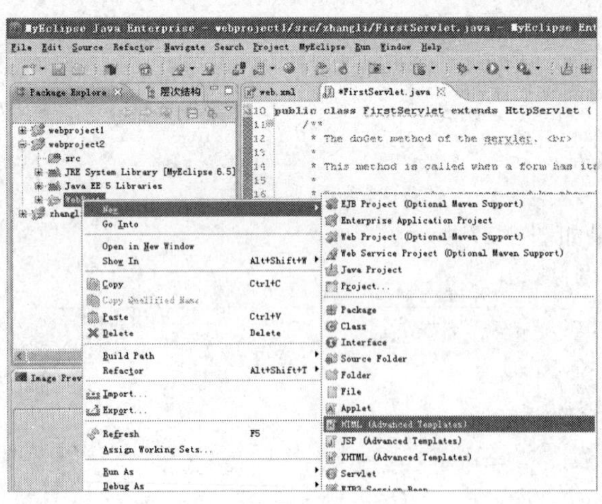

图 6-40　新建 HTML

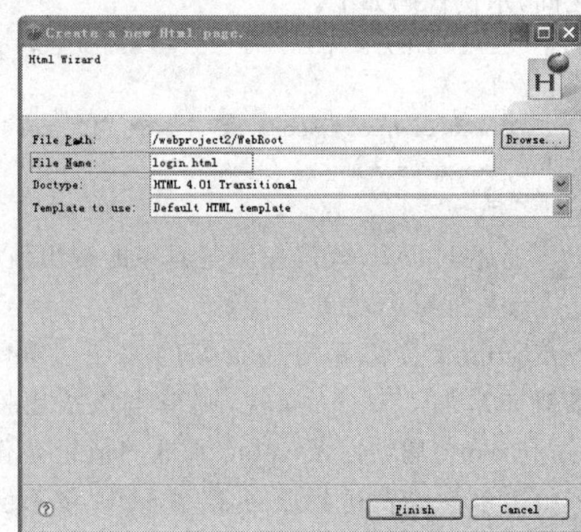

图 6-41　设置 login.html

单击“Finish”按钮后，系统创建页面成功，默认效果如图 6-42 所示。

② 编辑 login.html，可以在 MyEclipse 中进行 HTML 可视化开发，也可以先去 Dream-Weaver 编辑好页面再放到本项目目录下。

第一种方法：MyEclipse 提供了 HTML 可视化开发工具，可以通过菜单“Window”→“Show View”→“Other”→“General”→“Palette”将该相关视图显示出来，如图 6-43 所示。

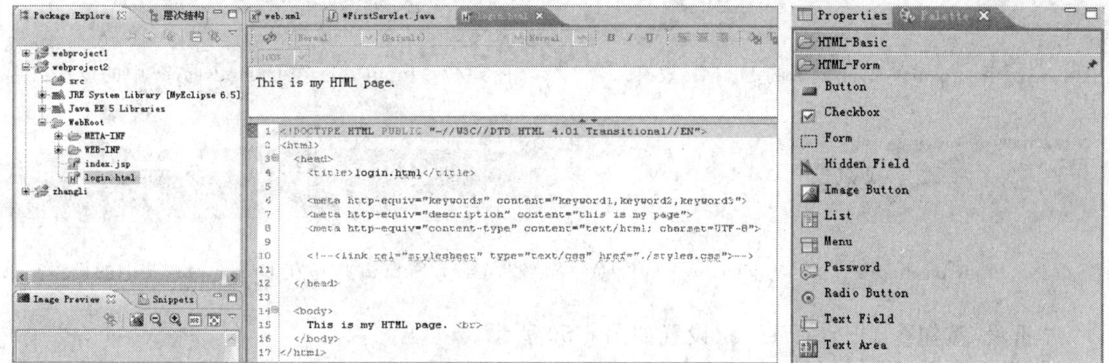

图 6-42　默认创建完成的 login. html　　　　图 6-43　Palette 视图

单击图 6-43 中的“Form”组件，会弹出如图 6-44 所示的 Form 创建向导，设置 Form 的 Name 为“login”，Action 为“webproject2/servlet/login”，Method 选择“post”，然后单击“完成”按钮。

生成的页面效果如图 6-45 所示。

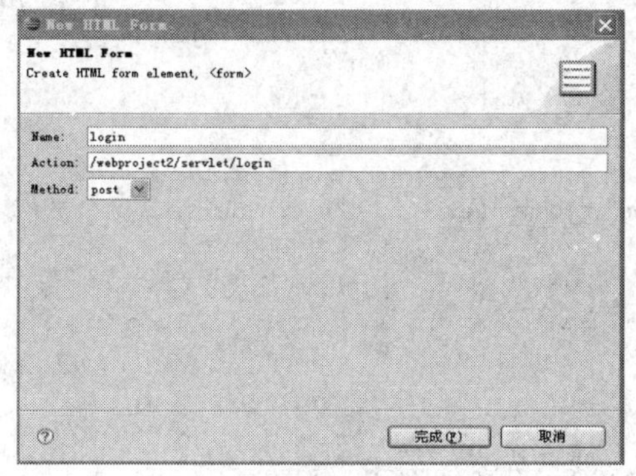

This is my HT

ML page.

图 6-44　新建 Form 表单　　　　图 6-45　建成的 Form 表单

默认生成的代码如下所示。

```
<body>
This is my HT<form method = "post" action = "/webproject2/servlet/login" name = "login"><p>
 </p><p> </p><p> </p><p> </p><p> </p><p> </p>
</form>ML page. <br>
</body>
```

不过 MyEclipse 的可视化开发并不太理想，一般我们还是使 DreamWeaver 来将需要用到的 HTML 文件做好，然后放到项目的工程目录下。

第二种方法：用 DreamWeaver 编辑 HTML 文件。为了使 HTML 页面美观，在 Form 表单里嵌套 table 来组织组件。效果如图 6-46 所示。

用户名右侧的 Input text 在 DreamWeaver 设置如图 6-47 所示。

密码右侧的 Input password 在 DreamWeaver 设置如图 6-48 所示。

“提交”按钮在 DreamWeaver 设置如图 6-49 所示。

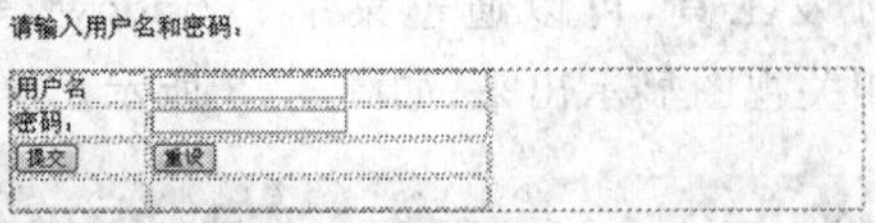

图 6-46　用 DreamWeaver 编辑的 HTML 效果

图 6-47　Input text 在 Dreamweaver 中的设置

图 6-48　Input password 在 Dreamweaver 中的设置

图 6-49　Submit 按钮在 Dreamweaver 中的设置

“重设”按钮在 DreamWeaver 设置如图 6-50 所示。

图 6-50　Reset 按钮在 Dreamweaver 中的设置

login.html 最终生成的代码如下所示。

```
<body>
请输入用户名和密码：
<form id="form1" name="form1" method="post" action="/webproject2/servlet/login">
  <table width="313" border="0">
      <tr>
        <td width="85">用户名</td>
        <td width="218"><input name="username" type="text" id="username" size="18"
maxlength="10"
/></td>
      </tr>
      <tr>
<td>密码：</td>
        <td><input name="password" type="password" id="password" size="18"
maxlength="10" /></td>
      </tr>
      <tr>
        <td><input type="submit" name="submit" id="submit" value="提交" /></td>
        <td><input type="reset" name="reset" id="reset" value="重设" /></td>
      </tr>
      <tr>
        <td> </td>
        <td> </td>
      </tr>
    </table>
</form>
</body>
```

注意：<form id="form1" name="form1" method="post" action="/webproject2/servlet/login">此行代码里的 action 所设置的网址是要跳向的 Servlet 映射 URL。

（3）新建 Servlet 类，名称为 LoginServlet，mapping name 为/servlet/login。

(4) 编辑 LoginServlet，代码如图 6-51 所示。

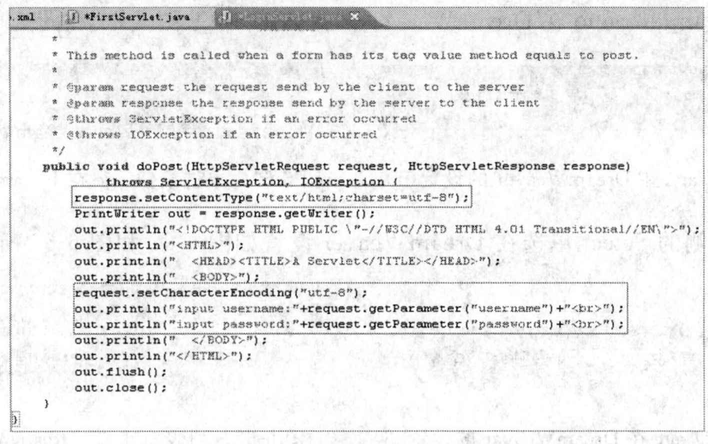

图 6-51 LoginServlet 代码截图

(5) 开启 Tomcat 服务器，部署项目并运行输出。测试入口点为：http://localhost:8080/webproject2/login.html。效果如图 6-52 所示。

输入用户名和密码后单击“提交按钮”，网址会自动跳到 http://localhost:8080/webproject2/servlet/login，并输出结果。效果如图 6-53 所示。

图 6-52 login.html 效果图　　　　图 6-53 Servlet 效果图

6.3.3 表单应用实例——网络调查表

利用 Servlet 知识和 HTML 表单知识来完成一个网络调查表，调查用户的一些基本信息。效果如图 6-54 和图 6-55 所示。

(1) 在 DreamWeaver 中新建并编辑 survey.html。效果如图 6-56 所示。

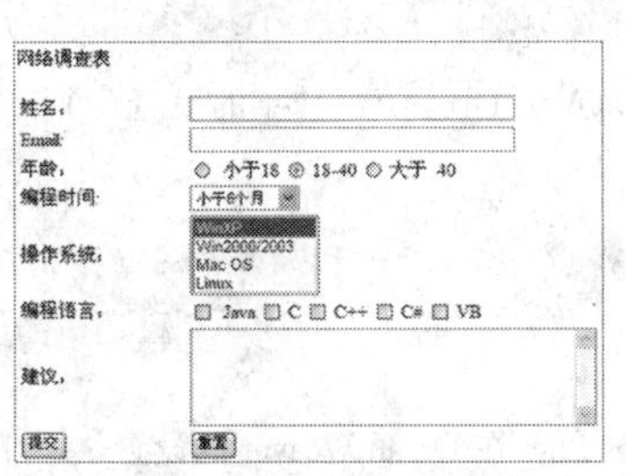

图 6-54 网络调查表

图 6-55 记录用户所填信息

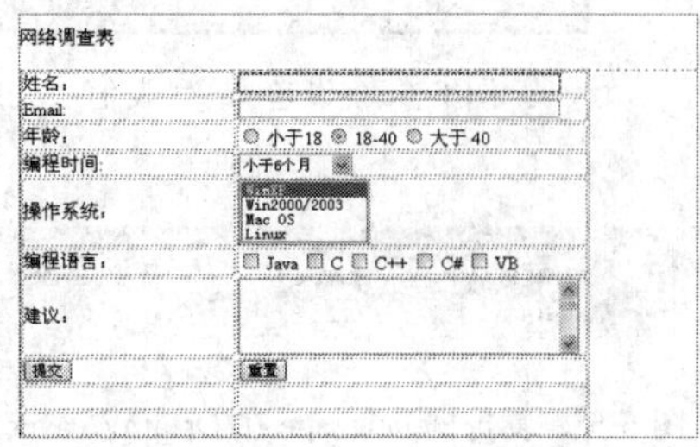

图 6-56 在 DreamWeaver 中编辑好的 HTML

姓名右侧的 Input text 在 DreamWeaver 设置如图 6-57 所示。

E-mail 右侧的 Input text 在 DreamWeaver 设置如图 6-58 所示。

图 6-57 文本域 name 在 DreamWeaver 的设置

图 6-58 文本域 E-mail 在 DreamWeaver 的设置

年龄右侧的 Input radio 在 DreamWeaver 设置如图 6-59、图 6-60 和图 6-61 所示。

图 6-59　单选按钮 age 在 DreamWeaver 的设置(1)

图 6-60　单选按钮 age 在 DreamWeaver 的设置(2)

编程时间右侧的 Select 单选在 DreamWeaver 设置如图 6-62 和图 6-63 所示。

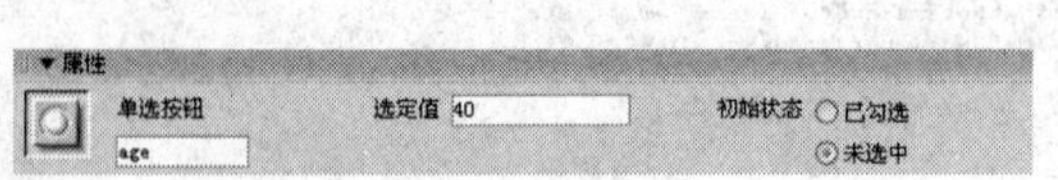

图 6-61　单选按钮 age 在 DreamWeaver 的设置(3)

图 6-62　列表 code 在 DreamWeaver 的设置

操作系统右侧的 Select 多选在 DreamWeaver 设置如图 6-64 和图 6-65 所示。

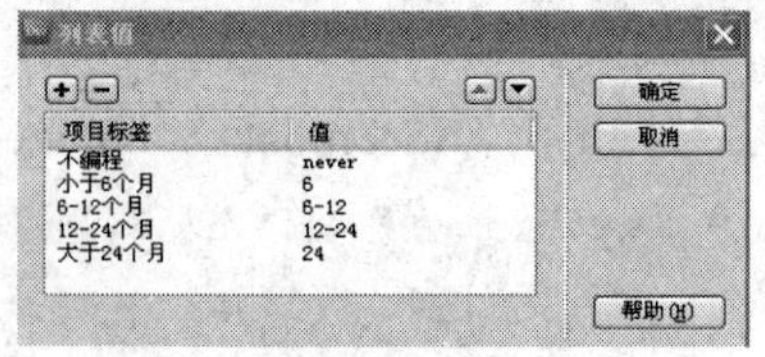

图 6-63　设置 code 列表值

图 6-64　列表 os 在 DreamWeaver 的设置

编程语言右侧的 checkbox 在 DreamWeaver 设置如图 6-66、图 6-67、图 6-68、图 6-69 和图 6-70 所示。

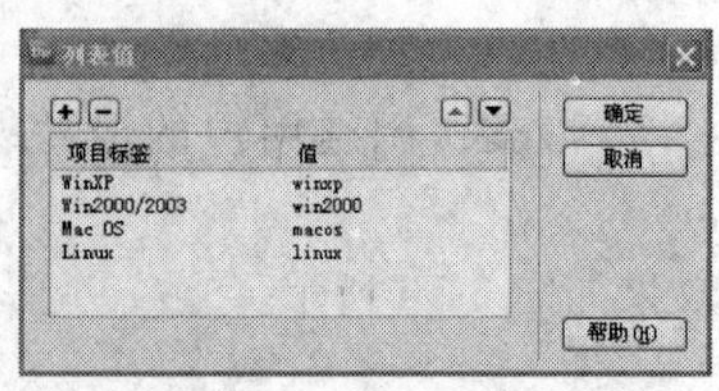

图 6-65　设置 os 列表值

图 6-66　复选框 language 在 DreamWeaver 的设置(1)

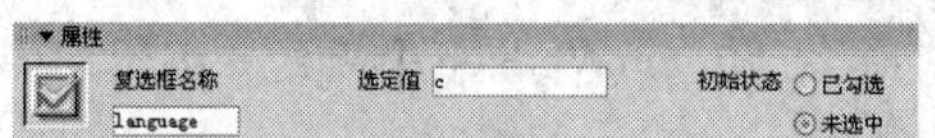

图 6-67　复选框 language 在 DreamWeaver 的设置(2)

图 6-68　复选框 language 在 DreamWeaver 的设置(3)

图 6-69　复选框 language 在 DreamWeaver 的设置(4)

建议右侧的 Textarea 在 DreamWeaver 设置如图 6-71 所示。

图 6-70　复选框 language 在 DreamWeaver 的设置(5)

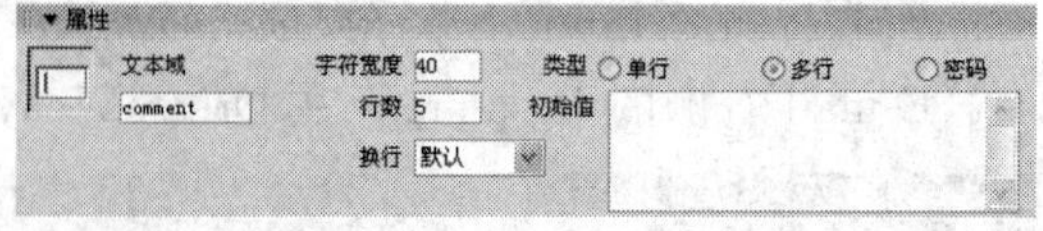

图 6-71　文本域 comment 在 DreamWeaver 的设置

提交按钮在 DreamWeaver 设置如图 6-72 所示。

重置按钮在 DreamWeaver 设置如图 6-73 所示。

图 6-72　提交按钮在 DreamWeaver 的设置

图 6-73　重置按钮在 DreamWeaver 的设置

(2) 在同一个项目里新建 SurveyServlet，主体代码如下所示。

```
out.println("  <BODY>");
request.setCharacterEncoding("utf-8");
out.println("姓名:" + request.getParameter("name") + "<br>");
out.println("Email:" + request.getParameter("email") + "<br>");
out.println("age:" + request.getParameter("age") + "<br>");
out.println("编程时间:" + request.getParameter("code") + "<br>");
out.println("操作系统:");
String os[] = request.getParameterValues("os");
out.println("<ul>");
for(int i = 0;i<os.length;i++){
out.println("<li>" + os[i] + "</li>");
}
out.println("</ul>");
out.println("编程语言:");
String language[] = request.getParameterValues("language");
out.println("<ul>");
for(int i = 0;i<language.length;i++){
out.println("<li>" + language[i] + "</li>");
}
out.println("</ul>");
out.println("comment:" + request.getParameter("comment") + "<br>");
out.println("  </BODY>");
```

(3) 重新部署项目并运行输出，效果如图 6-74 和图 6-75 所示。

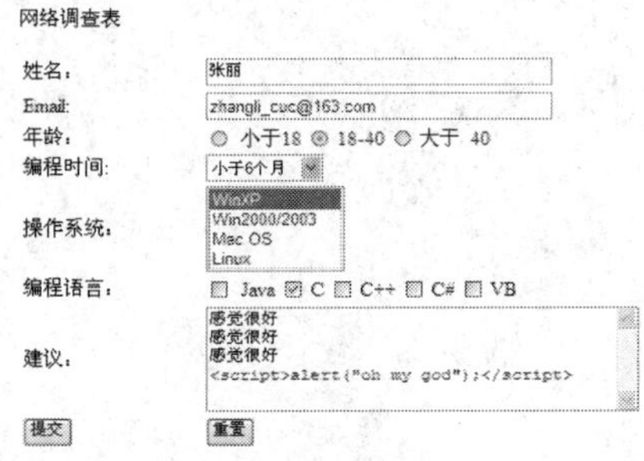

图 6-74　在 Textarea 输入多行文本及 Script 代码

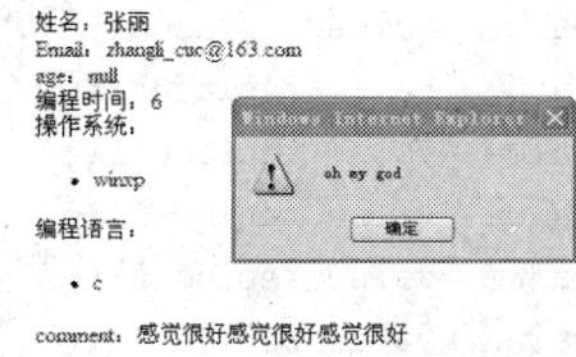

图 6-75　弹出警告框并且无换行

通过以上测试我们会发现以下几个问题。

① 没办法换行。

② 如果用户输入一些恶意代码，比如 Script 语言，会产生一些死循环，而且还将信息写入数据库。比如在留言内容里填写：<script>alert(“oh，my god!”)；</script>。

要解决以上两个问题，重新修改 Servlet 代码，如下所示。

```
public class SurveyServlet extends HttpServlet {
    public void doGet(HttpServletRequest request, HttpServletResponse response)throws ServletException, IOException {
        doPost(request,response);
    }
    public void doPost(HttpServletRequest request, HttpServletResponse response)throws ServletException, IOException {
        response.setContentType("text/html;charset = utf-8");
        PrintWriter out = response.getWriter();
        out.println("<! DOCTYPE HTML PUBLIC \"-//W3C//DTD HTML 4.01 Transitional//EN\">");
        out.println("<HTML>");
        out.println("  <HEAD><TITLE>A Servlet</TITLE></HEAD>");
        out.println("  <BODY>");
        request.setCharacterEncoding("utf-8");
        out.println("姓名:" + filterHtml(request.getParameter("name")) + "<br>");
        out.println("Email:" + filterHtml(request.getParameter("email")) + "<br>");
        out.println("age:" + request.getParameter("age") + "<br>");
        out.println("编程时间:" + request.getParameter("code") + "<br>");out.println("操作系统:");
        String os[] = request.getParameterValues("os");
        out.println("<ul>");
        for(int i = 0;i<os.length;i ++){
            out.println("<li>" + os[i] + "</li>");
        }
        out.println("</ul>");
        out.println("编程语言:");
        String language[] = request.getParameterValues("language");
        out.println("<ul>");
        for(int i = 0;i<language.length;i ++){
            out.println("<li>" + language[i] + "</li>");
        }
        out.println("</ul>");
        out.println("comment:" + filterHtml(request.getParameter("comment")) + "<br>");
        out.println("  </BODY>");
        out.println("</HTML>");
        out.flush();
        out.close();
    }
    public String filterHtml(String value){
        value = value.replaceAll("&", "&amp");
        value = value.replaceAll("<", "&lt");
        value = value.replaceAll(">", "&gt");
        value = value.replaceAll(" ", " ");
        value = value.replaceAll("'", "&#39;");
        value = value.replaceAll("\"", "&quot");
        value = value.replaceAll("\n", "<br>");
        return value;
    }
}
```

以上代码相关解释如下。

(1) doGet()方法没有处理逻辑,直接调用 doPost()方法的逻辑。

(2) doPost()方法中核心的代码就是通过 request 对象的 getParameter()方法获得 survey.html 提交的表单参数的参数值,而通过 getParameterValues()获得多值表单参数的参数值,该方法返回包括所有参数值的字符串数组。

(3) filterHtml()方法对提交的参数值进行过滤。该方法过滤参数字符串中的“<”“>”“'”“"”“\n”和空字符串。

“\n”字符不过滤的话，会影响输出内容的换行，因为在Java中换行的字符是“\n”，而HTML换行的字符是“
”，在HTML中“\n”字符不能起到换行的效果，需要把“\n”替换成“
”。

而“<”和“>”在HTML中用于标注HTML标记的开始和结束，也需要过滤成特定的字符，不然会对程序运行的安全造成危险。为了安全起见“'”和“"”也需要过滤。

过滤上面这些字符串使用的是String类的replaceAll()方法，该方法为两个参数，第一个参数是被替换的字符串，第二个参数是替换以后的字符串。

6.4 HTML表单验证

6.4.1 手动增加验证

为上一节的用户登录案例增加验证，比如当用户不填写用户名或者密码就提交时会自动弹出警告框要求填写完整，如图6-76所示。

图6-76　为用户登录添加验证

(1) 复制login.html，并粘贴到WebRoot目录，命名为login2.html。

(2) 在login2.html的<body>后添加JavaScript代码。

```
<script language = "javascript">
function validate(myform){
        if(myform.username.value.length == 0){
              alert("请填写用户名");
              myform.username.focus();
              return false;
        }
        if(myform.password.value.length == 0){
              alert("请填写密码");
              myform.password.focus();
              return false;
        }
}
</script >
```

(3) 修改<form>标签的设置，增加事件响应。

将代码：

```
< form id = "form1" name = "form1" method = "post"
action = "/webproject2/servlet/login">
```

改成：

```
<form id = "form1" name = "form1" method = "post" action = "/webproject2/servlet/login"
onsubmit = "return validate(this)">
```

6.4.2 JSValidation 验证框架

JSValidation 是已经开发好的框架，直接进行配置就可以了。运用此框架需要将三个文件放到项目中：validation-framework.js、validation-config.xml 和 validation-config.dtd 文件。

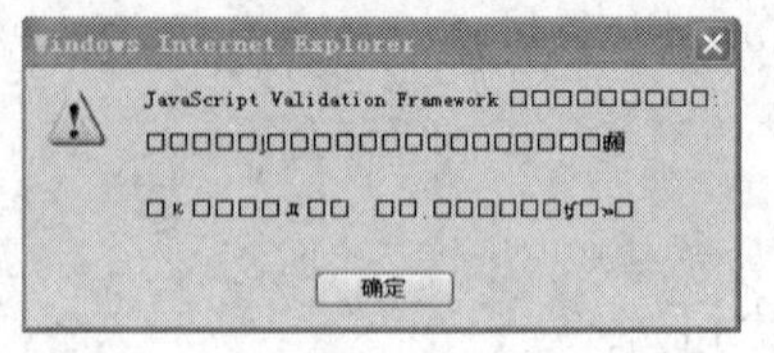

图 6-77　中文乱码

下面以给用户登录案例添加 JSValidation 验证为例介绍验证框架的使用方法。

（1）在当前工程的 WetRoot 目录下建立一个名为“js”的文件，将以上三个文件放到“js”里。

（2）修改 validation-framework.js 文件的第 21 行代码，将 var ValidationRoot＝""；改成 var ValidationRoot＝"/webproject2/js/"；并将整个文件保存成 UTF-8 格式，否则出现中文乱码，如图 6-77 和图 6-78 所示。

（3）validation-config.xml，只保存第一个<form></form>标签中的内容，其他<form>标签删除。

（4）复制 login.html，并粘贴到 WebRoot 目录，命名为 login3.html

（5）在 login3.html 的<body>后加入以下代码：

```
<script language = "javascript" src = "/webproject2/js/validation-framework.js"></script>
```

（6）修改 Form 标签的属性设置。

将代码：

```
<form id = "form1" name = "form1" method = "post" action = "/webproject2/servlet/login" >
```

图 6-78　将文件存成 UTF-8 格式

改成：

```
<form id = "form1" name = "form1" method = "post" action = "/webproject2/servlet/login" onsubmit
= "return doValidate(this)">
```

如果不想以 alert 形式显示错误信息，而是以 div 形式显示错误信息提示，可以进行如下设置。

（1）在 login3.html 中添加 div 设置。

在 login3.html 中<form id＝"form1" name＝"form1" method＝"post" action＝"/webproject2/servlet/login" onsubmit＝"return doValidate(this)">前加入一行代码：

```
<div id = "error" style = "color:red;font-weight:bold"></div>
```

（2）在 validation-config.xml 中进行设置。

将代码

```
< form id = "form1" show-error = "alert" show-type = "all">
```

改成：

```
<form id = "form1" show-error = "error" show-type = "all">
```

要求:给网络调查表案例添加 JSValidation 验证。

(1) 复制 survey. htm,并粘贴到 WebRoot 目录,命名为 survey2. htm。

(2) 在 survey2. htm 的<body>后加入代码:

```
<script language = "javascript" src = "/webproject2/js/validation-framework.js"> </script>
```

(3) 修改 Form 标签的属性设置。

将代码

```
<form id = "form1" name = "form1" method = "post" action = "/webproject2/servlet/login">
```

改成:

```
<form id = "form2" name = "form2" method = "post" action = "/webproject2/servlet/login" onsubmit
= "return doValidate(this)">
```

(4) 在 validation-config. xml 加入对 form2 的验证。

```
<form id = "form2" show-error = "error" show-type = "all">
<field name = "name" display-name = "姓名" onfail = "">
<depend name = "required" />
<depend name = "commonChar" />
<depend name = "minLength" param0 = "3" />
<depend name = "maxLength" param0 = "20" />
</field>
<field name = "email" display-name = "邮箱">
<depend name = "required" />
<depend name = "email" />
</field>
<field name = "age" display-name = "年纪">
<depend name = "required" />
</field>
<field name = "code" display-name = "编程时间">
<depend name = "required" />
</field>
<field name = "os" display-name = "操作系统">
<depend name = "required" />
</field>
<field name = "language" display-name = "编程语言">
<depend name = "required" />
</field>
<field name = "comment" display-name = "建议">
<depend name = "required" />
</field>
</form>
```

6.5 FCKeditor 框架应用

利用 FCKeditor 框架可以在 HTML 表单中显示一个带有编辑工具栏的文本输入框。FCKeditor 框架的下载地址为:http://www. fckeditor. net/download。

新建一个项目,为表单添加使用 FCKeditor 框架的步骤为:

(1) 新建 fckeditordemo 项目;

(2) 新建 input.html;

(3) 新建 addContent;

(4) FCKeditor 组件文件精简。

其中使用 FCKEditor 细节如下:

(1) 将 fckeditor 文件夹复制到当前项目的 WebRoot 目录下。

(2) 刷新项目,看到 fckeditor 目录已经引进工程,但是会出现一些错误,如图 6-79 所示。我们进行一些修改,让 MyEclipse 不对其进行有效性验证,如图 6-80 所示。

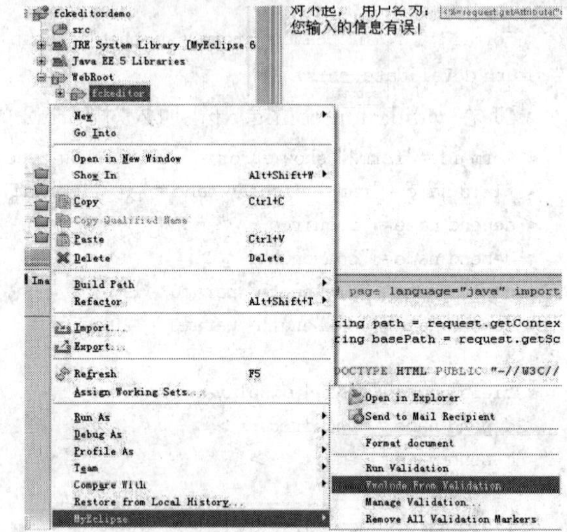

图 6-79　引入 FCKeditor 后发生错误　　　　图 6-80　去除 MyEclipse 的验证

(3) 开启服务器并部署项目,在 fckeditordemo 项目中体验 fckeditor 自带的例子(此步骤可省略)。

http://localhost:8080/fckeditordemo/fckeditor/_samples/default.html

(4) 在 input.html 中如何使用 fckeditor。

在<body></body>之间添加如下代码:

```
<script type = "text/javascript" src = "/fckeditordemo/fckeditor/fckeditor.js">
</script>
请输入内容 <br>
 <form name = "form3" id = "form3" method = "POST"
action = "/fckeditordemo/servlet/addContent">
   主题:<input type = "text" name = "title" size = "80"><br>
   <script type = "text/javascript">
         var editor = new FCKeditor('editor1');
         editor.BasePath = '/fckeditordemo/fckeditor/';
         editor.Height = 200;
         editor.ToolbarSet = 'Default';
         //editor.ToolbarSet = 'Basic';
         editor.Create();
   </script>
   <input name = "submit" type = "submit" value = "submit">
   </form>
```

在网页浏览器中输入网址 http://localhost:8080/fckeditordemo/input.html,input.html 的显示效果如图 6-81 所示。

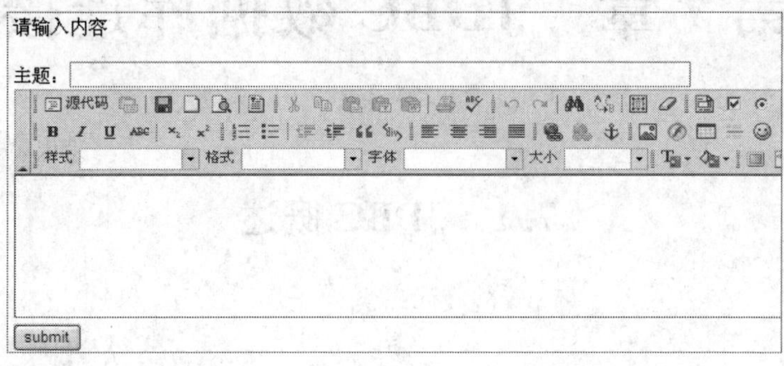

图 6-81 生成带有编辑工具栏的输入框

(5) 编辑 addContent.java 中 doPost()内容。

主要是通过 request.getParameter("editor1")来获取用户在 FCKeditor 编辑框中输入的内容,addContent.java 部分代码截图如图 6-82 所示。

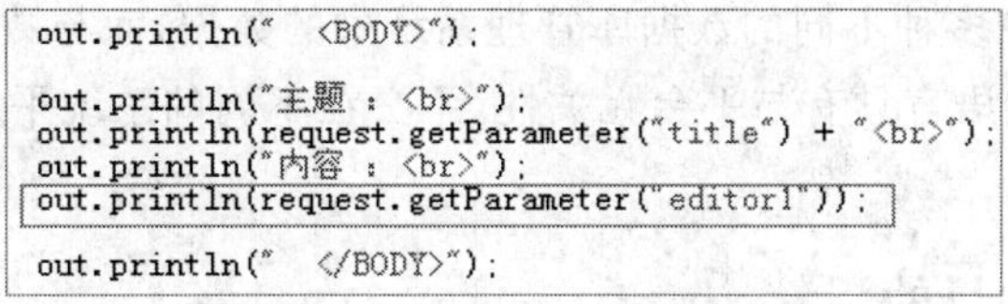

```
out.println("  <BODY>");

out.println("主题 : <br>");
out.println(request.getParameter("title") + "<br>");
out.println("内容 : <br>");
out.println(request.getParameter("editor1"));

out.println("  </BODY>");
```

图 6-82 addContent 代码截图

(6) 如果不能输出中文字符,则需进行修改。

将代码 response.setContentType("text/html");改成:response.setContentType("text/html;charset=utf-8");添加:request.setCharacterEncoding("utf-8");

(7) 将 fckeditor 文件夹中不需要的文件删除,只剩下 editor 文件夹、两个 js 文件、三个 XML 文件。其中 editor 文件夹中_source 文件夹和 plugins 也可删除。

第7章　JDBC数据库连接

7.1　JDBC概述

7.1.1　JDBC

JDBC(Java DataBase Connectivity),即Java数据库连接技术,它是将Java与SQL结合且独立于特定的数据库系统的应用程序编程接口(API,它是一种可用于执行SQL语句的Java API,即由一组用Java语言编写的类与接口所组成)。

有了JDBC从而可以使Java程序员用Java语言来编写完整的数据库方面的应用程序。另外,也可以操作保存在多种不同的数据库管理系统中的数据,而与数据库管理系统中数据存储格式无关。同时Java语言具有与平台无关性,不必在不同的系统平台下编写不同的数据库应用程序。

7.1.2　JDBC设计的目的

JDBC是一种规范,设计出它的最主要的目的是让各个数据库开发商为Java程序员提供标准的数据库访问类和接口,使得独立于DBMS的Java应用程序的开发成为可能(数据库改变,驱动程序跟着改变,但应用程序不变)。

微软的ODBC是用C编写的,而且只适用于Windows平台,无法实现跨平台地操作数据库。SQL语言尽管包含有数据定义、数据操作、数据管理等功能,但它并不是一个完整的编程语言,而且不支持流控制,需要与其他编程语言相配合使用。

而JDBC的设计是由于Java语言具有健壮性、安全、易使用并自动下载到网络等方面的优点,因此如果采用Java语言来连接数据库,将能克服ODBC局限于某一系统平台的缺陷;将SQL语言与Java语言相互结合起来,可以实现连接不同数据库系统,即使用JDBC可以很容易地把SQL语句传送到任何关系型数据库中。

7.1.3　JDBC的主要功能

(1) 支持基本的SQL语句,在Java程序中实现数据库操作功能并简化操作过程。

(2) 提供多样化的数据库连接方法。

(3) 为各种不同的数据库提供统一的操作界面。

7.1.4　JDBC与ODBC的对比

(1) ODBC是用C语言编写的,不是面向对象的;而JDBC是用Java编写的,是面向对象的。

(2) ODBC难以学习,因为它把简单的功能与高级功能组合在一起,即便是简单的查询也会带有复杂的任选项;而JDBC的设计使得简单的事情用简单的做法来完成。

(3) ODBC是局限于某一系统平台的,而JDBC提供Java与平台无关的解决方案。

(4) 但也可以通过Java来操作ODBC,这可以采用JDBC-ODBC桥接方式来实现(因为Java不能直接使用ODBC,即在Java中使用本地C的代码将带来安全缺陷)。

7.1.5 JDBC驱动程序的类型

目前比较常见的JDBC驱动程序可分为以下四类。

(1) JDBC-ODBC桥加ODBC驱动程序

JavaSoft桥产品利用ODBC驱动程序提供JDBC访问。注意,必须将ODBC二进制代码(许多情况下还包括数据库客户机代码)加载到使用该驱动程序的每个客户机上。因此,这种类型的驱动程序最适合于企业网(这种网络上客户机的安装不是主要问题),或者是用Java编写的三层结构的应用程序服务器代码。

JDBC-ODBC桥接方式利用微软的开放数据库互连接口(ODBC API)同数据库服务器通信,客户端计算机首先应该安装并配置ODBC driver和JDBC-ODBC bridge两种驱动程序。

(2) 本地API

这种类型的驱动程序把客户机API上的JDBC调用转换为Oracle、Sybase、Informix、DB2或其他DBMS的调用。注意,像桥驱动程序一样,这种类型的驱动程序要求将某些二进制代码加载到每台客户机上。

这种驱动方式将数据库厂商的特殊协议转换成Java代码及二进制类码,使Java数据库客户方与数据库服务器方通信。例如,Oracle用SQLNet协议,DB2用IBM的数据库协议。数据库厂商的特殊协议也应该被安装在客户机上。

(3) JDBC网络纯Java驱动程序

这种驱动程序将JDBC转换为与DBMS无关的网络协议,之后这种协议又被某个服务器转换为一种DBMS协议。这种网络服务器中间件能够将它的纯Java客户机连接到多种不同的数据库上。所用的具体协议取决于提供者。通常,这是最为灵活的JDBC驱动程序。有可能所有这种解决方案的提供者都提供适合于Intranet用的产品。为了使这些产品也支持Internet访问,它们必须处理Web所提出的安全性、通过防火墙的访问等方面的额外要求。几家提供者正将JDBC驱动程序加到他们现有的数据库中间件产品中。

这种方式是纯Java Driver。数据库客户以标准网络协议(如HTTP、SHTTP)同数据库访问服务器通信,数据库访问服务器翻译标准网络协议成为数据库厂商的专有特殊数据库访问协议(也可能用到ODBC Driver)与数据库通信。对Internet和Intranet用户而言,这是一个理想的解决方案。Java Driver被自动的、以透明的方式随Applets自Web服务器下载并安装在用户的计算机上。

(4) 本地协议纯Java驱动程序

这种类型的驱动程序将JDBC调用直接转换为DBMS所使用的网络协议。这将允许从客户机上直接调用DBMS服务器,是Intranet访问的一个很实用的解决方法。

这种方式也是纯Java Driver。数据库厂商提供了特殊的JDBC协议使Java数据库客户与数据库服务器通信。然而,将把代理协议同数据库服务器通信改用数据库厂商的特殊JDBC Driver。这对Intranet应用是高效的,可是数据库厂商的协议可能不被防火墙支持,缺乏防火墙支持在Internet应用中会存在潜在的安全隐患。

7.2 JDBC 的工作原理

7.2.1 工作原理概述

JDBC 的设计基于 X/Open SQL CLI(Call Level Interface)这一模型。它通过定义出一组 API 对象和方法以用于同数据库进行交互。JDBC 的工作原理如图 7-1 所示。

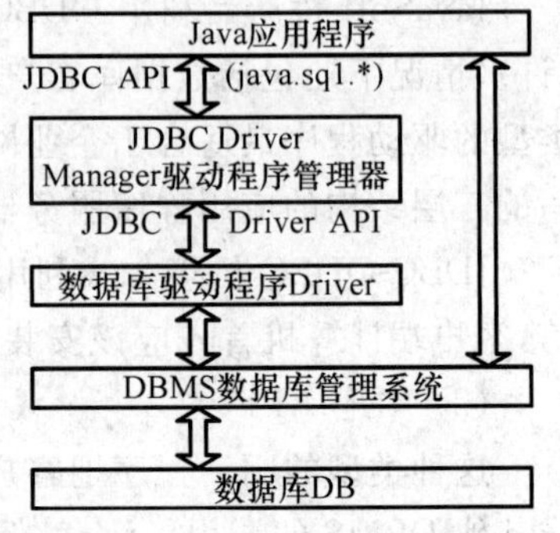

图 7-1 JDBC 的工作原理

由图 7-1 可以看出,Java 应用程序一是通过 JDBC API 向 JDBC Driver Manager 发出请求指定要装载的 JDBC 驱动程序和连接的数据库的具体类型与实例。Driver Manager 会根据这些要求装载合适的 JDBC 驱动程序代码,并要求其负责连接指定的数据库实例。以后,Java 应用程序与数据库实例之间的一切交互就由驱动程序转换为数据库实例 DBMS 所能理解的命令,再将数据库返回的结果转换为 Java 程序能识别的数据供程序进一步处理。二是 Java 应用程序也可以直接同具体的数据库驱动程序交互。

7.2.2 JDBC 体系结构

Java 数据库连接体系结构是用于 Java 应用程序连接数据库的标准方法。JDBC 对 Java 程序员而言是 API,对实现与数据库连接的服务提供商而言是接口模型。作为 API,JDBC 为程序开发提供标准的接口,并为数据库厂商及第三方中间件厂商实现与数据库的连接提供了标准方法。其基本的体系结构如图 7-2 所示。

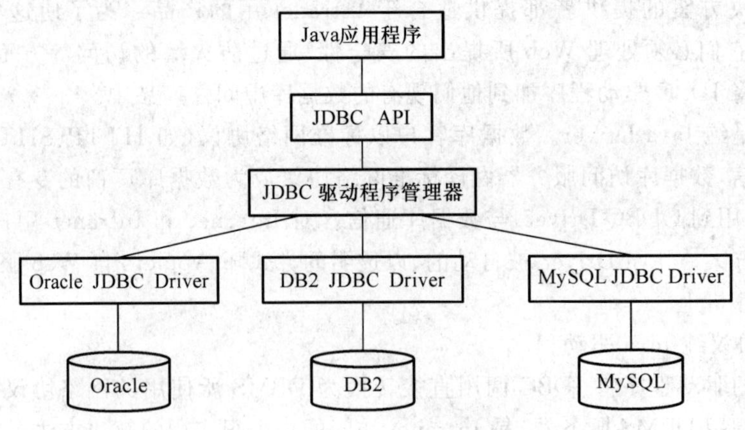

图 7-2 JDBC 的体系结构

1. 面向 Java 程序员的 JDBC API

Java 程序员通过调用此 API 从而实现连接数据库、执行 SQL 语句并返回结果集等编程数据库的能力,它主要是由一系列的接口定义所构成。

(1) java. sql. DriveManager:该接口主要定义了用来处理装载驱动程序并且为创建新的

数据库连接提供支持。

(2) java. sql. Connection：该接口主要定义了实现对某一种指定数据库连接的功能。

(3) java. sql. Statement：该接口主要定义了在一个给定的连接中作为 SQL 语句执行声明的容器以实现对数据库的操作。它主要包含如下的两种子类型。

① java. sql. PreparedStatement：该接口主要定义了用于执行带或不带 IN 参数的预编译 SQL 语句。

② java. sql. CallableStatement：该接口主要定义了用于执行数据库的存储过程的调用。

(4) java. sql. ResultSet：该接口主要定义了用于执行对数据库的操作所返回的结果集。

2. 面向数据库厂商的 JDBC Drive API

数据库厂商必须提供相应的驱动程序并实现 JDBC API 所要求的基本接口(每个数据库系统厂商必须提供对 DriveManager、Connection、Statement、ResultSet 等接口的具体实现)，从而最终保证 Java 程序员通过 JDBC 实现对不同的数据库操作。

7.2.3 编程要点

(1) JDBC 驱动程序管理器是 JDBC 体系结构的支柱。它实际上很小，也很简单；其主要作用是把 Java 应用程序连接到正确的 JDBC 驱动程序上，然后退出。

(2) JDBC-ODBC 桥是一个 JDBC 驱动程序，通过将 JDBC 操作转换为 ODBC 操作来实现对数据库的操作能力，桥使所有对 ODBC 可用的数据库实现 JDBC 成为可能。

(3) DriverManager 类存有已注册的 Driver 类的清单。当调用方法 getConnection 时，它将检查清单中的每个驱动程序，直到找到可与 URL 中指定的数据库进行连接的驱动程序为止。

7.3 数据库的安装与使用

7.3.1 安装 SQL Server 2000 及 SP3 补丁

安装 SQL Server 2000，双击 AUTORUN. EXE，选择“安装 SQL Server 2000 组件”选项，进入安装向导界面，如图 7-3 所示。

选择在本地计算机进行安装，单击“下一步”按钮，如图 7-4 所示。

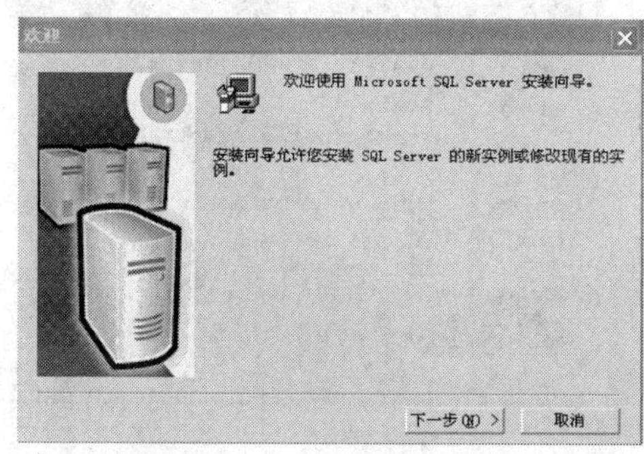

图 7-3 SQL Server 2000 安装向导

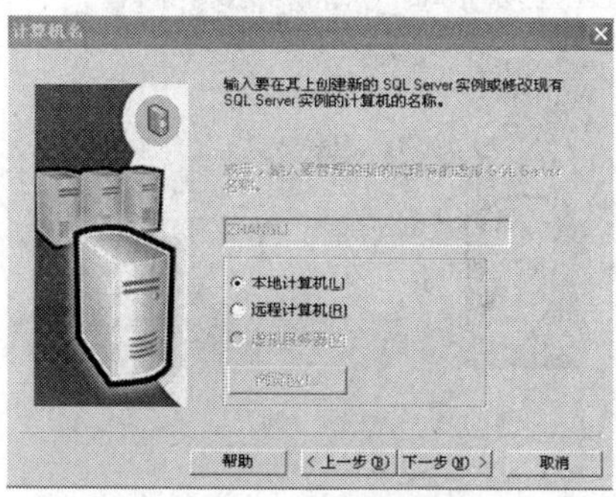

图 7-4 选择本地计算机安装

选择创建新的 SQL Server 实例,单击“下一步”按钮,如图 7-5 所示。

输入用户信息,单击“下一步”按钮,如图 7-6 所示。

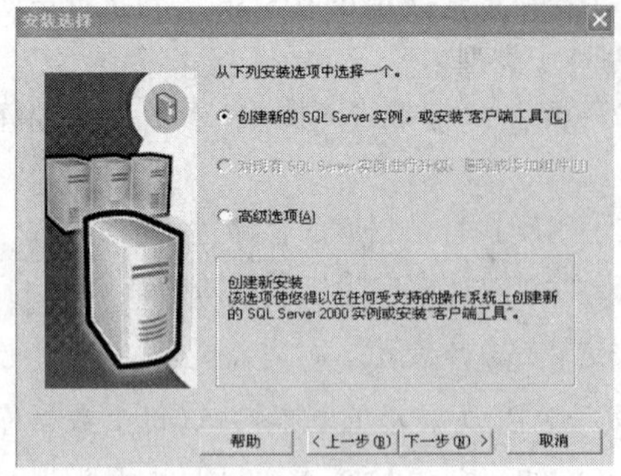

图 7-5　选择创建 SQL Server 实例

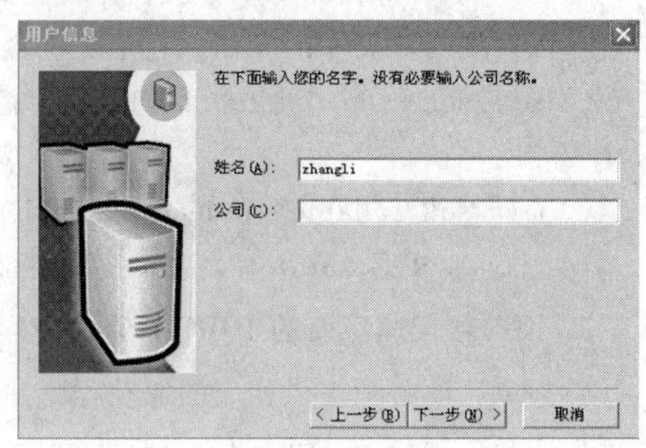

图 7-6　输入用户信息

接受软件许可协议,单击“是”按钮,如图 7-7 所示。

选择安装服务器和客户端工具,单击“下一步”按钮,如图 7-8 所示。

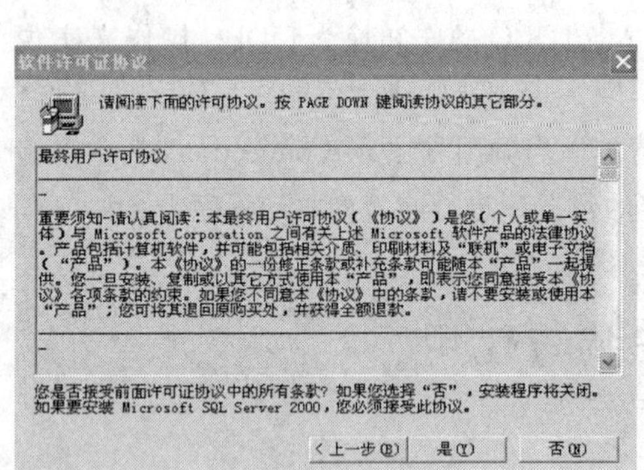

图 7-7　接受软件许可协议

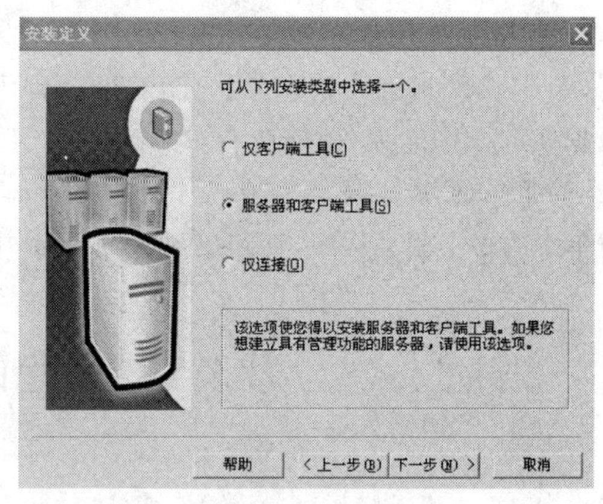

图 7-8　选择安装服务器和客户端工具

选择默认安装,单击“下一步”按钮,如图 7-9 所示。

选择典型安装,单击“下一步”按钮,如图 7-10 所示。

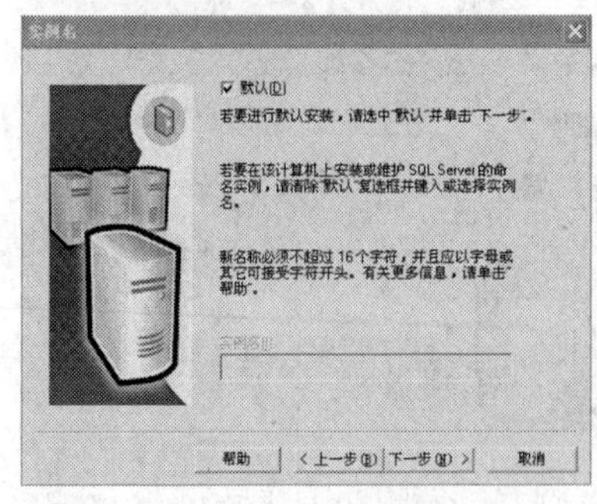

图 7-9　默认选择下一步

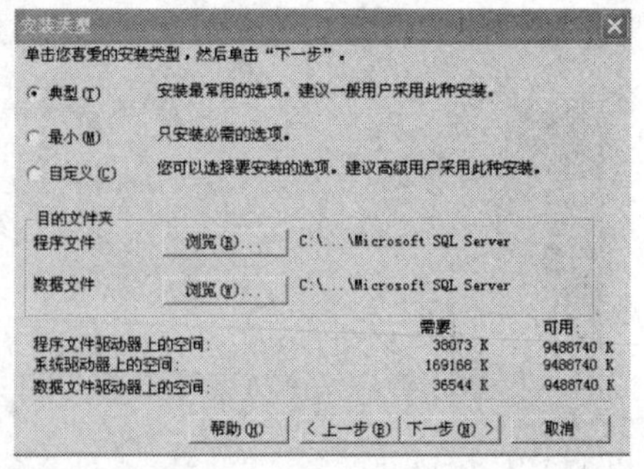

图 7-10　选择典型安装

选择使用本地系统账户，接着选择 Windows 与 SQL Server 双重身份验证并为“sa”用户设置密码，密码可根据个人情况而设，此密码一定要记住，因为在 JDBC 编程中会用到。然后开始复制文件，单击“下一步”按钮，如图 7-11 所示。

SQL Server 2000 安装完以后，需要安装 SP3 补丁，双击“setup. bat”文件，开始安装补丁，进入欢迎界面，单击“下一步”按钮，如图 7-12 所示。

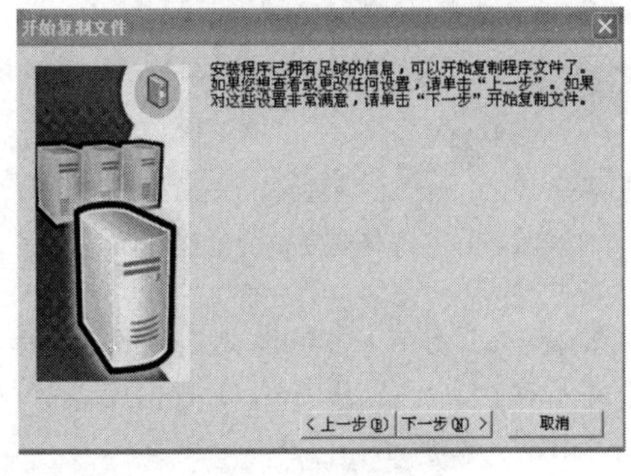

图 7-11　复制文件

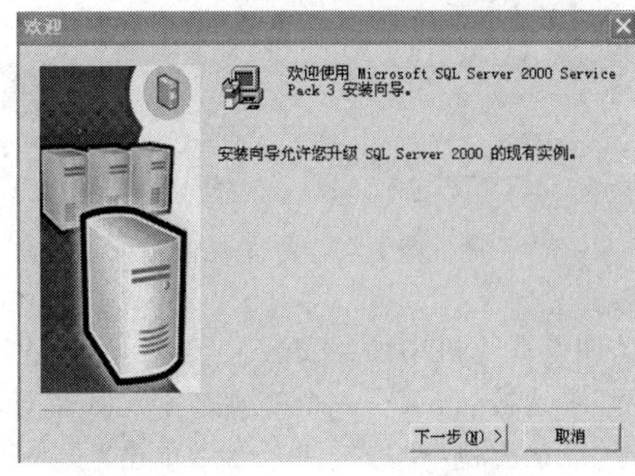

图 7-12　升级 SQL Server 2000 现有实例

为默认实例安装 Service Pack，单击“下一步”按钮，如图 7-13 所示。

连接到服务器，输入刚才为 sa 用户设置的密码，单击“下一步”按钮，如图7-14 所示。

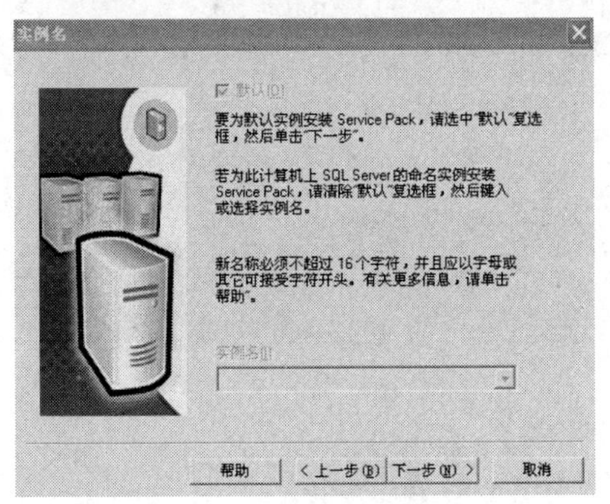

图 7-13　为默认实例安装 Service Pack

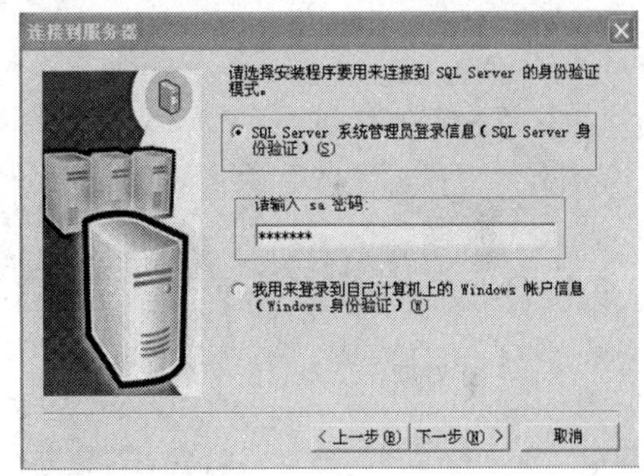

图 7-14　连接到 SQL Server 身份验证模式

选择 SP3 的向后兼容性，单击“继续”按钮进行安装，如图 7-15 所示。

7.3.2　安装数据库 SQL Server 2005

如果想用 SQL Server 2005 数据库，就不需要安装补丁，安装过程与 SQL Server 2000 相似，只是使用的时候，有些连接字符串需要改变。

选择安装“SQL Server Database Services(S)”和“工作站组件、联机丛书和开发工具”，单击“下一步”按钮，如图 7-16 所示。

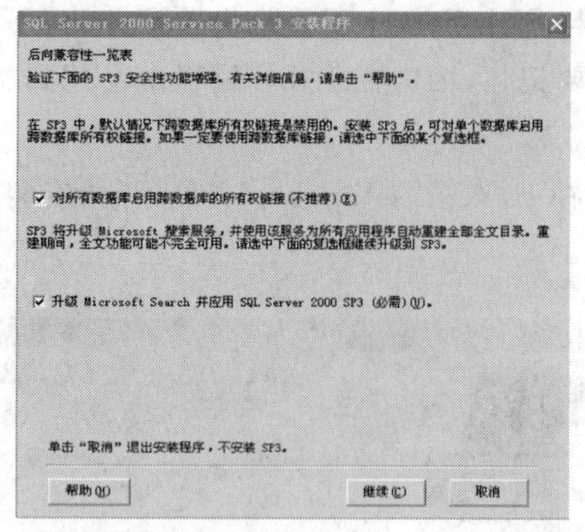

图 7-15　安装 SP3

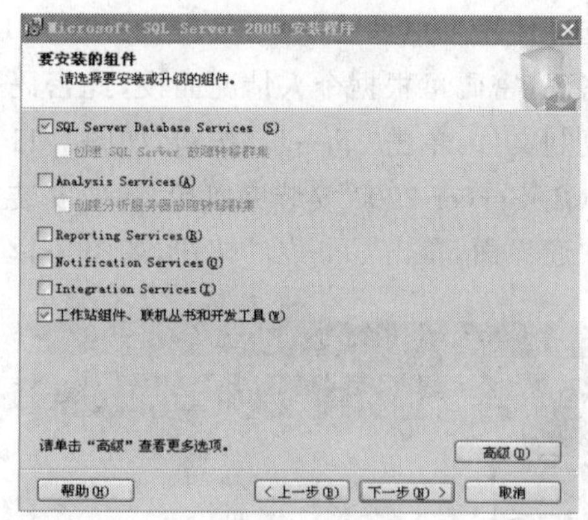

图 7-16　选择要安装的组件

如果计算机中已经安装了 SQL Server 2000，又要装 SQL Server 2005，则需要选择"命名实例"单选按钮，填写一个实例名字。如果计算机中并不存在其他 SQL Server 数据库，就可以选择"默认实例"单选按钮。然后单击"下一步"按钮，如图 7-17 所示。

服务账户选择使用内置系统账户，然后单击"下一步"按钮，如图 7-18 所示。

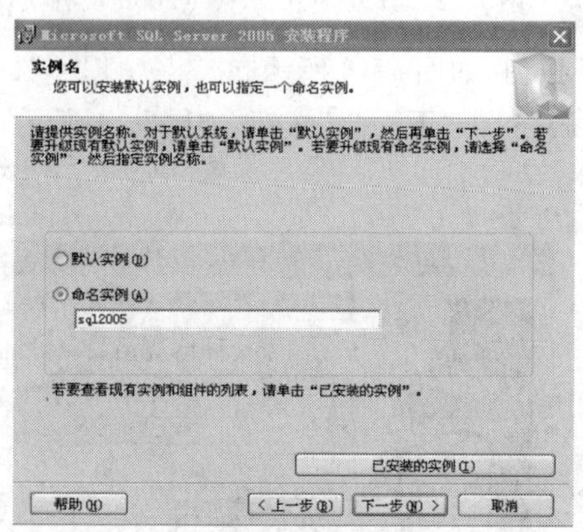

图 7-17　设置新的命名实例

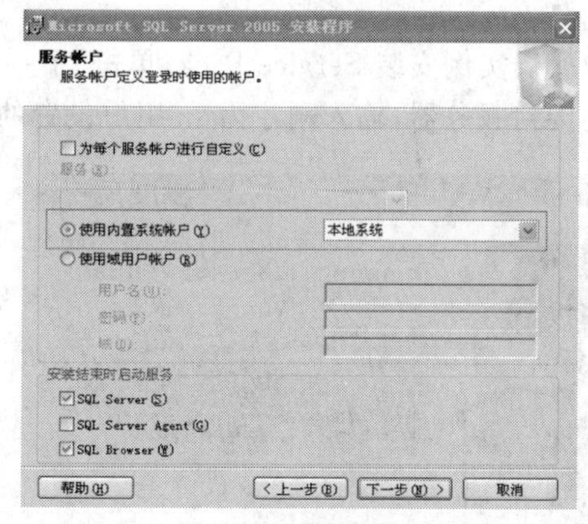

图 7-18　使用内置系统账户

SQL Server 2005 安装完以后，需要进行一些设置。

(1) 单击"开始"→"程序"→"Microsoft SQL Server 2005"→"配置工具"→"SQL Server Configuration Manager"→"SQL Server 2005 网络配置"→"SQL2005 的协议"选项，看看"TCP/IP"服务有没有启用，如果没有，右键单击选择"启用"选项，如图 7-19 所示。

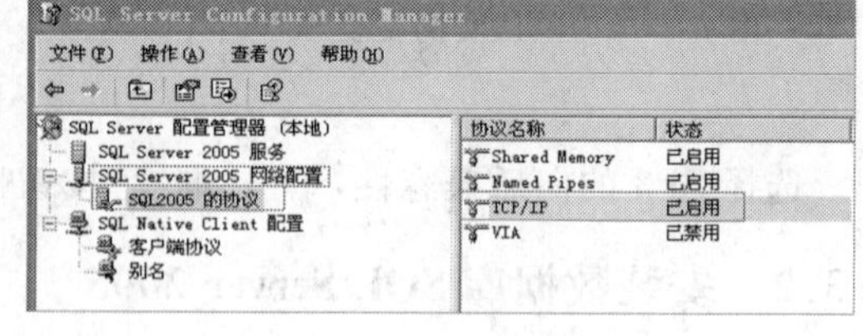

图 7-19　启用 TCP/IP

(2) 双击"TCP/IP"进入属性设置，在"IP 地址"里，可以配置"IPAll"中的"TCP 端口"，默认为 1433，如图 7-20 所示，单击"确定"按钮。

(3) 双击"SQL Server 2005 服务"，右键重新启动 SQL Server(因为进行更改后要想使更改生效必须重启 SQL Server)，如图 7-21 所示。

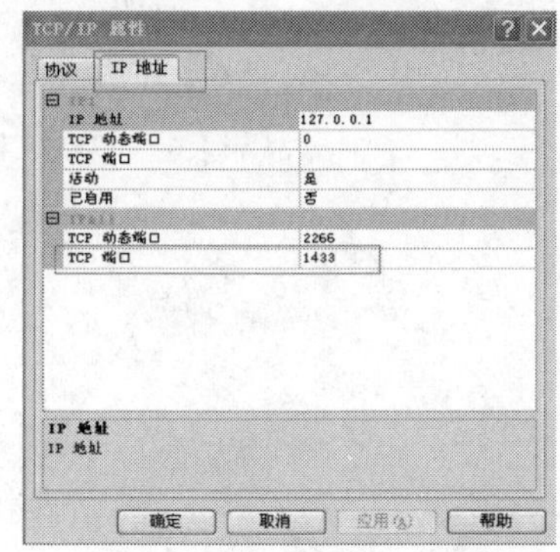

图 7-20　设置 TCP 端口

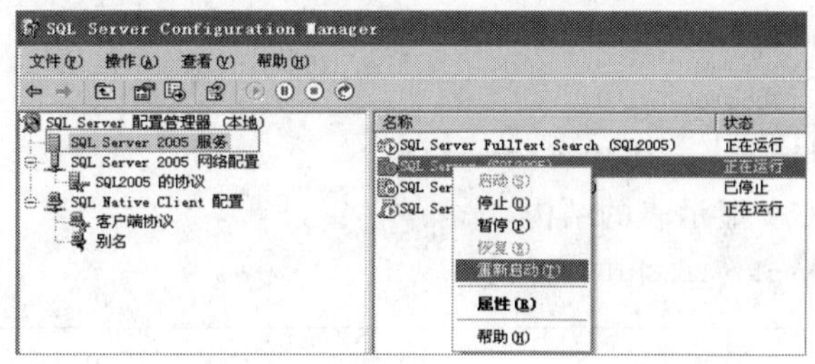

图 7-21　重启 SQL Server 服务器

7.3.3　MySQL 的安装及使用

MySQL 数据库的安装在第 1 章中有详细介绍，此节不再重复介绍。本节重点介绍 MySQL 数据库的使用及常用语句。

(1) 使用 SHOW 语句找出在服务器上当前存在什么数据库。

```
mysql> SHOW DATABASES;
+----------+
| Database |
+----------+
| mysql|
| test |
+----------+
3 rows in set (0.00 sec)
```

(2) 创建一个数据库 abccs。

```
mysql> CREATE DATABASE abccs;
```

注意不同操作系统对大小写的敏感。

(3) 选择所创建的数据库。

```
mysql> USE abccs;
Database changed
```

此时已经进入刚才所建立的数据库 abccs。

(4) 创建一个数据库表。

首先看现在你的数据库中存在什么表：

```
mysql> SHOW TABLES;
Empty set (0.00 sec)
```

说明刚才建立的数据库中还没有数据库表。下面来创建一个数据库表 mytable：我们要建立一个公司员工的生日表，表的内容包含员工姓名、性别、出生日期、出生城市。

```
mysql> CREATE TABLE mytable (name VARCHAR(20), sex CHAR(1),  birth DATE, birthaddr VARCHAR(20));
Query OK, 0 rows affected (0.00 sec)
```

创建了一个表后，我们可以看看刚才做的结果，用 SHOW TABLES 显示数据库中有哪些表：

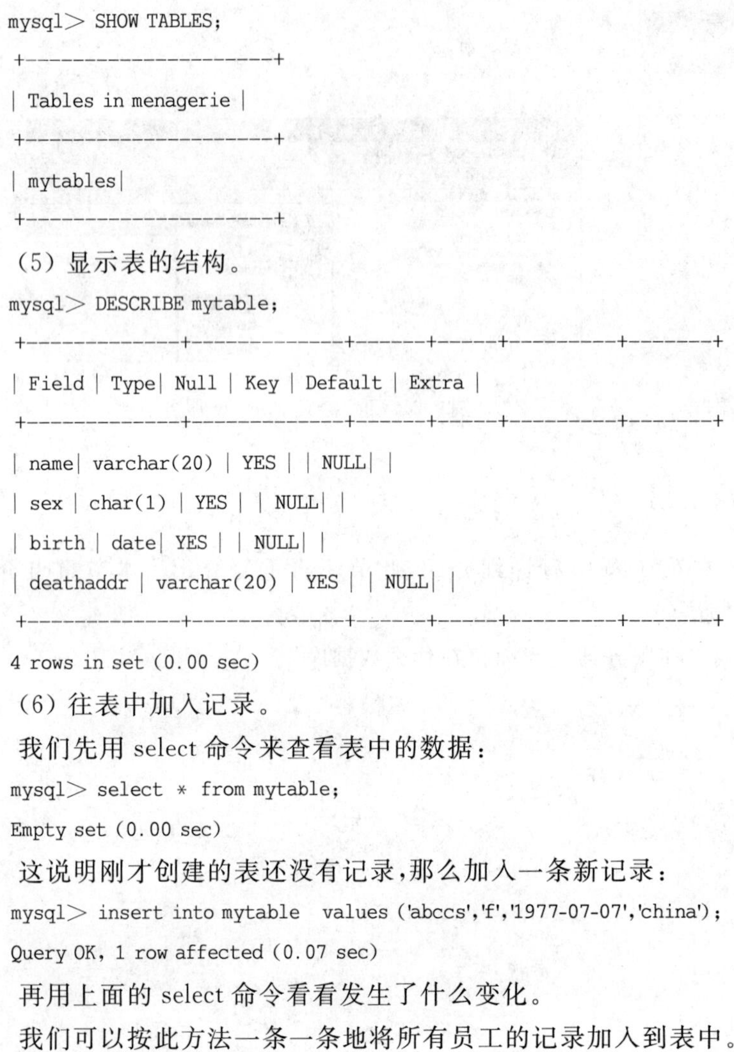

```
mysql> SHOW TABLES;
+---------------------+
| Tables in menagerie |
+---------------------+
| mytables|
+---------------------+
```

(5) 显示表的结构。

```
mysql> DESCRIBE mytable;
+-------------+-------------+------+-----+---------+-------+
| Field | Type| Null | Key | Default | Extra |
+-------------+-------------+------+-----+---------+-------+
| name| varchar(20) | YES | | NULL| |
| sex | char(1) | YES | | NULL| |
| birth | date| YES | | NULL| |
| deathaddr | varchar(20) | YES | | NULL| |
+-------------+-------------+------+-----+---------+-------+
4 rows in set (0.00 sec)
```

(6) 往表中加入记录。

我们先用 select 命令来查看表中的数据：

```
mysql> select * from mytable;
Empty set (0.00 sec)
```

这说明刚才创建的表还没有记录，那么加入一条新记录：

```
mysql> insert into mytable  values ('abccs','f','1977-07-07','china');
Query OK, 1 row affected (0.07 sec)
```

再用上面的 select 命令看看发生了什么变化。

我们可以按此方法一条一条地将所有员工的记录加入到表中。

7.3.4 配置构建路径

当我们将所需要的数据库安装及配置好后，就可以创建数据库和表，然后在项目编程中连接数据库并进行增、删、改、查等操作，这时需要将相应数据库的 JDBC 驱动构建到项目路径中去。

MySQL 和 SQL Server 2005 的 JDBC 驱动只有一个 jar 文件，而 SQL Server 2000 的 JDBC 驱动有三个 jar 文件。下面以将 MySQL 的 JDBC 驱动和 SQL Server 2005 的 JDBC 驱动构建到 MyEclipse 具体项目中为例来讲解配置构建路径的步骤，其他数据库的操作与此类似。

(1) 第一种方法是先新建用户库，然后将用户库构建到具体项目中。此方法中建立的用户库会在 MyEclipse 中一直存在，其他项目想要引用此用户库时直接选中该库的名字即可。

① 新建用户库。单击 MyEclipse 的菜单"Window"→"Preferences"将首选项对话框显示出来，如图 7-22 所示，展开左侧的 Java→User Libraries，右侧单击"New"按钮，在弹出的对话框中输入用户库的名字并单击"OK"按钮。

经过以上操作后，会在首选项对话框右侧显示一个名为“MySQL Driver”的用户库，但此时用户库还是空的，需要引入具体的jar文件。单击“Add JARs”按钮，在弹出的浏览框中选择jar文件的存放目录并单击“打开”按钮，如图7-23所示。

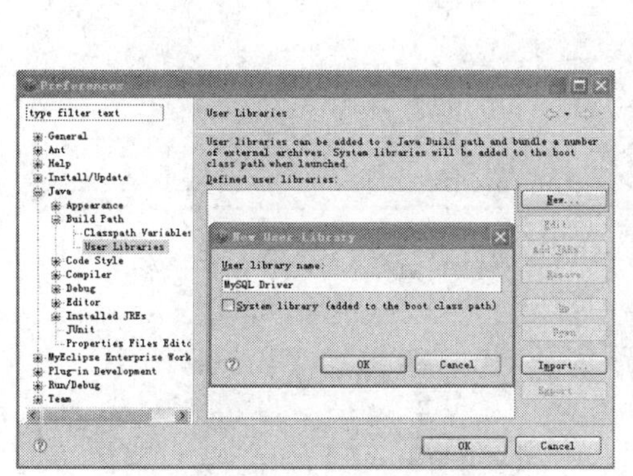

图7-22　新建用户库

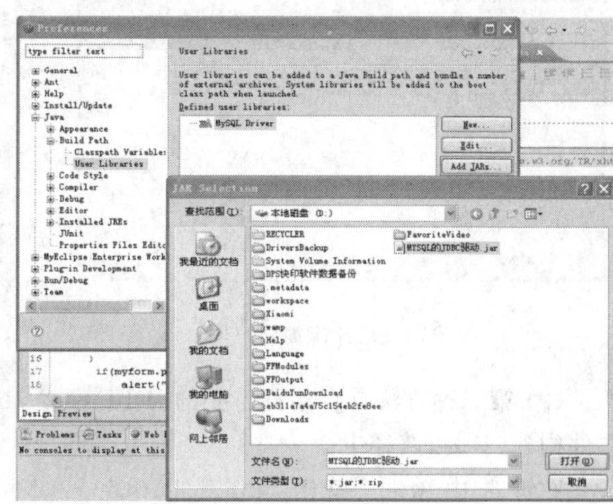

图7-23　添加jar文件

经过以上操作后，首选项对话框右侧的MySQL Driver用户库就有了具体内容，此时单击“OK”按钮，用户库创建完成，如图7-24所示。

② 将用户库构建到具体项目中。哪个项目想要使用该JDBC驱动库，就右键选中项目名称，然后单击“Build Path”→“Add Libraries”命令来配置构建路径，如图7-25所示。

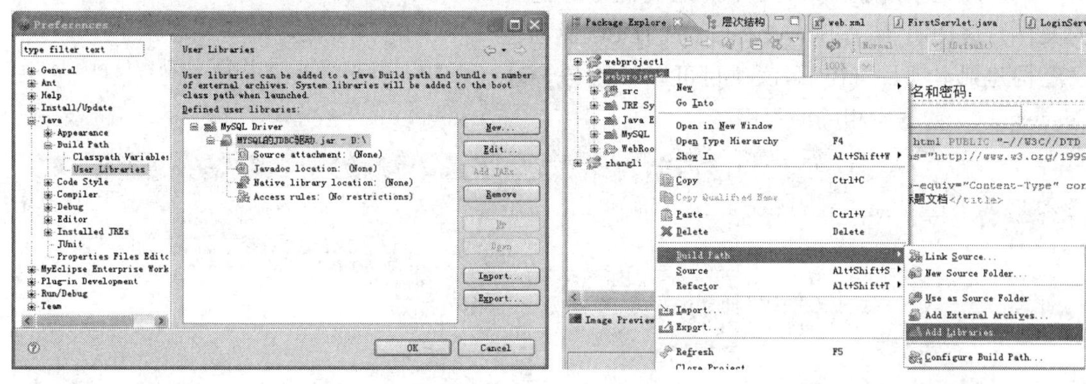

图7-24　创建用户库完成　　　　图7-25　为项目配置构建路径

选中“User Library”，然后单击“next”按钮，如图7-26所示。

选中刚才创建的名为“MySQL Driver”的用户库，单击“Finish”按钮，如图7-27所示。

经过以上操作后，我们再观察包资源管理器，如图7-28所示，该项目目录里多了“MySQL Driver”库，证明MySQL的JDBC驱动已经构建到本项目路径下，该项目可以编写与MySQL数据库相关的程序了。

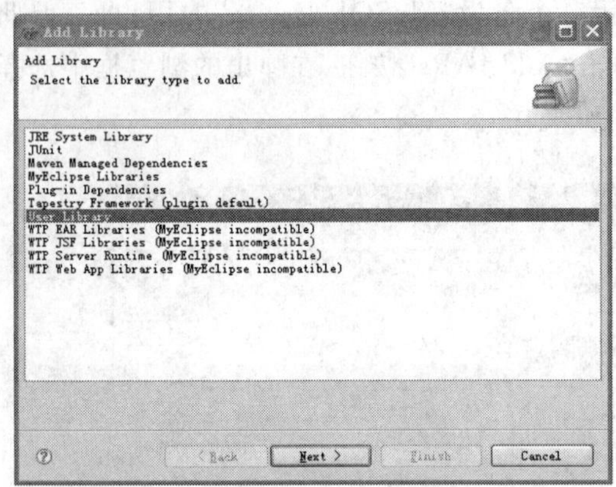

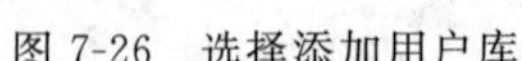
图 7-26 选择添加用户库

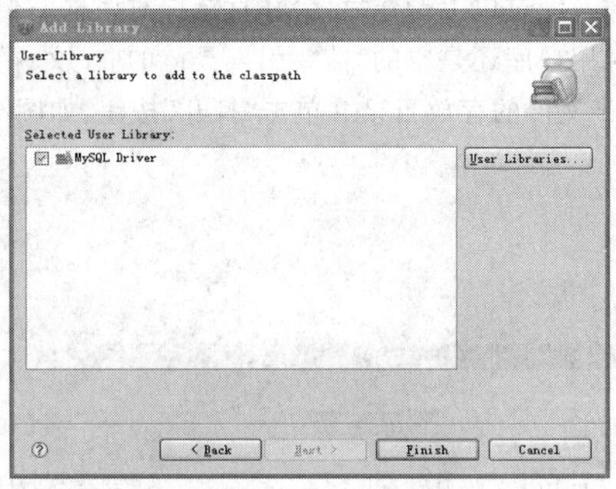

图 7-27 选择 MySQL Driver 库

(2) 第二种方法是直接将需要的 JDBC 驱动 jar 文件构建到项目路径中。

右键选中项目，单击“Build Path”→“Add External Archives”命令，如图 7-29 所示。

直接选择 jar 文件，这次我们选择 SQL Server 2005 的 JDBC 驱动 jar 文件，即可将该文件构建到项目路径中来，如图 7-30 所示。

经过以上操作后，我们再观察包资源管理器，如图 7-31 所示，该项目目录里多了“Referenced libraries”库，里面有个 jar 文件就是我们刚才选择的文件。这证明 SQL Server 2005 的 JDBC 驱动也已经构建到本项目路径下，该项目可以编写与 SQL Server 2005 数据库相关的程序了。

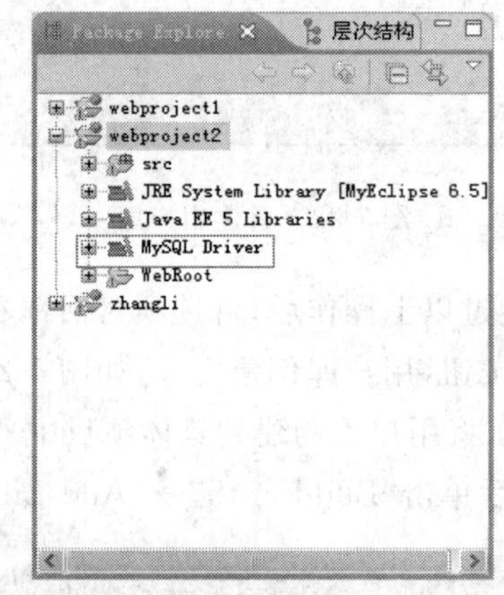

图 7-28 将 MySQL 的 JDBC 驱动构建到项目中

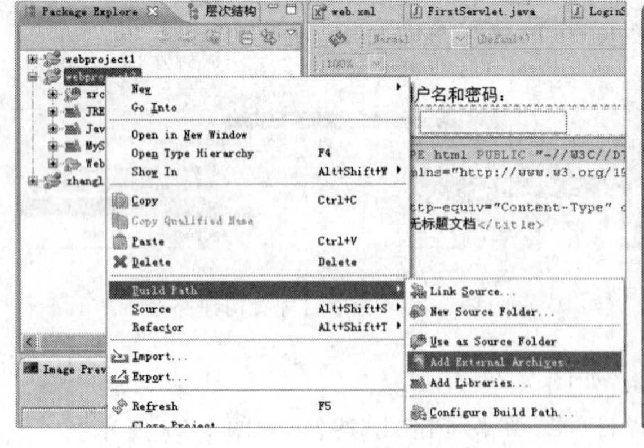

图 7-29 选择添加外部 jar 文件

图 7-30 浏览 jar 文件

如果项目想要去除某个 JDBC 驱动或者用户库，就右键选中项目名称，然后单击“Build Path”→“Configure Build Path”命令来配置构建路径，如图 7-32 所示。

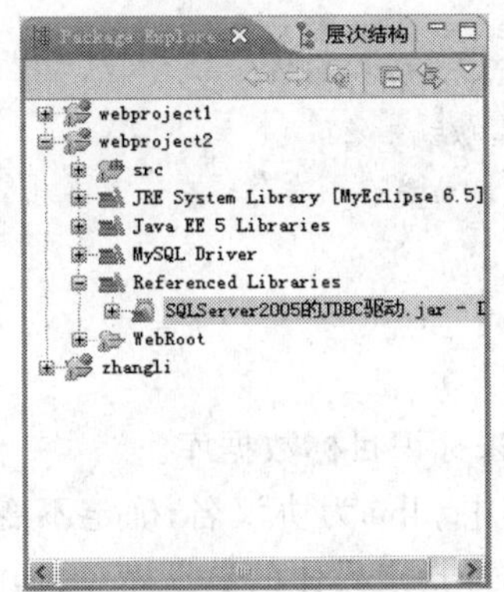

图 7-31　将 SQL Server 2005 的 JDBC 驱动构建到项目中

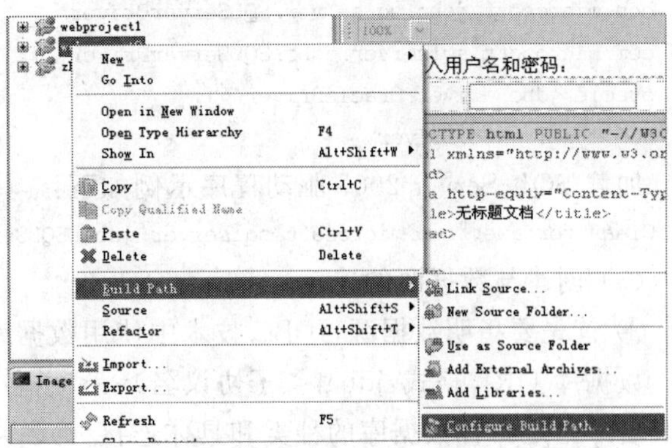

图 7-32　配置构建路径

经过以上操作后，项目的属性对话框就显示出来，在右侧切换到“Libraries”选项卡后列出项目中已有的库，选中想要去除的驱动或者用户库，单击“Remove”按钮，然后单击“OK”按钮即可，如图 7-33 所示。

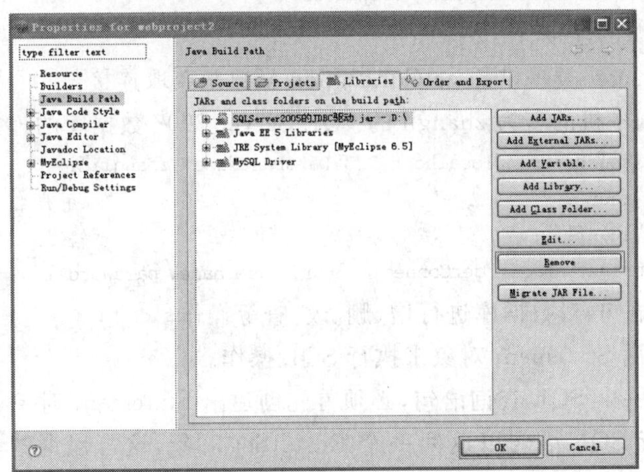

图 7-33　去除某个驱动或者库

7.4　JDBC 编程

7.4.1　JDBC 编程步骤

(1) 引用必要的包。

```
import java.sql.*;//它包含操作数据库的各个类与接口
```

(2) 加载连接数据库的驱动程序。

为实现与特定的数据库相连接，JDBC 必须加载相应的驱动程序类。这通常可以采用 Class.forName()方法显式地加载一个驱动程序类，由驱动程序负责向 DriverManager 登记注册并在与数据库相连接时，DriverManager 将使用此驱动程序。

各种数据库的驱动程序名称各有不同，例如：

```
com.microsoft.jdbc.sqlserver.SQLServerDriver        //SQL Server 2000 驱动类名
com.microsoft.sqlserver.jdbc.SQLServerDriver        //SQL Server 2007 驱动类名
oracle.jdbc.driver.OracleDriver                     //Oracle 驱动类名
com.mysql.jdbc.Driver                               //MySql 驱动类名
```

加载 SQL Server 2007 驱动程序示例如下：

```
Class.forName("com.microsoft.sqlserver.jdbc.SQLServerDriver ");
```

(3) 创建与数据源的连接。

① 首先要指明数据源，JDBC 技术中使用数据库 URL 来标识目标数据库。

数据库 URL 格式：jdbc：<子协议名>：<子名称>，其中 jdbc 为协议名，确定不变，<子协议名>指定目标数据库的种类和具体连接方式；<子名称>指定具体的数据库/数据源连接信息(如数据库服务器的 IP 地址/通信端口号、ODBC 数据源名称、连接用户名/密码等)，子名称的格式和内容随子协议的不同而改变。

各种数据库的 URL 有所不同，例如：

```
jdbc:microsoft:sqlserver://127.0.0.1:733;DatabaseName = pubs     //SQL Server 2000 URL
jdbc:sqlserver://localhost:733;DatabaseName = zhangli            //SQL Server 2007 URL
jdbc:oracle:thin:@166.111.78.98:1721:ora9                        //Oracle URL
jdbc:mysql://127.0.0.1/DatabaseName = studentcs                  //MySql URL
```

② 创建与数据源的连接。

调用 DriverManager 类提供的 getConnection 函数来获取连接。

下面演示创建到本机的名为 zhangli 的 SQL Server 2007 数据库的连接：

```
String url = "jdbc:sqlserver://localhost:733;DatabaseName = zhangli";
String username = "root";                                        //用户名
String password = "zhangli";                                     //密码
Connection conn = DriverManager.getConnection(url, username, password);
```

(4) 执行 SQL 语句，对数据库进行增、删、改、查等操作。

第一种方法：使用 Statement 对象来执行 SQL 操作。

步骤一：要执行一个 SQL 查询语句，必须首先创建出 Statement 对象，它封装代表要执行的 SQL 语句，并执行 SQL 语句以返回一个 ResultSet 对象，这可以通过 Connection 类中的 createStatement()方法来实现。如：

```
Statement stmt = conn.createStatement();
```

步骤二：调用 Statement 提供的 executeQuery()、executeUpdate() 或 execute()来执行 SQL 语句。具体使用哪一个方法由 SQL 语句本身来决定。

executeQuery 方法用于产生单个结果集的语句，例如 select 语句等，如：

```
ResultSet rs = stmt.executeQuery ("select * from stu");
```

executeUpdate 方法用于执行 INSERT、UPDATE 或 DELETE 语句以及 SQL DDL(数据定义语言)语句，例如 CREATE TABLE 和 DROP TABLE。INSERT、UPDATE 或 DELETE 语句的效果是修改表中零行或多行中的一列或多列。executeUpdate 的返回值是一个整数，指示受影响的行数(即更新计数)。对于 CREATE TABLE 或 DROP TABLE 等不操作行的语句，executeUpdate 的返回值总为零。

execute 方法用于执行返回多个结果集、多个更新计数或二者组合的语句。一般不会需要该高级功能。

注意：一个 Statement 对象在同一时间只能打开一个结果集，对第二个结果集的打开隐含着对第一个结果集的关闭;如果想对多个结果集同时操作,必须创建出多个 Statement 对象,在每个 Statement 对象上执行 SQL 查询语句以获得相应的结果集;如果不需要同时处理多个结果集,则可以在一个 Statement 对象上顺序执行多个 SQL 查询语句,对获得的结果集进行顺序操作。

第二种方法:使用 PreparedStatement 对象来执行 SQL 操作。

由于 Statement 对象在每次执行 SQL 语句时都将该语句传给数据库,如果需要多次执行同一条 SQL 语句,这样将导致执行效率特别低,此时可以采用 PreparedStatement 对象来封装 SQL 语句。

PreparedStatement 对象的功能是对 SQL 语句做预编译,而且 PreparedStatement 对象的 SQL 语句还可以接收参数。

步骤一:通过 Connection 对象的 prepareStatement 方法创建一个 PreparedStatement 对象,在创建时可以给出预编译的 SQL 语句,例如:

```
String sql = "insert into table1(id,name) values(47,'zhangli')";
PreparedStatement pstmt = null;
pstmt = conn.prepareStatement(sql);
```

步骤二:执行 SQL 语句,可以调用 executeQuery()或者 executeUpdate()来实现,但与 Statement 方式不同的是,它没有参数,因为在创建 PreparedStatement 对象时已经给出了要执行的 SQL 语句,系统并进行了预编译。

```
int n = pstmt. executeUpdate();
```

(5) 获得 SQL 语句执行的结果。

executeUpdate 的返回值是一个整数,而 executeQuery 的返回值是一个结果集,它包含所有的查询结果。但对 ResultSet 类的对象方式依赖于光标(Cursor)的类型,而对每一行中的各个列,可以按任何顺序进行处理(当然,如果按从左到右的顺序对各列进行处理可以获得较高的执行效率)。

ResultSet 对象维持一个指向当前行的指针,利用 ResultSet 类的 next()方法可以移动到下一行(在 JDBC 中,Java 程序一次只能看到一行数据),如果 next()的返回值为 false,则说明已到记录集的尾部。另外,JDBC 也没有类似 ODBC 的书签功能的方法。

利用 ResultSet 类的 getXXX()方法可以获得某一列的结果,其中 XXX 代表 JDBC 中的 Java 数据类型,如 getInt()、getString()、getDate()等。访问时需要指定要检索的列(可以采用 int 值作为列号(从 1 开始计数)或指定列(字段)名方式,但字段名不区别字母的大小写)。

```
while(rs.next())
{   String name = rs.getString("Name");
    int age = rs.getInt("age");
    float wage = rs.getFloat("wage");//采用"列名"的方式访问数据
    String homeAddress = rs.getString(4); //采用"列号"的方式访问数据
}
```

要点:利用 ResultSet 类的 getXXX()方法可以实现将 ResultSet 中的 SQL 数据类型转换为它所返回的 Java 数据类型;在每一行内,可按任何次序获取列值。但为了保证可移植性,应该从左至右获取列值,并且一次性地读取列值。

(6)关闭查询语句及与数据库的连接(注意关闭的顺序:先 rs 再 stmt 最后为 con,一般可以在 finally 语句中实现关闭)。

```
rs.close();
```

```
stmt.close();//或者 pstmt.close();
con.close();
```

7.4.2 JDBC 编程实例——查询数据方法一

数据库采用 SQL Server 2000，用 Statement 对象来执行对表的查询并输出，代码如下。

```
String driver = "com.microsoft.jdbc.sqlserver.SQLServerDriver";
String url = "jdbc:microsoft:sqlserver:         //localhost:1433;DatabaseName = zhangli";
String username = "sa";                         //用户名
String password = "zhangli";                    //密码
String sql = "Select * from table1";            //查询语句
Connection conn = null;                         //数据库连接
Statement stmt = null;                          //Statement 对象
try {
Class.forName(driver);                          //加载数据库驱动类,会抛出异常
//new com.microsoft.jdbc.sqlserver.SQLServerDriver();与上句效果一样
conn = DriverManager.getConnection(url, username, password);
//根据数据库参数取得一个数据库连接,也会抛出异常
stmt = conn.createStatement();                  //创建一个 Statement 对象,可以执行 SQL 语句
ResultSet rs = stmt.executeQuery(sql);          //执行 SQL 语句,取得查询结果
while(rs.next())
{
        System.out.println("ID:" + rs.getInt(1));
        System.out.println("Name:" + rs.getString(2));
}
rs.close();
stmt.close();
conn.close();
}catch (ClassNotFoundException e) {
e.printStackTrace();
}catch (SQLException e) {
e.printStackTrace();
}
```

7.4.3 JDBC 编程实例——查询数据方法二

数据库采用 SQL Server 2005，用 PreparedStatement 对象来执行对表的插入操作，代码如下。

```
String driver = "com.microsoft.sqlserver.jdbc.SQLServerDriver";
String url = "jdbc:sqlserver:                   //localhost:1433;DatabaseName = zhangli";
String username = "sa";                         //用户名
String password = "zhangli";                    //密码
String sql3 = "insert into TABLE1(id,name) values(?,?)";//插入语句
Connection conn = null;                         //数据库连接
PreparedStatement pstmt = null;                 //预编译 Statement 对象
int n;
try {
Class.forName(driver);                          //加载数据库驱动类,会抛出异常
//new com.microsoft.jdbc.sqlserver.SQLServerDriver();与上句效果一样
```

```
conn = DriverManager.getConnection(url, username, password);
//根据数据库参数取得一个数据库连接,也会抛出异常
pstmt = conn.prepareStatement(sql);          //给预编译 Statement 对象初始化
pstmt.setInt(1,47 );
pstmt.setString(2, "zhangli");
n = pstmt.executeUpdate();                   //执行 SQL 插入语句
if (n == 0) {
System.out.println("没有添加成功");
} else {
System.out.println("添加成功");
}
pstmt.close();
conn.close();
} catch (ClassNotFoundException e) {
e.printStackTrace();
} catch (SQLException e) {
e.printStackTrace();
}
```

7.4.4 JDBC 编程实例——插入数据方法一

数据库采用 MySQL,用 Statement 对象来执行对表的插入并输出,代码如下。

```
String driver = "com.mysql.jdbc.Driver";
String url = "jdbc:mysql:                    //localhost:3306/zhangli";
String username = "root";                    //用户名
String password = "123456";                  //密码
String sql3 = "insert into table1(id,name) values(47,'zhangli') ";  //插入语句
Connection conn = null;                      //数据库连接
Statement stmt = null;                       //Statement 对象
int n;
try {
Class.forName(driver);                       //加载数据库驱动类,会抛出异常
//new com.microsoft.jdbc.sqlserver.SQLServerDriver();
//与上句效果一样
conn = DriverManager.getConnection(url, username, password);
//根据数据库参数取得一个数据库连接,也会抛出异常
stmt = conn.createStatement();               //给 Statement 对象初始化
n = stmt.executeUpdate(sql);                 //执行 SQL 插入语句
if (n == 0) {
System.out.println("没有添加成功");
} else {
System.out.println("添加成功");
}
stmt.close();
conn.close();
} catch (ClassNotFoundException e) {
e.printStackTrace();
} catch (SQLException e) {
```

```
e.printStackTrace();
}
```

7.4.5 JDBC 编程实例——插入数据方法二

数据库采用 MySQL,用 PreparedStatement 对象来执行对表的插入并输出,代码如下。

```
String driver = "com.mysql.jdbc.Driver";
String url = "jdbc:mysql:              //localhost:3306/zhangli";
String username = "root";              //用户名
String password = "123456";            //密码
String sql3 = "insert into TABLE1(id,name) values(?,?)";//插入语句
Connection conn = null;                //数据库连接
PreparedStatement pstmt = null;        //预编译 Statement 对象
int n;
try {
Class.forName(driver);                 //加载数据库驱动类,会抛出异常
//new com.microsoft.jdbc.sqlserver.SQLServerDriver();
//与上句效果一样
conn = DriverManager.getConnection(url, username, password);
//根据数据库参数取得一个数据库连接,也会抛出异常
pstmt = conn.prepareStatement(sql);
//给预编译 Statement 对象初始化
pstmt.setInt(1,47 );
pstmt.setString(2,“zhangli");
n = pstmt.executeUpdate();             //执行 SQL 插入语句
if (n == 0) {
System.out.println("没有添加成功");
} else {
System.out.println("添加成功");
}
pstmt.close();
conn.close();
} catch (ClassNotFoundException e) {
e.printStackTrace();
} catch (SQLException e) {
e.printStackTrace();
}
```

在以上案例中用到了 ResultSet 对象的方法。ResultSet 是数据中查询结果返回的一种对象,可以说结果集是一个存储查询结果的对象。结果集读取数据的方法主要是 getXXX(),它的参数可以是整型表示第几列(是从 1 开始的),还可以是列名。返回的是对应的 XXX 类型的值。如果对应那列是空值,XXX 是对象的话返回 XXX 型的空值;如果 XXX 是数字类型,如是 Float 则返回 0,boolean 返回 false。使用 getString()可以返回所有的列的值,不过返回的都是字符串类型的。

XXX 可以代表的类型有:基本的数据类型如整型(int)、布尔型(Boolean)、浮点型(float, double)、比特型(byte)等,还包括一些特殊的类型,如日期类型(java.sql.Date)、时间类型(java.sql.Time)、时间戳类型(java.sql.Timestamp)、大数型(BigDecimal 和 BigInteger)等。还可以

使用 getArray(int colindex/String columnname),通过这个方法获得当前行中 colindex 所在列的元素组成的对象的数组。使用 getAsciiStream(int colindex/String colname)可以获得该列对应的当前行的 ascii 流。也就是说,所有的 getXXX()方法都是对当前行进行操作。

ResultSet 对象常用的 getXXX()方法如表 7-1 所示。

表 7-1　常用的 getXXX()方法

方法名称	返回值类型	方法名称	返回值类型
getBoolean()	boolean	getInt()	int
getByte()	byte	getLong()	long
getBytes()	byte[]	getObject()	Object
getDate()	java. sql. Date	getShort()	short
getDouble()	double	getString()	java. long. String
getFloat()	float	getTime()	java. sql. Time

7.5　网络留言板 V1.0

7.5.1　项目功能

要求利用以前所学知识实现一个网络留言板,用户可以输入留言、查看留言等。

输入留言时如果用户没有输入某项或者输入格式错误要求弹出警告框,并且在输入内容时要求提供文字编辑工具,这就需要将 6.4 节和 6.5 节的技术运用到此项目中来,效果如图 7-34 所示。

用户按照格式和要求正常输入表单上的各项,效果如图 7-35 所示。

用户提交后,会进行页面跳转,如果留言不成功,则单击“添加新的留言”超链接,效果如图 7-36 所示。

如果留言成功,则单击“查看所有留言内容”超链接,如图 7-37 所示。

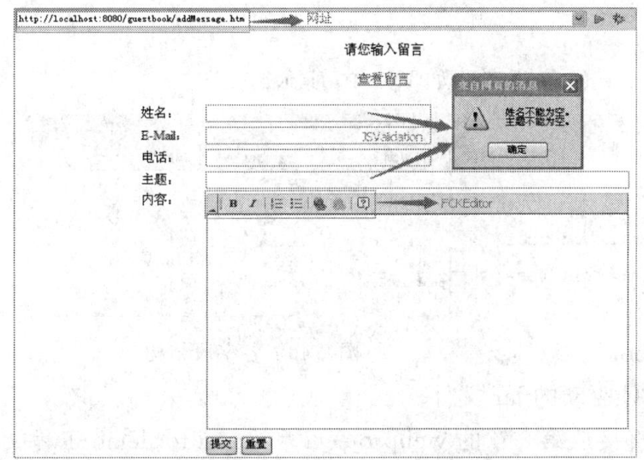

图 7-34　输入留言页面

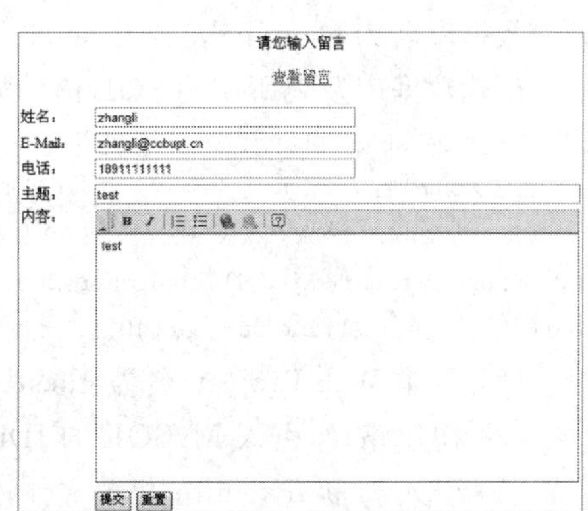

图 7-35　正确输入各项内容

http://localhost:8080/guestbook/servlet/AddMessageServlet

对不起，添加留言不成功，请您重新输入！
添加新的留言

图 7-36　留言不成功

http://localhost:8080/guestbook/servlet/AddMessageServlet

祝贺您，成功添加留言。
查看所有留言内容

图 7-37　留言成功

单击“查看所有留言内容”后页面又重新跳转，显示所有留言，效果如图 7-38 所示。

7.5.2　项目所需核心文件

(1) StringUtil. java　//字符串的工具类

(2) AddMessageServlet. java　//添加留言内容到数据库的 Servlet

(3) GetMessageServlet. java　//显示留言内容的 Servlet

(4) addMessage. htm　//接收留言内容的 HTML 文件

(5) WebRoot/fckeditor　//Fckeditor 组件文件

(6) WebRoot/js　//JSValidation 组件文件

7.5.3　项目流程

项目流程如图 7-39 所示。

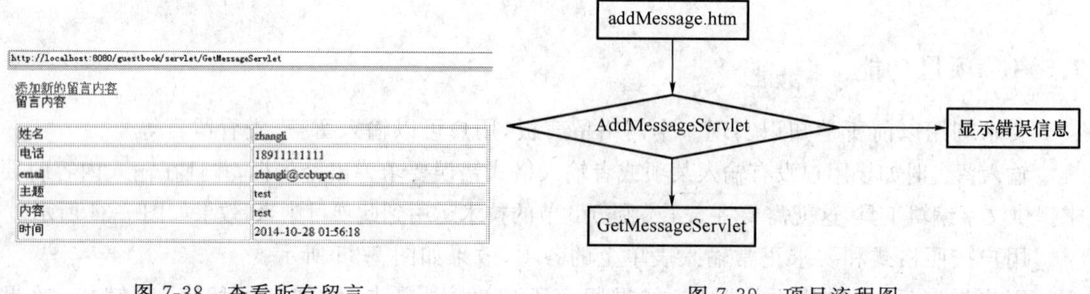

图 7-38　查看所有留言　　　　图 7-39　项目流程图

7.5.4　项目开发过程

(1) 创建数据库及表。

数据库名为 zhangli，表名为 book，book 的各项字段如图 7-40 所示。

创建数据库及表所用的 SQL 语句如下所示。

```
CREATEDATABASE zhangli;
USE zhangli;
CREATE TABLE book(name varchar(40),email varchar(60),phone varchar(60),title varchar(200),content varchar(2000),publishtime varchar(40));
```

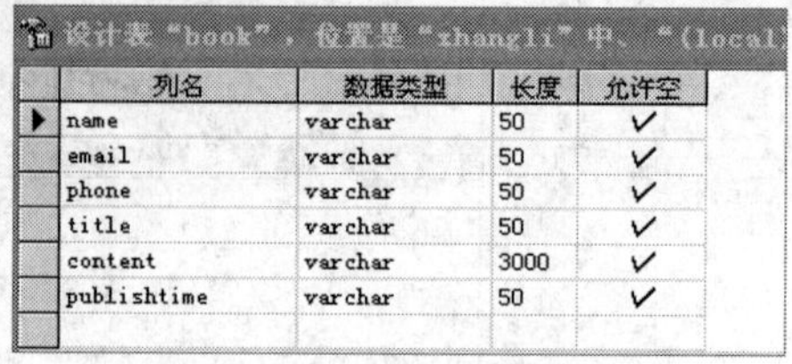

设计表“book”，位置是“zhangli”中、“(local)

列名	数据类型	长度	允许空
name	varchar	50	✓
email	varchar	50	✓
phone	varchar	50	✓
title	varchar	50	✓
content	varchar	3000	✓
publishtime	varchar	50	✓

图 7-40　各字段结构

(2) 新建 Wcb Project，名为 guestbook。

(3) 构建路径，引入 MySQL 的 JDBC 驱动的 jar 文件。

(4) 引入 js 和 fckeditor 相关文件，直接从第 6 章的 webproject2 和 fckeditordemo 工程文件的 webroot 目录中复制过来并进行修改。

将 js 文件夹 validation-framework. js 第 21 行代码 var ValidationRoot＝"/webproject2/js/"；改成：var ValidationRoot＝"/guestbook/js/"；

(5) 新建并编辑 addMessage.htm 文件。

① 用 dreamweaver 编辑好基本页面后,在<body>前面添加 Script 语言,来引用 js 和 fckeditor 的文件。

```
<script type = "text/javascript"src = "/guestbook/js/validation-framework.js"> </script>
<script type = "text/javascript" src = "/guestbook/fckeditor/fckeditor.js"> </script>
```

② 将<form id="form1"name="form1" method="post"> 修改为:

```
<form id = "form1" name = "form1" method = "post" action = "/guestbook/servlet/AddMessageServlet"
onsubmit = "return doValidate(this)">
```

③ 将"内容"的 textaera 控件转换成 fckeditor 的控件,将以下代码进行修改:

```
<tr>
      <td>内容:</td>
      <td>
<textarea name = "content"id = "content"cols = "47"coms = "7"> </textarea>
      </td>
</tr>
```

改为:

```
<tr>
      <td>内容:</td>
      <td>
         <script type = "text/javascript">
          var oFCKeditor = new FCKeditor("content");
          oFCKeditor.BasePath = '/guestbook/fckeditor/' ;
          oFCKeditor.Height = 300 ;
          oFCKeditor.ToolbarSet = 'Basic';
          oFCKeditor.Create() ;
         </script>
      </td>
</tr>
```

(6) 修改 js 目录中的 validation-config.xml 文件,增加验证。

```
<? xml version = "1.0" encoding = "utf-8"? >
<! DOCTYPE validation-config SYSTEM "validation-config.dtd">
<validation-config lang = "auto">
<form id = "form1" show-error = "alert" show-type = "all">
<field name = "name" display-name = "姓名" onfail = "">
<depend name = "required" />
<depend name = "minLength" param0 = "2" />
<depend name = "maxLength" param0 = "20" />
</field>
<field name = "title" display-name = "主题">
<depend name = "required" />
</field>
<field name = "email" display-name = "email">
<depend name = "email" />
</field>
</form>
</validation-config>
```

(7) 新建并编辑一个 Java 类,名为 StringUtil,代码如下所示。

```
/**
 * 判断输入的字符串参数是否为空。
 * @param args 输入的字串
 * @return true/false
 */
public static boolean validateNull(String args) {
if (args == null || args.length() == 0) {
return true;
}
else {
return false;
}
}
/**
 * 判断输入的字符串参数是否为空或者是"null"字符,如果是,就返回 target 参数,如果不是,就返回 source 参数。
 */
public static String chanageNull(String source, String target) {
if (source == null || source.length() == 0|| source.equalsIgnoreCase("null")) {
return target;
}
else {
    return source;
  }
}
//过滤<, >,\n 字符的方法。
//@param input 需要过滤的字符
//@return 完成过滤以后的字符串
public static String filterHtml(String input) {
if (input == null) {
return null;
}
if (input.length() == 0) {
return input;
}
input = input.replaceAll("&", "&amp;");
input = input.replaceAll("<", "&lt;");
input = input.replaceAll(">", "&gt;");
input = input.replaceAll(" ", " ");
input = input.replaceAll("'", "&#39;");
input = input.replaceAll("\"", "&quot;");//对双引号进行转义
return input.replaceAll("\n", "<br>");
}
```

(8) 添加并编辑 AddMessageServlet 类。

```
public void doPost(HttpServletRequest request, HttpServletResponse response)
throws ServletException, IOException {
/* String driver = "com.microsoft.sqlserver.jdbc.SQLServerDriver";
String url = "jdbc:sqlserver://localhost:733;DatabaseName = zhangli";
String username = "sa";
String password = "zhangli"; */
```

```
String driver = "com.mysql.jdbc.Driver";
String url = "jdbc:mysql://localhost:3306/zhangli";
String username = "root";                                    //用户名
String password = "123456";                                  //密码
String sql = "insert into book(name,email,phone,title,content,publishtime) values(?,?,?,?,?,?)";
Connection conn = null;
int result = 0;
request.setCharacterEncoding("utf-8");
String name = request.getParameter("name");
String title = request.getParameter("title");
response.setContentType("text/html;charset = utf-8");
PrintWriter out = response.getWriter();
out.println("<html>");
out.println("<head><title>guestbook input page</title></head>");
out.println("<body>");
if (StringUtil.validateNull(name)) {
out.println("对不起,姓名不能为空,请您重新输入!<br>");
out.println("<a href = '/guestbook/addMessage.htm'>添加新的留言</a><br>");
} else if (StringUtil.validateNull(title)) {
out.println("对不起,主题不能为空,请您重新输入!<br>");
out.println("<a href = '/guestbook/addMessage.htm'>添加新的留言</a><br>");
} else {
try {
Class.forName(driver);
conn = DriverManager.getConnection(url, username, password);
PreparedStatement pstmt = conn.prepareStatement(sql);
pstmt.setString(1, StringUtil.filterHtml(name));
pstmt.setString(2, StringUtil.filterHtml(request.getParameter("email")));
pstmt.setString(3, StringUtil.filterHtml(request.getParameter("phone")));
pstmt.setString(4, StringUtil.filterHtml(title));
pstmt.setString(7, request.getParameter("content"));
SimpleDateFormat sdf = new SimpleDateFormat("yyyy-MM-dd hh:mm:ss");
pstmt.setString(6, sdf.format(new java.util.Date()));
result = pstmt.executeUpdate();
pstmt.close();
conn.close();
}
catch (ClassNotFoundException e) {
e.printStackTrace();
} catch (SQLException e) {
e.printStackTrace();
}
if (result == 0) {
out.println("对不起,添加留言不成功,请您重新输入!<br>");
out.println("<a href = '/guestbook/addMessage.htm'>添加新的留言</a><br>");
} else {
out.println("祝贺您,成功添加留言。<br>");
out.println("<a href = '/guestbook/servlet/GetMessageServlet'>查看所有留言内容</a><br>");
}
out.println("</body>");
```

```
out.println("</html>");
out.flush();
out.close();
}
}
}
```

（9）添加并编辑 GetMessageServlet 类。

```
public void doGet(HttpServletRequest request, HttpServletResponse response)
throws ServletException, IOException {
/ * String driver = "com.microsoft.sqlserver.jdbc.SQLServerDriver";
String url = "jdbc:sqlserver://localhost:733;DatabaseName = zhangli";
String username = "sa";
String password = "zhangli"; * /
String driver = "com.mysql.jdbc.Driver";
String url = "jdbc:mysql://localhost:3306/zhangli";
String username = "root";                    //用户名
String password = "123456";                  //密码
String sql = "select * from book";
Connection conn = null;
Statement stmt = null;                       //Statement 对象
request.setCharacterEncoding("utf-8");
response.setContentType("text/html;charset = utf-8");
PrintWriter out = response.getWriter();
out.println("<html>");
out.println("<head><title>显示留言</title></head>");
out.println("<body>");
out.println("<a href = '/guestbook/addMessage.htm'>添加新的留言内容</a><br>");
out.println("留言内容<br><br>");
try {
Class.forName(driver);
conn = DriverManager.getConnection(url, username, password);
stmt = conn.createStatement();
ResultSet rs = stmt.executeQuery(sql);
while (rs.next()) {
this.printRow(out, rs);
}
rs.close();
conn.close();
} catch (ClassNotFoundException e) {
e.printStackTrace();
} catch (SQLException e) {
e.printStackTrace();
}
out.println(" </body>");
out.println("</html>");
out.flush();
out.close();
}
private void printRow(PrintWriter out, ResultSet rs) throws SQLException {
```

```
    out.println("<table width = \"600\" border = \"1\" style = \"table-layout: fixed; word-break:
break-all\">");
    out.println("<tr><td>姓名</td><td>" + rs.getString("name") + "</td></tr>");
    out.println("<tr><td>电话</td><td>" + StringUtil.chanageNull(rs.getString("phone"), "
没填") + "</td></tr>");
    out.println("<tr><td>email</td><td>" + StringUtil.chanageNull(rs.getString("email"),
"没填") + "</td></tr>");
    out.println("<tr><td valign = \"top\">主题</td><td>" + rs.getString("title") + " </td
></tr>");
    out.println("<tr><td valign = \"top\">内容</td>");
    out.println("<td>" + StringUtil.chanageNull(rs.getString("content"), "没填") + "</td></tr>");
    out.println("<tr><td>时间</td><td>" + rs.getString("publishtime") + " </td></tr>");
    out.println("</table><br>");
    }
    }
```

第 8 章　数据库连接池技术

8.1　数据库连接池

8.1.1　数据库开发中的问题

对于一个简单的数据库应用，由于对于数据库的访问不是很频繁，这时可以简单地在需要访问数据库时，就创建一个连接，用完后就关闭它，这样做也不会带来什么明显的性能上的开销。但是对于一个复杂的数据库应用，情况就完全不同了，在大量数据库访问的应用系统中，数据库处理的速度往往会成为系统性能的瓶颈。数据库资源的处理不当往往会给系统的性能带来很大的影响，严重时甚至可能导致整个系统瘫痪。于是我们要解决数据库资源的利用问题。

数据库开发中面临的数据库资源问题有以下两种情况。

(1) 普通的 JDBC 连接带来的效率问题

在使用普通的 JDBC 连接数据库时，一般情况下需要三个步骤：①建立数据库连接；②操作数据库；③释放数据库资源。

在这三个步骤中，建立和释放数据库连接所花费的时间要远远大于数据库操作的时间，也就是说，在我们的数据库操作中，大部分时间都花在建立、释放数据库连接上面，真正用来执行操作的时间并不多。

在没有使用连接池的时候，每一次的数据库操作都需要建立一个新的数据库连接，在需要大量数据库操作的应用系统中，需要反复建立、释放数据库连接，这样的操作方法会大大降低系统的效率。

(2) 数据库资源使用不当带来的性能问题

在上面的问题中，仅仅是浪费时间，从而降低了系统的效率，但当数据库资源使用不当的时候，就会带来更加严重的性能问题，甚至会造成整个系统的崩溃。

之前重申多次，在操作数据库的时候一定要注意释放资源，例如数据库连接 Connection 对象、Statement 对象和 ResultSet 对象。在大量的数据库资源得不到释放的情况下，新的数据库连接申请就有可能不成功，从而使系统的功能无法实现。当数据库连接数达到上限的时候，就会造成应用系统的崩溃。

解决上面两种问题就需要使用数据库连接池技术，通过连接池来维护数据库之间的连接，从而提高数据库操作的效率。

8.1.2　数据库连接池原理

数据库连接池就是在系统初始化的时候，建立起一定数量的数据库连接，然后通过一套数据库连接的使用、分配和管理策略，使数据库连接池可以得到高效、安全的复用，避免频繁建立、关闭数据库连接所带来的系统开销。

另外，使用数据库连接池可以把系统的逻辑实现和数据库分离，在传统的实现过程中，在应用程序中直接访问数据库;使用连接池后,所有的数据库连接都可以从连接池中取出,由连接池访问数据库,维持连接池中可用的连接数量。

数据库连接池是在系统初始化时创建的,在建立连接池的时候已经申请了一定数量的数据库连接。当应用程序从连接池中取出一个连接时,连接池就会从数据库中取出一个新的连接,用来维持连接池中可用的连接数。当应用程序释放连接时,连接池会检查可用连接的数量,如果可用连接的数量超过了设置的数量,就把多余的连接释放。

连接池通过连接的释放和申请策略,保证了连接池中总有一定数量可用的连接,从而使应用程序随时可以使用准备好的数据库连接,而且在释放资源的时候,只需要把数据库连接释放给连接池,从而避免了直接建立、关闭数据库连接。经过这样的处理,可以避免大量数据库访问时带来的性能问题。

8.1.3 数据库连接池原理

(1) 资源重用

由于数据库连接得到重用,避免了频繁创建、释放连接引起的大量性能开销。在减少系统消耗的基础上,也增进了系统运行环境的平稳性(减少内存碎片以及数据库临时进程/线程的数量)。

(2) 更快的系统响应速度

数据库连接池在初始化过程中,往往已经创建了若干数据库连接置于池中备用。此时连接的初始化工作均已完成。对于业务请求处理而言,直接利用现有可用连接,避免了数据库连接初始化和释放过程的时间开销,从而缩减了系统整体响应时间。

(3) 新的资源分配手段

对于多应用共享同一数据库的系统而言,可在应用层通过数据库连接的配置,实现数据库连接池技术,几年前这也许还是个新鲜话题,对于目前的业务系统而言,如果设计中还没有考虑到连接池的应用,那么赶快在设计文档中加上这部分的内容。设置某一应用最大可用数据库连接数的限制,可以避免某一应用独占所有数据库资源。

(4) 统一的连接管理,避免数据库连接泄漏

在较为完备的数据库连接池实现中,可根据预先的连接占用超时设定,强制收回被占用连接,从而避免了常规数据库连接操作中可能出现的资源泄漏。

8.1.4 常用数据库连接池

在实际的开发中,可以自己选择来实现一个连接池,但一般情况下,我们会选择第三方提供的程序连接池产品,目前有很多成熟的连接池可以选择。

(1) DBCP 连接池

DBCP 连接池是依赖 Jakarta commons-pool 对象池机制的数据库连接池。在 Tomcat 中已经集成了 DBCP 连接池,而且还可以对数据库的连接进行跟踪,可以检测并回收没有被正确释放的数据库资源。在本书中采用 Tomcat 作为 JSP 的服务器,可以直接在 JSP 中使用 DBCP 连接池的功能。

(2) C3P0 连接池

C3P0 连接池是开放源代码的 JDBC 连接池,在 Hibernate 中自带的数据库连接池就是 C3P0,它在 lib 目录中与 Hibernate 一起发布,包括了实现 jdbc3 和 jdbc2 扩展规范说明的 Connection 与 Statement 池的 DataSource 对象。

(3) Proxool 连接池

Proxool 连接池是一个 Java SQL Driver 的驱动程序，提供了对其他类型驱动程序的连接池封装，而且 Proxool 可以非常简单地移植到现存的代码中，它的配置方法非常简单，可以透明地为现存的 JDBC 驱动程序增加连接池功能。

上面这些连接池的实现都可以非常方便地调用，在本章中将采用 DBCP 实现连接池的功能。

8.1.5 在 Tomcat 中配置 DBCP 数据库连接池

(1) 修改 context.xml

在 Tomcat 的安装目录下，找到 conf/context.xml 文件，修改此文件，具体修改方法是在</context>上面加入 DBCP 连接池的相关设置，如图 8-1 所示。

```
<Resource name="jdbc/mysql" auth="Container" type="javax.sql.DataSource" maxIdle="30"
maxWait="10000" maxActive="10" username="root" password="123456" driverClassName="com.mysql.jdbc.Driver"
url="jdbc:mysql://localhost:3306/zhangli"/>

</Context>
```

图 8-1 在 Tomcat 中配置 DBCP 连接池

进行完以上设置后，在 Tomcat 启动的时候，会自动到这个目录文件中搜索配置信息。

如果有报关于数据源错误的话，一般都是因为此段代码有问题，需认真检查核对。

在以上代码中有一些属性或值需要进行说明，如下所示。

jdbc/mysql：是我们配置的数据源的名称，auth 设置容器的验证方式，type 设置数据源的类型。

maxActive：设定连接池的最大数据库连接数，如果数据库连接请求超过此数，后面的数据库连接请求就被加到等待队列中。

maxIdle：设定数据库连接的最大空闲时间，超过空闲时间，数据库连接将被标记为不可用，然后释放。

maxWait：设定最大连接等待时间，如果超过此时间将连接到异常。

driverClassName 和 url 是数据库驱动的名称和连接字符串，username 和 password 是数据库的用户名和密码。

(2) 引入 JDBC 驱动

① 将具体的 JDBC 驱动复制到 Tomcat 的安装目录下，放到 lib 文件夹。

② 通过配置构建路径，给相应的项目引入 jar 包。

(3) 从连接池中取得连接实例

通过上两步骤的配置，可以在程序中使用 DBCP 连接池的功能，下面将在应用程序中调用 DBCP 的功能，从连接池中取出一个数据库连接，代码如下所示。

```
Context context = new InitialContext();
//初始化上下文环境，可以从这个环境中取出数据源对象
DataSource ds = (DataSource) context.lookup("java:/comp/env/jdbc/mysql");
//从上下文环境中取出数据源对象，其中 jdbc/mysql 就是我们在 DBCP 中配置的数据库源，这个数据源受 DBCP 的管理
Connection conn = ds.getConnection();
//从连接池中取得一个数据库连接
```

context 是 JNDI 的上下文对象，作用上有些像我们所说的当前目录，调用这个对象的 lookup()

方法，就可以根据指定的JNDI的名字获得一个数据源对象，其中“java:/comp/env/”是必须有的内容，而“jdbc/mysql”是我们在context.xml文件所设置的参数name的值。然后通过DataSource对象ds的getConnection()方法就可以获得数据库的连接对象conn。这种方式获取的Connection对象在使用完后，必须在程序中显式地调用该对象的close()方法，释放资源，即将当前的Connection对象再返回到连接池中，而不是真正关闭其相应的到数据库的连接。

8.2 网络留言板 V2.0

8.2.1 设置数据库连接池

(1) 修改context.xml文件。

(2) 将MySQL的JDBC驱动复制到Tomcat的安装目录下，放到lib文件夹。

(3) 关于连接池中连接的代码到具体文件中使用。

8.2.2 文件的变化

将留言板guestbook 1.0版本升级为guestbook 2.0版本，该版本采用数据库连接池技术。其中有些文件可以保持不变，如下所示。

(1) StringUtil.java类不变。

(2) WebRoot/fckeditor组件不变。

(3) WebRoot/js组件不变。

要修改的文件如下所示。

(1) validation-framework.js。

(2) addMessage.htm。

(3) AddMessageServlet.java。

(4) GetMessageServlet.java。

8.2.3 新建guestbook2项目

(1) 复制guestbook并进行粘贴

右键单击网络留言板v1.0版本的项目名guestbook，选择“Copy”选项，如图8-2所示。然后在空白处进行右键单击，选择“Paste”选项，如图8-3所示。

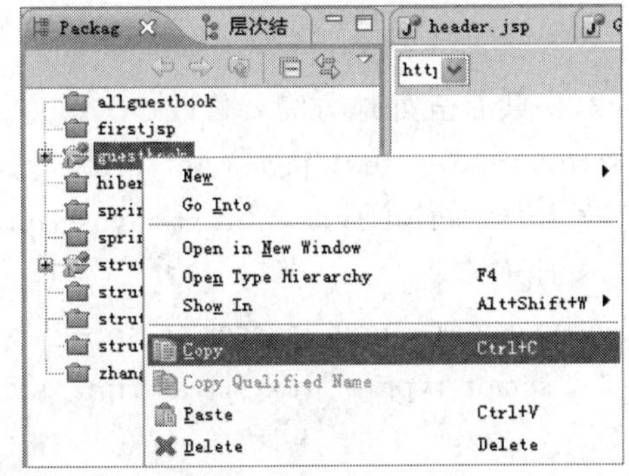

图8-2 复制guestbook

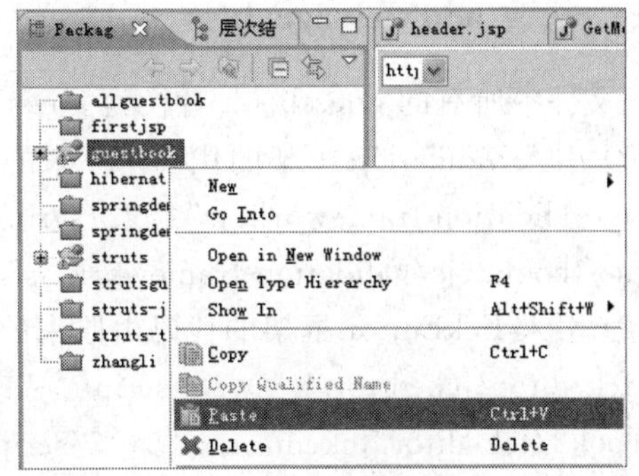

图8-3 粘贴guestbook

Project name 处默认会显示 Copy of guestbook，Location 处默认显示 C:/workspace/Copy of guestbook。将 Project name 设置为 guestbook2，Location 会自动更改为 C:/workspace/ guestbook2，然后单击“OK”按钮，如图 8-4 所示。

(2) 设置 Web Context

经过以上设置后项目还不能正常运行，需要重新设置上下文路径。右键单击项目名 guestbook2，选择 Properties 选项，如图 8-5 所示。

打开属性窗口后，将左侧的 MyEclipse 选项卡展开，选择 Web 选项，右侧的 Web Context-root 处默认显示为/guestbook，将其改为/guestbook2，如图 8-6 所示。

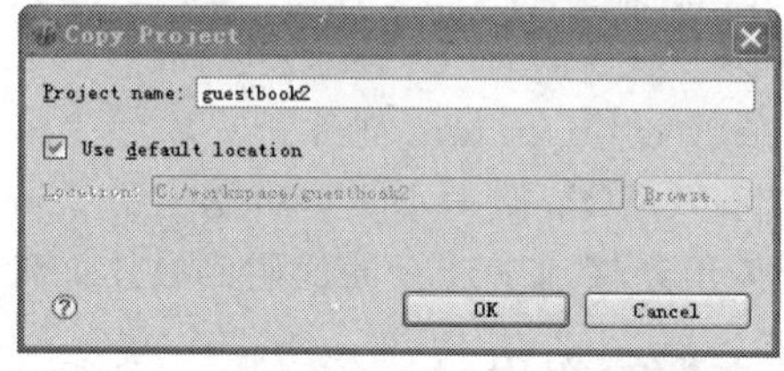

图 8-4　重设项目名为 guestbook2

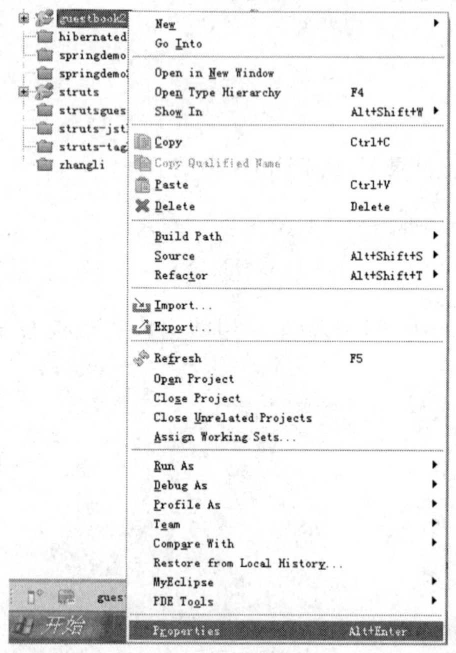

图 8-5　打开属性窗口

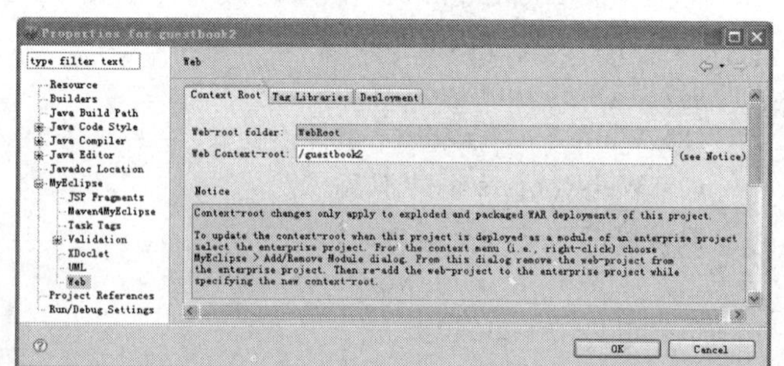

图 8-6　设置 Web Context-root

8.2.4　修改 validation-framework.js

将 var ValidationRoot = "/guestbook/js/"; 改为 var ValidationRoot = "/guestbook2/js/";并保存文件。

8.2.5　修改 addMessage.htm

把文件中所有的 guestbook 替换为 guestbook2，一共有五处地方需要修改。

(1) 引入 validation 框架的代码由原来的“＜script type="text/javascript" src="/guestbook/js/validation-framework.js"＞＜/script＞”改为“＜script type="text/javascript" src="/guestbook2/js/validation-framework.js"＞＜/script＞”。

(2) 引入 FckEditor 框架的代码由原来的“＜script type="text/javascript" src="/guestbook/fckeditor/fckeditor.js"＞＜/script＞”改为“＜script type="text/javascript" src="/guestbook2/fckeditor/fckeditor.js"＞＜/script＞”。

(3) 查看留言的超链由原来的“/guestbook/servlet/GetMessageServlet”改为“/guestbook2/GetMessageServlet.jsp”。

（4）form 的 action 属性值由原来的“/guestbook/servlet/AddMessageServlet”改为“/guestbook2/AddMessageServlet.jsp”。

（5）设置 FckEditor 编辑框的代码由原来的“oFCKeditor.BasePath='/guestbook/fckeditor/';”改为“oFCKeditor.BasePath='/guestbook2/fckeditor/';”。

修改后的 addMessage.htm 代码如下所示。

```
<html>
<head>
<meta http-equiv = "Content-Type" content = "text/html; charset = utf-8" />
<script type = "text/javascript" src = "/guestbook2/js/validation-framework.js"></script>
<script type = "text/javascript" src = "/guestbook2/fckeditor/fckeditor.js"></script>
<title>add message</title>
</head>
<body>
  <p align = "center">请您输入留言</p>
   <p align = "center"><a href = "/guestbook2/servlet/GetMessageServlet">查看留言</a></p>
  <form id = "form1" name = "form1" method = "post"
  action = "/guestbook2/servlet/AddMessageServlet" onsubmit = "return doValidate(this)">
    <table width = "600" height = "400" border = "0" align = "center">
       <tr>
          <td width = "100">姓名:</td>
          <td width = "500">
             <input name = "name" type = "text" id = "name" size = "40" maxlength = "20" />
          </td>
       </tr>
       <tr>
          <td>E-Mail:</td>
          <td>
             <input name = "email" type = "text" id = "email" size = "40" maxlength = "40" />
          </td>
       </tr>
       <tr>
          <td>电话:</td>
          <td>
             <input name = "phone" type = "text" id = "phone" size = "40" maxlength = "20" />
          </td>
       </tr>
       <tr>
          <td>主题:</td>
          <td>
             <input name = "title" type = "text" id = "title" size = "80" maxlength = "80" />
          </td>
       </tr>
       <tr>
          <td valign = "top">内容:</td>
          <td>
             <script type = "text/javascript">
                   var oFCKeditor = new FCKeditor("content");
                   oFCKeditor.BasePath = '/guestbook2/fckeditor/' ;
                   oFCKeditor.Height = 300 ;
                   oFCKeditor.ToolbarSet = 'Basic';
```

```
                oFCKeditor.Create() ;
            </script>
        </td>
        </tr>
        <tr>
            <td></td>
            <td>
                <input type = "submit" name = "Submit" value = "提交" />
                <input type = "reset" name = "Reset" value = "重置" />
            </td>
          </tr>
       </table>
    </form>
    </body>
    </html>
```

8.2.6 修改 AddMessageServlet.java

修改的目的是把通过传统方式获得数据库连接的方式修改成通过数据源获得数据库连接的方式。

（1）将以下代码删除：

```
String driver = "com.mysql.jdbc.Driver";
String url = "jdbc:mysql://localhost:3306/zhangli";
String username = "root";       //用户名
String password = "123456";     //密码
```

（2）将以下代码进行修改：

```
Class.forName(driver);
conn = DriverManager.getConnection(url, username, password);
```

修改为：

```
Context context = new InitialContext();
DataSource ds = (DataSource) context.lookup("java:/comp/env/jdbc/mysql");
conn = ds.getConnection();
```

（3）重新添加 try/catch 语句。

将代码里原来的 try/catch 相关语句进行删除，然后选中从“Context context = new InitialContext();”开始到“conn.close();”结束的代码，单击右键选择“Surround With”→“Try/catch Block”命令。

修改后的 AddMessageServlet.java 代码如下所示。

```
package zhangli;
import java.io.IOException;
import java.io.PrintWriter;
import java.sql.Connection;
import java.sql.PreparedStatement;
import java.sql.SQLException;
import java.text.SimpleDateFormat;
import javax.naming.Context;
import javax.naming.InitialContext;
import javax.naming.NamingException;
import javax.servlet.ServletException;
```

```
import javax.servlet.http.HttpServlet;
import javax.servlet.http.HttpServletRequest;
import javax.servlet.http.HttpServletResponse;
import javax.sql.DataSource;
public class AddMessageServlet extends HttpServlet {
    private static final long serialVersionUID = 5228616853780312382L;
    public void doGet(HttpServletRequest request, HttpServletResponse response)
            throws ServletException, IOException {
        doPost(request, response);
    }
    public void doPost(HttpServletRequest request, HttpServletResponse response)
        throws ServletException, IOException {
        String sql = "insert into book(name,email,phone,title,content,publishtime)
values(?,?,?,?,?,?)";
        Connection conn = null;
        int result = 0;
        request.setCharacterEncoding("utf-8");
        String name = request.getParameter("name");
        String title = request.getParameter("title");
        response.setContentType("text/html;charset = utf-8");
        PrintWriter out = response.getWriter();
        out.println("<html>");
        out.println("<head><title>guestbook input page</title></head>");
        out.println("<body>");
        if (StringUtil.validateNull(name)) {
            out.println("对不起,姓名不能为空,请您重新输入! <br>");
            out.println("<a href = '/guestbook2/addMessage.htm'>添加新的留言</a><br>");
        } else if (StringUtil.validateNull(title)) {
            out.println("对不起,主题不能为空,请您重新输入! <br>");
            out.println("<a href = '/guestbook2/addMessage.htm'>添加新的留言</a><br>");
        } else {
                try {
                    Context context = new InitialContext();
                    DataSource ds = (DataSource)
context.lookup("java:/comp/env/jdbc/mysql");
                    conn = ds.getConnection();
                    PreparedStatement pstmt = conn.prepareStatement(sql);
                    pstmt.setString(1, StringUtil.filterHtml(name));
                    pstmt.setString(2,
StringUtil.filterHtml(request.getParameter("email")));
                    pstmt.setString(3,
StringUtil.filterHtml(request.getParameter("phone")));
                    pstmt.setString(4, StringUtil.filterHtml(title));
                    pstmt.setString(5,request.getParameter("content"));
                    SimpleDateFormat sdf = new SimpleDateFormat("yyyy-MM-dd hh:mm:ss");
                    pstmt.setString(6, sdf.format(new java.util.Date()));
                    result = pstmt.executeUpdate();
                    pstmt.close();
                    conn.close();
                } catch (NamingException e) {
                    e.printStackTrace();
                } catch (SQLException e) {
```

```
                    e.printStackTrace();
                }
            if (result == 0) {
                out.println("对不起,添加留言不成功,请您重新输入! <br>");
                out.println("<a href = '/guestbook2/addMessage.htm'>添加新的留言</a><br>");
            } else {
                out.println("祝贺您,成功添加留言。<br>");
                out.println("<a href = '/guestbook2/servlet/GetMessageServlet'>查看所有留
言内容</a><br>");
            }
            out.println("</body>");
            out.println("</html>");
            out.flush();
            out.close();
        }
    }
    }
```

8.2.7 修改 GetMessageServlet.java

修改的目的与方式跟 AddMessageServlet.java 一样,修改后的 GetMessageServlet.java 代码如下所示。

```
package zhangli;
import java.io.IOException;
import java.io.PrintWriter;
import java.sql.Connection;
import java.sql.DriverManager;
import java.sql.PreparedStatement;
import java.sql.ResultSet;
import java.sql.SQLException;
import java.sql.Statement;
import javax.naming.Context;
import javax.naming.InitialContext;
import javax.naming.NamingException;
import javax.servlet.ServletException;
import javax.servlet.http.HttpServlet;
import javax.servlet.http.HttpServletRequest;
import javax.servlet.http.HttpServletResponse;
import javax.sql.DataSource;
public class GetMessageServlet extends HttpServlet {
public void doGet(HttpServletRequest request, HttpServletResponse response)
        throws ServletException, IOException {
    String sql = "select * from book";
    Connection conn = null;
    Statement stmt = null;      //Statement 对象
    request.setCharacterEncoding("utf-8");
    response.setContentType("text/html;charset = utf-8");
    PrintWriter out = response.getWriter();
    out.println("<html>");
    out.println("<head><title>显示留言</title></head>");
```

```
        out.println("<body>");
        out.println("<a href = '/guestbook2/addMessage.htm'>添加新的留言内容</a><br>");
        out.println("留言内容<br><br>");
            try {
                Context context = new InitialContext();
                DataSource ds = (DataSource) context.lookup("java:/comp/env/jdbc/mysql");
                conn = ds.getConnection();
                stmt = conn.createStatement();
                ResultSet rs = stmt.executeQuery(sql);
                while (rs.next()) {
                    this.printRow(out, rs);
                }
                rs.close();
                conn.close();
            } catch (NamingException e) {
                // TODO Auto-generated catch block
                e.printStackTrace();
            } catch (SQLException e) {
                // TODO Auto-generated catch block
                e.printStackTrace();
            }
        out.println(" </body>");
        out.println("</html>");
        out.flush();
        out.close();
    }
    private void printRow(PrintWriter out, ResultSet rs) throws SQLException {
        out.println("<table width = \"600\" border = \"1\"
style = \"table-layout:fixed;word-break:break-all\">");
        out.println("<tr><td>姓名</td><td>" + rs.getString("name") + "</td></tr>");
        out.println("<tr><td>电话</td><td>" + StringUtil.chanageNull(rs.getString("
phone"), "没填") + "</td></tr>");
        out.println("<tr><td>email</td><td>" + StringUtil.chanageNull(rs.getString("
email"), "没填") + "</td></tr>");
        out.println("<tr><td valign = \"top\">主题</td><td>" + rs.getString("title") + "
</td></tr>");
        out.println("<tr><td valign = \"top\">内容</td>");
        out.println("<td>" + StringUtil.chanageNull(rs.getString("content"), "没填") + "</td></tr
>");
        out.println("<tr><td>时间</td><td>" + rs.getString("publishtime") + " </td></tr
>");
        out.println("</table><br>");
    }
    }
```

8.2.8 运行输出

程序运行以后的效果跟 guestbook 项目的效果一样。只是数据库连接由原来的 JDBC 连接改为数据库连接池连接。

8.3　Commons DbUtils

8.3.1　类库简介

Commons DbUtils 是 Apache 组织提供的一个开源 JDBC 工具类库，对传统操作数据库的类进行二次封装，可以把结果集转化成 List。DBUtils 封装了对 JDBC 的操作，简化了 JDBC 操作，可以少写代码。

DBUtils 包括 3 个包：org. apache. commons. dbutils、org. apache. commons. dbutils. handlers 和 org. apache. commons. dbutils. wrappers。三个类包中包含若干类和接口，但是对我们来说其中最关键的是 DbUtils 类、QueryRunner 类和接口 ResultSethandler。

8.3.2　DbUtils 类

它是为做一些诸如关闭连接、装载 JDBC 驱动程序之类的常规工作提供有用方法的类，里面所有的方法都是静态的。

(1) loadDriver(String driveClassName)：这一方法装载并注册 JDBC 驱动程序，如果成功就返回 TRUE，不需要去捕捉 ClassNotFoundException 异常。通过返回值判断驱动程序是否加载成功。

(2) close 方法：DbUtils 类提供了三个重载的关闭方法。这些方法检查所提供的参数是不是 NULL，如果不是的话，它们就关闭连接(Connection)、声明(Statement)或者结果集(ResultSet)对象。

(3) closeQuietly 方法：closeQuietly 这一方法不仅能在连接、声明或者结果集为 NULL 情况下避免关闭，还能隐藏一些在程序中抛出的 SQLException。如果不想捕捉这些异常的话，这对你是非常有用的。在重载 closeQuietly 方法时，特别有用的一个方法是 closeQuietly (Connection conn，Statement stmt，ResultSet rs)，使用这一方法，最后的块就可以只调用这一方法即可。

(4) commitAndCloseQuietly(Connection conn)方法和 commitAndClose (Connection conn)方法：这两个方法用来提交连接，然后关闭连接，不同的是 commitAndCloseQuietly (Connection conn)方法关闭连接时不向上抛出在关闭时发生的一些 SQL 异常，而 commitAndClose (Connection conn)方法向上抛出 SQL 异常。

8.3.3　QueryRunner 类

该类简单化了 SQL 查询，它与 ResultSetHandler 组合在一起使用可以完成大部分的数据库操作，能够大大减少编码量。

(1) query(Connection conn, String sql, Object[] params, ResultSetHandler rsh)方法：这一方法执行一个带参数的选择查询，在这个查询中，对象阵列的值被用来作为查询的置换参数。这一方法内在地处理 PreparedStatement 和 ResultSet 的创建和关闭。ResultSetHandler 对象把从 ResultSet 得来的数据转变成一个更容易的或是应用程序特定的格式来使用。

(2) query(String sql, Object[] params, ResultSetHandler rsh)方法：这几乎与第一种方

法一样;唯一的不同在于它不将数据库连接提供给方法,并且它是从提供给构造器的数据源(DataSource) 或使用的 setDataSource 方法中重新获得的。

(3) query(Connection conn, String sql, ResultSetHandler rsh)方法:这一方法执行一个带参数的选择查询。

(4) update(Connection conn, String sql, Object[] params)方法:这一方法被用来执行一个带参数的插入、更新或删除操作。对象阵列为声明保存着置换参数。

(5) update(String sql, Object[] params)方法:该方法几乎与上一种方法一样;唯一的不同在于它不将数据库连接提供给方法,并且它是从提供给构造器的数据源(DataSource) 或使用的 setDataSource 方法中重新获得的。

(6) update(Connection conn, String sql)方法:该方法执行一个带参数的插入、更新或删除操作。

8.3.4 ResultSetHandler 接口

正如它的名字所示,这一接口执行处理一个 java. sql. ResultSet,将数据转变并处理为任何一种形式,这样有益于其应用而且使用起来更容易。这一组件提供了 9 个实现类,如下所示。

(1) ArrayHandler:将 ResultSet 中第一行的数据转化成对象数组。

(2) ArrayListHandler:将 ResultSet 中所有的数据转化成 List,List 中存放的是 Object[]。

(3) BeanHandler:将 ResultSet 中第一行的数据转化成类对象。

(4) BeanListHandler:将 ResultSet 中所有的数据转化成 List,List 中存放的是类对象。

(5) ColumnListHandler:将 ResultSet 中某一列的数据存成 List,List 中存放的是 Object 对象。

(6) KeyedHandler:将 ResultSet 中存成映射,key 为某一列对应为 Map。Map 中存放的是数据。

(7) MapHandler:将 ResultSet 中第一行的数据存成 Map 映射。

(8) MapListHandler:将 ResultSet 中所有的数据存成 List。List 中存放的是 Map。

(9) ScalarHandler:将 ResultSet 中一条记录的其中某一列的数据存成 Object 等转化类。

ResultSetHandler 接口提供了一个单独的方法:Object handle (java. sql. ResultSet . rs)。因此任何 ResultSetHandler 的执行需要一个结果集(ResultSet)作为参数传入,然后才能处理这个结果集,再返回一个对象。因为返回类型是 java. lang. Object,所以除了不能返回一个原始的 Java 类型之外,其他的返回类型并没有什么限制。

8.4 网络留言板 V3.0

8.4.1 文件的变化

将留言板 guestbook 2.0 版本升级为 guestbook 3.0 版本,该版本采用 DbUtils 类库。其中有些文件可以保持不变,如下所示。

(1) StringUtil. java 类不变。

(2) WebRoot/fckeditor 组件不变。

(3) WebRoot/js 组件不变。

要修改的文件如下所示。

(1) validation-framework. js。

(2) addMessage. htm。

(3) AddMessageServlet. java。

(4) GetMessageServlet. java。

新增加的文件为 commons-dbutils-1. 1. jar。

8.4.2 新建 guestbook3 项目

(1) 复制 guestbook2 并进行粘贴。

右键单击网络留言板 2.0 版本的项目名 guestbook2,选择“Copy”选项,然后在空白处进行右键单击,选择“Paste”选项。Project name 处默认会显示 Copy of guestbook,Location 处默认显示 C:/workspace/Copy of guestbook2。将 Project name 设置为 guestbook3,Location 会自动更改为 C:/workspace/ guestbook3,最后单击“OK”按钮即可。

(2) 设置 Web Context。

经过以上设置后项目还不能正常运行,需要重新设置上下文路径。右键单击项目名 Guestbook3,选择“Properties”选项,打开属性窗口后,将左侧的 MyEclipse 选项卡展开,选择 Web 选项,右侧的 Web Context-root 处默认显示为/guestbook2,将其改为/guestbook3,最后单击“OK”按钮即可。

8.4.3 修改 validation-framework. js

将 var ValidationRoot="/guestbook2/js/";改为 var ValidationRoot="/guestbook3/js/";并保存文件。

8.4.4 修改 addMessage. htm

把文件中所有的 guestbook2 替换为 guestbook3,一共有五处地方需要修改。

8.4.5 构建路径

要使用 Commons DbUtils 类库,必须引入 commons-dbutils-1. 1. jar 包。右键单击项目名称,选择“Build Path”→“Configure Build Path”→“Add External JARs”选项,将 commons-dbutils-1. 1. jar 添加到构建路径下。

8.4.6 修改 AddMessageServlet. java

主要是修改从“Context context=new InitialContext();”开始到“conn. close();”结束的代码。先创建 String 数组类型的 params,它包含了所有需要传递给 SQL 语句的参数,然后查找上下文路径,获取数据源,接着把数据对象 ds 作为参数传递给 QueryRunner 对象的构造方法,让 qr 对象通过 ds 对象获得数据库连接对象,QueryRunner 内部会关闭 Connection 对象,所以调用者不用负责 Connection 对象的关闭。通过 qr 对象的 update 方法,执行 insert 的操作,向数据库的 book 表中插入一条记录。

修改后的 AddMessageServlet. java 代码如下所示。

```
package zhangli;
import java.io.IOException;
import java.io.PrintWriter;
import java.sql.SQLException;
import java.text.SimpleDateFormat;
import javax.naming.Context;
import javax.naming.InitialContext;
import javax.naming.NamingException;
import javax.servlet.ServletException;
import javax.servlet.http.HttpServlet;
import javax.servlet.http.HttpServletRequest;
import javax.servlet.http.HttpServletResponse;
import javax.sql.DataSource;
import org.apache.commons.dbutils.QueryRunner;
public class AddMessageServlet extends HttpServlet {
    private static final long serialVersionUID = 5228616853780312382L;
    public void doGet(HttpServletRequest request, HttpServletResponse response)
            throws ServletException, IOException {
        doPost(request, response);
    }
    public void doPost(HttpServletRequest request, HttpServletResponse response)
            throws ServletException, IOException {
         String sql = " insert into book ( name, email, phone, title, content, publishtime )
values(?,?,?,?,?,?)";
        int result = 0;
        request.setCharacterEncoding("utf-8");
        String name = request.getParameter("name");
        String title = request.getParameter("title");
        response.setContentType("text/html;charset = utf-8");
        PrintWriter out = response.getWriter();
        out.println("<html>");
        out.println("<head><title>guestbook input page</title></head>");
        out.println("<body>");
        if (StringUtil.validateNull(name)) {
            out.println("对不起,姓名不能为空,请您重新输入! <br>");
            out.println("<a href = '/guestbook2/addMessage.htm'>添加新的留言</a><br>");
        } else if (StringUtil.validateNull(title)) {
            out.println("对不起,主题不能为空,请您重新输入! <br>");
            out.println("<a href = '/guestbook2/addMessage.htm'>添加新的留言</a><br>");
        } else {
                try {
                SimpleDateFormat sdf = new SimpleDateFormat("yyyy-MM-dd hh:mm:ss");
                    String param[] = { StringUtil.filterHtml(name),
    StringUtil.filterHtml(request.getParameter("email")),
        StringUtil.filterHtml(request.getParameter("phone")), StringUtil.filterHtml(title),
                    request.getParameter("content"), sdf.format(new java.util.Date()) };
                    Context context = new InitialContext();
                    DataSource ds = (DataSource)
    context.lookup("java:/comp/env/jdbc/mysql");
                    QueryRunner qr = new QueryRunner(ds);
                    result = qr.update(sql, param);
                } catch (NamingException e) {
                    e.printStackTrace();
```

```
                } catch (SQLException e) {
                    e.printStackTrace();
                }
            if (result == 0) {
                    out.println("对不起,添加留言不成功,请您重新输入! <br>");
                    out.println("<a href = '/guestbook2/addMessage.htm'>添加新的留言</a><br>");
            } else {
                    out.println("祝贺您,成功添加留言。<br>");
                    out.println("<a href = '/guestbook2/servlet/GetMessageServlet'>查看所有
留言内容</a><br>");
            }
            out.println("</body>");
            out.println("</html>");
            out.flush();
            out.close();
        }
    }
}
```

8.4.7 修改 GetMessageServlet. java

主要是修改从"conn=ds. getConnection();"开始到"conn. close();"结束的代码,以及 printRow 函数。把数据对象 ds 作为参数传递给 QueryRunner 对象的构造方法,让 qr 对象通过 ds 对象获得数据库连接对象,然后获得包含所有数据库记录的 results 对象,该对象的每一个元素都是一个 Map 对象,代表一条数据库的记录,通过循环操作,输出每条记录的各个字段所对应的值。然后修改 printRow 函数,将该函数的第二个参数改为 Map 类型对象,以前有用 rs. getString()方法获取属性的都改为用 map. get()方法获取,当 map. get()需要作为 StringUtil. chanageNull()方法的参数使用时,需要强制转换为 String 类型,则需要将 map. get()改为(String)map. get()。

修改后的 GetMessageServlet. java 代码如下所示。

```
package zhangli;
import java.io.IOException;
import java.io.PrintWriter;
import java.sql.SQLException;
import java.util.List;
import java.util.Map;
import javax.naming.Context;
import javax.naming.InitialContext;
import javax.naming.NamingException;
import javax.servlet.ServletException;
import javax.servlet.http.HttpServlet;
import javax.servlet.http.HttpServletRequest;
import javax.servlet.http.HttpServletResponse;
import javax.sql.DataSource;
import org.apache.commons.dbutils.QueryRunner;
import org.apache.commons.dbutils.handlers.MapListHandler;
public class GetMessageServlet extends HttpServlet {
public void doGet(HttpServletRequest request, HttpServletResponse response)
        throws ServletException, IOException {
    String sql = "select * from book order";
```

```
        request.setCharacterEncoding("utf-8");
        response.setContentType("text/html;charset = utf-8");
        PrintWriter out = response.getWriter();
        out.println("<html>");
        out.println("<head><title>显示留言</title></head>");
        out.println("<body>");
        out.println("<a href = '/guestbook2/addMessage.htm'>添加新的留言内容</a><br>");
        out.println("留言内容<br><br>");
            try {
                Context context = new InitialContext();
                DataSource ds = (DataSource) context.lookup("java:/comp/env/jdbc/mysql");
                QueryRunner qr = new QueryRunner(ds);
                //使用 MapListHandler
                MapListHandler handler = new MapListHandler();
                List list = (List) qr.query(sql, handler);
                for (int i = 0; i < list.size(); i++) {
                    Map map = (Map) list.get(i);
                    printRow(out, map);}
            } catch (NamingException e) {
                // TODO Auto-generated catch block
                e.printStackTrace();
            } catch (SQLException e) {
                // TODO Auto-generated catch block
                e.printStackTrace();
            }
        out.println(" </body>");
        out.println("</html>");
        out.flush();
        out.close();
    }
    private void printRow(PrintWriter out, Map map) throws SQLException {
        out.println("<table width = \"600\" border = \"1\"
style = \"table-layout:fixed;word-break:break-all\">");
        out.println("<tr><td>姓名</td><td>" + map.get("name") + "</td></tr>");
        out.println("<tr><td>电话</td><td>" +
StringUtil.chanageNull((String)map.get("phone"), "没填") + "</td></tr>");
        out.println("<tr><td>email</td><td>" +
StringUtil.chanageNull((String)map.get("email"), "没填") + "</td></tr>");
        out.println("<tr><td valign = \"top\">主题</td><td>" + map.get("title") + " </td></
tr>");
        out.println("<tr><td valign = \"top\">内容</td>");
        out.println("<td>" + StringUtil.chanageNull((String)map.get("content"), "没填") + "</
td></tr>");
        out.println("<tr><td>时间</td><td>" + map.get("publishtime") + " </td></tr>");
        out.println("</table><br>");
    }
    }
```

8.4.8 运行输出

程序运行以后的效果跟 guestbook2 项目的效果一样。只是原来对数据库的 JDBC 操作改为由 Commons DbUtils 操作，这样代码更简洁，操作更方便。

第 9 章　JSP 及其应用

9.1　JSP 基础知识

9.1.1　JSP 的起源

在前面编写 Servlet 程序时，我相信大家在某些方面已经闻到了“bad smell”，因为使用 Servlet 输出 HTML 内容对于我们来说真是一件不快乐的事情，尤其是让 Servlet 输出复杂的动态 HTML 内容，对于我们 Web 开发人员来说更像梦魇一样，因为所有的 HTML 内容中的双引号都需要转义，并且所有 HTML 标记的内容都需要通过 out. println()输出。如果通过 Servlet 输出 HTML 的内容只是让我们开发人员编写一次，我们也就忍了，但在实际开发中这是不可能的，通常 Servlet 输出的 HTML 内容需要修改很多次，既麻烦又没有什么技术含量。开发人员特别希望能有一种新的技术出现，这种技术既能完成 Servlet 所能完成的 Web 服务器端的编程功能，又可以非常简单地输出动态的可定制的 HTML 内容。于是 Sun 公司适时地推出了 Java Server Pages(JSP)技术。

JSP 是 Servlet 更高级别的扩展，通过 JSP 可以让开发人员把普通的 Java 代码镶嵌到 HTML 页面中，最终 JSP 文件会通过 Web 服务器的 Web 容器编译成一个 Servlet，用来处理各种请求。

9.1.2　JSP 的功能

JSP 是一种动态网页编写技术，允许在页面中包括 Java 代码。JSP 文件的扩展名为. jsp，JSP 文件的标记处还可以使用 XML 语法。

JSP 是 Sun 公司开发的一种服务器端的脚本语言，自从 1999 年推出以来，逐步发展为开发 Web 应用的重要技术。

JSP 可以嵌套在 HTML 中，而且支持多个操作系统平台，一个用 JSP 开发的 Web 应用系统不用进行什么改动就可以在不同的操作系统中运行。

9.1.3　JSP 的本质

JSP 页面本质上就是 Servlet，在 JSP 程序中离不开 Servlet 的影子。Servlet 和 JSP 可以认为是 Java 实现 Web 编程的第一代和第二代技术，就是由于 Servlet 不便于快速地开发包含大量 HTML 代码的动态网页，于是 Sun 推出了 JSP 技术用来快速的开发动态的 Web 页面。Servlet 和 JSP 是实现同一种编程效果的不同的两种实现方式。从根本上来说，JSP 就是 Servlet，因为 JSP 在 Web 服务器中运行的时候，就是先转化成 Servlet，再调用转化后 Servlet 的方法，把输出的动态 HTML 内容返回给客户的浏览器。所以只要 Servlet 编程能实现的功能，JSP 编程也能实现。

当浏览器向 Web 服务器发出请求，要求调用 JSP 页面的时候，Web 服务器会根据请求文件的“.jsp”扩展名知道浏览器请求的是一个 JSP 文件；Web 服务器把这个请求传递给 Web 容器，Web 容器会把请求的 JSP 文件转化成 Servlet 的源文件，同时对源文件进行编译，生成转化后的 Servlet 的 class 文件。转化和编译的过程发生在这个 JSP 文件第一次被浏览器请求的时候，所以大家在调用 JSP 页面的时候会有体会，第一次调用 JSP 文件要花费更多的时间才能看到输出的内容。当服务器再次收到对这个 JSP 页面请求的时候，会判断这个 JSP 页面是否被修改过。如果被修改过就会重新生成 Java 代码并且重新编译，而且服务器中的垃圾回收方法会把没用的类文件删除。如果没有修改，服务器就会直接调用以前的已经编译过的类文件。

在有些 Java Web 服务器或者应用服务器中，可以在特定目录下查看到 JSP 转化后的 Servlet 源文件和 class 文件。Tomcat 就保留了这些临时生成的 Servlet 源文件和 class 文件，这些文件保存在 Tomcat 根目录下的 work 目录下。例如 first.jsp 对应的转化文件保存在“\work\Catalina\localhost\firstjsp\org\apache\jsp”目录下。在 work 目录下可以看到我们刚才编写的 first.jsp 对应的 first_jsp.class、first_jsp.java。

9.2 JSP 语法

9.2.1 JSP 代码注释

在 JSP 中支持两种注释的语法操作，一种是显式注释，这种注释客户端是允许看见的；另外一种是隐式注释，此种注释客户端是无法看见的。

(1) 显式注释语法(HTML 风格的注释)

使用＜！－－注释内容－－＞对多行 HTML 代码进行注释。

(2) 隐式注释法

使用“//注释内容”对单行代码进行注释；使用“/ * 注释内容 * /”方式对多行代码进行注释；也可以使用“＜％－－注释内容－－％＞”对多行代码进行注释。

9.2.2 Scriptlet 标识

在 JSP 中，最重要的部分就是 Scriptlet(脚本小程序)或者叫脚本标识，所有嵌入在 HTML 代码中的 Java 程序都必须使用 Scriptlet 标识出来。在 JSP 中一共有 3 种 Scriptlet 标识。

(1) 代码片段

所谓代码片段就是在 JSP 页面中嵌入的 Java 代码或是脚本代码。代码片段将在页面请求的处理期间被执行，通过 Java 代码可以定义变量或是流程控制语句等；而通过脚本代码可以应用 JSP 的内置对象在页面输出内容、请求处理和响应、访问 session 会话等。代码片段的语法格式如下所示。

```
<%Java 代码或是脚本代码 %>
```

代码片段的使用比较灵活，它所实现的功能是 JSP 表达式无法实现的。具体使用方式如下所示。

```
<% int i = 10; %>
<% if(time<12)
```

```
{%> How are you this moring? <%}else
{%> How are you this afternoon? <%}%>
```

(2) 声明标识

声明标识用于在JSP页面中定义全局的变量或方法。通过声明标识定义的变量和方法可以被整个JSP页面访问,所以通常使用该标识定义整个JSP页面需要引用的变量或方法。声明标识的语法格式如下所示。

```
<%!声明标量或方法的代码 %>
```

具体使用方式如下所示。

```
<%!
    private int getDateCount = 0;
    private String getDate()
    {...}
%>
```

注意:<%与!之间不可以有空格,但是!与其后面的代码之间可以有空格,另外<%!与%>可以不在同一行。

尽量不要在JSP中定义类或方法。虽然在<%! %>中可以定义类或方法,但是从正确的开发思路上讲,很少有用户这样操作。当JSP中需要类或者方法时,往往会通过JavaBean的形式调用。

(3) JSP表达式

JSP表达式用于向网页中输出信息,是输出一个变量或一个具体的常量,其语法格式如下所示。

```
<%=表达式%>
```

表达式可以是任何Java语言的完整表达式,该表达式的最终运算结果将被转换为字符串。具体使用方式如下所示。

```
<% = incrementCounter()%>
```

注意:<%与=之间不可以有空格,但是=与其后面的表达式之间可以有空格;函数结束后没有分号。

9.2.3 指令标识

1. page指令

page指令在JSP开发中较为重要,使用此属性,可以定义一个JSP页面的相关属性,包括设置MIME类型、定义需要导入的包、错误页的指定等。表9-1中定义了page指令的常用属性。

表9-1 page指令的常用属性

属性	定义
language="ScriptLanguage"	指定JSP Container用什么语言来编译,目前只支持Java语言。默认为Java
extends="className"	定义此JSP网页产生的Servlet是继承哪个
import="importList"	定义此JSP网页要使用哪些Java API
session="true|false"	决定此页面是否使用session对象。默认为true
buffer="none|size in kb"	决定输出流(Input Stream)是否有缓冲区。默认为8 KB
autoFlush="true|false"	决定输出流的缓冲区满了后是否需要自动清除,缓冲区满了后会产生异常错误(Exception)。默认为true

续表

属　性	定　义
isThreadSafe="true|false"	是否支持线程。默认为 true
errorPage="url"	如果此页发生异常，网页会重新指向一个 URL
isErrorPage="true|false"	表示此页面是否为错误处理页面。默认为 false
contentType = " text/html; charset = gb2312"	表示 MIME 类型和 JSP 的编码方式
pageEncoding="ISO-8859-1"	编码方式（笔者已经加入使用的编码）
isELLgnored="true|false"	表示是否在此 JSP 页面中 EL 表达式。true 则忽略，反之 false 则支持。默认为 false

注意：对于以上的操作指令，只有 import 指令可以重复出现多次，而对于其他属性只能出现一次。且在以上若干指令中，比较常用的是 contentType、pageEncoding、errorPage/isErrorPage 和 import 这四个指令，下面分别来看这些指令的使用。

（1）设置页面的 MIME

```
<%@ page contentType = "text/html" %>
```

或者

```
<%@ page contentType = "text/html; charset = utf-8" %>
```

（2）设置文件编码

```
<%@ page pageEncoding = "UTF-8" %>
```

（3）错误页的设置

Page 指令—isErrorPage，专门显示错误的页面：

```
<%@ page isErrorPage = "true" %>
```

Page 指令—errorPage，转到某一页面：

```
<%@ page errorPage = "/error.jsp" %>
```

（4）数据库连接操作

Page 指令—import，引用其他的包或者类：

```
<%@ page import = "java.io.* , java.util.Hashtable" %>
```

或者

```
<%@ page import = "java.io.* " %>
<%@ page import = "java.util.Hashtable" %>
```

2. include 指令

文件包含指令 include 是 JSP 的另一条指令标识。通过该指令可以在一个 JSP 页面中包含另一个 JSP 页面。不过该指令是静态包含。也就是说被包含文件中所有内容会被原样包含到该 JSP 页面中，即使被包含文件中有 JSP 代码，在包含时也不会被编译执行。使用该指令会最终生成一个文件，所以在被包含和包含文件中不能有同名名称变量。

include 指令的语法格式如下所示：

```
<%@ include file = "path" %>
```

该指令只有一个 file 属性，用于指定要包含文件的路径，该路径可以是相对路径，也可以是绝对路径。但是不可以通过＜％＝％＞表达式所代表的文件。

具体使用方式如下所示：

```
<%@ include file="hearder.htm" %>
```

使用 include 指令包含文件可以大大提高代码的重用性，而且也便于以后维护和升级。

9.2.4 动作标识

(1) <jsp:include>——包含动作

<jsp:include>动作用于向当前页面中包含其他的文件。被包含的文件可以是动态文件，也可以是静态文件。

<jsp:include>动作标识的语法格式如下所示：

```
<jsp:include page="url" flush="false|true"/>
```

page 用于指定被包含文件的相对路径。例如，指定属性值为 top.jsp，则表示将与当前 JSP 文件相同文件夹中的 top.jsp 文件包含到当前 JSP 页面中。

flush 是可选属性，用于设置是否刷新缓冲区。默认值为 false，如果设置为 true，在当前页面输出使用了缓冲区的情况下，先刷新缓冲区，然后再执行包含工作。

include 指令与<jsp:include>动作的区别为：include 动作可以动态包含一个文件，文件的内容可以是静态的文件，也可以是动态的脚本。而且当包含的动态文件被修改的时候，JSP 引擎可以动态对其进行编译更新。而 include 指令仅仅是把一个文件简单地包含在一个 JSP 页面中，从而组合成一个文件，仅仅是起到简单组合的作用。其功能没有 include 动作强大。

(2) <jsp:forward>——请求转发动作

通过<jsp:forward>可以将请求转发到其他的 Web 资源，例如另一个 JSP 页面、HTML 页面、Servlet 等。执行请求转发后，当前页面将不再被执行，而是去执行该动作指定的目标页面。

<jsp:forward>动作标识的语法格式如下所示：

```
<jsp:forward page="url"/>
```

page 用于指定请求转发的目标页面。该属性值可以是一个指定文件路径的字符串，也可以是表示文件路径的 JSP 表达式。但是请求被转向的目标文件必须是内部的资源，即当前应用中的资源。

9.2.5 内置对象

内置对象是无须声明就可以直接使用的对象实例，常见的 JSP 内置对象如表 9-2 所示。

表 9-2 JSP 内置对象

对象名称	对象类型	对象名称	对象类型
out	javax.servlet.jsp.JspWriter	config	javax.servlet.ServletConfig
request	javax.servlet.ServletRequest	page	java.lang.Object
response	javax.servlet.ServletResponse	pageContext	javax.servlet.jsp.PageContext
session	javax.servlet.http.HttpSession	exception	java.lang.Throwable
application	javax.servlet.ServletContext		

out 对象：这个对象是在 Web 应用开发过程中使用的最多的一个对象。功能是动态地向 JSP 页面输出字符流，从而把动态的内容转化成 HTML 形式来展示。

request 对象：代表从用户发送过来的请求，从这个对象中间可以取出客户端用户提交的数据或者是参数。这个对象只有接受用户请求的页面才可以访问。

response 对象：这个对象是服务器端向客户端返回的数据，从这个对象中可以获取一部分与服务器互动的数据和信息。只有接受这个对象的页面才可以访问这个对象。

session 对象：这个对象维护着客户端和服务器端的状态，从这个对象中可以取出用户和服务器交互过程中的数据和信息。这个对象在用户关闭浏览器离开 Web 应用之前一直有效。

application 对象：这个对象保存着整个 Web 应用运行期间的全局数据和信息，从 Web 应用开始运行，这个对象就被创建。在整个 Web 应用运行期间可以在任何 JSP 页面中访问这个对象。

Application 对象与 session 对象的区别为：只要 Web 应用还在正常运行，application 对象就可以访问，而 session 对象在用户离开系统时就被注销。所以如果要保存在整个 Web 应用运行期间都可以访问的数据，这时候就要用到 application 对象。

9.3 JSP 范例

9.3.1 第一个 JSP 文件

(1) 新建 Web Project，名为 firstjsp，如图 9-1 所示。

(2) 在 WebRoot 目录下新建一个 JSP 文件。

右键单击 WebRoot，选择“New”→“JSP(Advanced Templates)”命令，如图 9-2 所示。

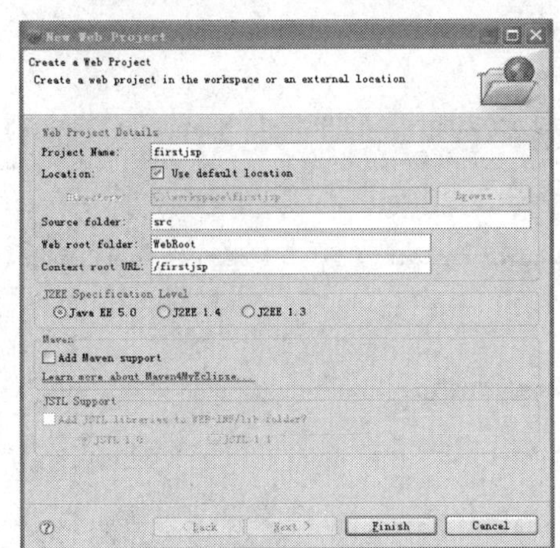

图 9-1　新建 Web 项目 firstjsp

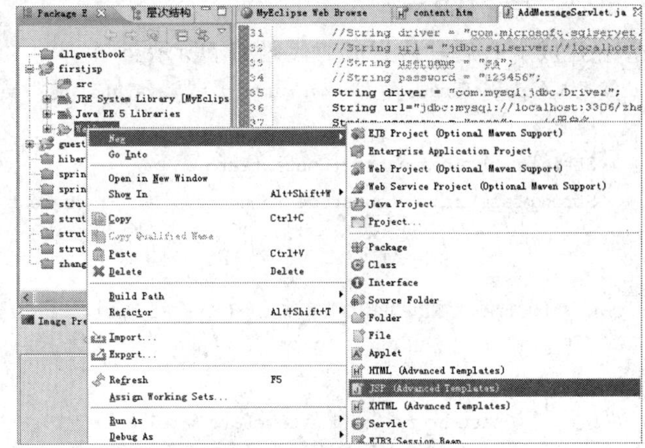

图 9-2　新建 JSP 文件

File Name 处设置为 first. jsp，然后单击“Finish”按钮即可，如图 9-3 所示。

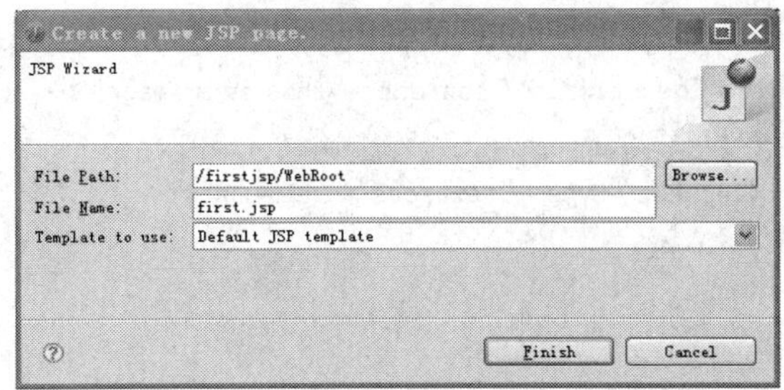

图 9-3　设置 first. jsp

默认建成的 jsp 如图 9-4 所示，可以通过单击右上角方框处的单脚按钮将可视化编辑控件打开。

Palette 面板里含常用的控件，可以通过拖拽的可视化操作方式去编辑 JSP 页面，还可以进行设计/预览模式的切换、可视化编辑/源码的切换，如图 9-5 所示。

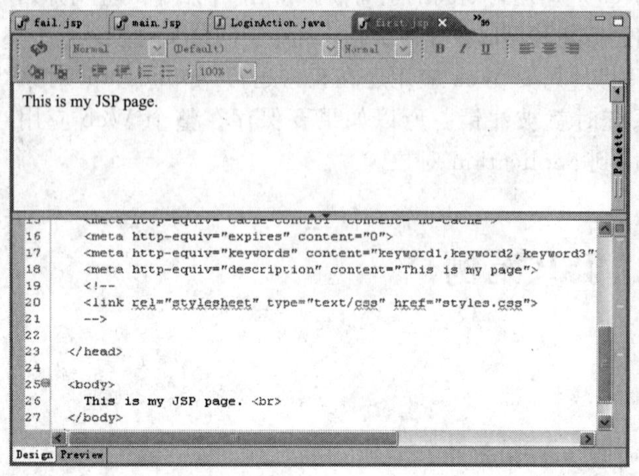

图 9-4　默认建成的 JSP

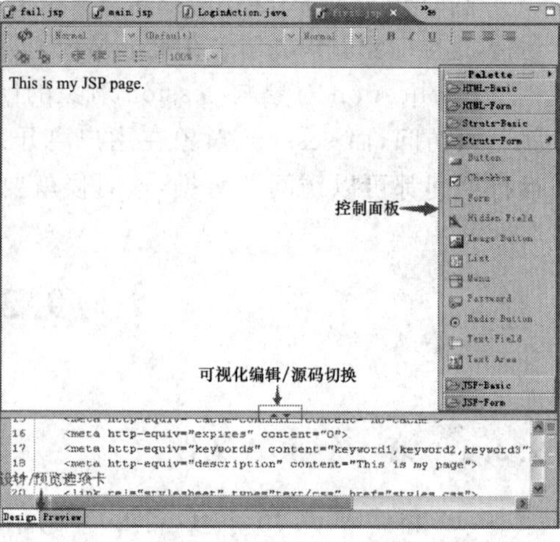

图 9-5　可视化编辑 JSP

(3) 编辑 JSP 文件。

建成 JSP 后默认生成的代码如下所示。

```
<%@page language="java" import="java.util.*" pageEncoding="ISO-8859-1"%>
<%
String path = request.getContextPath();
String basePath = request.getScheme() + "://" + request.getServerName() + ":" + request.getServerPort() + path + "/";
%>
<!DOCTYPE HTML PUBLIC "-//W3C//DTD HTML 4.01 Transitional//EN">
<html>
  <head>
    <base href="<%=basePath%>">
    <title>My JSP 'first.jsp' starting page</title>
    <meta http-equiv="pragma" content="no-cache">
    <meta http-equiv="cache-control" content="no-cache">
    <meta http-equiv="expires" content="0">
    <meta http-equiv="keywords" content="keyword1,keyword2,keyword3">
    <meta http-equiv="description" content="This is my page">
    <!--
    <link rel="stylesheet" type="text/css" href="styles.css">
    -->
  </head>
  <body>
    This is my JSP page.<br>
  </body>
</html>
```

① 将第一行的代码 pageEncoding＝"ISO-8859-1"改成 pageEncoding＝"utf-8"。

注意：以后应用的所有 JSP 文件最好都先将第一行的代码进行 utf-8 编码格式的设置。

② 将主体代码：

```
<body>
    This is my JSP page. <br>
</body>
```

改成：

```
<body>
    <%
        int i = 10;
        out.println("这是我开发的第一个 JSP 页面!,i 的值是" + i);
    %><br>
</body>
```

（4）开启服务器，配置项目，运行测试。

页面的输出效果如图 9-6 所示。

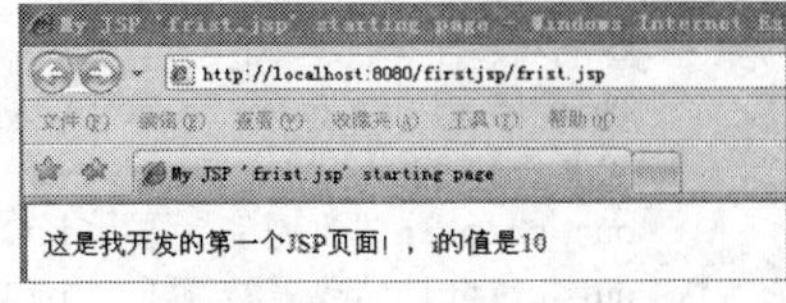

图 9-6　first.jsp 的输出效果

9.3.2　JSP 语法练习案例

在同上项目里，WebRoot 下新建 jspSyntax.jsp。

① 将第一行的代码 pageEncoding＝"ISO-8859-1"改成 pageEncoding＝"utf-8"。

② 修改主体代码如下所示，然后给程序分别加上不同的注释，将所有的“out.println("我是张丽！
");”注释掉。查看结果。

```
<body>
    This is my JSP page. <br>
    out.println("我是张丽! <br>");
    out.println("我是张丽! <br>");
    out.println("我是张丽! <br>");
    out.println("我是张丽! <br>");
    out.println("我是张丽! <br>");
</body>
```

③ 给程序加上声明，声明一个变量和方法，然后使用表达式输出。声明区可以放在 JSP 页面的任意位置，但一般放在开头的地方，即</head>与<body>之间。

修改后的代码如下所示。

```
<%@page language = "java" import = "java.util.*" pageEncoding = "utf-8"%>
<%
String path = request.getContextPath();
String basePath = request.getScheme() + "://" + request.getServerName() + ":" + request.getServer-
Port() + path + "/";
%>
<!DOCTYPE HTML PUBLIC "-//W3C//DTD HTML 4.01 Transitional//EN">
<html>
  <head>
    <base href = "<% = basePath%>">
    <title>My JSP 'first.jsp' starting page</title>
    <meta http-equiv = "pragma" content = "no-cache">
    <meta http-equiv = "cache-control" content = "no-cache">
    <meta http-equiv = "expires" content = "0">
    <meta http-equiv = "keywords" content = "keyword1,keyword2,keyword3">
```

```
    <meta http-equiv = "description" content = "This is my page">
    <! --
    <link rel = "stylesheet" type = "text/css" href = "styles.css">
    -- >
  </head>
  <%!
    int i = 0;
    private int count()
    {
      i = i + 1;
      return i;
    }
  %>
  <body>
     This is my JSP page. <br>
     <% --
     out.println("我是张丽！<br>");
     out.println("我是张丽！<br>");
     out.println("我是张丽！<br>");
     out.println("我是张丽！<br>");
     out.println("我是张丽！<br>");
     -- %>
     调用 count()方法后的输出：<% = count() %><br>
  </body>
</html>
```

重新部署项目，运行测试。页面的输出效果如图 9-7 所示。

网页每刷新一次，调用 count()方法后的输出增加 1，如图 9-8 所示。

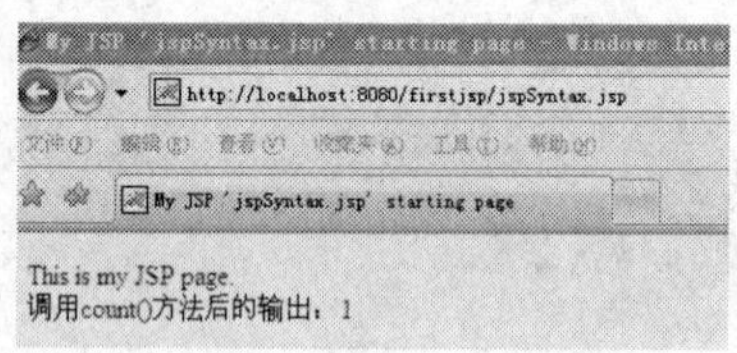

图 9-7　jspSyntax.jsp 的输出效果

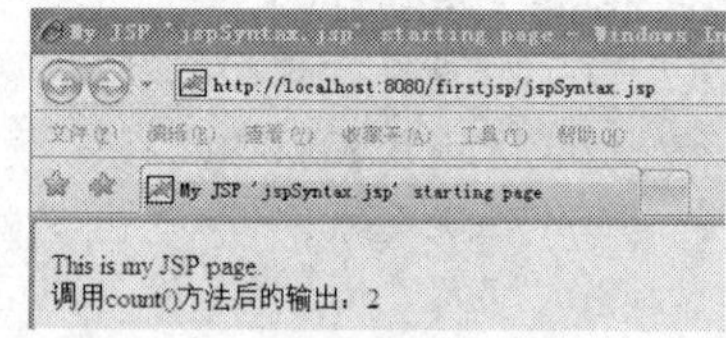

图 9-8　刷新页面后的输出效果

④ 使用 Scriptlet 标记，声明局部变量，观察该变量的变化。

修改后的主体代码如下所示。

```
<body>
   This is my JSP page. <br>
   <% --
   out.println("我是张丽！<br>");
   out.println("我是张丽！<br>");
   out.println("我是张丽！<br>");
   out.println("我是张丽！<br>");
   out.println("我是张丽！<br>");
   -- %>
调用 count()方法后的输出：<% = count() %><br>
<%   int j = 0;
     j = j + 1;
%>
输出 j 的值：<% = j %><br>
</body>
```

重新部署项目，运行测试。网页每刷新一次，调用 count()方法后的输出增加 1，而 j 的值不会变化，如图 9-9 所示。

⑤ 在同上项目里，WebRoot 下新建 header. jsp 和 footer. html，然后在 jspSyntax. jsp 里使用include 指令，将网页的头部和尾部文件引进来。

header. jsp 主要存放网页的头部信息，代码如下所示。

图 9-9　修改后的 jspSyntax. jsp 输出效果

```
<%@page language="java" import="java.util.*" pageEncoding="utf-8"%>
<%
String path=request.getContextPath();
String basePath=request.getScheme()+"://"+request.getServerName()+":"+request.getServerPort()+path+"/";
%>
<!DOCTYPE HTML PUBLIC "-//W3C//DTD HTML 4.01 Transitional//EN">
<html>
  <head>
    <base href="<%=basePath%>">
    <title>JSP Syntax demo</title>
    <meta http-equiv="pragma" content="no-cache">
    <meta http-equiv="cache-control" content="no-cache">
    <meta http-equiv="expires" content="0">
    <meta http-equiv="keywords" content="keyword1,keyword2,keyword3">
    <meta http-equiv="description" content="This is my page">
    <!--
    <link rel="stylesheet" type="text/css" href="styles.css">
    -->
  </head>
  <body>
    <%out.println("欢迎大家访问我的网站:www.baidu.com"); %><br>
    <br>
```

footer. html 主要存放网页的尾部信息，代码如下所示。

```
  <br>
  Copyrightwww.ccbupt.cn <br>
  <a href="http://www.ccbupt.cn">www.ccbupt.cn</a><br>
  </body>
</html>
```

再次修改 jspSyntax. jsp 后的代码如下所示。

```
<%@page pageEncoding="utf-8"%>
<%@include file="/header.jsp" %>
<%!
    int i=0;
    private int count()
    {
      i=i+1;
      return i;
    }
%>
  This is my JSP page.<br>
```

```
<%--
out.println("我是张丽！<br>");
out.println("我是张丽！<br>");
out.println("我是张丽！<br>");
out.println("我是张丽！<br>");
out.println("我是张丽！<br>");
--%>
调用 count()方法后的输出：<% = count() %><br>
<%
    int j = 0;
    j = j + 1;
%>
输出 j 的值：<% = j %><br>
<% @include file = "/footer.html" %>
```

注意：header.jsp 没有</body>和</html>，footer 里没有<body>、<html>，也没有<head>和</head>，jspSyntax.jsp 则开始和结束的标记都没有，因为三个文件最终通过 include 标识组成了一个文件，所以只需要有一套完整的标记即可。

重新部署项目，运行测试，页面输出效果如图 9-10 所示。

⑥ 在同上项目里，WebRoot 下新建 include.jsp 和 jspSyntax2.jsp，在 jspSyntax2.jsp 里使用 include 动作，体验与 include 指令的区别。

include.jsp 代码如下所示。

```
<% @page pageEncoding = "utf-8" %>
<% out.println("我是被包含的页面内容!"); %><br>
```

jspSyntax2.jsp 代码如下所示。

```
<% @page pageEncoding = "utf-8" %>
<% @include file = "/header.jsp" %>
<jsp:include page = "/include.jsp"></jsp:include>
<br>
<% @include file = "/include.jsp" %>
<% @include file = "/footer.html" %>
```

重新部署项目，测试运行，jspSyntax2.jsp 页面输出效果如图 9-11 所示。

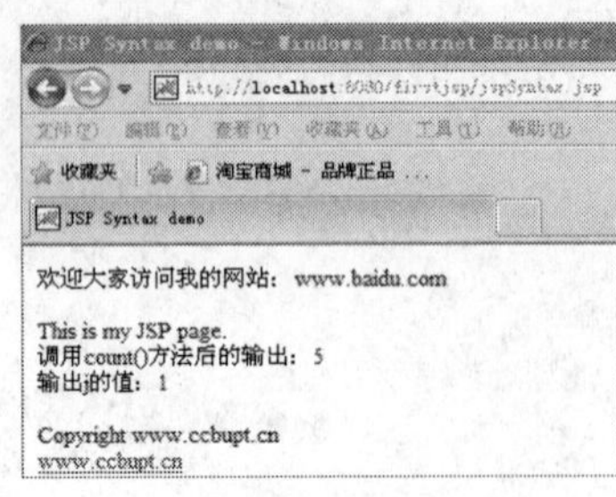

JSP Syntax demo - Windows Internet Explorer
http://localhost:8080/firstjsp/jspSyntax.jsp
JSP Syntax demo
欢迎大家访问我的网站：www.baidu.com
This is my JSP page.
调用count()方法后的输出：5
输出j的值：1
Copyright www.ccbupt.cn
www.ccbupt.cn

图 9-10 再次修改后的 jspSyntax.jsp 输出效果

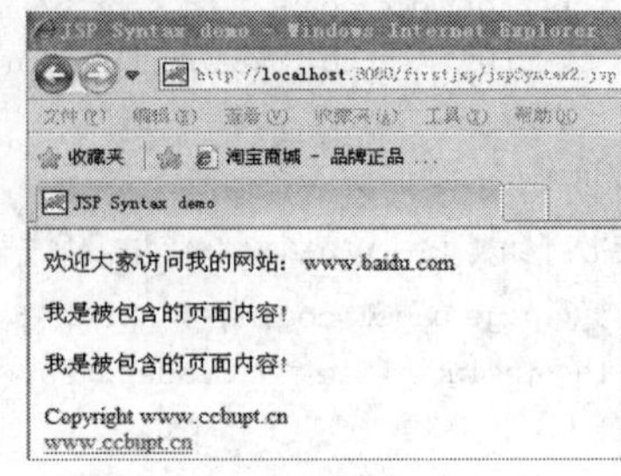

图 9-11 jspSyntax2.jsp 输出效果

到 Tomcat 的安装目录下查看 jspSyntax2_jsp.java 代码，可以看到两个 include 的不同，如图 9-12 所示。

⑦ 在同上项目里，WebRoot 下新建 spSyntax3.jsp，在 jspSyntax2.jsp 里使用 forward。

jspSyntax3.jsp 代码如下所示。

```
<%@page pageEncoding="utf-8"%>
<%@include file="/header.jsp" %>
<jsp:forward page="/include.jsp"></jsp:forward>
<%@include file="/footer.html" %>
```

重新部署项目，测试运行，jspSyntax3.jsp 页面输出效果如图 9-13 所示。虽然地址栏是 jspSyntax3 的网址，但是输出的确是 include.jsp 内容。

```
out.println("欢迎大家访问我的网站：www.baidu.com");
      out.write("<br>\r\n");
      out.write("    <br>\r\n");
      out.write('\r');
      out.write('\n');
      org.apache.jasper.runtime.JspRuntimeLibrary.include(request, response, "/include.jsp", out,
false);
      out.write(" \r\n");
      out.write("<br>\r\n");
      out.write('\r');
      out.write('\n');
 out.println("我是被包含的页面内容!");
      out.write("<br>\r\n");
      out.write("\r\n");
      out.write("\r\n");
      out.write('\r');
      out.write('\n');
      out.write("  <br>\r\n");
      out.write("  Copyright www.baidu.com<br>\r\n");
      out.write("  <a href=\"http://www.baidu.com\">www.baidu.com</a><br>\r\n");
```

图 9-12 jspSyntax2_jsp.java 源码截图

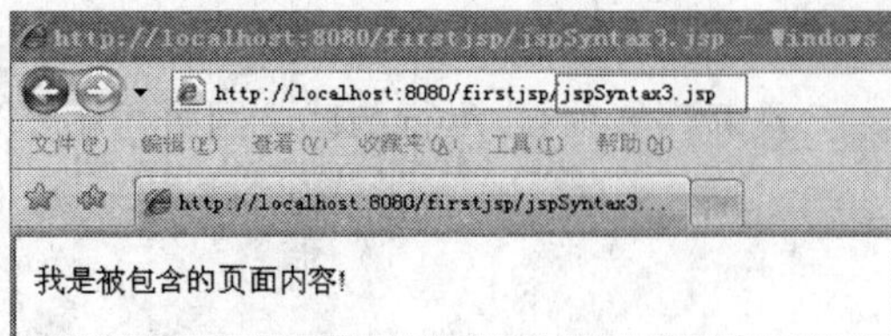

图 9-13 jspSyntax3.jsp 输出效果

<jsp:forward page="/include.jsp"></jsp:forward> 与以下几行代码效果是一样的：

```
<%RequestDispatcher rd=request.getRequestDispatcher("/include.jsp");
rd.forward(request,response); %>
```

9.3.3 网站计数器

练习使用内置对象 application 实现一个简单的计数器，利用 application 对象来存储计数器的值，用来统计服务器开始运行以来的访问量。

(1) 在同上项目里，WebRoot 下新建 count.jsp，代码如下所示。

```
<%@page language="java" import="java.util.*" pageEncoding="utf-8"%>
<%
String path=request.getContextPath();
String basePath=request.getScheme()+"://"+request.getServerName()+":"+request.getServer-
Port()+path+"/";
%>
<!DOCTYPE HTML PUBLIC "-//W3C//DTD HTML 4.01 Transitional//EN">
<html>
  <head>
    <base href="<%=basePath%>">
      <title>My JSP 'count.jsp' starting page</title>
      <meta http-equiv="pragma" content="no-cache">
      <meta http-equiv="cache-control" content="no-cache">
      <meta http-equiv="expires" content="0">
      <meta http-equiv="keywords" content="keyword1,keyword2,keyword3">
      <meta http-equiv="description" content="This is my page">
      <!--
      <link rel="stylesheet" type="text/css" href="styles.css">
      -->
    </head>
    <%
      if(application.getAttribute("count")==null)
      {
          application.setAttribute("count",new Integer(0));
```

```
        }
        Integer i = (Integer)application.getAttribute("count");
        i = i + 1;
        application.setAttribute("count",i);
    %>
    <body>
        您好,该页面自从当前 Web 应用启动后,已经被访问<font
color = "#ff0000"><% = application.getAttribute("count") %>次</font><br>
    </body>
</html>
```

重新部署项目,运行测试。网页每刷新一次,访问次数增加一次,如图 9-14 所示。

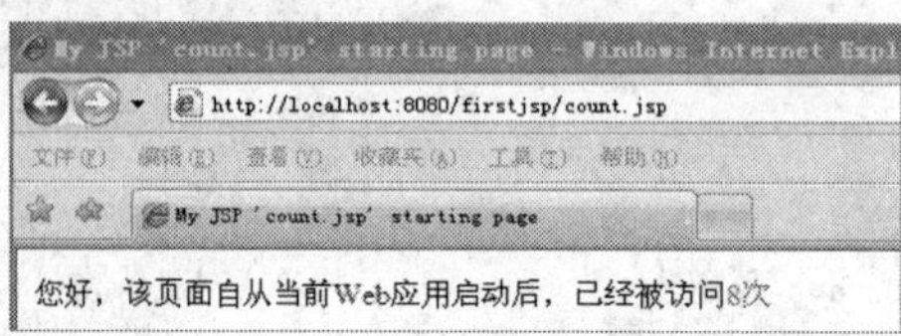

图 9-14　count.jsp 输出效果

但是以上程序仍存在问题:当 Tomcat 服务器重启后,计数重新开始。

(2) 升级该程序做一个网站的统计计数功能,Tomcat 服务器重启后访问计数不清零,并且美化输出。

① 在 src 下新建新建一个 java 类名为 CountFileHandler.java,所在包名为 zhangli。

CountFileHandler.java 代码如下所示。

```
package zhangli;
import java.io.BufferedReader;
import java.io.File;
import java.io.FileReader;
import java.io.FileWriter;
import java.io.IOException;
import java.io.PrintWriter;
public class CountFileHandler {
    public static void writeFile(String filename, long count) {
        try {
            PrintWriter out = new PrintWriter(new FileWriter(filename));
            out.println(count);
            out.close();
        } catch (IOException e) {
            e.printStackTrace();
        }
    }
    public static long readFile(String filename) {
        long count = 0;
        try {
            File f = new File(filename);
            if (!f.exists()) {
                writeFile(filename, 0);
            }
            BufferedReader in = new BufferedReader(new FileReader(f));
            count = Long.parseLong(in.readLine());
```

```
            in.close();
        } catch (IOException e) {
            e.printStackTrace();
        }
        return count;
    }
```

② 新建 count2.jsp 文件,代码如下所示。

```
<%@page language="java" import="zhangli.CountFileHandler" pageEncoding="utf-8"%>
<%
String path = request.getContextPath();
String basePath =
request.getScheme() + "://" + request.getServerName() + ":" + request.getServerPort() + path + "/";
%>
<!DOCTYPE HTML PUBLIC "-//W3C//DTD HTML 4.01 Transitional//EN">
<html>
  <head>
    <base href="<%=basePath%>">
    <title>My JSP 'count2.jsp' starting page</title>
    <meta http-equiv="pragma" content="no-cache">
    <meta http-equiv="cache-control" content="no-cache">
    <meta http-equiv="expires" content="0">
    <meta http-equiv="keywords" content="keyword1,keyword2,keyword3">
    <meta http-equiv="description" content="This is my page">
    <!--
    <link rel="stylesheet" type="text/css" href="styles.css">
    -->
  </head>
  <body>
  <%
        long count = CountFileHandler.readFile(request.getRealPath("/") + "count.txt");
        count = count + 1;
        CountFileHandler.writeFile(request.getRealPath("/") + "count.txt",count);
   %>
  当前页面已经被访问过<%=count%>次<br>
 </body>
</html>
```

注意:在 count2.jsp 的头部加了 import="zhangli.CountFileHandler"的属性值,主要是因为 count2.jsp 在 WebRoot 下,而 CountFileHandler 类在 src 下的 zhangli 类包里,两者不在同一个目录下,所以当 count2.jsp 中需要用到 CountFileHandler 类时就需要用这种方式进行引入。

重新部署项目,运行测试。网页每刷新一次,访问次数增加一次,Tomcat 重启后计数不清零,而且会在项目里生成一个 count.txt 的文件,里面可以修改 count 计数,如图 9-15 所示。

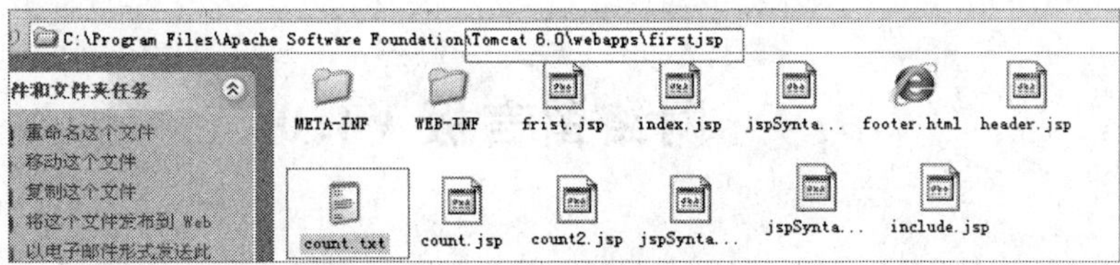

图 9-15 生成 count.txt

③ 在 WebRoot 目录下增加一个 images 的文件夹，里面存放 0～9 10 个数字对应的图片，然后刷新工程。

④ 修改 CountFileHandler.java，为其添加一个方法 tranform，可以获得数字对应的图片。添加的代码如下所示。

```
public static String tranform(long count)
{
    String countNumber = "" + count;
    String newString = "";
    for(int i = 0;i<countNumber.length();i++)
    {
        newString = newString + "<img
        src = 'images\\" + countNumber.charAt(i) + ".gif'>";
    }
     return newString;
}
```

⑤ 修改 count2.jsp。将代码"当前页面已经被访问过<%=count%>次
"改成"当前页面已经被访问过<%=CountFileHandler.tranform(count)%>次
"。

重新部署项目，运行测试。网页每刷新一次，访问次数增加一次，Tomcat 重启后计数不清零，并且以美化字体的形式输出，效果如图 9-16 所示。

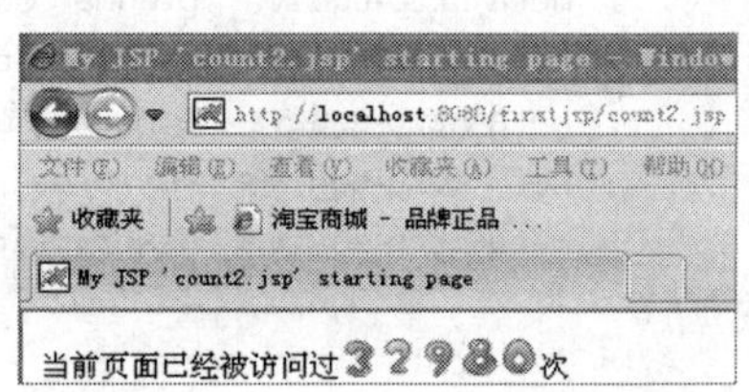

图 9-16 修改后的 count2.jsp 输出效果

接下来要解决另一个问题，要求同一用户在一段时间内多次访问该网站，计数不增加，可以使用 session 对象类解决。

⑥ 修改 count2.jsp，增加时间限制的判断，修改后的主体代码如下所示。

```
<body>
  <%
      long count = CountFileHandler.readFile(request.getRealPath("/") + "count.txt");
      if(session.getAttribute("visited") == null){
           session.setAttribute("visited","y");
           session.setMaxInactiveInterval(60 * 60 * 24);
           count = count + 1;
           CountFileHandler.writeFile(request.getRealPath("/") + "count.txt",count);
      }
  %>
  当前页面已经被访问过<% = CountFileHandler.tranform(count) %>次<br>
</body>
```

重新部署项目，运行测试。用户在一天的时间内刷新一次，访问次数增加一次，刷新多次，访问计数不再增加。

9.4 网络留言板 V4.0

9.4.1 文件的变动

将留言板 guestbook 3.0 版本升级为 guestbook 4.0 版本，该版本采用 JSP 技术。其中有些文件可以保持不变，如下所示。

（1）StringUtil.java 类不变。

（2）WebRoot/fckeditor 组件不变。

（3）WebRoot/js 组件不变。

要修改的文件为：validation-framework.js。

新增加的文件如下所示。

（1）header.jsp。

（2）footer.jsp。

（3）addMessage.jsp。

（4）AddMessageServlet.jsp。

（5）GetMessageServlet.jsp。

要删除的文件如下所示。

（1）addMessage.htm。

（2）AddMessageServlet.java。

（3）GetMessageServlet.java。

9.4.2 新建 guestbook4

（1）复制 guestbook 并进行粘贴

右键单击网络留言板 3.0 版本的项目名 guestbook3，选择“Copy”选项，然后在空白处进行右键单击，选择“Paste”选项，Project name 处默认会显示 Copy of guestbook，Location 处默认显示 C:/workspace/Copy of guestbook3。将 Project name 设置为 guestbook4，Location 会自动更改为 C:/workspace/guestbook4，然后单击“OK”按钮。

（2）设置 Web Context

经过以上设置后项目还不能正常运行，需要重新设置上下文路径。右键单击项目名 Guestbook4，选择“Properties”选项，打开属性窗口后，将左侧的 MyEclipse 选项卡展开，选择 Web 选项，右侧的 Web Context-root 处默认显示为/guestbook3，将其改为/guestbook4，最后单击“OK”按钮即可。

9.4.3 修改 validation-framework.js

将 var ValidationRoot＝"/guestbook3/js/"；改为 var ValidationRoot＝"/guestbook4/js/"；并保存文件。

9.4.4 新建 header.jsp

header.jsp 文件是整个项目所使用的头文件，主要存放网页头部信息，context 变量保存当前 Web 应用的名字。

Header.jsp 代码如下所示。

```
<%@page language="java" import="java.util.*" pageEncoding="utf-8"%>
<%
String path=request.getContextPath();
String basePath=
request.getScheme()+"://"+request.getServerName()+":"+request.getServerPort()+path+"/";
```

```
%>
<! DOCTYPE HTML PUBLIC "-//W3C//DTD HTML 4.01 Transitional//EN">
<html>
    <head>
        <base href = "<% = basePath %>">
        <title>网络留言板 V4.0</title>
        <meta http-equiv = "pragma" content = "no-cache">
        <meta http-equiv = "cache-control" content = "no-cache">
        <meta http-equiv = "expires" content = "0">
        <meta http-equiv = "keywords" content = "keyword1,keyword2,keyword3">
        <meta http-equiv = "description" content = "This is my page">
        <! --
        <link rel = "stylesheet" type = "text/css" href = "styles.css">
        -->
     </head>
     <body>
     <p align = "center">
     网络留言板 V4.0</p>
       <br>
```

9.4.5 新建 footer.jsp

footer.jsp 文件是整个项目的尾文件，主要存放网页尾部信息。

footer.jsp 代码如下所示。

```
<%@page pageEncoding = "utf-8" %>
<br>
    <p align = "center">
    Copyright & copy;www.ccbupt.cn</p>
  </body>
</html>
```

9.4.6 将 addMessage.htm 升级成 JSP

在 WebRoot 下新建一个 JSP 文件名为 addMessage.jsp，该文件应该由三部分组成，通过 include 标识把 header.jsp 和 footer.jsp 包含进来，然后把 addMessage.htm 的主体代码复制到 addMessage.jsp 中间并稍加变动即可，把文件中所有的 guestbook3 替换为 guestbook4，一共有五处地方需要修改。

addMessage.jsp 代码如下所示。

```
<%@page language = "java" import = "java.util.*" pageEncoding = "utf-8" %>
<%@include file = "/header.jsp" %>
<script type = "text/javascript" src = "/guestbook4/js/validation-framework.js"></script>
<script type = "text/javascript" src = "/guestbook4/fckeditor/fckeditor.js"></script>
<title>add message</title>
  <p align = "center">请您输入留言</p>
   <p align = "center"><a href = "/guestbook4/GetMessageServlet.jsp">查看留言</a></p>
<form id = "form1" name = "form1" method = "post"
action = "/guestbook4/AddMessageServlet.jsp" onsubmit = "return doValidate(this)">
   <table width = "600" height = "400" border = "0" align = "center">
      <tr>
         <td width = "100">姓名：</td>
```

```
    <td width="500">
        <input name="name" type="text" id="name" size="40" maxlength="20" />
    </td>
  </tr>
  <tr>
    <td>E-Mail:</td>
    <td>
        <input name="email" type="text" id="email" size="40" maxlength="40" />
    </td>
  </tr>
  <tr>
    <td>电话:</td>
    <td>
        <input name="phone" type="text" id="phone" size="40" maxlength="20" />
    </td>
  </tr>
  <tr>
    <td>主题:</td>
    <td>
        <input name="title" type="text" id="title" size="80" maxlength="80" />
    </td>
  </tr>
  <tr>
    <td valign="top">内容:</td>
    <td>
        <script type="text/javascript">
              var oFCKeditor = new FCKeditor("content");
              oFCKeditor.BasePath = '/guestbook4/fckeditor/';
              oFCKeditor.Height = 250 ;
              oFCKeditor.ToolbarSet = 'Basic';
              oFCKeditor.Create() ;
        </script>
   </td>
   </tr>
   <tr>
      <td></td>
      <td>
          <input type="submit" name="Submit" value="提交" />
          <input type="reset" name="Reset" value="重置" />
      </td>
   </tr>
  </table>
</form>
<%@ include file="/footer.jsp" %>
```

9.4.7 将 AddMessageServlet.java 升级成 JSP

在 WebRoot 下新建一个 JSP，文件名为 AddMessageServlet.jsp，该文件应该由三部分组成，通过 include 标识把 header.jsp 和 footer.jsp 包含进来，然后把 AddMessageServlet.java 的 doPost()代码和引用的类包复制到 AddMessageServlet.jsp 中间并进行修改。将 Servlet 文件修改成 JSP 格式时需注意以下几点。

(1) 路径发生变化。Servlet 文件存放在 src 目录下，而 JSP 文件存放在 WebRoot 下，因为两者的映射地址也发生变化。

(2) 类包的引入方式发生变化。Servlet 头部所引入的类包在 JSP 中变成以<%@ page import=" "%>格式引入。

(3) 关于 out 对象的修改。在 Servlet 文件里需要定义 out 对象并且打印页面框架标签，而在 JSP 里 out 对象是内置对象，可以直接使用。

根据以上原则，如下关于 out 的代码就可以删除掉：

```
PrintWriter out = response.getWriter();
out.println("<html>");
out.println("<head><title>guestbook input page</title></head>");
out.println("<body>");
...
out.println("</body>");
out.println("</html>");
```

(4) JSP 文件的主体都是相对应 Servlet 文件的 doPost()方法或者 doGet()方法的内容，并将这些内容放在 Scriptlet 标记里，比如：

Servlet 文件里的 java 代码：

```
int i = 10;
if(time<12)
   {out.println("How are you this moring?");}
else
   {out.println("How are you this afternoon?");}
```

对应的 JSP 文件里应改成：

```
<% int i = 10; %>
<% if(time<12)
{ %> How are you this moring? <% }else
{ %> How are you this afternoon? <% } %>
```

AddMessageServlet.jsp 代码如下所示。

```
<%@page language = "java" pageEncoding = "utf-8" %>
<%@page import = "java.sql.SQLException" %>
<%@page import = "java.text.SimpleDateFormat" %>
<%@page import = "javax.naming.Context" %>
<%@page import = "javax.naming.InitialContext" %>
<%@page import = "javax.naming.NamingException" %>
<%@page import = "javax.sql.DataSource" %>
<%@page import = "org.apache.commons.dbutils.QueryRunner" %>
<%@page import = "zhangli.StringUtil" %>
<%@include file = "/header.jsp" %>
<%
        String sql = " insert into book (name, email, phone, title, content, publishtime) values(?,?,?,?,?,?)";
      int result = 0;
      request.setCharacterEncoding("utf-8");
      String name = request.getParameter("name");
      String title = request.getParameter("title");
      if (StringUtil.validateNull(name)) {
      out.println("对不起，姓名不能为空，请您重新输入！<br>");
      out.println("<a href = '/guestbook4/addMessage.jsp'>添加新的留言</a><br>");
      } else if (StringUtil.validateNull(title)) {
```

```
        out.println("对不起,主题不能为空,请您重新输入! <br>");
        out.println("<a href = '/guestbook4/addMessage.jsp'>添加新的留言</a><br>");
        } else {
            try {
                        SimpleDateFormat sdf = new SimpleDateFormat("yyyy-MM-dd hh:mm:ss");
                        String param[] = { StringUtil.filterHtml(name),
    StringUtil.filterHtml(request.getParameter("email")),
        StringUtil.filterHtml(request.getParameter("phone")), StringUtil.filterHtml(title),
                                request.getParameter("content"), sdf.format(new java.util.
Date()) };
                        Context context = new InitialContext();
                        DataSource ds = (DataSource)
    context.lookup("java:/comp/env/jdbc/mysql");
                        QueryRunner qr = new QueryRunner(ds);
                        result = qr.update(sql, param);
                    } catch (NamingException e) {
                        e.printStackTrace();
                    } catch (SQLException e) {
                        e.printStackTrace();
                    }
                    if (result == 0) {
                    out.println("<p align = 'center'>");
                    out.println("对不起,添加留言不成功,请您重新输入! <br>");
                    out.println("<a href = '/guestbook4/addMessage.jsp'>添加新的留言</a>
<br>");
                    } else {
                    out.println("<p align = 'center'>");
                    out.println("祝贺您,成功添加留言。<br>");
                    out.println("<a href = '/guestbook4/GetMessageServlet.jsp'>查看所有留言
内容</a><br>");
                    }
                    } %>
    <%@include file = "/footer.jsp" %>
```

9.4.8 将 GetMessageServlet.java 升级成 JSP

在 WebRoot 下新建一个 JSP,文件名为 GetMessageServlet.jsp,该文件应该由三部分组成,通过 include 标识把 header.jsp 和 footer.jsp 包含进来,然后把 GetMessageServlet.java 的 doGet()代码和引用的类包复制到 GetMessageServlet.jsp 中间并进行修改。

GetMessageServlet.jsp 代码如下所示。

```
<%@page language = "java" pageEncoding = "utf-8" %>
<%@page import = "java.sql.SQLException" %>
<%@page import = "javax.naming.Context" %>
<%@page import = "javax.naming.InitialContext" %>
<%@page import = "javax.naming.NamingException" %>
<%@page import = "javax.sql.DataSource" %>
<%@page import = "org.apache.commons.dbutils.QueryRunner" %>
<%@page import = "java.util.List" %>
<%@page import = "java.util.Map" %>
<%@page import = "org.apache.commons.dbutils.handlers.MapListHandler" %>
```

```
<%@page import="zhangli.StringUtil" %>
<%@include file="/header.jsp" %>
<%      String sql = "select * from book";
        out.println("<p align='center'>");
        out.println("<a href='/guestbook4/addMessage.jsp'>添加新的留言内容</a><br><
br>");
        out.println("显示所有留言内容:<br>");
    try {       Context context = new InitialContext();
                DataSource ds = (DataSource)
context.lookup("java:/comp/env/jdbc/mysql");
                QueryRunner qr = new QueryRunner(ds);
                // 使用 MapListHandler
                MapListHandler handler = new MapListHandler();
                List list = (List) qr.query(sql, handler);
                for (int i = 0; i < list.size(); i++) {
                    Map map = (Map) list.get(i); %>
                    <table width="600" border="1"
style="table-layout:fixed;word-break:break-all">
        <tr><td>姓名</td><td><%=map.get("name") %></td></tr>
        <tr><td>电话</td><td><% = StringUtil.chanageNull((String) map.get("
phone"),"没填") %></td></tr>
        <tr><td>email</td><td><% = StringUtil.chanageNull((String) map.get("
email"),"没填") %></td></tr>
        <tr><td valign="top">主题</td><td><% = map.get("title") %></td></
tr>
        <tr><td valign="top">内容</td><td><% = StringUtil.chanageNull((String)
map.get("content"),"没填") %></td></tr>
        <tr><td>时间</td><td><% = map.get("publishtime") %></td></tr>
        </table><br>
        <%}
            } catch (NamingException e) {
                e.printStackTrace();
            } catch (SQLException e) {
                e.printStackTrace();
            }       %>
    <%@include file="/footer.jsp" %>
```

9.4.9 删除 Servlet 及相关配置信息

原项目中的 Servlet 不需要使用了,最好删除掉,同时还需要把 web.xml 文件对 Servlet 文件的配置删除掉。

9.4.10 运行输出

开启服务器,部署项目,运行并测试。在地址栏输入 http://localhost:8080/guestbook4/addMessage.jsp,效果如图 9-17 所示。

在 addMessage.jsp 的表单上正确输入各项,单击"提交"按钮后,网页跳转到 http://localhost:8080/guestbook4/AddMessageServlet.jsp,效果如图 9-18 所示。

在 AddMessageServlet.jsp 上显示留言成功后，单击“查看所有留言内容”的超链接，网页跳转到 http://localhost:8080/guestbook2/GetMessageServlet.jsp，显示出所有留言内容，效果如图 9-19 所示。

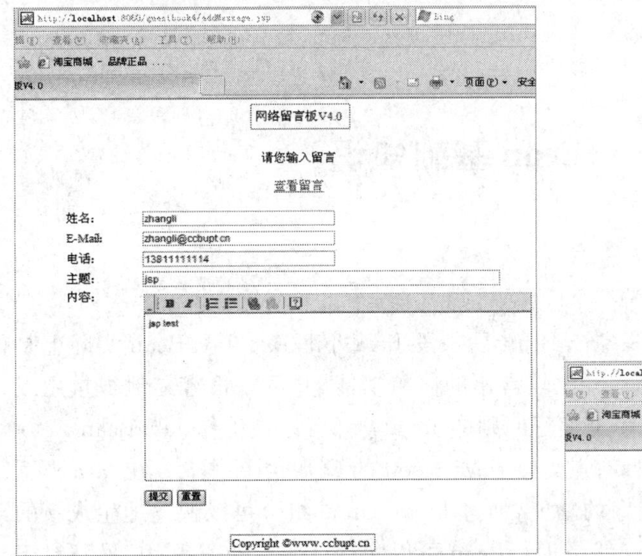

图 9-17　addMessage.jsp 输出效果

图 9-18　留言成功

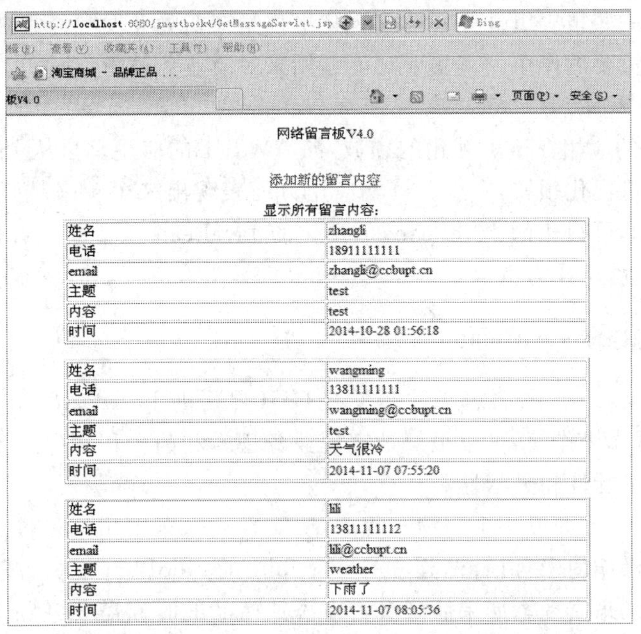

图 9-19　GetMessageServlet.jsp 输出效果

第10章　JavaBean及其应用

10.1　JavaBean基础知识

10.1.1　JavaBean简介

Bean的中文含义是“豆子”，顾名思义JavaBean是一段Java小程序。JavaBean实际上是指一种特殊的Java类，它通常用来实现一些比较常用的简单功能，并可以很容易地被重用或者是插入其他应用程序中去。所有遵循一定编程原则的Java类都可以被称作JavaBean。

JavaBean是描述Java的软件组件模型，有点类似于Microsoft的COM组件概念。在Java模型中，通过JavaBean可以无限扩充Java程序的功能，通过JavaBean的组合可以快速地生成新的应用程序。对于程序员来说，最好的一点就是JavaBean可以实现代码的重复利用，另外对于程序的易维护性等也有很重大的意义。

JavaBean可分为可视化组件和非可视化组件，其中可视化组件包括简单的GUI元素(例如文本框、按钮)及一些报表组件等。非可视化组件是在实际开发中经常被使用到的并且在应用程序中起着至关重要的作用。其主要功能是用来封装业务逻辑(功能实现)、数据库操作(例如数据处理、连接数据库)等。

JavaBean传统的应用在于可视化的领域，如AWT下的应用。自从JSP诞生后，JavaBean更多地应用在了非可视化领域，在服务器端应用方面表现出来了越来越强的生命力。在这里我们主要讨论的是非可视化的JavaBean，可视化的JavaBean在市面上有很多Java书籍都有详细的阐述，在这里就不作为重点了。

10.1.2　非可视化的JavaBean

非可视化的JavaBean，顾名思义就是没有GUI界面的JavaBean。在JSP程序中常用来封装事务逻辑、数据库操作等，可以很好地实现业务逻辑和前台程序(如JSP文件)的分离，使得系统具有更好的健壮性和灵活性。

一个简单的例子，比如说一个购物车程序，要实现购物车中添加一件商品这样的功能，就可以写一个购物车操作的JavaBean，建立一个public的AddItem成员方法，前台JSP文件里面直接调用这个方法来实现。如果后来又考虑添加商品的时候需要判断库存是否有货物，没有货物不得购买，在这个时候我们就可以直接修改JavaBean的AddItem方法，加入处理语句来实现，这样就完全不用修改前台JSP程序了。

当然，也可以把这些处理操作完全写在JSP程序中，不过这样的JSP页面可能就有成百上千行，光看代码就是一个头疼的事情，更不用说修改了。由此可见，通过JavaBean可以很好地实现逻辑的封装、程序的易于维护等。如果使用JSP开发程序，一个很好的习惯就是多使用JavaBean。

10.1.3 JavaBean 编写规范

编写 JavaBean 就是编写一个 Java 的类,这个类创建的一个对象称作一个 Bean。为了能让使用这个 Bean 的应用程序构建工具(比如 JSP 引擎)知道这个 Bean 的属性和方法,需在编写时遵守以下规则。

(1) 类必须是公有的,有一个默认的无参的构造方法。

(2) 类中可以定义若干属性,但必须是私有的。

(3) 类中可以定义若干方法,但必须是公有的。

(4) 如果类的属性的名字是 xxx,那么为了更改或获取属性的值,应该为每个属性生成两个对应的方法,如下所示。

① getXXX():用来获取属性 xxx。

② setXXX():用来修改属性 xxx。

对于 boolean 类型的成员变量,即布尔逻辑类型的属性,允许使用"is"代替上面的"get"和"set"。

属性对应的 get 和 set 方法可以不用手动编写,当设置完属性后,在空白处右键单击,选择"Source"→"Generate Getters and Setters"选项,如图 10-1 所示。

在弹出的对话框中要为哪些属性生成对应的 get 和 set 方法就勾选哪些属性,如图 10-2 所示。

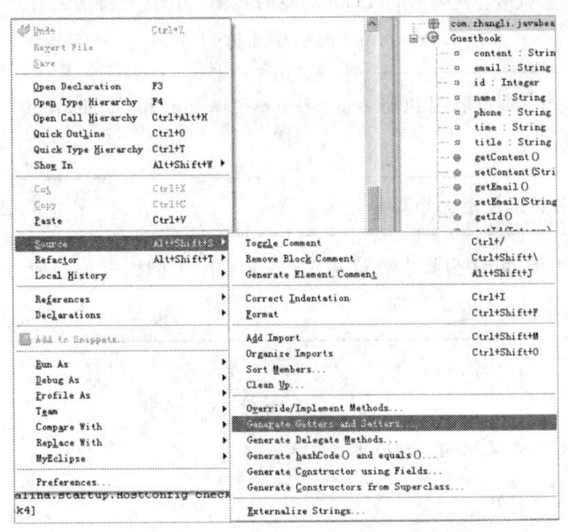

图 10-1 生成 getter 和 setter 方法

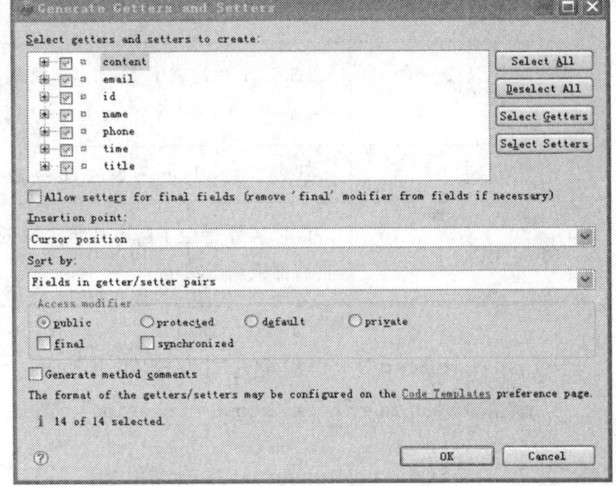

图 10-2 选择属性

经过以上操作后,就会为勾选的属性自动生成相应的 get 和 set 方法。

10.2 JavaBean 在 JSP 中的调用

通过上面的学习,大家对 JavaBean 应该有了一个基本的了解,对于在 JavaServer Pages 中调用 JavaBeans 我们还需要了解一些特定的 JSP 的内容。

在 JSP 中调用 JavaBean 有三个标准的标签,那就是＜jsp:useBean＞、＜jsp:setProperty＞和＜jsp:getProperty＞。

10.2.1 <jsp:useBean>标签

该标签可以定义一个具有一定生存范围以及一个唯一 id 的 JavaBean 的实例,这样 JSP 通过 id 来识别 JavaBean,也可以通过 id. method 类似的语句来操作 JavaBean。

在执行过程中,<jsp:useBean>首先会尝试寻找已经存在的具有相同 id 和 scope 值的 JavaBean 实例,如果没有就会自动创建一个新的实例,其具体语法如下所示:

```
<jsp:useBean id = "name"scope = "page|request|session|application" typeSpec> body
</jsp:useBean>
```

其中,typeSpec 定义如下所示。

```
typeSpec ::= class = "className"
| class = "className" type = "typeName"
| type = "typeName" class = "className"
| beanName = "beanName" type = "typeName"
| type = "typeName" beanName = "beanName"
| type = "typeName"
```

<jsp:useBean>标签中相关属性的含义如表 10-1 所示。

表 10-1 <jsp:useBean>标签相关属性含义

id	id 属性是 JavaBean 对象的唯一标志,代表了一个 JavaBean 对象的实例。它具有特定的存在范围(page|request|session|application)。在 JavaServer Pages 中通过 id 来识别 JavaBean
scope	scope 属性代表了 Javabean 对象的生存时间,可以是 page、request、session 和 application 中的一种
class	代表了 JavaBean 对象的 class 名字,特别注意大小写要完全一致
type	type 属性指定了脚本变量定义的类型,默认为脚本变量定义和 class 中的属性一致,一般我们都采用默认值

<jsp:useBean>的具体使用方法如下所示。

```
<jsp:useBean id = "book" scope = "session" class = "com.zhangli.Book"/>
```

10.2.2 <jsp:setProperty>标签

该标签主要用于设置 Bean 的属性值。在 JSP 中调用的语法如下所示。

```
<jsp:setProperty name = "beanName" last_syntax />
```

其中,name 属性代表了已经存在的并且具有一定生存范围的 JavaBean 实例。last_syntax 代表的语法如下所示。

```
property = " * " |
property = "propertyName"|
property = "propertyName" param = "parameterName"|
property = "propertyName" value = "propertyValue"
```

<jsp:setProperty>标签中相关属性的含义如表 10-2 所示。

< jsp:setProperty >的具体使用方法如下所示。

```
< jsp:setProperty name = "book" property = "name" value = "Java Web 应用详解"/>
```

表 10-2　<jsp:setProperty>标签相关属性含义

name	name 代表通过<jsp:useBean> 标签定义的 JavaBean 对象实例
property	代表了你想设置值的属性 property 名字。如果使用 property="*",程序就会反复查找当前的 ServletRequest 所有参数,并且匹配 JavaBean 中相同名字的属性 property,并通过 JavaBean 中属性的 set 方法赋值 value 给这个属性。如果 value 属性为空,则不会修改 JavaBean 中的属性值
param	param 属性代表了页面请求的参数名字,<jsp:setProperty>标签不能同时使用 param 和 value
value	value 属性代表了赋给 Bean 的属性 property 的具体值

10.2.3　<jsp:getProperty>标签

该标签可以得到 JavaBean 实例的属性值,并将它们转换为 java.lang.String,最后放置在隐含的 Out 对象中。JavaBean 的实例必须在<jsp:getProperty>前面定义。

<jsp:getProperty>标签的语法如下所示。

```
<jsp:getProperty name="name" property="propertyName" />
```

<jsp:getProperty>标签中相关属性的含义如表 10-3 所示。

表 10-3　<jsp:getProperty>标签相关属性含义

name	name 属性代表了想要获得属性值的 Bean 的实例,Bean 实例必须在前面用<jsp:useBean>标签定义
property	property 属性代表了想要获得值的那个 property 的名字

<jsp:getProperty>的具体使用方法如下所示:

```
< jsp:getProperty name="book" property="name" />
```

10.3　JavaBean 的作用域

每个 JavaBean 都有自己具体的作用域,通过使用<jsp:useBean>动作的 scope 属性进行作用域的设置,JSP 中规定了 JavaBean 对象可以使用四种作用域:page、request、session 和 application,默认的 JavaBean 对象的作用域是 page。

四个作用域的范围依次增大,如图 10-3 所示。

四个作用域的作用范围、对应的对象、对象的类型如图 10-4 所示。

图 10-3　作用域的大小

作用范围	对应的对象	对象的类型
page	pageContext	PageContext
request	request	ServletRequest
session	session	HttpSession
application	application	ServletContext

图 10-4　作用域的范围、对应对象及类型

10.3.1　page 作用域

page 作用域在这 4 种类型中范围是最小的,客户端每次请求访问时都会创建一个 JavaBean

对象。JavaBean 对象的有效范围是客户请求访问的当前页面文件,当客户执行当前的页面文件完毕后 JavaBean 对象结束生命。

在 page 范围内,每次访问页面文件时都会生成新的 JavaBean 对象,原有的 JavaBean 对象已经结束生命期。

10.3.2 request 作用域

当 scope 为 request 时,JavaBean 对象被创建后,它将存在于整个 request 的生命周期内,request 对象是一个内建对象,使用它的 getParameter 方法可以获取表单中的数据信息。

Request 范围的 JavaBean 与 request 对象有着很大的关系,它的存取范围除了 page 外,还包括使用动作元素＜jsp:include＞和＜jsp:forward＞包含的网页,所有通过这两个操作指令连接在一起的 JSP 程序都可以共享同一个 JavaBean 对象。

10.3.3 session 作用域

当 scope 为 session 时,JavaBean 对象被创建后,它将存在于整个 session 的生命周期内,session 对象是一个内建对象,当用户使用浏览器访问某个网页时,就创建了一个代表该链接的 session 对象,同一个 session 中的文件共享这个 JavaBean 对象。客户对应的 session 生命期结束时 JavaBean 对象的生命也结束了。在同一个浏览器内,JavaBean 对象就存在于一个 session 中。当重新打开新的浏览器时,就会开始一个新的 session。每个 session 中拥有各自的 JavaBean 对象。

10.3.4 application 作用域

当 scope 为 application 时,JavaBean 对象被创建后,它将存在于整个主机或虚拟主机的生命周期内,application 范围是 JavaBean 的生命周期最长的。同一个主机或虚拟主机中的所有文件共享这个 JavaBean 对象。如果服务器不重新启动,scope 为 application 的 JavaBean 对象会一直存放在内存中,随时处理客户的请求,直到服务器关闭,它在内存中占用的资源才会被释放。在此期间,服务器并不会创建新的 JavaBean 组件,而是创建源对象的一个同步复制,任何复制对象发生改变都会使源对象随之改变,不过这个改变不会影响其他已经存在的复制对象。

10.4 JSP+JavaBean 的应用

通过一个实例使学生掌握如何在 JSP 页面中灵活运用 JavaBean。

10.4.1 新建 Web Project

新建 Web Project,名字为 webproject6,如图 10-5 所示。

10.4.2 新建并编辑 Book.java

(1) 新建 Book.java

由于 JavaBean 在编写上就是一个普通的 Java 类,在 MyEclipse 中没有专门开发 JavaBean 的向导,在 MyEclipse 中编写 JavaBean 的方式和开发一般的普通类的过程是一样的。

右键单击 src，选择“New”→“class”选项，在弹出的窗口中设置包名为 com. zhangli. javabean，类名为 Book，然后单击“Finish”按钮即可，如图 10-6 所示。

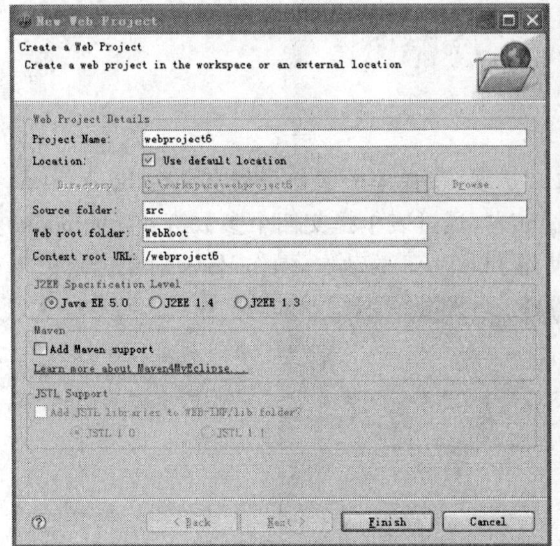

图 10-5　新建 Web 项目 webproject6

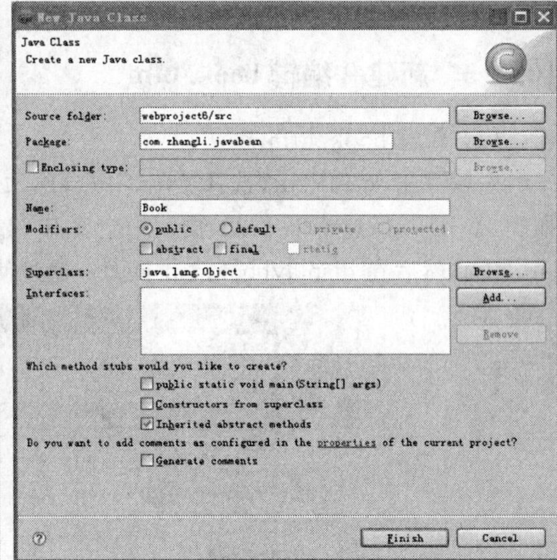

图 10-6　设置 Book. java

(2) 编辑 Book. java

Book. java 代码如下所示。

```
package com.zhangli.javabean;
public class Book {
    private String isbn;
    private String name;
    private String author;
    private boolean sale;
    public String getIsbn() {
        return isbn;
    }
    public void setIsbn(String isbn) {
        this.isbn = isbn;
    }
    public String getName() {
        return name;
    }
    public void setName(String name) {
        this.name = name;
    }
    public String getAuthor() {
        return author;
    }
    public void setAuthor(String author) {
        this.author = author;
    }
    public boolean isSale() {
        return sale;
    }
```

```
    public void setSale(boolean sale) {
        this.sale = sale;
    }
}
```

10.4.3 新建并编辑 book.htm

(1) 新建 book.htm

右键单击 WebRoot,选择"New"→"HTML"选项,在弹出的窗口设置名字为 book.htm,如图 10-7 所示,这个 HTML 页面中主要有一个表单,通过表单提交四个参数给 displaybook.jsp 页面,然后在 displaybook.jsp 页面中通过使用 JavaBean 的动作,操作 Book 对象。

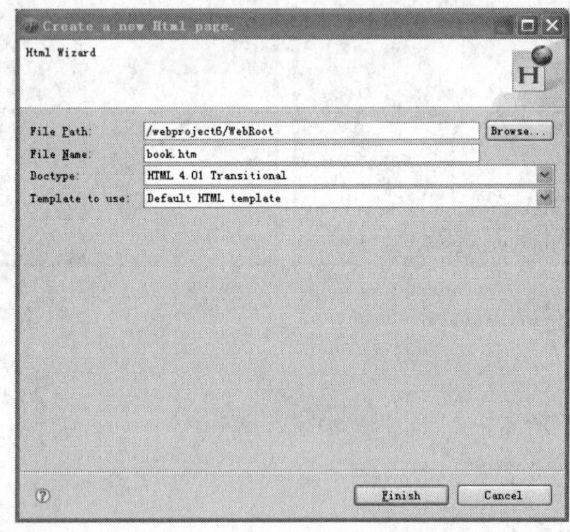

图 10-7 设置 book.htm

(2) 编辑 book.htm

book.htm 的代码如下所示。

```
<! DOCTYPE HTML PUBLIC "-//W3C//DTD HTML 4.01 Transitional//EN">
<html>
  <head>
    <title>book.htm</title>
    <meta http-equiv = "keywords" content = "keyword1,keyword2,keyword3">
    <meta http-equiv = "description" content = "this is my page">
    <meta http-equiv = "content-type" content = "text/html; charset = UTF-8">
    <! --<link rel = "stylesheet" type = "text/css" href = "./styles.css"> -->
  </head>
  <body>
    <form name = "form1" method = "post" action = "displaybook.jsp">
        ISBN:<input type = "text" name = "isbn"> <br>
        书名:<input type = "text" name = "name"> <br>
        作者:<input type = "text" name = "author"> <br>
        是否售出:是<input type = "radio" name = "sale" value = "true" checked>
                  否<input type = "radio" name = "sale" value = "false"><br>
        <input type = "submit" value = "提交">
        <input type = "reset" value = "重来">
    </form>
  </body>
</html>
```

10.4.4 新建并编辑 displaybook.jsp

（1）新建 displaybook.jsp

右键单击 WebRoot，选择"New"→"JSP"选项，在弹出的窗口设置名字为 displaybook.jsp，如图 10-8 所示。

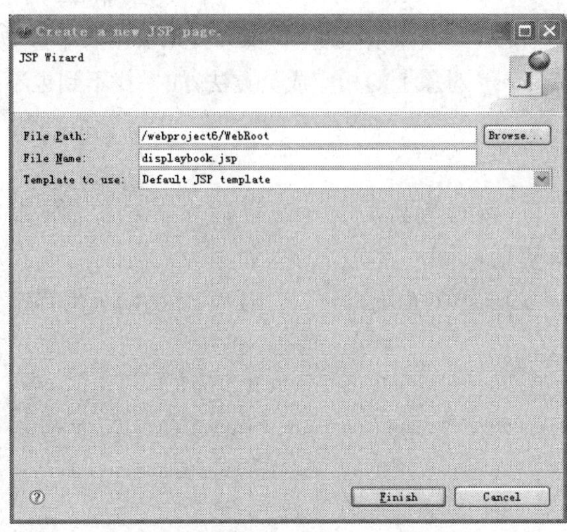

图 10-8 设置 displaybook.jsp

（2）编辑 displaybook.jsp

displaybook.jsp 的代码如下所示。

```
<%@page language="java" import="java.util.*" pageEncoding="utf-8"%>
<%
String path=request.getContextPath();
String basePath=request.getScheme()+"://"+request.getServerName()+":"+request.getServer-
Port()+path+"/";
%>
<!DOCTYPE HTML PUBLIC "-//W3C//DTD HTML 4.01 Transitional//EN">
<html>
  <head>
      <title>display Book Bean information</title>
</head>
  <body>
      <% request.setCharacterEncoding("utf-8"); %>
      <jsp:useBean class="com.zhangli.javabean.Book" id="book" scope="request"/>
      <jsp:setProperty name="book" property="*"/>
      ISBN:<jsp:getProperty name="book" property="isbn"/><br>
      书名:<jsp:getProperty name="book" property="name"/><br>
      作者:<% out.println(book.getAuthor()); %><br><br>
      是否售出:
      <%
         if(book.isSale()){
             out.println("是");
         }else{
             out.println("否");
         }%>
```

```
<br>
</body>
</html>
```

<body>主体代码的第二行用来生成一个 JavaBean 对象，作用范围为 request，第三行是对这个 JavaBean 的所有属性赋值，所以使用了 property="*"，它会自动匹配方法对 JavaBean 的属性进行赋值，就是表单参数名和 JavaBean 的 setter 方法名的后半段(去掉 set 后的部分、首字母改为小写)进行匹配。这种匹配是通过使用 Java 反射机制来实现的，先根据表单参数名构造 setter 方法，再通过反射机制查找并调用 JavaBean 对象上的相应成员方法，如果找不到也不抛出异常。

10.4.5 运行输出

开启服务器，部署项目，运行测试。在地址栏输入 http://localhost:8080/webproject6/book.htm，填写表单各项信息，单击"提交"按钮，如图 10-9 所示。

页面会跳转到 displaybook.jsp 对应的网址，将用户刚才的输入内容输出出来，如图 10-10 所示。

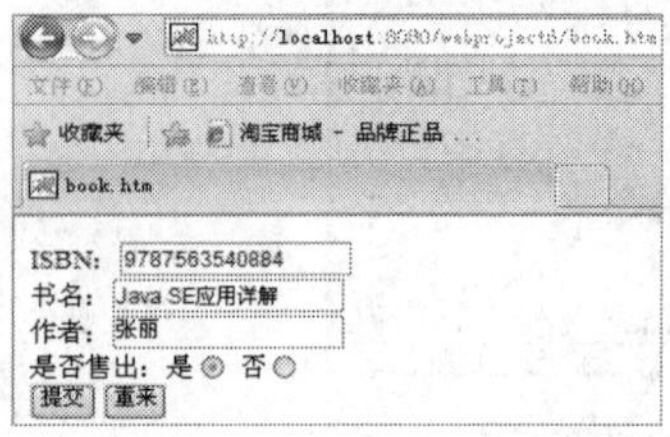

图 10-9 book.htm 显示效果

图 10-10 displaybook.jsp 显示效果

10.5 网络留言板 V5.0

10.5.1 文件的变动

将留言板 guestbook 4.0 版本升级为 guestbook 5.0 版本，该版本采用 JavaBean 技术。其中有些文件可以保持不变，如下所示。

(1) StringUtil.java 类不变。

(2) WebRoot/fckeditor 组件不变。

(3) WebRoot/js 组件不变。

要修改的文件如下所示。

(1) validation-framework.js。

(2) header.jsp。

(3) addMessage.jsp。

(4) AddMessageServlet.jsp。

(5) GetMessageServlet.jsp。

新增加的文件如下所示。

(1) Guestbook.java。

(2) MySQLUtil.java。

10.5.2 新建 guestbook5

(1) 复制 guestbook 并进行粘贴

右键单击网络留言板 4.0 版本的项目名 guestbook4，选择“Copy”选项，然后在空白处右键单击，选择“Paste”选项，Project name 处默认会显示 Copy of guestbook，Location 处默认显示 C:/workspace/Copy of guestbook4。将 Project name 设置为 guestbook5，Location 会自动更改为 C:/workspace/guestbook5，然后单击“OK”按钮。

(2) 设置 Web Context

经过以上设置后项目还不能正常运行，需要重新设置上下文路径。右键单击项目名 Guestbook4，选择“Properties”选项，打开属性窗口后，将左侧的 MyEclipse 选项卡展开，选择 Web 选项，右侧的 Web Context-root 处默认显示为/guestbook4，将其改为/guestbook5，最后单击“OK”按钮即可。

10.5.3 修改 validation-framework.js

将 var ValidationRoot="/guestbook4/js/";改为 var ValidationRoot="/guestbook5/js/";并保存文件。

10.5.4 新建并编辑 Guestbook.java

(1) 新建 Java 类，名为 Guestbook，所在包为 com.zhangli.javabeans，该类辅助完成留言内容的添加和显示，如图 10-11 所示。

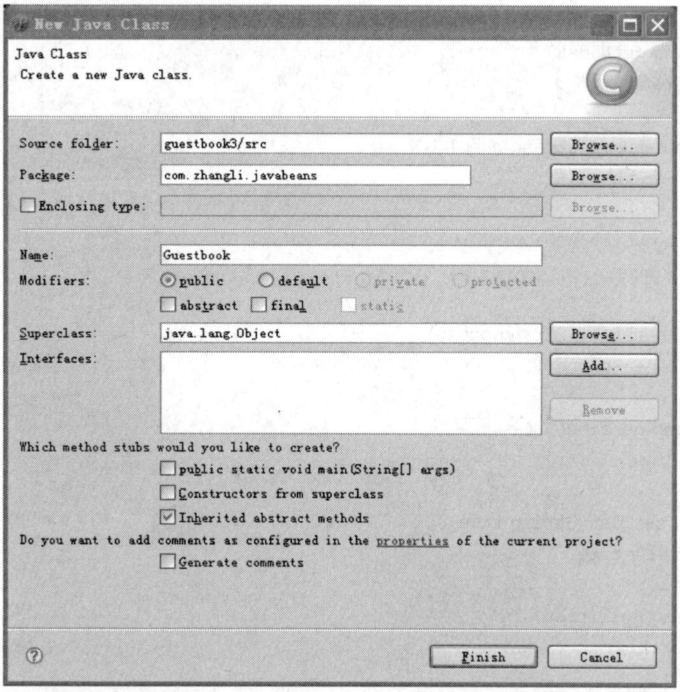

图 10-11　新建 Java 类 Guestbook

（2）编辑 Guestbook.java，代码如下所示。

```
package com.zhangli.javabeans;
public class Guestbook {
    private String content;
    private String email;
    private Integer id;
    private String name;
    private String phone;
    private String time;
    private String title;
    public String getContent() {
        return content;
    }
    public void setContent(String content) {
        this.content = content;
    }
    public String getEmail() {
        return email;
    }
    public void setEmail(String email) {
        this.email = email;
    }
    public Integer getId() {
        return id;
    }
    public void setId(Integer id) {
        this.id = id;
    }
    public String getName() {
        return name;
    }
    public void setName(String name) {
        this.name = name;
    }
    public String getPhone() {
        return phone;
    }
    public void setPhone(String phone) {
        this.phone = phone;
    }
    public String getTime() {
        return time;
    }
    public void setTime(String time) {
        this.time = time;
    }
    public String getTitle() {
        return title;
    }
    public void setTitle(String title) {
        this.title = title;
    }
}
```

10.5.5 新建并编辑 MySQLUtil.java

（1）新建 Java 类，名为 MySQLUtil，所在包为 com.zhangli.javabeans，该类封装了 Jakarta Commons DbUtils 类库对 MySQL 数据库的操作，如图 10-12 所示。

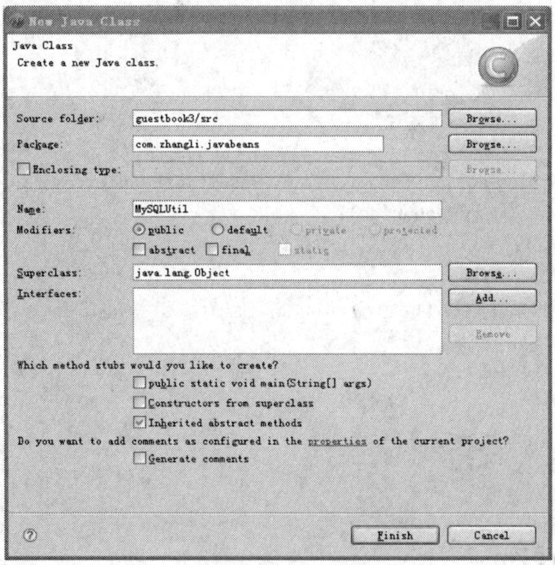

图 10-12 新建 Java 类 MySQLUtil

（2）编辑 MySQLUtil.java，代码如下所示。

```
package com.zhangli.javabeans;
import java.sql.SQLException;
import javax.naming.Context;
import javax.naming.InitialContext;
import javax.naming.NamingException;
import javax.sql.DataSource;
import org.apache.commons.dbutils.QueryRunner;
import org.apache.commons.dbutils.ResultSetHandler;
public class MySQLUtil {private String dataSourceName;
private DataSource ds;
public MySQLUtil(String dataSourceName) {
    this.dataSourceName = dataSourceName;
}
public MySQLUtil() {
}
public void setDataSourceName(String dataSourceName) {
    this.dataSourceName = dataSourceName;
}
public void init() {
    Context initContext;
    try {
        initContext = new InitialContext();
        ds = (DataSource) initContext.lookup(dataSourceName);
    }catch (NamingException e) {
        e.printStackTrace();
    }
```

```
}
public int update(String sql, String[] param) {
    int result = 0;
    QueryRunner qr = new QueryRunner(ds);
    try {
        result = qr.update(sql, param);
    }catch (SQLException e) {
        e.printStackTrace();
    }
    return result;
}
public Object query(String sql, String[] param, ResultSetHandler rsh) {
    QueryRunner qr = new QueryRunner(ds);
    Object result = null;
    try {
        result = qr.query(sql, param, rsh);
    }catch (SQLException e) {
        e.printStackTrace();
    }
    return result;
}
}
```

10.5.6 修改 header.jsp

将文件中的"网络留言板 V4.0"替换为"网络留言板 V5.0",一共有两处需要修改。

10.5.7 修改 addMessage.jsp

把文件中所有的"guestbook4"替换为"guestbook5",一共有五处地方需要修改。

10.5.8 修改 AddMessageServlet.jsp

通过 Guestbook 对象或者用户输入的留言内容,同时通过 MySQLUtil 类中的方法把留言内容保存到数据库的表中。

(1) 把文件中所有的"guestbook4"替换为"guestbook5"。

(2) 添加对 Guestbook 和 MySQLUtil 引入,并把用户输入的内容先保存到 Guestbook 对象里。

(3) 把用 request.getParameter("")方法获取属性的代码改为由 Guestbook 类的 get()方法获取。

(4) 把以前用 Context 类获取数据源并取得连接的方法改为由 MySQLUtil 类的相关方法获取。

修改后的 AddMessageServlet.jsp 代码如下所示。

```
<%@page language = "java" pageEncoding = "utf-8" %>
<%@page import = "java.text.SimpleDateFormat" %>
<%@page import = "zhangli.StringUtil" %>
<%@include file = "/header.jsp" %>
<jsp:useBean class = "com.zhangli.javabeans.Guestbook" id = "gb" />
<jsp:useBean class = "com.zhangli.javabeans.MySQLUtil" id = "db" />
<jsp:setProperty property = " * " name = "gb" />
```

```
<%
            String sql = " insert into book(name, email, phone, title, content, publishtime)
values(?,?,?,?,?,?)";
        request.setCharacterEncoding("utf-8");
        int result = 0;
        String name = gb.getName();
        String title = gb.getTitle();
        if (StringUtil.validateNull(name)) {
        out.println("对不起,姓名不能为空,请您重新输入! <br>");
        out.println("<a href = '/guestbook4/addMessage.jsp'>添加新的留言</a><br>");
        } else if (StringUtil.validateNull(title)) {
        out.println("对不起,主题不能为空,请您重新输入! <br>");
        out.println("<a href = '/guestbook4/addMessage.jsp'>添加新的留言</a><br>");
        } else {
                    SimpleDateFormat sdf = new SimpleDateFormat("yyyy-MM-dd hh:mm:ss");
                    String param[] = { StringUtil.filterHtml(name),
  StringUtil.filterHtml(gb.getEmail()),
      StringUtil.filterHtml(gb.getPhone()), StringUtil.filterHtml(title),
          gb.getContent(), sdf.format(new java.util.Date()) };
                    db.setDataSourceName("java:/comp/env/jdbc/mysql");
                    db.init();
                    result = db.update(sql,param);
                if (result == 0) {
                out.println("<p align = 'center'>");
                out.println("对不起,添加留言不成功,请您重新输入! <br>");
                out.println("<a href = '/guestbook5/addMessage.jsp'>添加新的留言</a>
                <br>");
                } else {
                out.println("<p align = 'center'>");
                out.println("祝贺您,成功添加留言。<br>");
                out.println("<a href = '/guestbook5/GetMessageServlet.jsp'>查看所有留言
                内容</a><br>");
                }
                }
            %>
<%@include file = "/footer.jsp" %>
```

10.5.9 修改 GetMessageServlet.jsp

通过 MySQLUtil 类中的方法从数据库的表中读取留言内容,并将每一条留言内容当作一个 Guestbook 的对象进行存储。

(1) 文件中所有的"guestbook4"替换为"guestbook5"。

(2) 添加对 MySQLUtil 的引入。

(3) 用 request.getParameter("")方法获取属性的代码改为由 Guestbook 类的 get()方法获取。

(4) 以前用 Context 类获取数据源并取得连接的方法改为由 MySQLUtil 类的相关方法获取。

(5) 从数据库里读取的留言记录存储到 Guestbook 类的对象里。

修改后的 GetMessageServlet.jsp 代码如下所示。

```
<%@page language = "java" pageEncoding = "utf-8" %>
<%@page import = "java.util.List" %>
<%@page import = "org.apache.commons.dbutils.handlers.BeanListHandler" %>
```

```
<%@page import = "zhangli.StringUtil" %>
<%@page import = "com.zhangli.javabeans.Guestbook" %>
<%@include file = "/header.jsp" %>
<jsp:useBean class = "com.zhangli.javabeans.MySQLUtil" id = "db" />
<%      String sql = "select * from book";
        out.println("<p align = 'center'>");
        out.println("<a href = '/guestbook5/addMessage.jsp'>添加新的留言内容</a><br><br>");
        out.println("显示所有留言内容:<br>");
                db.setDataSourceName("java:/comp/env/jdbc/mysql");
                db.init();
                List list = (List) db.query(sql,null,new
BeanListHandler(Guestbook.class));
                for (int i = 0; i < list.size(); i++) {
                Guestbook gb = (Guestbook)list.get(i); %>
                <table width = "600" border = "1"
style = "table-layout:fixed;word-break:break-all">
        <tr><td>姓名</td><td><% = gb.getName() %></td></tr>
        <tr><td>电话</td><td><% = StringUtil.chanageNull(gb.getPhone(),"没填") %
></td></tr>
        <tr><td>email</td><td><% = StringUtil.chanageNull(gb.getEmail(),"没填")
%></td></tr>
        <tr><td valign = "top">主题</td><td><% = gb.getTitle() %></td></tr>
        <tr><td valign = "top">内容</td><td><% = StringUtil.chanageNull(gb.getCon-
tent(),"没填") %></td></tr>
        <tr><td>时间</td><td><% = gb.getTime() %></td></tr>
        </table><br>
        <%} %>
<%@ include file = "/footer.jsp" %>
```

10.5.10 运行输出

开启服务器，部署项目，运行并测试，会发现读取留言时出现中文乱码问题。主要原因是在 AddMessageServlet.jsp 中我们将 request.setCharacterEncoding("utf-8");放到了<jsp:setProperty property="*" name="gb" />代码后，解决方法是将“request.setCharacterEncoding("utf-8");”改为“<%request.setCharacterEncoding("utf-8");%>”并移到“<jsp:useBean class="com.zhangli.javabeans.Guestbook" id="gb" />”前面。

Part Three

系统框架篇

第 11 章　Struts 框架及其应用

11.1　Struts 基础知识

11.1.1　Struts 起源

Struts 是 Apache 基金组织的一个开源项目，它是对经典设计模式——MVC 的一种实现。

Struts 为 Web 应用提供了通用的框架，可以让开发人员专注于解决实际的业务逻辑，采用 Struts 可以很好地实现代码重用。到目前为止，Struts 已经成为 Web 开发中 MVC 模式的事实标准，大量 Web 应用开发都选择使用 Struts 实现 MVC 模式。

Framework 概念并不是很新了，伴随着软件开发的发展，在多层的软件开发项目中，可重用、易扩展的而且经过良好测试的软件组件越来越为人们所青睐。这意味着人们可以将充裕的时间用来分析、构建业务逻辑的应用上，而非繁杂的代码工程。于是人们将相同类型问题的解决途径进行抽象，抽取成一个应用框架。这就是我们所说的 Framework。

11.1.2　Struts 的工作原理

Struts 的工作机制如图 11-1 所示。

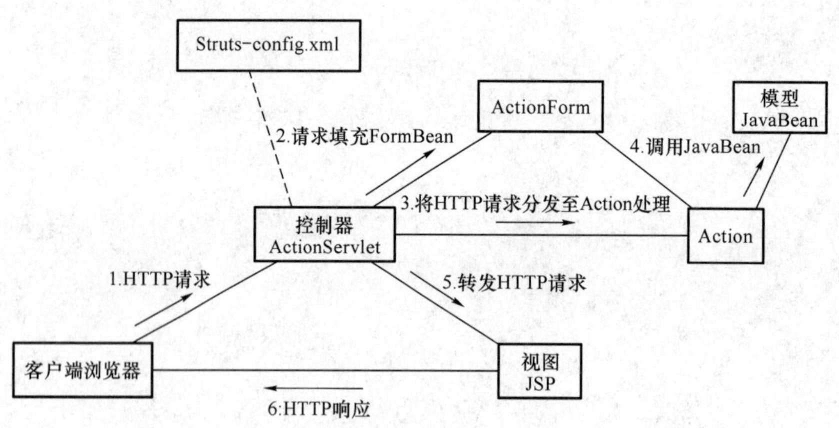

图 11-1　Struts 工作机制

来自客户的所有需要通过框架的请求，统一由 ActionServlet 接收（Struts 已经为我们写好了 ActionServlet，只要应用没有什么特别的要求，它基本上都能满足要求），根据接收的请求参数和 Struts 配置（struts-config. XML）中的 ActionMapping，将请求送给合适的 Action 去处理，解决由谁做的问题，它们共同构成 Struts 的控制器。

Action 则是 Struts 应用中真正干活的组件，它解决的是做什么的问题，它通过调用需要的业务组件（模型）来完成应用的业务。业务组件解决的是如何做的问题，并将执行的结果返回一个代表所需的描绘响应的 JSP(或 Action)的 ActionForward 对象给 ActionServlet 以将响应呈现给客户。

这里要特别说明一下的就是 Action 这个类,它不应该包含过多的业务逻辑,而应该只是简单地收集业务方法所需要的数据并传递给业务对象。实际上,它的主要职责是:

(1) 校验前提条件或者声明;

(2) 调用需要的业务逻辑方法;

(3) 检测或处理其他错误;

(4) 路由控制到相关视图。

Struts 是对 JSP Model2 设计标准的一种实现,下面分别从模型(Model)、视图(View)、控制器(Controller)3 个部分介绍 Struts 的体系结构和工作原理。MVC 模式结构如图 11-2 所示。

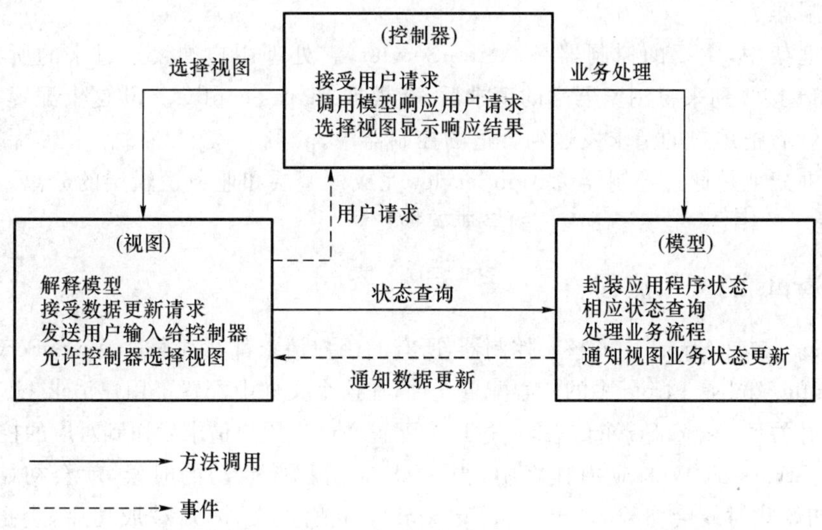

图 11-2　MVC 模式

一般情况下,Struts 框架中的模型是由 JavaBean 或者 EJB 构成,视图是由 JSP 页面组成,控制器是由 ActionServlet 和 Action 实现。如图 11-3 所示展示了 MVC 框架的基本结构。

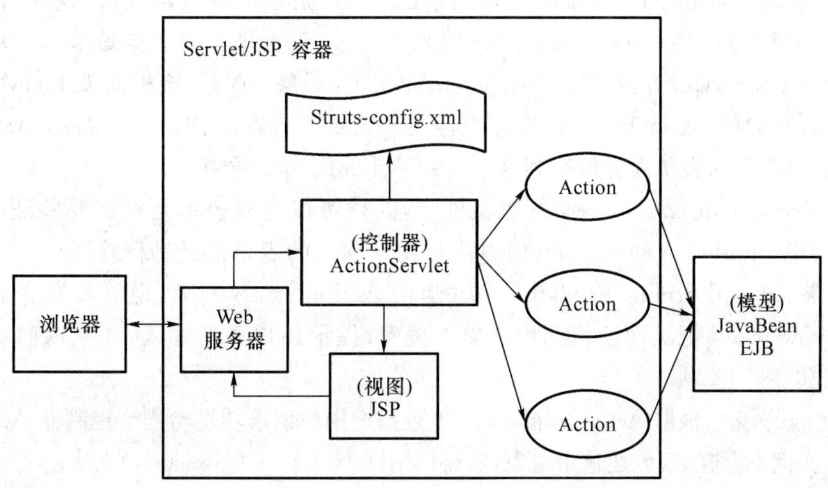

图 11-3　Struts 的 MVC 模式

(1) 模型

模型表示应用程序中的状态和业务逻辑的处理，在一般的 Web 应用程序中，用 JavaBean 或者 EJB 来实现系统的业务逻辑，在 Struts 框架中，模型层也是用 JavaBean 或 EJB 实现的。

(2) 视图

在 Struts 中，视图层广义上包含两个部分，即 JSP 页面和 ActionForm。ActionForm 封装了用户提交的表单信息，其实 ActionForm 在本质上就是 JavaBean，在这些 JavaBean 中没有具体的业务逻辑，只提供了所有属性的 getter 和 setter 方法，这些属性和用户表单的输入项是一一对应的。在 Struts 中就是通过 ActionForm 把用户的表单信息提交给控制器的。

Struts 中的视图组件包括 JSP 页面，这也是经典 MVC 模式中主要的视图组件，这些 JSP 页面承担了信息展示和控制器处理结果显示的功能。

(3) 控制器

Struts 框架中，主要的控制器是 ActionServlet，它处理用户端发送过来的所有请求。当 ActionServlet 接收到来自浏览器端的请求后，会根据 Struts-config. xml 这个配置文件寻找匹配的 URL，然后把用户的请求发送到合适的控制器中。

Struts 框架就是通过控制器 ActionServlet 完成模型层和业务逻辑层的分离，从而降低了 Web 应用程序的耦合，实现了 MVC 的经典架构。

11.1.3 Struts 的工作流程

ActionServlet 是 Struts 中的核心控制器，所有的用户请求都必须通过 ActionServlet 的处理。而 Struts-config. xml 是 Struts 中的核心配置文件，在这个文件中配置了用户请求 URL 和控制器 Action 的映射关系，ActionServlet 就是通过这个配置文件把用户请求发送到对应的控制器中。

在采用 Struts 的 Web 应用程序中，当 Web 应用程序启动的时候，就会初始化 ActionServlet，在初始化时候会加载 Struts-config. xml 这个配置文件，加载成功后，会把这些 URL 和控制器的映射关系存放在 ActionMapping 对象或者其他对象中。

当 ActionServlet 接收到用户请求的时候，就会按照下面的流程对用户请求进行处理。

(1) ActionServlet 接收到用户的请求以后，会根据请求 URL 寻找匹配的 ActionMapping 对象。如果不存在匹配的示例，说明用户请求的 URL 路径信息有误，所以返回“请求路径无效”的信息，当找到匹配的 ActionMapping 对象的时候，就会进入下一步操作。

(2) 当 ActionServlet 寻找到匹配的 ActionMapping 对象的时候，会根据 ActionMapping 中的映射信息判断对应的 ActionForm 对象是否存在。如果不存在就创建一个新的 ActionForm 对象，并且把用户提交的表单内容保存到这个新的 ActionForm 对象中。

(3) 在 Struts-config. xml 这个配置文件中，同样可以配置表单是否需要验证。如果需要验证，就调用 ActionForm 的 validate()方法对用户输入的表单信息进行验证。

(4) 如果 ActionForm 的 validate()方法返回 ActionErrors 对象，说明表单验证没有通过，这时候 ActionServlet 把页面返回到用户输入页面，提示用户重新输入；如果返回 null 就表示表单验证成功。

(5) ActionServlet 根据 ActionMapping 对象查找把用户请求转发给哪个控制器 Action，如果对应的 Action 实例不存在，就创建这个对象，然后调用这个 Action 的 execute()方法。

(6) 控制器 Action 的 execute()方法返回一个 ActionForward 对象，ActinoServlet 把控制器处理的结果转发到 ActionForward 对象指定的 JSP 页面。

(7) ActionForward 对象指向的 JSP 页面根据返回的处理结果，用合适的形式把服务器处理的结果展示给客户。

11.1.4 Struts 的基本组件包

整个 Struts 大约由 15 包、近 200 个类所组成，而且数量还在不断地扩展。在此我们列举几个主要的包介绍。

以下说明了目前 Struts API 中基本的几个组件包，包括 action、actions、config、util、taglib、validator，其中 action 是整个 Struts Framework 的核心。

(1) org. apache. struts. action：基本上，控制整个 Struts Framework 的运行的核心类、组件都在这个包中，比如我们上面提到的控制器 ActionServlet、Action、ActionForm、ActionMapping 等。

Struts 1.1 比 1.0 多了 DynaActionForm 类，增加了动态扩展生成 FormBean 功能。

① ActionServlet：控制器对象

ActionServlet 继承自 avax. servlet. http. HttpServlet 类，其在 Struts 中扮演的角色是中央控制器，它提供了一个中心位置来处理所有的来自客户端的请求。

控制器主要负责将客户端 HTTP 的请求进行组装后，根据配置文件指定的描述，转发到适当的处理器。

按照所有的 Servlet 的标准，所有的 Servlet 必须在 web. xml 中声明，同样，ActionServlet 也必须在 web. xml 中有所描述，有关的配置文件如下：

```
<servlet>
<servlet-name>action</servlet-name>
<servlet-class>org.apache.struts.action.ActionServlet </servlet-class>
</servlet>
<servlet-mapping>
<servlet-name>action</servlet-name>
<url-mapping> *.do</url-mapping>
</servlet-mapping>
```

一个符合该模式的 URI 请求如下所示：http://www. myside. com/google/login. do。

中心控制器为每一个表示层请求提供了一个中心访问点，这个控制器提供的抽象概念减轻了开发者开发公共系统服务的困难，如管理视图、会话及表单数据。它也提供了一个通用机制，如错误和异常处理导航、国际化和数据验证、数据转换等。

当用户向服务器提交请求时，实际上是首先发送到中央控制器 ActionServlet，一旦控制器获得了请求，就会将请求信息交给辅助类，这些辅助类知道如何去处理与请求信息相对应的业务操作，在 Struts 中，这些辅助类就是 org. apache. struts. action. Action，通常开发者需要自己去继承 Action 类，从而实现自己的 Action 实例。

② Struts Action Class

ActionServlet 会把全部的请求都委托给 RequestProcessor 对象，RequestProcessor 会使用 struts-config. xml 并找到对应的 Action。

一个 Action 类的角色，就好像是请求动作和业务逻辑处理之间的一个适配器，使得客户端请求和 Action 类有多个点对点的映射，而且 Action 类通常还提供了其他的功能，如认证、日志和数据验证。

```
public ActionForwawrd execute(
                ActionMapping mappinng,
                javax.servlet.ServletRequest request,
                javax.servlet.ServletResponse response,
                )throws
java.io.IOException,javax.servlet.ServletException{}
```

Action 最常用的方法是 execute()。当 ActionServlet 收到客户端的请求的时候,将请求转移到一个 Action 实例,如果这个实例是不存在的,那么控制器会首先创建,然后再调用 Action 的 execute()方法。

Struts Framework 只是为每个实例创建一个 Action 对象,因为所有的用户都使用同一个 Action 实例,所以说必须确保你的 Action 类是运行在一个多线程的环境当中的。

注意,客户端再重写 Action 类的时候,必须重新写 execute()方法,因为 execute 在默认情况下返回值是 null 的。

③ Struts ActionMapping

上面讲述了一个客户端请求是如何被控制器转发和处理的,但是,控制器如何知道把什么样的信息转发给相应的 Action 呢?这就需要与动作和请求相对应的配置文件,在 Struts 中这个说明文件就是 struts-config.xml。

这些配置说明在系统启动的时候被导入内存,供 Struts Framework 在运行期间使用。在内存中,每个<Action>元素都与一个 org.apache.struts.ActionMapping 类相对应,下面就显示了一个<Action>配置文件。

```
<action-mapping>
<action path = "/loginAction"
                        type = "com.yourcompany.loginAction"
                         name = "loginForm"
                        scope = "request"
                      input = "loginCheck.jsp"
                      validate = "false"
                        >
<forward name = "welcome" path = "/welcome.jsp"/>
<forward name = "failture" path = "/failer.jsp"/>
</action>
</action-mapping>
</form-beans>
<form-beans>
<form-bean name = "loginForm" type = "com.yourcompany.LoginForm"/>
</form-beans>
```

(2) org.apache.struts.actions:这个包的主要作用是提供客户的 HTTP 请求和业务逻辑处理之间的特定适配器转换功能,而 1.0 版本中的部分动态增删 FromBean 的类也在 Struts 1.1 中被 Action 包的 DynaActionForm 组件所取代。

(3) org.apache.struts.config:提供对配置文件 struts-config.xml 元素的映射。这也是 Struts 1.1 中新增的功能。

(4) org.apache.struts.util:Struts 为了更好的支持 Web Application 的应用,统一提供对一些常用服务的支持,比如 Connection Pool 和 Message Source。

(5) org. apache. struts. taglib：这不是一个包，而是一个客户标签类的集合。下面包括 Bean Tags、HTML Tags、Logic Tags、Nested Tags、Template Tags 这几个用于构建用户界面的标签类。

(6) org. apache. struts. validator：Struts 1. 1 Framework 中增加了 validator framework，用于动态地配置 from 表单的验证。

11. 1. 5 Struts 的配置文件

Struts 的配置文件为 struts-config. xml，存在于 WebRoot 目录下的 WEB-INF 文件夹。在该文件中，可以配置数据源、form-bean、action、plug-in(插件)和资源文件的信息。其文件主要结构如下所示。

```
<? xml version = "1.0" encoding = "UTF-8"? >
<! DOCTYPE struts-config PUBLIC "-//Apache Software Foundation//DTD Struts Configuration 1.2//
EN" "http://struts.apache.org/dtds/struts-config_1_2.dtd">
<struts-config>
     <data-sources />
     <form-beans>
          <form-bean / >
     </form-beans>
     <global-exceptions />
     <global-forwards>
          <forward / >
     </global-forwards>
     <action-mappings>
          <action / >
     </action-mappings>
     <controller / >
     <message-resources / >
     <plug-in />
</struts-config>
```

以上各元素必须是按照这个顺序的，若开发人员打乱顺序，很可能引起 Struts 容器启动时出错。

<struts-config>元素是 Struts 配置文件 struts-config. xml 的根元素，和它对应的配置类是 org. apache. struts. config. ModuleConfig 类。<struts-config>元素有 8 个子元素。它们的 DTD 定义是 data-sources、form-bean、global-exception、global-forwards、action-mapping、controller、message-resources、plug-in。

(1) <data-sources>元素：配置应用数据源，一般很少用。

(2) <form-beans>元素：用来配置多个 ActionForm，包含一个或者 N 个<form-bean>子元素。name 指定该 ActionForm 的唯一标识符，这个属性是必需的，以后作为引用使用；type 指定 ActionForm 类的完整类名，这个属性也是必需的。该元素主要用来配置表单验证的类。它包含如下属性。

① className：一般用得少，指定和 form-bean 元素对应的配置类，默认为 org. apache. struts. config. FormBeanConfig；如果自定义，则必须扩展 FormBeanConfig 类，可有可无。

② name：ActionForm Bean 的唯一标识，是必需属性。

③ type：ActionForm 的完整类名，是必需属性。

示例代码如下所示。

```
<form-beans>
    <form-bean
          name = "Loign"
          type = "com.ha.login">
    </form-bean>
</form-beans>
```

若配置动态 ActionForm Bean，还必须配置 form-bean 元素的 form-property 子元素。

（3）<global-exceptions>元素：用来配置异常处理，一般很少用到。

（4）<global-forwards>元素：用来声明全局的转发关系。元素可以由一个或者 N 个<forward>元素组成，用于把一个逻辑名映射到特定的 URL，通过这种方法 Action 类或者 JSP 页面无须指定 URL，只要指定逻辑名称就可以实现请求转发或者重定向。该元素主要用来声明全局的转发关系，它具有以下属性。

① className：和 forward 元素对应的配置类，默认为：org. apache. struts. action. ActionForward，可有可无。

② contextRelative：此项为 true 时，表示 path 属性以"/"开头，相对于当前上下文的 URL，默认为 false，可有可无。

③ name：转发路径的逻辑名，是必需属性。

④ path：转发或重定向的 URL，当 contextRelative＝false 时，URL 路径相对于当前应用(application)；当为 ture 时，表示 URL 路径相对于当前上下文(context)。

⑤ redirect：当此项为 ture 时，表示执行重定向操作。当此项为 false 时表示转向操作，默认为 false。

示例代码如下所示。

```
<global-forwards>
    <forward  name = "forms1"   path = "/a.do"/>
    <forward  name = "forms2"   path = "/nb.jsp"/>
<global-forwards>
```

（5）<action-mapping>元素：包含一个或者 N 个<action>元素，描述了从特定的请求路径到响应的 Action 的映射。上述从特定的请求路径到相应的 Action 类的映射。它具有以下几个属性。

① attribute：设置和 Action 关联的 ActionForm Bean 在 request 和 session 范围内的 key。如：Form Bean 存在于 request 范围内，此项设为"myBeans"，则在 request. getAttribute("myBeans")就可以返回该 Bean 的实例。

② classsName：和 action 元素对应的配置元素，默认为：org. apache. struts. action. Action Mapping。

③ forward：转发的 URL 路径。

④ include：指定包含的 URL 路径。

⑤ input：输入表单的 URL 路径，当表单验证失败时，将把请求转发到该 URL。

⑥ name：指定和 Action 关联的 Action FormBean 的名字，该名字必须在 form-bean 定义过。

⑦ path：指定访问 Action 的路径，以"/"开头，无扩展名。

⑧ parameter：指定 Action 的配置参数，在 Action 类的 execute()方法中，可以调用 ActionMapping 对象的 getParameter()方法来读取该配置参数。

⑨ roles：指定允许调用该 Action 的安全角色，多个角色之间用“，”隔开，在处理请求时，RequestProcessor 会根据该配置项来决定用户是否有权限调用 Action 权限。

⑩ scope：指定 ActionForm Bean 的存在范围，可选取为 request 和 session，默认为 session。

⑪ type：指定 Action 类的完整类名。

⑫ unknown：如果此项为 true，表示可以处理用户发出的所有无效的 Action URL，默认为 false。

⑬ validate：指定是否要调用 Action FormBean 的 validate 方法，默认值为 ture。注意：forward、include、type 属性只能选中其中一项。

示例代码如下所示。

```
<action path = "/search"
          type = "zxj.okBean"
          name = "a1"
          scope = "request"
          validate = "true"
          input = "/b.jsp">
   <forward name = "tig" path = "/aa.jsp"/>
</action>
```

注意：此中的 forward 是指局部的转发路径。global-forwards 表示全局的转发路径。

(6) <controller>元素：用于配置 ActionServlet. buffreSize 指定上载文件的输入缓冲大小，一般很少用到。

(7) <message-resources>元素：用来配置 Resource Bundle，它具有以下几个属性。

① className：和 message-resources 元素对应的配置类，默认为 org. apache. struts. config. MessageResourcesConfig。

② factory：指定消息资源的工厂类，默认为：org. apache. struts. util. PropertyMessageResourcesFactory 类。

③ key：指定 Resource Bundle 存放的 ServletContext 对象中采用的属性 key，默认由 Globals. MESSAGES_KEY 定义的字符串常量，只允许一个 Resource Bundle 采用默认的属性 Key。

④ null：指定 MessageSources 类如何处理未知消息的 key，如果为 true，则返回空字符串；如果为 false，则返回相关字串，默认为 false。

⑤ prameter：指定 MessageSources 的资源文件名，如果为 a. b. ApplicationResources，则实际对应的文件路径为 WEB-INF/classes/a/b/ApplicationResources. properties。

示例代码如下所示。

```
<message-resources null = "false" parameter = "defaultResource"/>
<message-resources key = "num1" null = "false" parameter = "test"/>
```

访问为：

```
<bean:message  key = "zxj"/>
<bean:message  key = "zxj"  bundle = "num1"/>
```

其中，zxj 表示 message-resource 资源文件中的一个字符串。

(8) <plug-in>元素：用于配置 Struts 插件，配置多应用模块，一般很少用到。

11.2 Struts 应用步骤

11.2.1 新建 Web Project

选择“File”→“New”→“Web Project(Optional Maven Support)”选项创建项目,在“Project Name”处输入项目名称“struts”,在“J2EE Specification Level”选项组选中“Java EE 5.0”,其他输入项使用默认值。最后单击“Finish”按钮,如图 11-4 所示。

11.2.2 为项目增加 Struts 开发能力

方法一:右键单击项目名称,在弹出的快捷菜单中选择“MyEclipse”→“Add Struts Capabilities”选项,如图 11-5 所示。

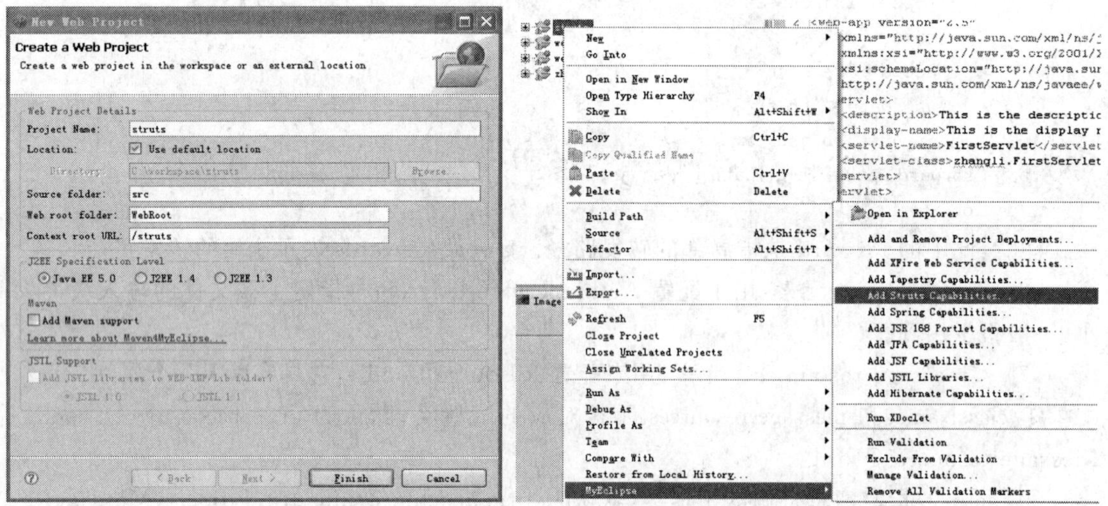

图 11-4　新建 Web 项目 struts　　　　图 11-5　通过右键方式增加 Struts 开发能力

方法二:左键单击项目名称,在菜单栏选择“MyEclipse”→“Add Struts Capabilities”选项,如图 11-6 所示。

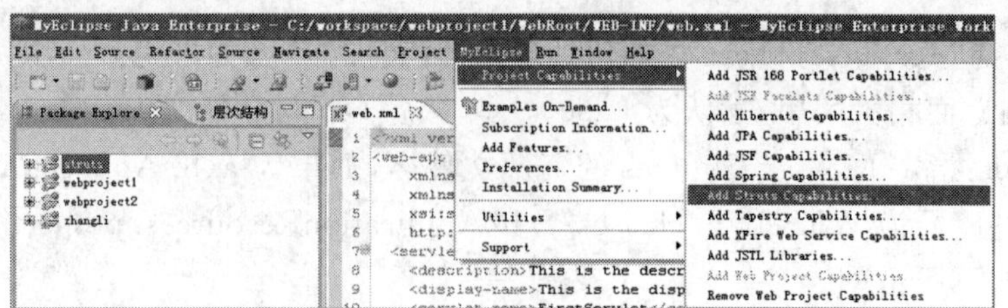

图 11-6　通过菜单方式增加 Struts 开发能力

两种方法任选其一,然后弹出如图 11-7 所示的界面,选择默认的 Struts 1.2 版本,在 Base package for new classes 中进行文件夹设置,然后单击“Finish”按钮。

经过以上设置后,项目目录发生改变,会引入相关的 Struts 类库,还有配置文件,如图 11-8 所示。

struts-config.xml 是 Struts 框架的配置文件,默认显示的是 Design 模式,如图 11-9 所示。以后我们可以在此文件模式增加可视化操作。

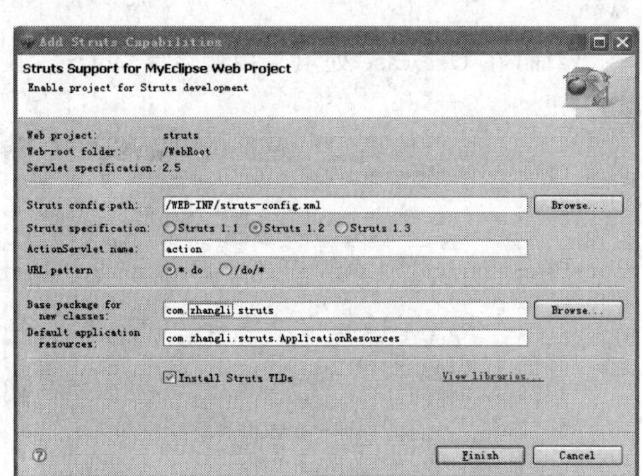

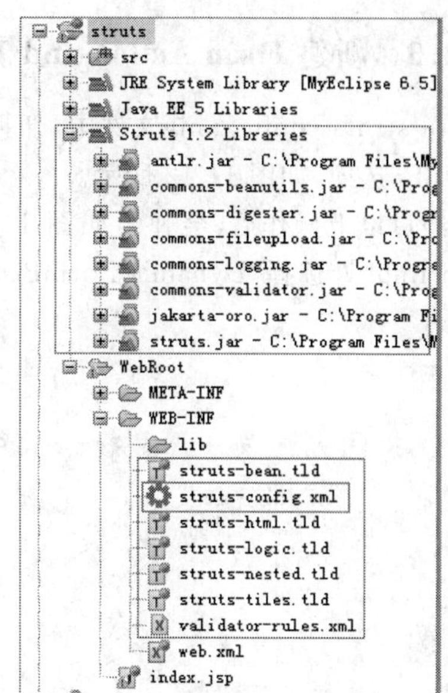

图 11-7　Struts 设置

图 11-8　增加 Struts 开发能力后的项目目录

可以单击左下角的“Source”选项卡，切换到 struts-config. xml 文件的 Source 模式，显示默认代码，如图 11-10 所示。以后我们可以在此文件模式增加或者修改代码。

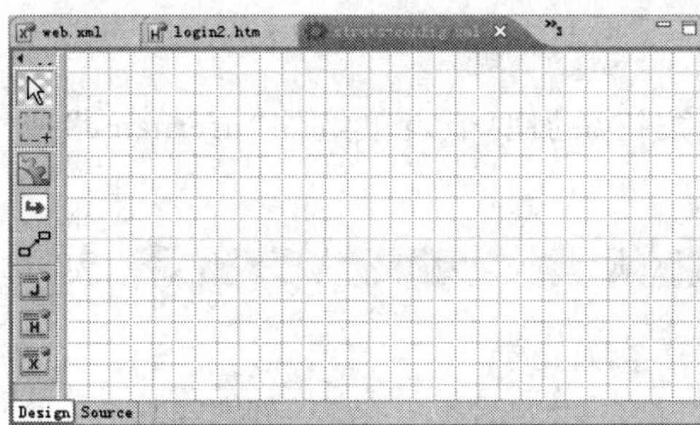

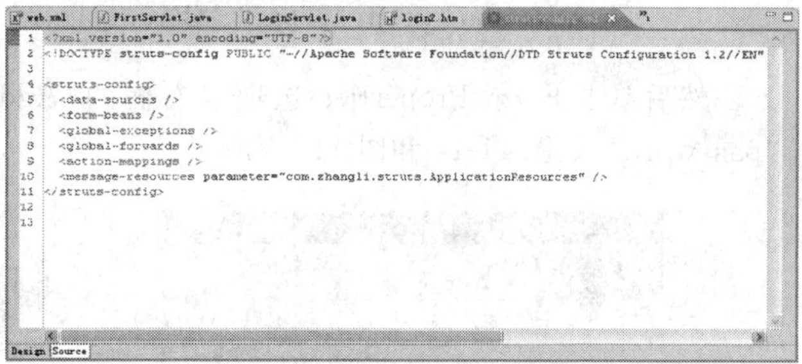

图 11-9　struts-config. xml 文件的 Design 模式

图 11-10　struts-config. xml 文件的 Source 模式

注意：在 web. xml 文件中自动完成了对 ActionServlet 的配置，具体的配置信息如图 11-11 所示。

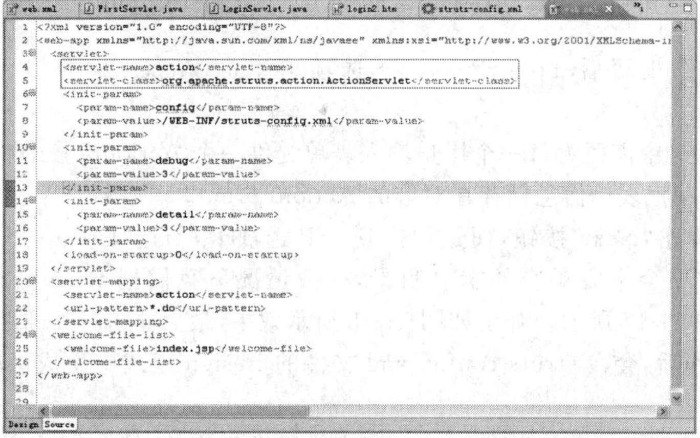

图 11-11　web. xml 文件配置信息

11.2.3 新建 Form Action and JSP

在 struts-config.xml 文件中，切换到 Design 模式，右键单击选择“New”→“Form，Action and JSP”选项，如图 11-12 所示。

经过以上操作后，会弹出如图 11-13 所示界面，在 Use case 处填入用例名字“login”，在 Form Impl 处选择“Dynamic FormBean”单选按钮。

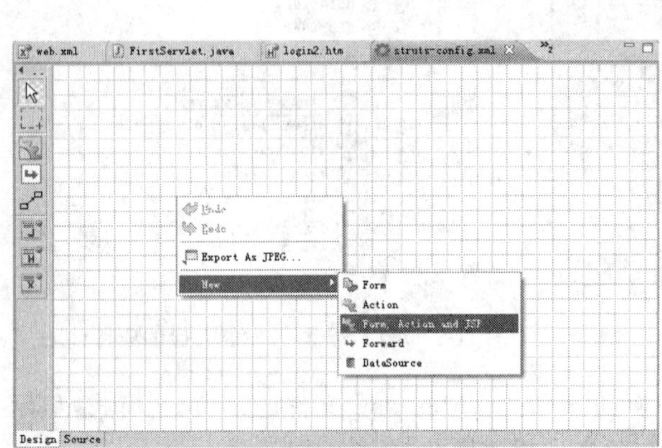

图 11-12　新建 Form，Action 和 JSP

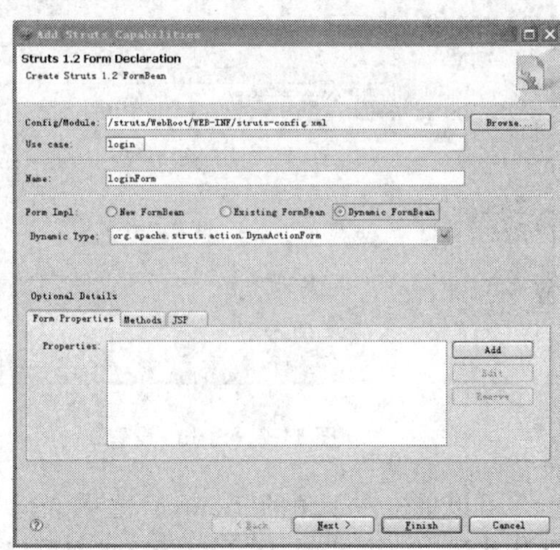

图 11-13　设置 Action 名为 login

然后单击 Form Properties 选项卡右侧的“Add”按钮添加两个表单组件“username”和“password”，如图 11-14 和图 11-15 所示。

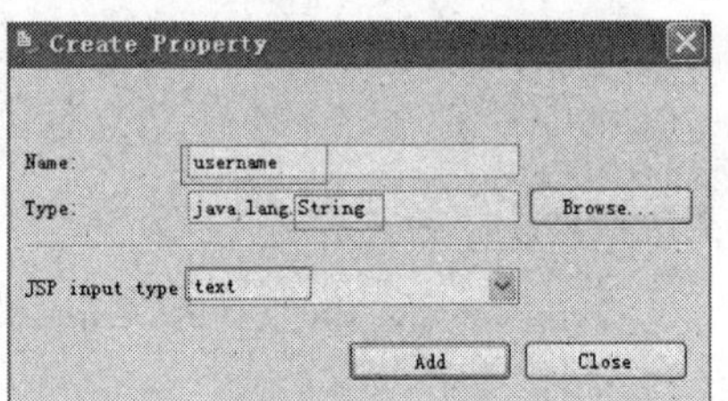

图 11-14　添加 Form 组件 username

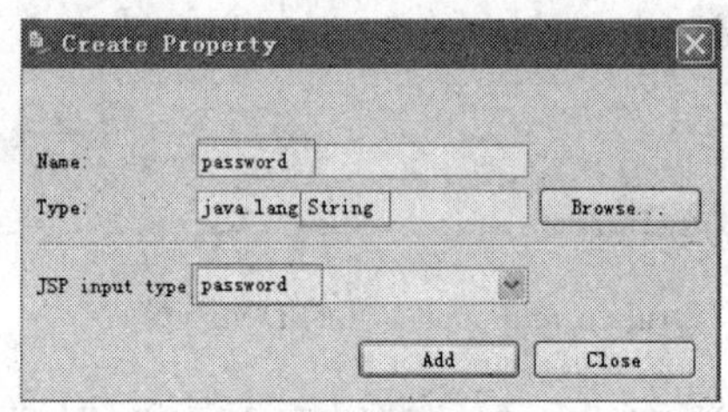

图 11-15　添加 Form 组件 password

经过以上操作步骤后，Form Properties 选项卡里的 Properties 会多出两个属性来，如图11-16 所示。

注意：在 Struts 中需要为每一个用户输入表单提供一个 ActionForm 对象，当用户提交表单时，Struts 会自动把表单信息保存在对应的 ActionForm 中。

接下来不要单击“Next”按钮，而是切换到 JSP 选项卡，勾选“Create JSP form?”复选框，New JSP Path 选项会生成对应的 JSP 目录，一般情况下我们把 form 路径去掉，然后单击“Next”按钮，如图 11-17 所示。弹出如图 11-18 所示效果，最后单击“Finish”按钮即可。

经过以上操作后，会在 struts-config.xml 文件的 Design 模式中生成可视化开发图，如图 11-19 所示。

此时 struts-config.xml 文件的 Source 模式代码发生变化，增加了 form-beans 和 action-mappings 的相关代码，如图 11-20 所示。

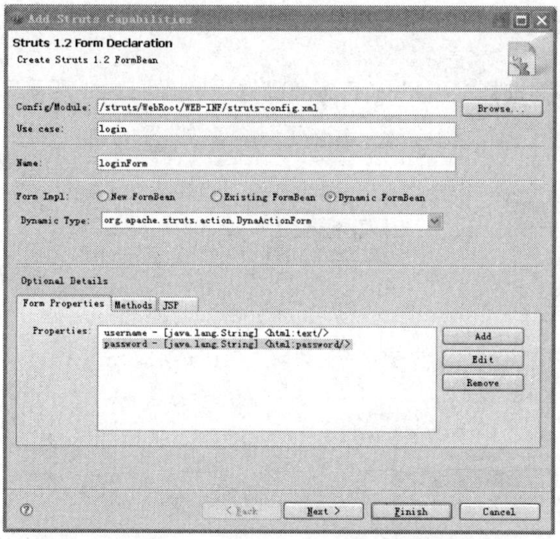

图 11-16　添加完 Form 组件效果图

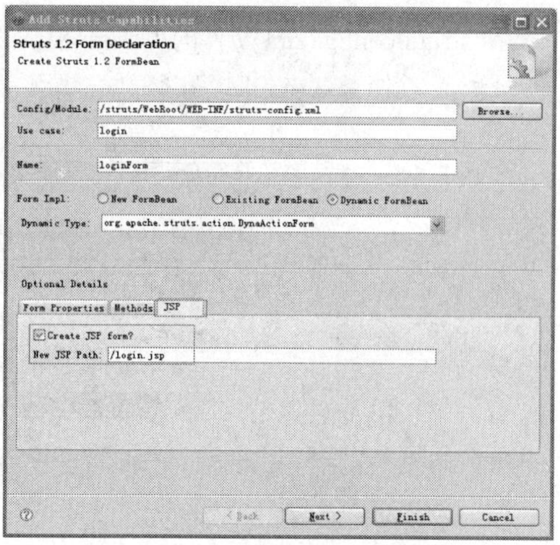

图 11-17　JSP 选项卡设置

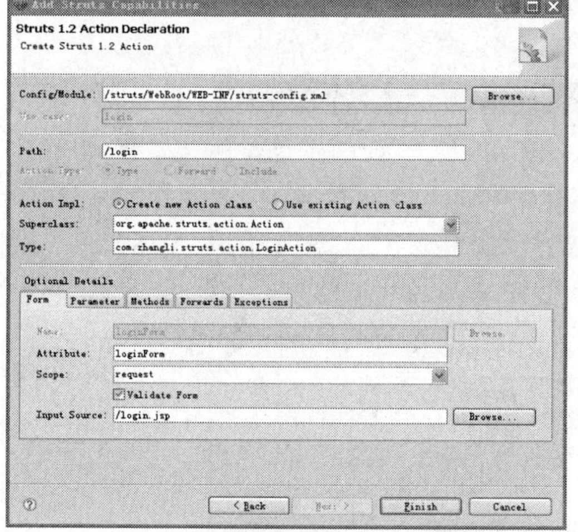

图 11-18　继续设置 login Action

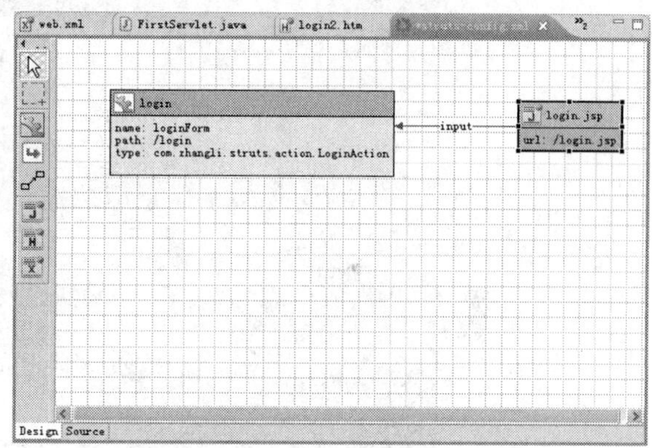

图 11-19　生成可视化开发图

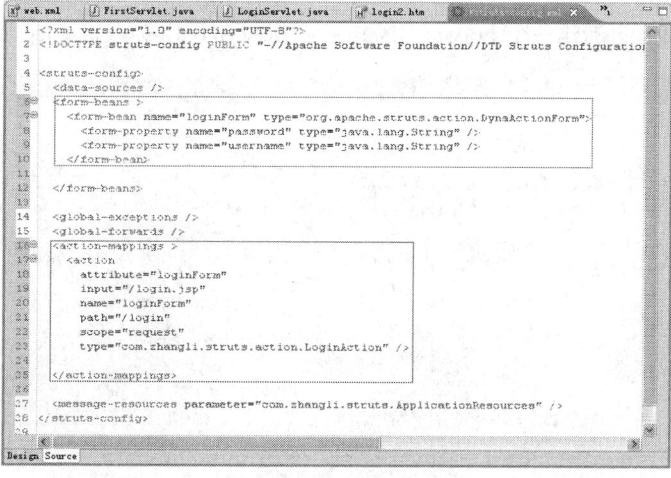

```
<?xml version="1.0" encoding="UTF-8"?>
<!DOCTYPE struts-config PUBLIC "-//Apache Software Foundation//DTD Struts Configuratio

<struts-config>
  <data-sources />
  <form-beans >
    <form-bean name="loginForm" type="org.apache.struts.action.DynaActionForm">
      <form-property name="password" type="java.lang.String" />
      <form-property name="username" type="java.lang.String" />
    </form-bean>

  </form-beans>

  <global-exceptions />
  <global-forwards />
  <action-mappings >
    <action
      attribute="loginForm"
      input="/login.jsp"
      name="loginForm"
      path="/login"
      scope="request"
      type="com.zhangli.struts.action.LoginAction" />

  </action-mappings>

  <message-resources parameter="com.zhangli.struts.ApplicationResources" />
</struts-config>
```

图 11-20　struts-config. xml 代码发生改变

11.2.4 新建 Forward

在 struts-config.xml 文件的 Design 模式，右键选择"New"→"Forward"选项，如图 11-21 所示。

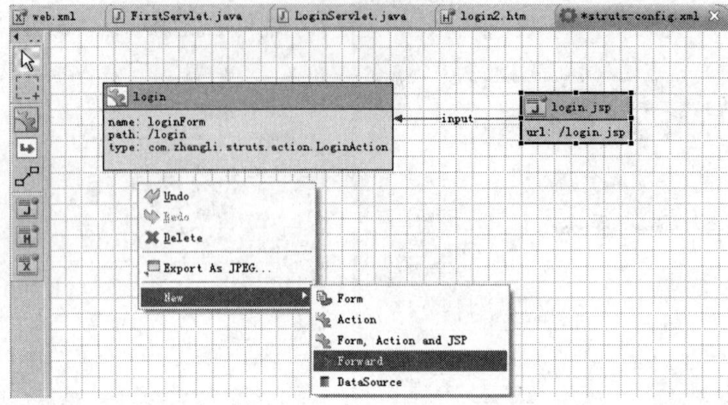

图 11-21 新建 Forward

弹出 New Forward 编辑框，设置 Name 为 fail，Path 为/fail.jsp，并勾选 Redirect 属性，然后单击"Finish"按钮，如图 11-22 所示。

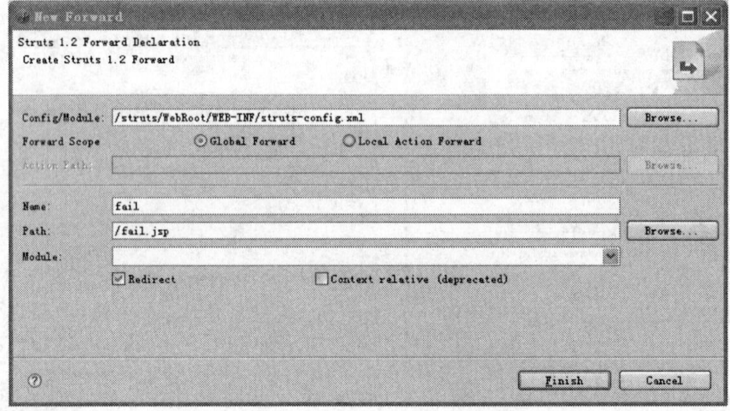

图 11-22 设置 Forward 名字及路径

与以上步骤类似，再新建一个 Forward，Name 为 success，Path 为/main.jsp，如图 11-23 所示。

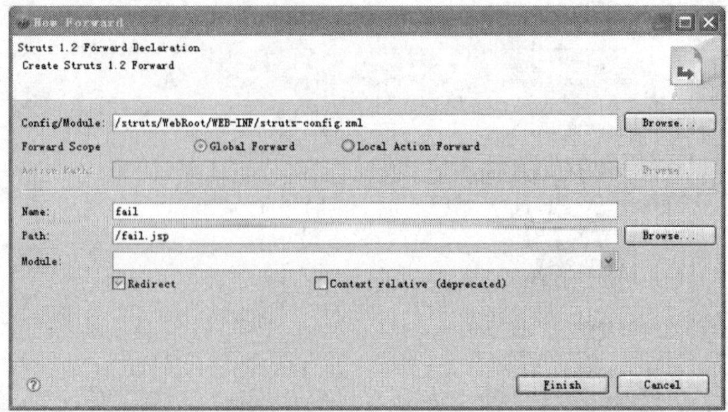

图 11-23 创建另一个 Forward 并进行设置

创建完两个 Forward 后，需要将 Forward 和 Action 关联起来，因为 Action 的返回值为 Forward，所以返回值不是成功的 Forward 就是失败的 Forward。单击左侧第五个小图标，在 login Action 与 fail Forward 和 success Forward 之间添加箭头，如图 11-24 所示。

此时 struts-config. xml 文件的 Source 模式代码发生变化，增加了 Forward 的相关代码，如图 11-25 所示。

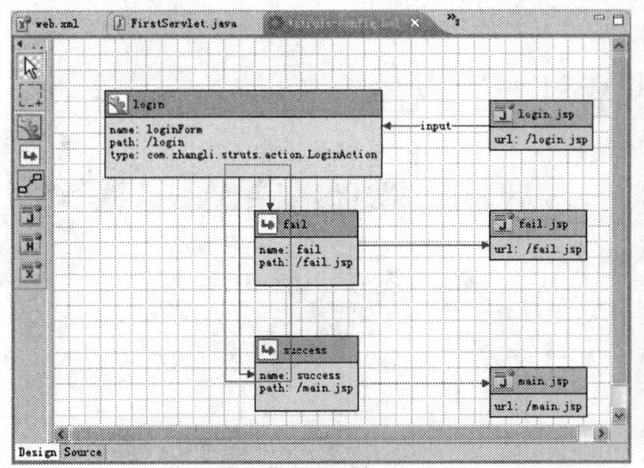

图 11-24　将两个 Forward 与 Action 关联起来

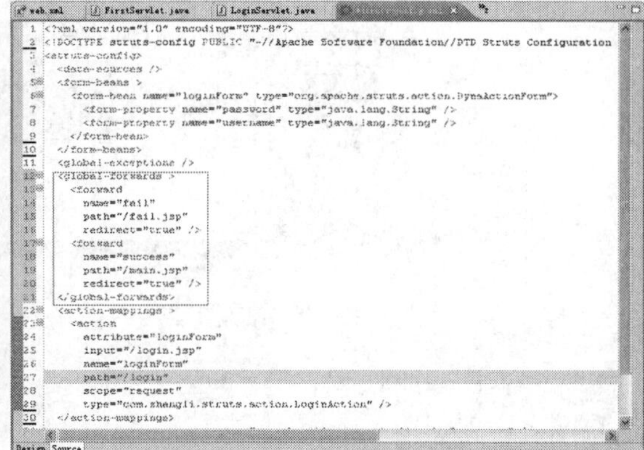

图 11-25　struts-config. xml 代码发生改变

11.2.5　编辑 Action

主要编辑 Action 里的 execute()方法，首先获取用户在表单里输入的用户名和密码，然后进行判断，如果用户名为 zhangli 并且密码为 123456，那么就返回 success Forward，否则返回 fail Forward。代码如下所示。

```
public class login extends Action {
public ActionForward execute(ActionMapping mapping, ActionForm form,
HttpServletRequest request, HttpServletResponse response) {
DynaActionForm loginForm = (DynaActionForm) form;
String username = (String) loginForm.get("username");
String password = (String) loginForm.get("password");
System.out.println("username:" + username);
System.out.println("password:" + password);
if (username.equals("zhangli") && password.equals("1231156")) {
    return mapping.findForward("success");
}
return mapping.findForward("fail");
}
}
```

11.2.6　新建并编辑 JSP

fail Forward 所对应的 fail. jsp 和 success Forward 所对应的 main. jsp 都需要自己手动添加并编辑。

右键选中 WebRoot 文件夹，在弹出的快捷菜单中选择“New”→“JSP(Advanced Templates)”选项，新建一个 JSP，如图 11-26 所示。

经过以上操作后，弹出 JSP 的设置向导，将 File Name 设置为 fail. jsp，如图 11-27 所示。

与以上步骤类似，再新建一个 JSP，File Name 为 main. jsp，如图 11-28 所示。

在编辑 fail. jsp 和 main. jsp 时，首先应该将 pageEncoding 设置为"utf-8"，然后在＜body＞与＜/body＞之间加上合适的代码，如图 11-29 和图 11-30 所示。

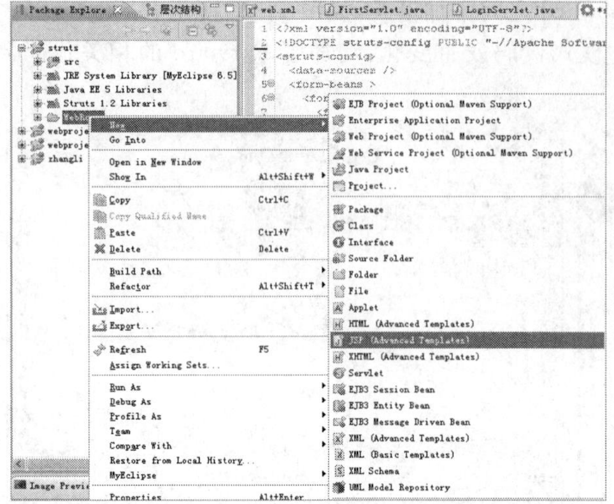

图 11-26　新建 JSP

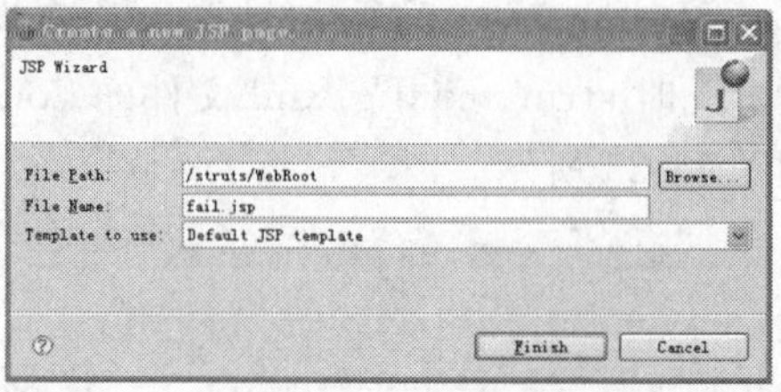

图 11-27　设置 fail. jsp

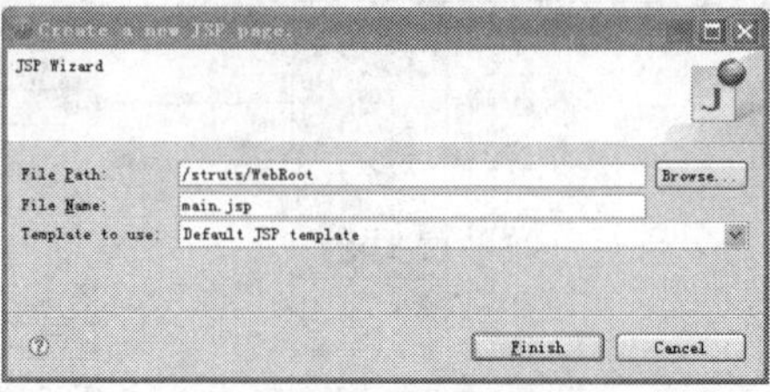

图 11-28　设置 main. jsp

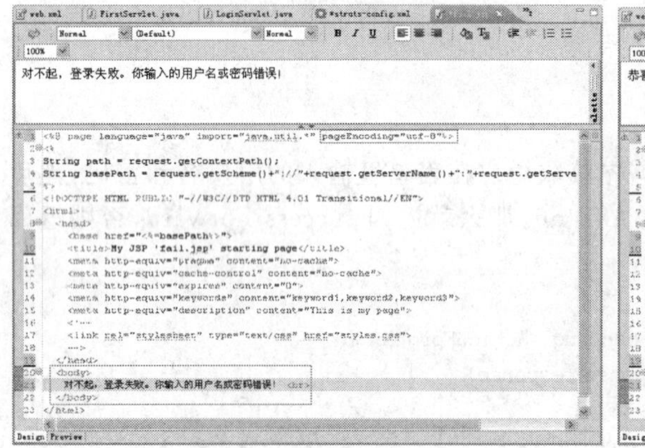

图 11-29　编辑 fail. jsp

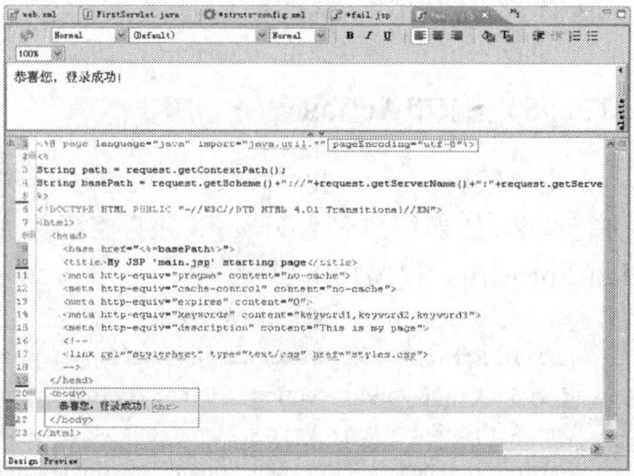

图 11-30　编辑 main. jsp

11.2.7　部署、运行项目

开启服务器，部署项目，运行项目，步骤类似于一般的 Web 项目。

在地址栏输入 http://localhost:8080/struts/login. jsp，并在页面的 username 处输入 zhangli，password 处输入 123456，然后单击"Submit"按钮，页面则会转向 main. jsp 的效果，如果输入的用户名和密码有一处不对则会转向 fail. jsp，如图 11-31 所示。

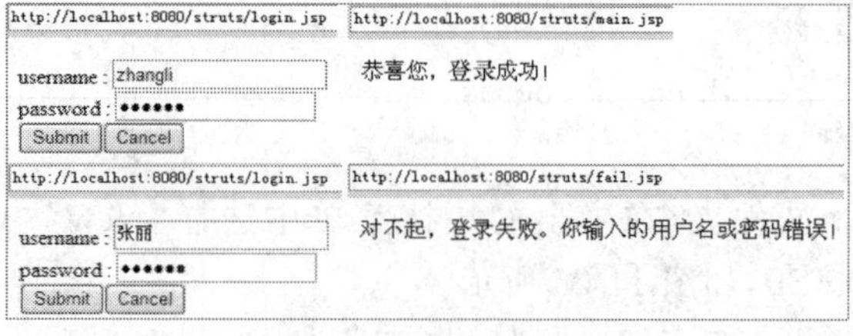

图 11-31　项目输出效果

11.3　Struts 开发中的中文乱码问题

在解决中文乱码问题时需要牢记整体思想，即将页面的编码方法统一为 utf-8 格式。在 Struts 开发过程中经常会遇到三种中文乱码问题：

(1) 页面显示中文乱码。

(2) 传递参数中文乱码。

(3) 国际化中文乱码。

11.3.1　页面显示中文乱码

解决方法：<%@ page pageEncoding="utf-8"%>。

在以后的编程过程中，只要项目里有 JSP 页面，最好将该页面的编码格式设置为 utf-8，所以将 login.jsp、fail.jsp 和 main.jsp 的头部 page pageEncoding 设置为 utf-8。

11.3.2　传递参数中文乱码

传递参数中文乱码有两种解决方法。

1. 经典方法：Filter 解决办法

写一个过滤器将其语言过滤成可认中文字符；然后在 web.xml 中加入该过滤器对 ActionServlet 进行扩展，在 service()方法中设置编码，然后在 web.xml 中进行设置。

比如：在 login.jsp 页面表单中输入中文参数，如图 11-32 所示。Consel 控制台会输出乱码的结果，如图 11-33 所示。

图 11-32　输入中文参数

图 11-33　控制台输出乱码

(1) 修改 Tomcat 目录 conf 文件夹下的 server.xml 文件。

server 第 67～69 行代码如图 11-34 所示。添加添加 URIEncoding 属性，修改完的代码如图 11-35 所示。

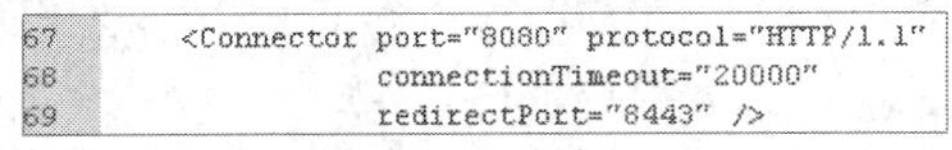

图 11-34　server.xml 默认代码

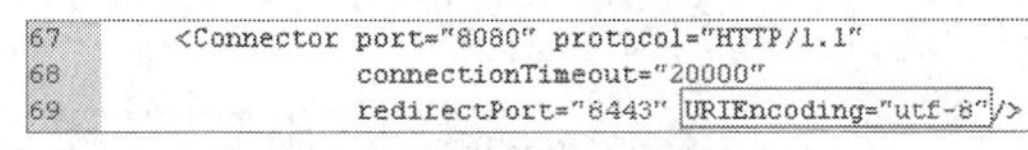

图 11-35　修改后的 server.xml 代码

(2) 编写过滤器，新建一个 class 名字为 CharacterEncodingFilter，所在包名为 com.zhangli.struts.filter，该类实现 java.servlet 的 filter 类的接口，如图 11-36 所示。

生成的代码如下所示。

```
public class CharacterEncodingFilter implements Filter {
    public void destroy() {
        // TODO 自动生成方法存根
    }
    public void doFilter(ServletRequest arg0, ServletResponse arg1,
```

```
                    FilterChain arg2) throws
IOException, ServletException {
            // TODO 自动生成方法存根
        }
        public void init(FilterConfig arg0) throws
ServletException {
            // TODO 自动生成方法存根
        }
    }
```

在这里,我们只需要复写 doFilter 方法即可,为了使参数更形象化,我们将 arg0 改成request,将 arg1 改成 response,并添加两行代码:

```
    public void doFilter(ServletRequest request,
ServletResponse response, FilterChain chain)
    throws IOException,
        ServletException {
                    request.setCharacterEncoding
("utf-8");
                    chain.doFilter(request, response);
        }
```

图 11-36 新建并设置接口 CharacterEncodingFilter

(3) 要让过滤器生效,需要在 web.xml 中增加对 filer 设置的相关代码。

```
<filter>
    <filter-name>CharacterEncodingFilter</filter-name>
    <filter-class>com.zhangli.struts.filter.CharacterEncodingFilter</filter-class>
</filter>
<filter-mapping>
    <filter-name>CharacterEncodingFilter</filter-name>
    <url-pattern>/*</url-pattern>
</filter-mapping>
```

以上这些代码需放在其他设置之前,这样才能对其他对文件起到过滤的作用。修改后的 web.xml 如图 11-37 所示。

图 11-37 修改后的 web.xml

(4) 重启服务器。

2. 重写 ActionServlet 类方法

(1) 在包 com. zhangli. struts. action 里新建 class 名为 ActionServlet，超类为 ActionServlet，编辑代码如下所示。

```
public class ActionServletEx extends ActionServlet {
  private final String ENCODING_CHAR_SET = "encodingCharSet";
  private final String DEFAULT_ENCODING_CHAR_SET = "UTF-8";
  private String encodingCharSet;
  public void init() throws ServletException
  {
    this.encodingCharSet = super.getInitParameter
       (ENCODING_CHAR_SET);
    if(this.encodingCharSet = = null)
       this.encodingCharSet = this.DEFAULT_ENCODING_CHAR_SET;
    super.init();
  }
protected void service(HttpServletRequest request, HttpServletResponse response)
       throws ServletException, IOException
  {
       request.setCharacterEncoding(this.encodingCharSet);
      super.service(request, response);
  }
}
```

(2) 修改 web. xml 文件里的配置信息。

将代码<servlet-class>org. apache. struts. action. ActionServle</servlet-class>改为<servlet-class> com. zhangli. struts. action. ActionServletEx </servlet-class>。

(3) 重启服务器。

选用以上方法的任何一种后，再重新测试项目会发现，当用户输入中文的用户名或者密码时，控制台的输出结果不再是乱码，如图 11-38 所示。

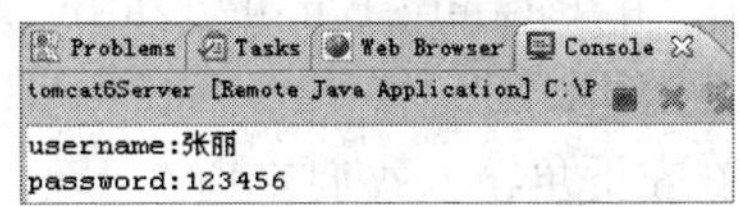

图 11-38　在控制台输出中文参数

11.3.3　国际中文化乱码

(1) 用 JDK 的 native2ascii 工具对资源文件进行转换。

该方法需要用到 cmd 命令，而且特别复杂，所以我们一般不采取这种方法，而是采取下一种方法。

(2) 使用 ResourceBundle Editor 插件。

① 下载软件 Eclipse 插件 ResourceBundle Editor。

② 将其解压缩后生成一个 plugins 文件夹。

③ 将 plugins 文件夹复制到 MyEclipse 安装目录下的 eclipse 文件夹里，将覆盖原来的 plugins 文件。

④ 将 Tomcat 关闭，重启 Eclipse。

⑤ 重启 Eclipse 平台后，修改 login. jsp。

将代码：

```
username ：<html:text property="username"/><html:errors property="username"/><br/>
password ：<html:password property="password"/><html:errors property="password"/><br/>
```

修改为：

```
<bean:message key="example.login.username"/> ：<html:text
property="username"/><html:errors property="username"/><br/>
<bean:message key="example.login.password"/> ：<html:password
property="password"/><html:errors property="password"/><br/>
```

⑥ 右键单击 ApplicationResources. properties，选择“Open With”→“ResourceBundle Editor”选项打开该文件，如图 11-39 所示。

打开编辑器后，单击左下角的 New 选项卡，如图 11-40 所示。

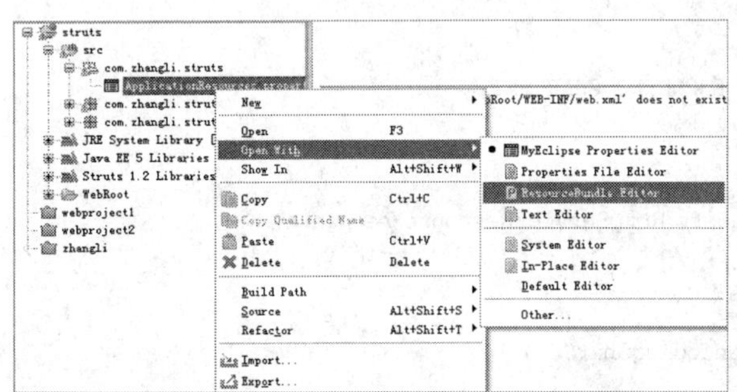

图 11-39　用 ResourceBundle Editor 格式打开文件

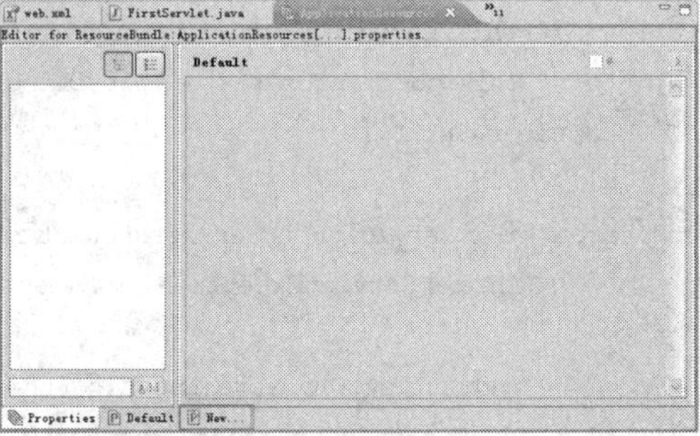

图 11-40　选择新建选项卡

在如图 11-41 所示界面中选择新建一个 Chinese(China)文件，然后单击“Create”按钮。

经过以上操作后，会在工程目录下生成一个名称为 ApplicationResources_zh _CN. properties 文件，如图 11-42 所示。

⑦ 用“ResourceBundle Editor”方式打开 ApplicationResources_zh _CN. properties 文件并进行编辑。

在左下角输入我们之前在 login. jsp 中设置的 key 值 example. login. username，并单击“Add”按钮，在左上角以树状列表形式显示出添加的 key 值，在右上角填写默认的显示文字，右下角填写要翻译成的中文文字，如图 11-43 所示。

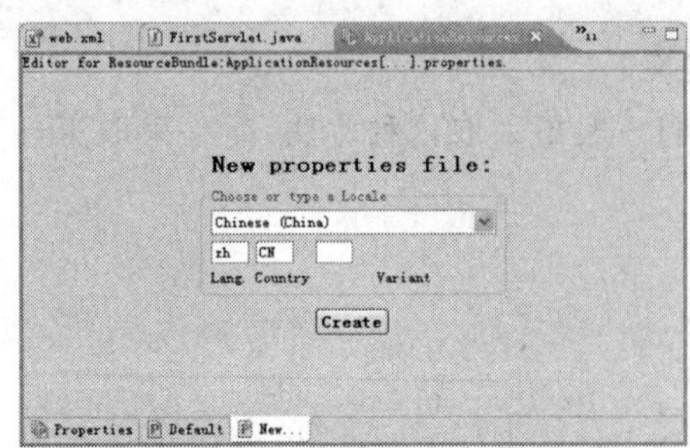

图 11-41　创建 Chinese(China)文件

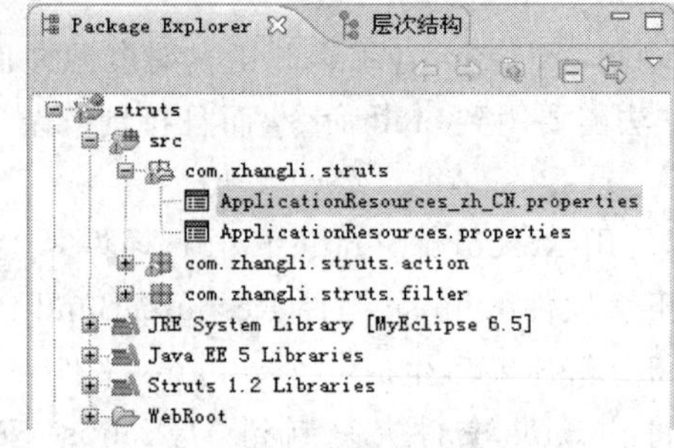

图 11-42　生成 ApplicationResources_zh _CN. properties 文件

与以上操作类似，添加在 login. jsp 中设置的另一 key 值 example. login. password，并进行中文翻译，如图 11-44 所示。

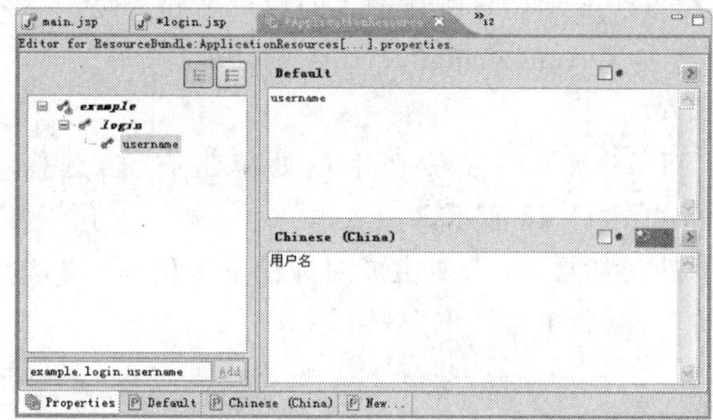

图 11-43 为 key 值 example. login. username 增加中文翻译

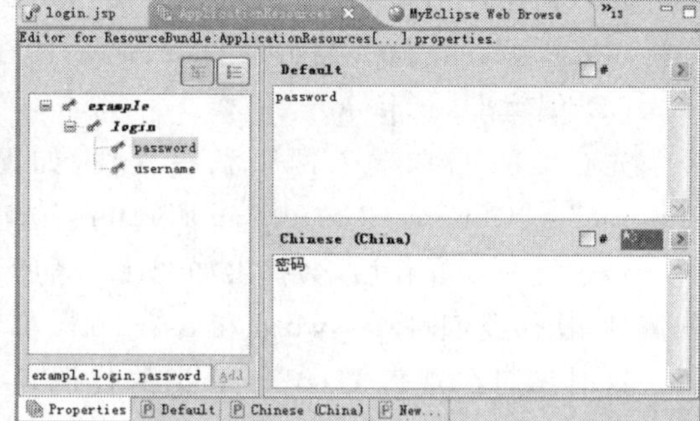

图 11-44 为 key 值 example. login. password 增加中文翻译

⑧ 重新部署运行项目,发现 username 和 password 处已经变成中文,如图 11-45 所示。

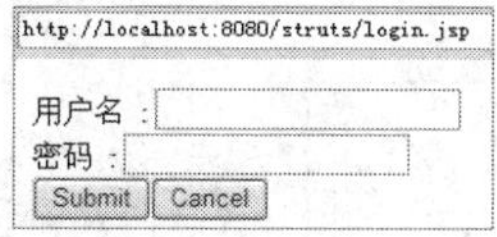

图 11-45 中文国际化后的 login. jsp 效果

11.4 Action 数据获取与传递

11.4.1 Action 数据的获取

Action 的四个参数分别为 mapping 对象、form 对象、request 对象、response 对象。通过 form 对象,可以取得 mapping 映射地址上的表单信息。用 form. get()函数获取表单上具体组件的参数值。

11.4.2 Action 数据的传递

1. 第一种方法

(1) 将 Action 获取的数据存储到 request 对象的某个 Bean 里

```
String name = (String) loginForm.get("username");
request.setAttribute("sss", name);
```

(2) 在其他页面调用时候,比如在登录成功页面,想要显示用户名,则可以调用如下代码:

```
恭喜你:<% = request.getAttribute("sss") %>登录成功
```

2. 第二种方法

为了数据的封装性,我们引入 javabean 类,该类的属性与 form 表单信息和名称一致,并且与以后数据库的字段也一致,该 javabean 属于模型层。

11.4.3 数据获取与传递实例

要求在上一个项目基础上修改登录失败和成功页面,在失败页面用第一种方法显示用户刚才输入的用户名和密码。在成功页面用第二种方法显示用户刚才输入的用户名和密码。

(1) 新建一个 Java 类名为 User. java,所在包名为 com. zhangli. struts. model。

(2) 编辑 User. java。

先在类的{}内输入两个私有属性,如图 11-46 所示。然后在空白处单击右键,选择"Source"→"Generate Getters and Setters"选项,如图 11-47 所示。

经过上一步操作后,会弹出如图 11-48 所示的对话框,勾选要生成对应的 get 和 set 方法的属性,比如我们将 password 和 username 都勾上,然后单击"OK"按钮。

这时我们在观察 User. java 类的代码,发现自动生成了属性所对应的 get 和 set 方法,如图 11-49 所示。

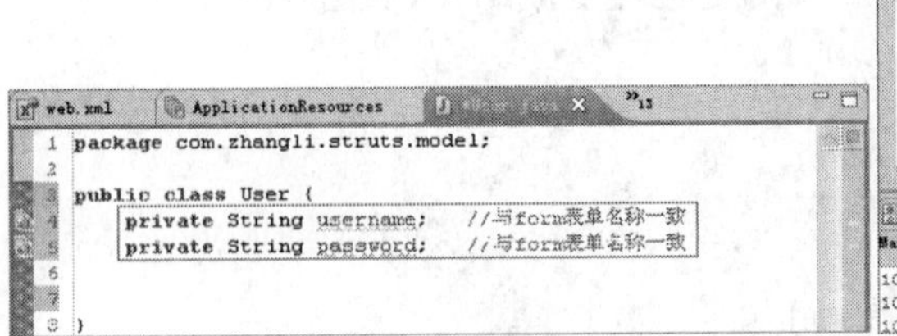

图 11-46　先输入属性

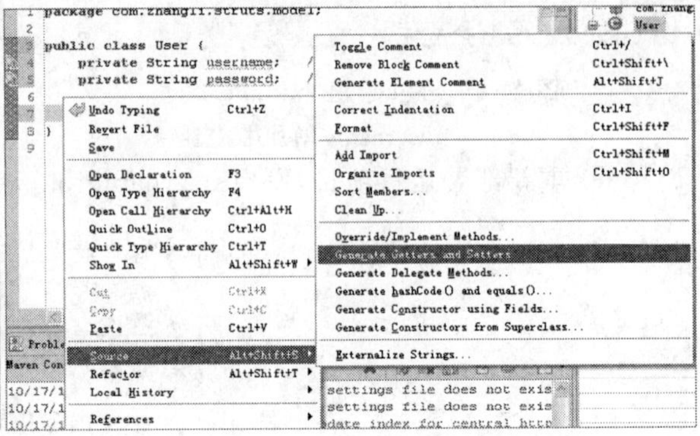

图 11-47　生成 get 和 set 方法

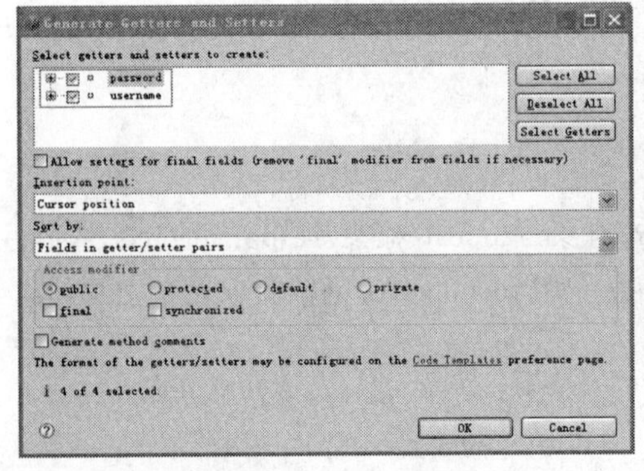

图 11-48　选择属性

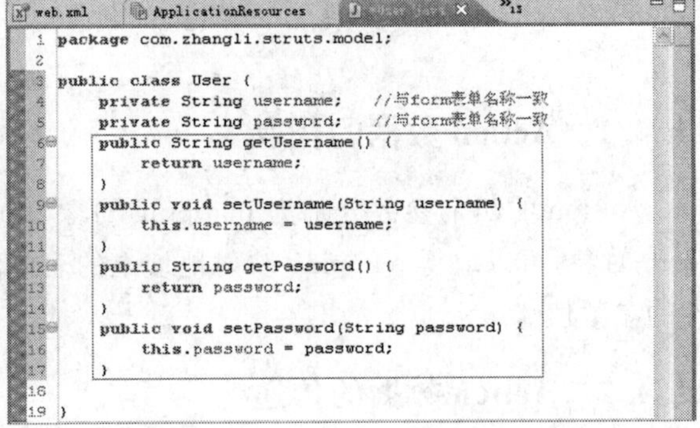

图 11-49　自动生成相应的方法

(3) 修改 LoginAction,在合适的位置添加代码,excute 方法最终代码如下所示。

```
public ActionForward execute(ActionMapping mapping, ActionForm form,
        HttpServletRequest request, HttpServletResponse response) {
  DynaActionForm loginForm = (DynaActionForm) form;
  String username = (String) loginForm.get("username");
  String password = (String) loginForm.get("password");
  System.out.println("username:" + username);
  System.out.println("password:" + password);
  User user = new User();
  user.setUsername(username);//将从 form 表单得到的信息值赋给 User 对象
  user.setPassword(password);//将从 form 表单得到的信息值赋给 User 对象
```

```
    request.setAttribute("use", user);//将 User 对象存储到 request 里名为 use 的 Bean 里
    request.setAttribute("name", username);
    //将 username 存储到 request 里名为 name 的 Bean 里
    request.setAttribute("pass", password);
    //将 password 存储到 request 里名为 pass 的 Bean 里
    if (username.equals("zhangli") && password.equals("123456")) {
        return mapping.findForward("success");
    }
    return mapping.findForward("fail");
}
```

(4) 修改 fail.jsp，用第一种方法取得用户输入的用户名和密码，主体代码如下所示。

```
<body>
    对不起，
    用户名为：<% = request.getAttribute("name") %>
    密码为：<% = request.getAttribute("pass") %>
    的用户登录失败！<br>
    您输入的信息有误！
</body>
```

(5) 修改 main.jsp，用第二种方法取得用户输入的用户名和密码，主体代码如下所示。

```
<body>
    <% User user1 = (User)request.getAttribute("use"); %>
    恭喜您，
    用户名为：<% = user1.getUsername() %>
    密码为：<% = user1.getPassword() %>
    的用户登录成功！<br>
    您输入的信息正确！
</body>
```

在该代码中用到了 User 类，但是 User 类与 main.jsp 不在同一路径下，所以还需要在 main.jsp 的头部引入 User 的路径。

将代码

```
<%@ page language = "java" import = "java.util.*" pageEncoding = "utf-8" %>
```

改为

```
<%@ page language = "java" import = "java.util.*,com.zhangli.struts.model.*" pageEncoding
= "utf-8" %>
```

注意：(1) 以上两种方法都是在 JSP 页面里采用了 Java 代码，输出方式不美观，而且 JSP 加入了太多 Java 代码，以后会采用标签进行输出。

(2) 重新部署运行项目，会发现在 fail.jsp 和 main.jsp 里读取不了 Action 传递过来的数据，如图 11-50 所示。

可以将配置文件 struts-config.xml 的 forward 转向中的 redirect="true"改成 false，或者将 redirect 属性去掉，如图 11-51 所示。

经过以上设置后，重新部署运行项目，会发现数据可以传递过去了，如图 11-52 所示。

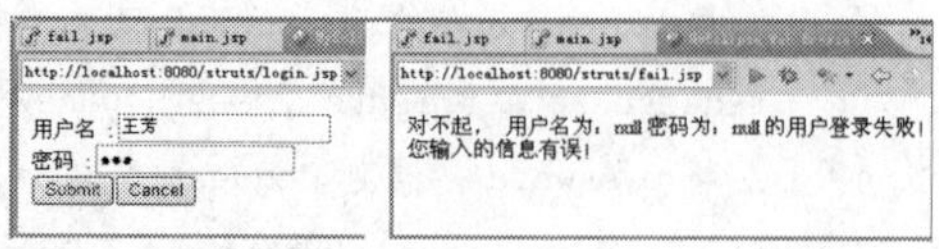

图 11-50　数据传递不过去

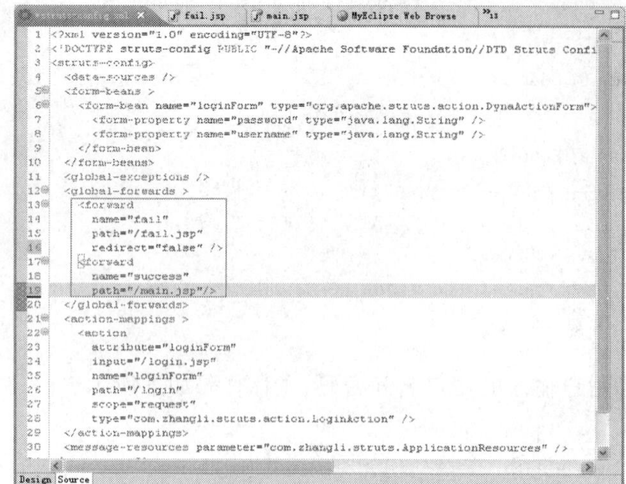

图 11-51　重新设置 redirect 属性

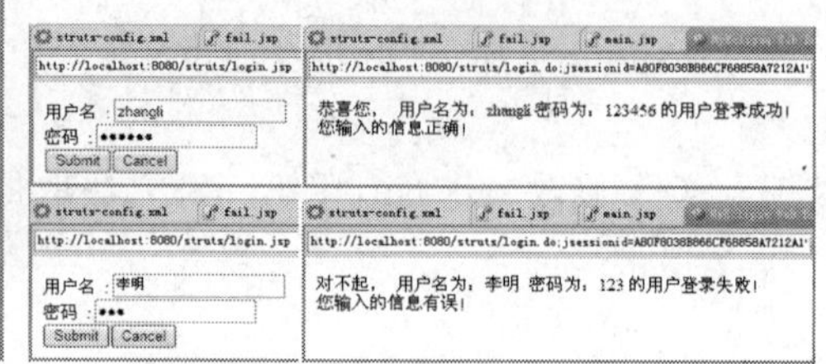

图 11-52　数据成功传递

11.4.4　redirect 属性设置

(1) redirect＝"true"浏览器重定向。

比喻：就像人在浏览器的地址栏中重新输入了网址，然后转向该网址一样，只是这个不是由人输入的，是程序控制的而已。

特点：①可以转到任意网页，无论是本站点的，还是别的站点。例如可以用此方法从自己的网站跳到 sohu 主页。

②request 会被清空，因为就好像在浏览器里面重新输了一个地址，request 自然不能被传过去。

③form 表单中的东西会被清空，即使是跳到同一个页面，form 中的东西也会被清空。因为连 request 都没有保住，form 中的东西更不能保存。

(2) Redirect＝"false"服务器端跳转。

比喻：就像服务器把用户的请求转到了另一个地方。

特点：①只能在一个 Web 服务中跳转。

②request 保留。

③form 表单会保留。

11.5　Struts 表单验证

Struts 自带了 Validator 验证框架，在程序中想要运用此框架，需遵循如下步骤。

(1) 添加了 Struts 开发能力后，会自动地在 WEB-INF 目录下生成 validator-rules.xml 文件，该文件内容是相关验证规则的描述。

(2) 某个 ActionForm 想要使用 validator 进行验证，在建立的时候必须继承自 DynaActionForm 类。

(3) 在 struts-config.xml 中添加对 validator 的引入，把以下代码放在倒数第二行。

```
<plug-in className="org.apache.struts.validator.ValidatorPlugIn">
    <set-property
        property="pathnames"
        value="/WEB-INF/validator-rules.xml,/WEB-INF/validation.xml"/>
  </plug-in>
```

(4) 在上面的配置代码中指定了两个.xml 文件，一个是 validator-rules.xml，另一个是 validation.xml。其中 validator-rules.xml 已存在，那么我们需要在 WEB-INF 目录下新建一个 validation.xml。

右键选中 WEB-INF，选择“New”→“XML(Advanced Templates)”选项，如图 11-53 所示。

经过以上操作，会弹出 XML 文件向导，把 File Name 设置为 validation.xml，单击“Finish”按钮即可，如图 11-54 所示。

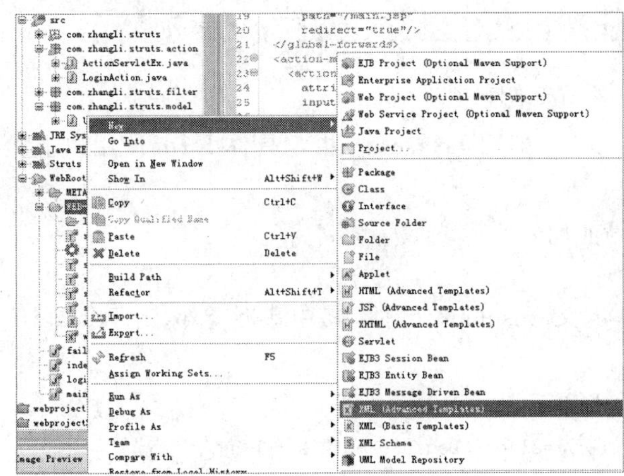

图 11-53 新建 XML

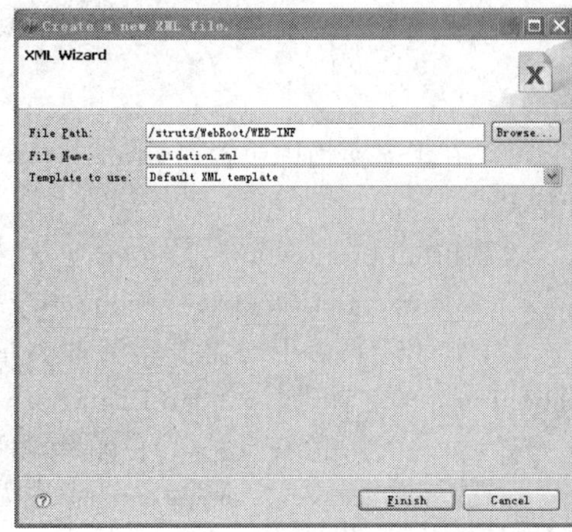

图 11-54 设置 XML 名为 validation.xml

validation.xml 默认生成的代码如下所示。

```
<? xml version="1.0" encoding="UTF-8"? >
<xml-body>
</xml-body>
```

(5) 编辑 validation.xml，添加验证信息，代码如下：

```
<? xml version="1.0" encoding="UTF-8"? >
<! --对 xml 的 dtd 文件引入-->
<! DOCTYPE form-validation PUBLIC
          "-//Apache Software Foundation//DTD Commons Validator Rules Configuration
1.1.3//EN"            "http://jakarta.apache.org/commons/dtds/validator_1_1_3.dtd">
<form-validation>
     <formset>
          <form name="loginForm">
               <field property="username"  depends="required">
               <msg name="required" key="login.form.username"/>
            </field>
               <field property="password" depends="required">
               <msg name="required" key="login.form.password"/>
            </field>
```

```
        </form>
    </formset>
</form-validation>
```

注意:要为 login. form. username 和 login. form. password 在 ApplicationResource_zh_CN. properties 文件中设置中文国际化,具体步骤参见 11. 3. 3 节,设置效果如图 11-55 所示。

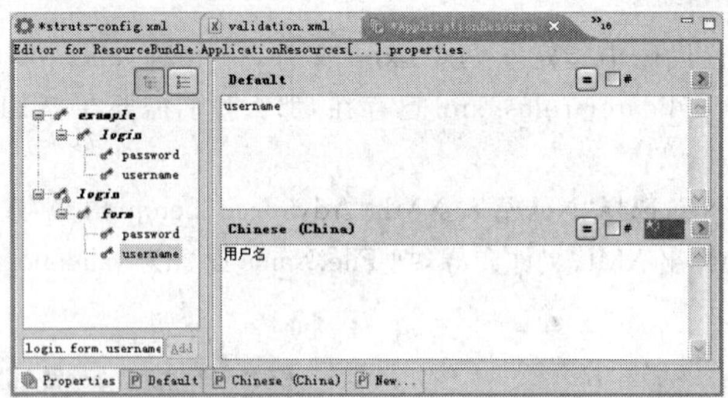

图 11-55　设置中文国际化

(6) 在 JSP 页面中包含< html:javascript>,即用 Javascript 指定具体 form 使用以上验证信息。

在<html:form action="/login">代码前加入:

```
<html:javascript formName="loginForm"/>
```

(7) 在 JSP 页面中对需要验证的表单定义 onsubmit 事件,其中事件名称为 validate+ActionForm 的名称,如:validateLoginForm。

将 <html:form action="/login"> 改成如下:

```
<html:form action="/login" onsubmit="return validateLoginForm(this)">
```

(8) 重新部署运行项目,当不填写表单信息的时候,会弹出相应的警告框,如图 11-56 所示。

图 11-56　弹出验证框

第12章 标签库及其应用

12.1 Struts 标签库基础知识

12.1.1 Struts 标签库的引入

为了方便开发人员使用 Struts 开发 Web 应用系统，在 Struts 框架中提供了内置的标签库，使用这些标签库可以方便地构造表示层的 JSP 页面。

在第 9 章的示例程序中，已经使用到一部分 Struts 标签，虽然目前很大一部分 Web 程序仍然采用传统的 HTML 标记来实现表示层的页面，但是在 Struts 应用的开发过程中，Struts 标签的使用还是不可避免的。

12.1.2 常用标签库及说明

Struts 提供了五个标签库，即 HTML、Bean、Logic、Nested 和 Template，各标签库的功能说明如表 12-1 所示。

表 12-1 Struts 的五大标签库说明

标签库	说明
HTML 标签	该标签库包含的标签可以用来创建 Struts 输入表单。创建能够和 Struts 框架和其他相应的 HTML 标签交互的 HTML 输入表单
Bean 标签	该标签库包含的标签可以用来创建 Bean、访问 Bean 和访问 Bean 的属性。同时提供了依据 cookies、headers 和 parameters 的值创建相关 Bean 的能力。在访问 JavaBeans 及其属性，以及定义一个新的 Bean 时使用
Logic 标签	该标签库包含的标签可以用来进行逻辑判断、集合迭代和流程控制。管理条件产生的输出和对象集产生的循环
Nested 标签	该标签库建立在前三个标签库的基础上，具有前三个标签库的所有功能，只是允许标签间的嵌套。增强对其他的 Struts 标签的嵌套使用能力
Template 标签	随着 Tiles 框架包的出现，此标记已开始减少使用。Tiles 包含的标签可以用来创建 Tiles 样式的页面

Struts 标签库里的标签有一些公共特征，有很多是使用固定的属性，下面列举一些标签的常用属性，如表 12-2 所示。

表 12-2 常用属性说明

属性	说明
id	命名自定义标签创建时的脚本变量名
name	指出关键字值，在该关键字下可以找到一个存在的 Bean。如果给出了 scope 属性，则仅仅在 scope 中查找。否则，根据标准的顺序在各种 scope 中查找：(page，request，session or application)
property	指出 bean 中的某个属性，可以在其中检索值。如果没有标明，则使用对象本身的值
scope	定义了 Bean 在哪个范围(page，request，session，or application)中被查找。如果没有标明按顺序查找，脚本变量(见 id)将在相同的范围中创建

1. HTML 标签库

HTML 标签是 Struts 中的基本标签，提供了对应普通 HTML 页面中的标签元素。

(1) <html:html>标签：该标签是 Struts HTML 标签库中最基本的标签，标志着一个页面的开始和结束。这个标签和传统的<html>标签功能基本相同。

(2) <html:img>标签：该标签对应的是 HTML 标签库中的<img>标签，用来在网页上显示图片，下面是这个标签常用的属性。

page 属性：指明图像文件的相对路径。

height 属性：指明图像显示的高度。

width 属性：指明图像显示的宽度。

alt 属性：如果用户浏览器不支持图像显示或是其他原因图片没有显示，可以用来替代图片的文本。

(3) <html:link>标签：该标签可以创建一个 HTML 的超链接，对应 HTML 中的<a>标签，下面是这个标签的主要属性。

page 属性：指定相对于当前网页的 URL。

href 属性：指定超链接的完整 URL。

forward 属性：指定全局的转发链接，可以使用 struts-config. xml 中配置<forward>元素作为链接地址。需要注意的是，这种情况下不能引用 Action 中定义的局部转发地址。

(4) <html:form>标签：该标签可以用来创建表单，这个标签必须包含"action"属性，这是该标签中唯一的也是必需的属性。

action 属性：用来指定当用户提交表单后，处理表单的 Action。Struts 框架将根据 struts-config. xml 配置文件查找到相对应的 action，用来处理用户提交的表单。

(5) <html:text>标签：该标签用于生成一个文本输入域。

这个标签必须出现在<html:form>标签中，property 属性指明了这个输入域的名称，这个名称和 ActionForm 中的属性是对应的，当用户提交表单的时候，Struts 会把表单中的输入内容保存在 ActionForm 中。

(6) <html:password>标签：该标签用于生成一个密码输入域。

这个标签中也有"property"属性，指明了这个输入域的名称，这个名称同样和 ActionForm 中的属性是对应的，这个标签同样只能出现在<html:form>标签中。

(7) <html:hidden>标签：该标签用于生成一个隐藏文本输入框，这个标签同样只能出现在<html:form>标签中。

(8) <html:textarea>标签：该标签用于生成一个多行的文本输入域，这个标签同样只能出现在<html:form>标签中。

(9) <html:radio>标签：该标签用于生成一个单选按钮。

property 属性和 ActionForm 中的属性是对应的，当用户提交表单的时候，Struts 会把用户选定的按钮的"value"值赋值到 ActionForm 对应的属性中。这个标签同样只能出现在<html:form>标签中。

(10) <html:checkbox>标签：该标签用于生成一个复选框。

property 属性和 ActionForm 中的属性是对应的，例如在 ActionForm 中的某个属性只有两种可选值(true 或 false)，当用户选择这个复选框的时候，Struts 会把这个复选框的"value"值设置为 true，并且赋值到 ActionForm 中对应的属性。这个标签同样只能出现在<html:

form>标签中。

(11) <html:submit>标签:该标签用于生成表单的提交按钮。

(12) <html:reset>标签:该标签用于生成表单的重置按钮。

(13) <html:option>标签:该标签用于生成 HTML 的<option>元素,这个标签必须嵌套在<html:select>标签中使用。

(14) <html:select>标签:该标签用于生成 HTML 的<select>元素,可以在表单中创建下拉列表或者多选列表,主要属性如下。

size 属性:指定要显示可选项的数目。

multiple 属性:指明是否支持多选。true 表示多选,默认的是 false。

property 属性:这个属性与 ActionForm 中的属性相对应,当用户提供表单的时候,Struts 框架可以自动把这个输入组件的值保存在 ActionForm 中。

(15) <html:errors>标签:该标签用于输出错误信息。

可以在 request 和 session 范围中寻找 ActionMessage 或者 ActionErrors 集合对象,然后从这个集合对象中读取 ActionMessage 或者是 ActionErrors 对象,并把这些对象包含的信息显示到网页中,主要属性如下。

name 属性:指明对应范围内 ActionMessage 类型对象对应的属性 key,默认为 Globals.ERROR_KEY。

property 属性:指定要显示哪条错误信息,如果不指定将显示集合对象中所有的错误信息。

bundle 属性:指定所使用的资源包,如果此项没有设置,将从默认的资源包中获取消息的文本内容。

2. Bean 标签库

Struts 的 Bean 标签库用来在 JSP 页面中处理 JavaBean,不仅可以访问已经存在的 JavaBean,而且还可以定义新的 JavaBean,下面来介绍 Bean 标签库中常用的标签。

(1) <bean:define>标签:该标签可以定义一个新的 bean,主要属性如下。

id 属性:指明新定义的 JavaBean 的名称,这个属性必须设置。

value 属性:为 id 属性定义的 JavaBean 赋值。

name 属性:指明一个已经存在的 JavaBean,和 property 属性配合使用来给变量赋值。

property 属性:指明 name 属性使用的 JavaBean 的属性。

scope 属性:指明 name 属性使用的 JavaBean 的作用范围。

toScope 属性:新创建的 JavaBean 的作用范围。

(2) <bean:cookie>标签:该标签可以查询保存在浏览器中的 cookie,主要属性如下:

id 属性:定义一个 cookie 类型的变量,这个变量被存放在 page 属性中。

name 属性:指定 cookie 的名称。

value 属性:指定 cookie 的默认值。如果 name 属性指定的 cookie 不存在,就使用 value 属性指定的默认值。

(3) <bean:header>标签:该标签可以用于查询 HTTP 请求中的 Header 信息,主要属性如下。

id 属性:定义一个 String 类型的变量,这个变量被存放在 page 范围内。

name 属性:指明要搜索的 Header 信息。

(4) <bean:parameter>标签:该标签可以用于查询 HTTP 请求参数,主要属性如下。

id 属性:定义一个 String 类型的变量,这个变量被存放在 page 范围内。

name 属性：指定请求的参数名。

value 属性：指定请求参数的默认值。

(5) <bean:include>标签：该标签和 JSP 标签的<jsp:include>类似，都可以包含其他页面内容，但是该标签是把所包含的页面内容放在一个变量中，而不是直接显示在页面上，主要属性如下。

forward 属性：指明要使用的页面为 struts-config.xml 中定义的<forward>全局转发元素。

page 属性：指明要请求的页面为内部资源 URL。

href 属性：指明要包含资源的完整 URL。

(6) <bean:write>标签：该标签用于在页面上输入某个 JavaBean 的属性内容，主要属性如下。

name 属性：指明要显示的 JavaBean 的名称。

property 属性：指明要显示的 JavaBean 的属性名称。

scope 属性：指明要显示的 JavaBean 的作用范围。

(7) <bean:message>标签：该标签用于输出资源文件中的消息，主要属性如下。

bundle 属性：指明要使用的资源文件，如果不指明这个属性就使用默认的资源文件。

key 属性：指明要使用资源文件中的记录，在 Struts 资源文件中提供的就是键值对应的属性配置文件。

3. Logic 标签库

在传统的处理方式中，用脚本控制页面中的逻辑，而在 Struts 中提供了用 Logic 标签库控制页面的基本逻辑处理。接下来介绍 Logic 标签库中常用的标签。

(1) <logic:equal>标签：该标签用于比较定义的实体是否等于给定的常量。

(2) <logic:notEqual>标签：该标签用于比较定义的实体是否不等于给定的常量。

(3) <logic:greaterEqual>标签：该标签用于比较定义的实体是否大于或等于给定的常量。

(4) <logic:lessEqual>标签：该标签用于比较定义的实体是否小于或者等于给定的常量。

(5) <logic:greaterThan>标签：该标签用于比较定义的实体是否大于给定的常量。

(6) <logic:lessThan>标签：该标签用于比较定义的实体是否小于给定的常量。

以上标签拥有相同的属性，主要属性如下。

value 属性：指明要比较的常数的值。

cookie 属性：指明要比较的 HTTP cookie 名称。

header 属性：指明要比较的 HTTP 请求信息的名称。

parameter 属性：指明要比较的 HTTP 参数名称。

name 属性：指明要比较的 JavaBean 的名称。

property 属性：指明要比较的 JavaBean 的属性名称。

scope 属性：指明 JavaBean 的作用范围。

(7) <logic:present>标签，该标签用于判断目标对象是否存在，如果存在，返回 true 值。

(8) <logic:notPresent>标签：该标签用于判断目标对象是否不存在，如果不存在，返回 true 值。

以上两个标签拥有共同的属性，属性如下。

cookie 属性：检查指定的 cookie 是否存在。

header 属性：检查指定的请求信息头是否存在。

parameter 属性:检查指定的请求参数是否存在。

name 属性:检查指定的 JavaBean 是否存在。

property 属性:检查指定的 JavaBean 的属性是否存在。

scope 属性:指定为 JavaBean 的作用域。

(9) <logic:match>标签:该标签用于判断指定的对象中是否包含指定的字符串,如果包含返回 true 值。

(10) <logic:notMatch>标签:该标签用于判断指定的对象中是否不包含指定的字符串,如果不包含返回 true 值。

以上两个标签拥有共同的属性,属性如下。

cookie 属性:指明要比较的 HTTP cookie 的名称。

header 属性:指明要比较的 HTTP 请求头信息的名称。

parameter 属性:指明要比较的 HTTP 请求参数的名称。

name 属性:指明要比较的 JavaBean 的名称。

property 属性:指明要比较的 JavaBean 属性名称。

value 属性:指明要比较的常数值。

scope 属性:指明要比较的 JavaBean 作用域。

(11) <logic:iterate>标签:该标签能够遍历一个集合,这个集合可以是数组,即 Collection、Enumeration、Iterator 或 Map 等,主要属性如下。

collection 属性:指明要进行遍历的集合。

id 属性:JavaBean 或者是脚本变量的名称,在遍历的过程中记录该集合中当前的元素。

indexed 属性:指明当前遍历元素的索引值。

length 属性:指明遍历元素的最大数目。

name 属性:指明集合中 JavaBean 的名称。

offset 属性:指明开始遍历的位置。

property 属性:指明 JavaBean 的属性名称。

scope 属性:指明 JavaBean 的作用域。

type 属性:指明 JavaBean 的类型。

(12) <logic:forward>标签:该标签用于请求转发,name 属性指定转发目标,与 Struts 配置文件中定义的全局转发<forward>元素相匹配。

(13) <logic:iterate>标签:该标签用于请求重定向,这个标签有 forward、href、page 属性,该标签属性和<html:link>标签中的 3 个属性类似。

12.1.3 在 JSP 中使用 Struts 标签

如果想在 JSP 中使用 Struts 标签,需要在 JSP 文件的头部添加相关标签库的引入,如下所示,引入了 html 标签库、bean 标签库、logic 标签库:

```
<%@ taglib uri="http://jakarta.apache.org/struts/tags-bean" prefix="bean"%>
<%@ taglib uri="http://jakarta.apache.org/struts/tags-html" prefix="html"%>
<%@ taglib uri="http://jakarta.apache.org/struts/tags-logic" prefix="logic"%>
```

各标签库最常用的标签有<bean:write>、<logic:empty>、<logic:notEmpty>、<logic:present>、<logic:notPresent>、<logic:iterator>。

12.2 Struts 标签库应用实例

12.2.1 <bean:write>标签应用实例

(1) 新建一个 Web 项目,名为 struts-taglib,并为项目增加 Struts 开发能力。

(2) 修改 index 网页主体部分,提供 beanwrite Action 的入口链接,主体代码如下所示。

```
<body>
    <a href = "beanwrite.do">测试 BeanWrite</a><br>
</body>
</html>
```

记得将该页面包括以后所有的 JSP 页面的编码格式设置为 utf-8,即将 JSP 首行代码里属性 pageEncoding 设置为 utf-8。

(3) 在 struts-config.xml 的 Design 模式里建立 beanwrite Action 和 success Forward,success 转向指向的路径是 beanwrite.jsp,然后将 Action 和 Forward 关联起来,如图 12-1 所示。

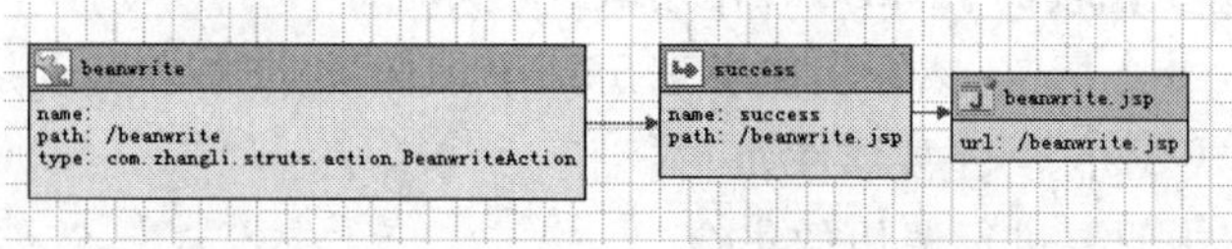

图 12-1 建立 beanwrite Action 和 Forward

(4) 新建两个 class 类,名为 Group 和 User,所在包名为 com.zhangli.struts.model,这两个类用来在 Action 中存储结构体并在 JSP 中进行输出。

Group 类代码如下所示。

```
package com.zhangli.struts.model;
public class Group {
    private String name;
    public String getName() {
        return name;
    }
    public void setName(String name) {
        this.name = name;
    }
}
```

User 类代码如下所示。

```
package com.zhangli.struts.model;
public class User {
    private String username;
    private int age;
    private Group group;
    public int getAge() {
        return age;
    }
    public void setAge(int age) {
```

```
        this.age = age;
    }
    public Group getGroup() {
        return group;
    }
    public void setGroup(Group group) {
        this.group = group;
    }
    public String getUsername() {
        return username;
    }
    public void setUsername(String username) {
        this.username = username;
    }
}
```

注意：因为 Group 和 User 类是充当 JavaBean 的角色，所以只需要手动编写类的属性，get 和 set 方法可以采用单击右键，选择“Source”→“Generate Getters and Setters”选项的方式自动生成。

(5) 编辑 BeanwriteAction，主体代码如下所示。

```
public class BeanwriteAction extends Action {
    public ActionForward execute(ActionMapping mapping, ActionForm form,
            HttpServletRequest request, HttpServletResponse response) {
        //普通属性
        request.setAttribute("hello", "Hello World");
        //html 文本
        request.setAttribute("bj", "<font color = 'red'>北京欢迎您</font>");
        //日期
        request.setAttribute("today", new Date());
        //数字
        request.setAttribute("n", 123456.987);
        //结构
        Group group = new Group();
        group.setName("尚学堂");
        User user = new User();
        user.setUsername("张三");
        user.setAge(18);
        user.setGroup(group);
        request.setAttribute("user", user);
        return mapping.findForward("success");
    }
}
```

(6) 在 WebRoot 文件夹新建并编辑 beanwrite.jsp 页面。

```
<body>
  <h1>测试 BeanWrite</h1>
  <hr>
  <li>普通字符串</li><br>
  hello(jsp 脚本):<% = request.getAttribute("hello") %><br>
  hello(标签):<bean:write name = "hello"/><br>
  <p>
  <li>html 文本</li><br>
```

```
    bj(default):<bean:write name="bj"/><br>
    bj(filter="true"):<bean:write name="bj" filter="true"/><br>
    bj(filter="false"):<bean:write name="bj" filter="false"/><br>
    <p>
    <li>格式化日期</li><br>
    today(default):<bean:write name="today"/><br>
    today(format="yyyy-MM-dd HH:mm:ss"):<bean:write name="today" format="yyyy-MM-dd HH:mm:ss"/>
    <p>
    <li>格式化数字</li><br>
    n(default):<bean:write name="n"/><br>
    n(format="###,###.####"):<bean:write name="n" format="###,###.####"/><br>
    (format="###,###.####"):<bean:write name="n" format="###,###.0000"/><br>
    <p>
    <li>结构</li><br>
    姓名:<input type="text" value="<bean:write name="user" property="username"/>"><br>
    年龄:<input type="text" value="<bean:write name="user" property="age"/>"><br>
    所属组:<input type="text" value="<bean:write name="user" property="group.name"/>"><br>
</body>
```

注意:①记得设置 utf-8 的编码格式,首行代码如下所示。

```
<%@ page language="java" import="java.util.*" pageEncoding="utf-8"%>
```

② beanwrite.jsp 需要调用 Struts 标签库,所以记得在此页面头部引入相关标签库,一般将代码放在第二行即设置完页面编码格式后,添加的代码如下所示。

```
<%@ taglib uri="http://jakarta.apache.org/struts/tags-bean" prefix="bean"%>
```

(7) 开启服务器,部署项目,运行测试。

在地址栏里输入网址 http://localhost:8080/struts-taglib/或 http://localhost:8080/struts-taglib/index.jsp,显示效果如图 12-2 所示。

图 12-2 入口页面效果

单击超链接“测试 BeanWrite”,跳转后的正确页面效果如图 12-3 所示。

单击超链接“测试 BeanWrite”,跳转后的页面效果也有可能是错误的,如图 12-4 所示。

图 12-3 正确的输出效果

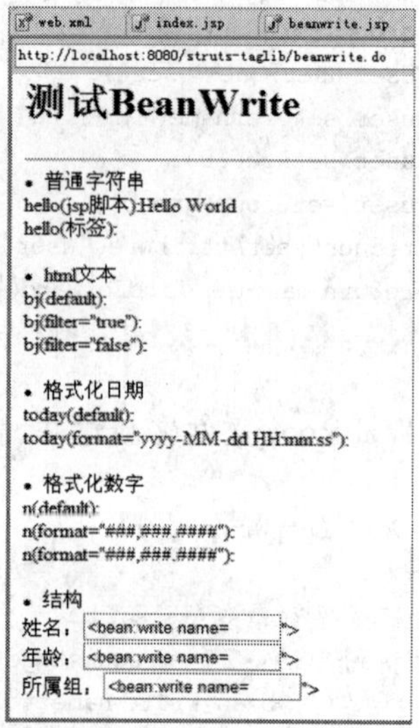

图 12-4 错误的输出效果

由上图可以看出，在输出结果页面拿不到数据或者只能拿到部分数据，造成此结果的原因一般有3个，可以自行检查并对照，看所犯的错误属于第几种。

(1) 在 struts-config. xml 里，forward 的 redirect 属性值设置成了 ture。

(2) 在 JSP 页面里，标签库没有在页面头部位置引入。

(3) JSP 页面和 Action 文件里的 bean 名称不一致。

12.2.2 <logic:empty>和<logic:present>应用实例

(1) 在上一个项目基础上修改 index 网页主体部分，添加 emptypresent Action 的入口链接，主体代码如下所示。

```
<body>
    <a href = "beanwrite.do">测试 BeanWrite</a><br>
    <a href = "emptypresent.do">测试 empty,notEmpty,present,notPresent</a><br>
</body>
```

(2) 在 struts-config. xml 的 Design 模式里建立 emptypresent Action 和 success2 Forward，success2 转向指向的路径是 emptypresent. jsp，然后将 Action 和 Forward 关联起来，如图 12-5 所示。

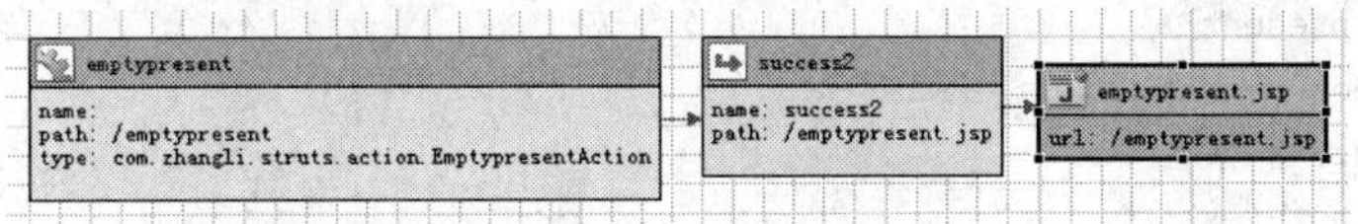

图 12-5 建立 emptypresent Action 和 Forward

(3) 编辑 EmptypresentAction，主体代码如下所示。

```
public class EmptypresentAction extends Action {
    public ActionForward execute(ActionMapping mapping, ActionForm form,
            HttpServletRequest request, HttpServletResponse response) {
        request.setAttribute("attr1", null);
        request.setAttribute("attr2", "");
        request.setAttribute("attr3", new ArrayList());
        return mapping.findForward("success2");
    }
}
```

(4) 在 WebRoot 文件夹新建并编辑 emptypresent. jsp 页面，主体代码如下所示。

```
<body>
    <logic:empty name = "attr1">
        attr1 为空<br>
    </logic:empty>
    <logic:notEmpty name = "attr1">
        attr1 不为空<br>
    </logic:notEmpty>
    <logic:present name = "attr1">
        attr1 存在<br>
    </logic:present>
    <logic:notPresent name = "attr1">
        attr1 不存在<br>
    </logic:notPresent>
```

```
    <logic:empty name = "attr2">
        attr2 为空<br>
    </logic:empty>
    <logic:notEmpty name = "attr2">
        attr2 不为空<br>
    </logic:notEmpty>
    <logic:present name = "attr2">
        attr2 存在<br>
    </logic:present>
    <logic:notPresent name = "attr2">
        attr2 不存在<br>
    </logic:notPresent>
    <logic:empty name = "attr3">
        attr3 为空<br>
    </logic:empty>
    <logic:notEmpty name = "attr3">
        attr3 不为空<br>
    </logic:notEmpty>
    <logic:present name = "attr3">
        attr3 存在<br>
    </logic:present>
    <logic:notPresent name = "attr3">
        attr3 不存在<br>
    </logic:notPresent>
</body>
```

注意：① 记得设置 utf-8 的编码格式，首行代码如下所示。

```
<%@ page language = "java" import = "java.util.*" pageEncoding = "utf-8" %>
```

② emptypresent.jsp 需要调用 Struts 标签库，所以记得在此页面头部引入相关标签库，一般将代码放在第二行即设置完页面编码格式后，添加的代码如下所示。

```
<%@taglib uri = "http://jakarta.apache.org/struts/tags-logic" prefix = "logic" %>
```

(5) 重新部署项目，运行测试。

在地址栏里输入网址 http://localhost:8080/struts-taglib/或 http://localhost:8080/struts-taglib/index.jsp，显示效果如图 12-6 所示。

单击超链接“测试 empty，notEmpty，present，notPresent”，跳转后的正确页面效果如图 12-7 所示。

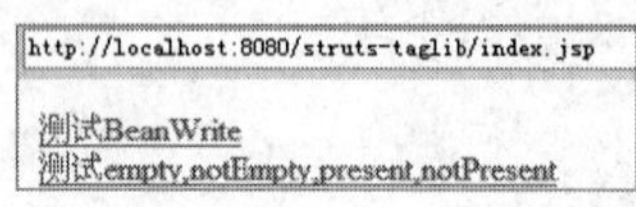

图 12-6 修改后的入口页面效果

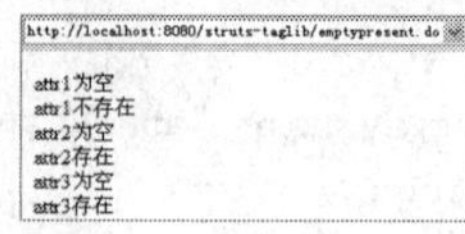

图 12-7 正确的输出效果

12.2.3 <logic:iterator>标签应用实例

(1) 在上一项目基础上修改 index 网页主体部分，添加 iterate Action 的入口链接，主体代码如下所示。

```
<body>
    <a href = "beanwrite.do">测试 BeanWrite</a><br>
```

```
    <a href="emptypresent.do">测试 empty,notEmpty,present,notPresent</a><br>
    <a href="iterate.do">测试 iterate</a>
</body>
```

（2）在 struts-config.xml 的 Design 模式里建立 iterate Action 和 success3 Forward，success3 转向指向的路径是 iterate.jsp，然后将 Action 和 Forward 关联起来，如图 12-8 所示。

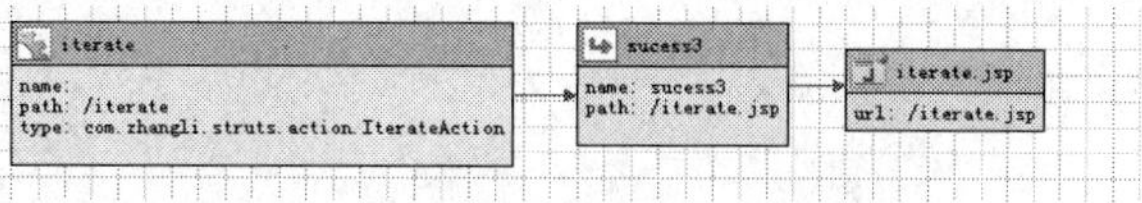

图 12-8　建立 iterate Action 和 Forward

（3）编辑 IterateAction，主体代码如下所示。

```
public class IterateAction extends Action {
    public ActionForward execute(ActionMapping mapping, ActionForm form,
            HttpServletRequest request, HttpServletResponse response) {
        Group group = new Group();
        group.setName("尚学堂");
        List userList = new ArrayList();
        for (int i = 0; i<10; i++) {
            User user = new User();
            user.setUsername("user_" + i);
            user.setAge(18 + i);
            user.setGroup(group);
            userList.add(user);
        }
        request.setAttribute("userlist", userList);
        return mapping.findForward("sucess3");
    }
}
```

（4）在 WebRoot 文件夹新建并编辑 iterate.jsp 页面，主体代码如下所示。

```
<body>
  <h1>测试 Iterate</h1>
   <hr>
   <li>jsp 脚本</li><br>
   <table border="1">
       <tr>
           <td>姓名</td>
           <td>年龄</td>
           <td>所属组</td>
       </tr>
       <%
           List userList = (List)request.getAttribute("userlist");
           if (userList == null || userList.size() == 0) {
       %>
           <tr>
               <td colspan="3">没有符合条件的数据！</td>
           </tr>
       <%
           }else {
               for (Iterator iter = userList.iterator(); iter.hasNext(); ) {
```

```
                User user = (User)iter.next();
        %>
            <tr>
                <td><% = user.getUsername() %></td>
                <td><% = user.getAge() %></td>
                <td><% = user.getGroup().getName() %></td>
            </tr>
        <%
                }
            }
        %>
    </table>
    <p>
    <li>标签</li><br>
    <table border = "1">
        <tr>
        <td>姓名</td>
        <td>年龄</td>
        <td>所属组</td>
    </tr>
    <logic:empty name = "userlist">
        <tr>
            <td colspan = "3">没有符合条件的数据！</td>
        </tr>
    </logic:empty>
    <logic:notEmpty name = "userlist">
        <logic:iterate id = "u" name = "userlist">
            <tr>
                <td>
                    <bean:write name = "u" property = "username"/>
                </td>
                <td>
                    <bean:write name = "u" property = "age"/>
                </td>
                <td>
                    <bean:write name = "u" property = "group.name"/>
                </td>
            </tr>
        </logic:literate>
    </logic:notEmpty>
  </table>
</body>
```

注意：① 记得设置 utf-8 的编码格式，首行代码如下所示。

```
<%@ page language = "java" import = "java.util.*" pageEncoding = "utf-8" %>
```

② emptypresent.jsp 需要调用 Struts 标签库，所以记得在此页面头部引入相关标签库，一般将代码放在第二行即设置完页面编码格式后，添加的代码如下所示。

```
<%@ taglib uri = "http://jakarta.apache.org/struts/tags-bean" prefix = "bean" %>
<%@taglib uri = "http://jakarta.apache.org/struts/tags-logic" prefix = "logic" %>
```

(5) 重新部署项目，运行测试。

在地址栏里输入网址 http://localhost:8080/struts-taglib/或 http://localhost:8080/

struts-taglib/index.jsp,显示效果如图 12-9 所示。

单击超链接"测试 iterate",跳转后的正确页面效果如图 12-10 所示。

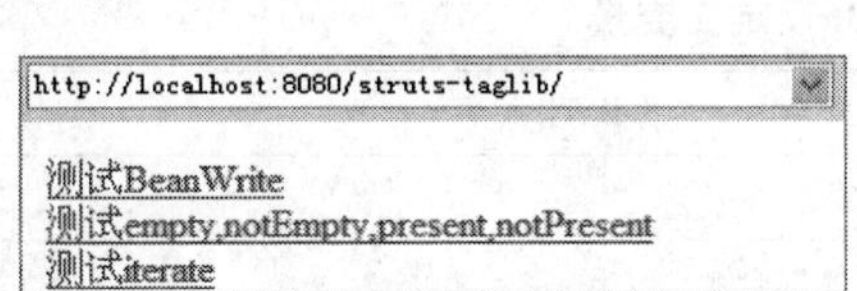

图 12-9　再次修改后的入口页面效果

图 12-10　正确的输出效果

12.3　JSTL 基础知识

12.3.1　JSTL 简介

JSTL 全名为 JavaServerPages Standard Tag Library,即 JSP 标准标签库。它是由 Apache 基金组织的 Jakarta 小组开发维护的一个不断完善的开放源代码的 JSP 标准标签库,它为 Java Web 开发人员提供一个标准的、通用的标签库。

开发人员可以利用这些标签取代 JSP 页面上的 Java 代码,从而提高程序的可读性,降低程序的维护难度。

12.3.2　JSTL 功能

本质上 JSTL 是提前定义好的一组标签,这些标签封装了不同的功能,当在页面上调用该标签时,等于调用了封装起来的功能。JSTL 标签可以在页面上输出内容、查询数据库和处理 XML 文档等。

JSTL 标签库基本分成五类:JSTL 核心库、国家化和格式标签库、函数标签库、数据库标签库、XML 操作标签库。利用这些标签可以在页面上避免使用 Java 代码,而且这些标签的功能非常强大。仅仅引入一个简单的标签,就可以实现以前在 JSP 页面上一大段 Java 代码才能实现的功能。

Java 4.0 以上版本增加了对 JSTL 的支持。

12.4　EL 表达式基础知识

12.4.1　EL 表达式简介

EL 是 Expression Language 的简称,意思是表达式语言(下文中将其称为 EL 表达式)。它是 JSP 2.0 中引入的一种计算机和输出 Java 对象的简单语言,为不熟悉 Java 语言页面的开发人员提供了一种开发 JSP 应用程序的新途径。

EL 表达式是 JSTL 的输出(输入),一个 Java 表达式的表示形式。

一个 EL 表达式包含变量和操作符,还有数字、文本、布尔值、null 值。一个 EL 表达式总是以 ${}来标记(一个“ $ ”符号和一个左花括号、右花括号)。

任何存储在某个 JSP 作用范围(如 page、request、session、application)的 bean 能被作为一个 EL 变量来使用。

另外,EL 支持以下预定义的变量,如表 12-3 所示。

表 12-3 EL 预定义变量

变量	名称说明
pageScope	包含所有 page scope 范围的变量集合
requestScope	包含所有 request scope 范围的变量集合
sessionScope	包含所有 session scope 范围的变量集合
applicationScope	包含所有 application scope 范围的变量集合
param	包含所有请求参数的集合,通过每个参数对应一个 String 值的方式赋值
paramValues	包含所有请求参数的集合,通过每个参数对应一个 String 数组的方式赋值
header	包含所有请求的头信息的集合,通过每个头信息对应一个 String 值的方式赋值
headerValues	包含所有请求的头信息的集合,通过每个头信息的值都保存在一个 String 数组的方式赋值
cookie	包含所有请求的 cookie 集合,通过每一个 cookie(javax. servlet. http. Cookie)对应一个 cookie 值的方式赋值
initParam	包含所有应用程序初始化参数的集合,通过每个参数分别对应一个 String 值的方式赋值
pageContext	javax. servlet. jsp. PageContext 类的实例,用来提供访问不同的请求数据

当 EL 表达式中的变量没有指定范围时,系统默认从 page 范围中查找,然后依次在 request、session 及 application 范围内查找。如果在此过程中找到指定的变量,则直接返回,否则返回 null。另外,EL 表达式还提供了指定存取范围的方法,在要输出表达式的前面加入指定存取范围的前缀即可指定该变量的存取范围。

操作符描述了对变量所期望的操作,EL 表达式的操作符和在大多数语言中所支持的操作符一样。EL 支持以下的操作符,如表 12-4 所示。

表 12-4 EL 操作符

操作符	描述
.	访问一个 bean 属性或者 Map entry
[]	访问一个数组或者链表元素
()	对子表达式分组,用来改变赋值顺序
? :	条件语句,比如:条件 ? ifTrue : ifFalse。如果条件为真,表达式值为前者,反之为后者
+	数学运算符,加操作
−	数学运算符,减操作或者对一个值取反
*	数学运算符,乘操作
/ or div	数学运算符,除操作

续表

操作符	描述
% or mod	数学运算符，模操作(取余)
==or eq	逻辑运算符，判断符号左右两端是否相等，如果相等返回 true，否则返回 false
! =or ne	逻辑运算符，判断符号左右两端是否不相等，如果不相等返回 true，否则返回 false
< or lt	逻辑运算符，判断符号左边是否小于右边，如果小于返回 true，否则返回 false
> or gt	逻辑运算符，判断符号左边是否大于右边，如果大于返回 true，否则返回 false
<=or le	逻辑运算符，判断符号左边是否小于或者等于右边，如果小于或者等于返回 true，否则返回 false
>=or ge	逻辑运算符，判断符号左边是否大于或者等于右边，如果大于或者等于返回 true，否则返回 false
&& or and	逻辑运算符，与操作符。如果左右两边同为 true，返回 true，否则返回 false
|| or or	逻辑运算符，或操作符。如果左右两边有任何一边为 true，返回 true，否则返回 false
! or not	逻辑运算符，非操作赋。如果对 true 取运算返回 false，否则返回 true
empty	用来对一个空变量值进行判断：null、一个空 String、空数组、空 Map、没有条目的 Collection 集合
func(args)	调用方法，func 是方法名，args 是参数，可以没有，或者有一个、多个参数，参数间用逗号隔开

12.4.2 EL 表达式的特点

(1) 在 EL 表达式中可以获得命名空间(PageContext 对象，它是页面中所有其他内置对象的最大范围的集成对象，通过它可以访问其他内置对象)。

(2) EL 表达式不仅可以访问一般变量，而且可以访问 JavaBean 中的属性以及嵌套属性和集合对象。

(3) 在 EL 表达式中可以执行关系运算、逻辑运算和算术运算等。

(4) 扩展函数可以与 Java 类的静态方法进行映射。

(5) 在表达式中可以访问 JSP 的作用域(request、session、application 以及 page)。

(6) EL 表达式可以与 JSTL 结合使用，也可以与 JavaScript 语句结合使用。

11.4.3 EL 表达式应用实例

(1) 新建一个 Web 项目，名为 struts-jstl，并为项目增加 Struts 开发能力。

(2) 修改 index 网页主体部分，提供 Action 的入口链接，主体代码如下所示。

```
<body>
    <h1>测试 JSTL</h1>
    <hr>
    <a href = "jstlel.do">测试 EL 表达式</a><br>
    <a href = "jstlcore.do">测试 jstl 核心库</a><br>
    <a href = "jstlfmt.do">测试 jstl 格式化库</a><br>
  </body>
</html>
```

(3) 在 struts-config.xml 的 Design 模式里建立 jstlel Action 和 success1 Forward，success1 转向指向的路径是 jstlel.jsp，然后将 Action 和 Forward 关联起来，如图 12-11 所示。

(4) 新建两个 class 类，名为 Group 和 User，所在包名为 com.zhangli.struts.model，这两个类用来在 Action 中存储结构体并在 JSP 中进行输出。

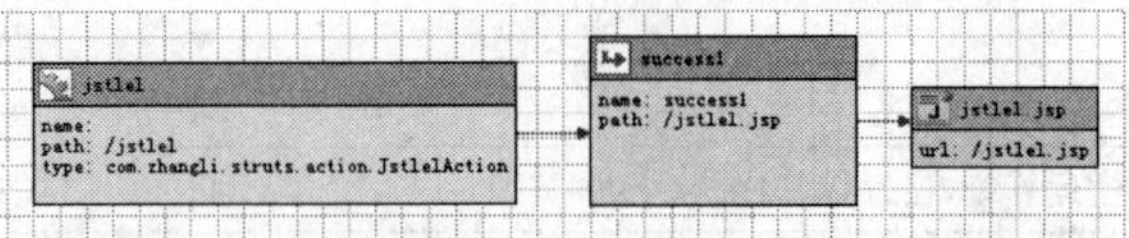

图 12-11　新建 jstlel Action 和 success1 Forward

Group 类代码如下所示。

```
package com.zhangli.struts.model;
public class Group {
    private String name;
    public String getName() {
        return name;
    }
    public void setName(String name) {
        this.name = name;
    }
}
```

User 类代码如下所示。

```
package com.zhangli.struts.model;
public class User {
    private String username;
    private int age;
    private Group group;
    public int getAge() {
        return age;
    }
    public void setAge(int age) {
        this.age = age;
    }
    public Group getGroup() {
        return group;
    }
    public void setGroup(Group group) {
        this.group = group;
    }
    public String getUsername() {
        return username;
    }
    public void setUsername(String username) {
        this.username = username;
    }
}
```

注意：只需要手动编写 Group 和 User 类的属性，get 和 set 方法可以采用单击右键，选择"Source"→"Generate Getters and Setters"选项的方式自动生成。

（5）编辑 jstlel Action，主体代码如下所示。

```
public class JstlelAction extends Action {
    public ActionForward execute(ActionMapping mapping, ActionForm form,
            HttpServletRequest request, HttpServletResponse response) {
        //普通字符串
        request.setAttribute("hello", "hello world");
```

```
        //结构
        Group group = new Group();
        group.setName("尚学堂");
        User user = new User();
        user.setUsername("张三");
        user.setAge(18);
        user.setGroup(group);
        request.setAttribute("user", user);
        //字符串数组
        String[] strArray = new String[]{"a", "b", "c"};
        request.setAttribute("strarray", strArray);
        User[] users = new User[10];
        for (int i = 0; i<10; i++) {
            User u = new User();
            u.setUsername("U_" + i);
            users[i] = u;
        }
        request.setAttribute("users", users);
        List userList = new ArrayList();
        for (int i = 0; i<10; i++) {
            User uu = new User();
            uu.setUsername("UU_" + i);
            userList.add(uu);
        }
        request.setAttribute("userlist", userList);
        //empty
        request.setAttribute("value1", null);
        request.setAttribute("value2", "");
        request.setAttribute("value3", new ArrayList());
        request.setAttribute("value4", "123456");
        return mapping.findForward("success1");
    }
}
```

(6) 在 WebRoot 文件夹新建并编辑 jstlel.jsp，主体代码如下所示。

```
<body>
    <h1>测试 EL 表达式</h1><br>
    <hr>
    <li>普通字符串</li><br>
    hello(jsp 脚本):<% = request.getAttribute("hello") %><br>
    hello(el 表达式,el 表达式的使用方法 $ 和{}):${hello }<br>
    hello(el 表达式,el 的隐含对象 pageScope,requestScope,sessionScope,applicationScope,<br>
    如果未指定 scope,它的搜索顺序 pageScope~applicationScope):${requestScope.hello }<br>
    hello(el 表达式,scope = session):${sessionScope.hello }<br>
    <p>
    <li>结构,采用.进行导航,也称存取器</li><br>
    姓名:${user.username }<br>
    年龄:${user.age }<br>
    所属组:${user.group.name }<br>
    <p>
    <li>输出数组,采用[]和下标</li><br>
    strarray[2]:${strarray[1] }<br>
    <p>
```

```
    <li>输出对象数组,采用[]和下标</li><br>
    userarray[3].username: ${users[2].username }<br>
    <p>
    <li>输出 list,采用[]和下标</li><br>
    userlist[5].username: ${userlist[4].username }<br>
    <p>
    <li>el 表达式对运算符的支持</li><br>
    1+2= ${1+2 }<br>
    10/5= ${10/5 }<br>
    10 div 5= ${10div 5 }<br>
    10 % 3= ${10 % 3 }<br>
    10 mod 3= ${10mod 3 }<br>
    <!--
        ==/eq
        !=/ne
        </lt
        >/gt
        <=/le
        >=/ge
        &&/and
        ||/or
        !/not
        //div
        %/mod
    -->
    <li>测试 empty</li><br>
    value1: ${empty value1 }<br>
    value2: ${empty value2 }<br>
    value3: ${empty value3 }<br>
    value4: ${empty value4 }<br>
    value4: ${! empty value4 }<br>
</body>
```

注意:EL 表达式页面不用加头文件。

(7) 开启服务器,部署项目,运行测试。

在地址栏里输入网址 http://localhost:8080/struts-jstl/或 http://localhost:8080/struts-jstl/index.jsp,显示效果如图 12-12 所示。

单击超链接"测试 EL 表达式",跳转后的正确页面效果如图 12-13 所示。

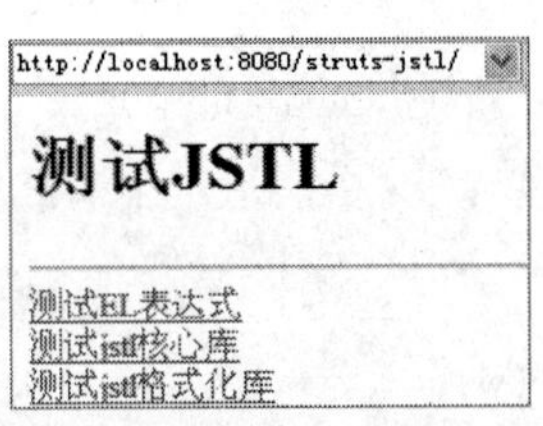

图 12-12　入口页面效果

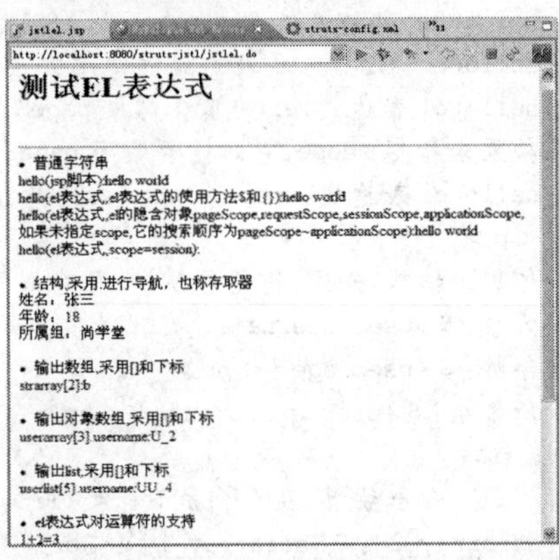

图 12-13　jstlel Action 正确的输出效果

12.5 JSTL 核心标签库

12.5.1 核心标签库基础知识

JSTL 核心库主要有输入/输出、流程控制、迭代操作和 URL 操作等功能。

如果要在 JSP 页面中使用核心库的标签，需要用 taglib 指令指明该标签库的路径如下：

```
<%@ taglib prefix="c"  uri="http://java.sun.com/jsp/jstl/core"%>
```

prefix＝"c"说明了核心库的标签必须以 c 开头。uri＝http://java.sun.com/jsp/jstl/core 指定了核心库的 tld 声明文件的 uri 地址。

在上面的代码中，标签的前缀名 c 是可以自己设置的，但是 uri 是已经设定的，一般情况下不需要修改该设置。

1. <c:out>

<c:out>标签的功能相当于 JSP 中的 out 对象，可以在 JSP 页面上打印字符串，也可以打印一个表达式的值。

<c:out>标签常用属性如表 12-5 所示。

表 12-5 <c:out>常用属性

属 性	描 述	是否必须	默认值
value	输出的信息，可以是 EL 表达式或常量	是	无
default	value 为空时显示信息	否	无
escapeXml	为 true 则避开特殊的 XML 字符集	否	True

代码：您的用户名是：<c:out value＝"${user.username}"default＝"guest"/>

含义：显示用户的用户名，如为空则显示 guest。

代码：<c:out value＝"${sessionScope.username}"/>

含义：指定从 session 中获取 username 的值显示。

代码：<c:out value＝"${username}" />

含义：显示 username 的值，默认是从 request(page)中取，如果 request 中没有名为 username 的对象则从 session 中取，session 中没有则从 application(servletContext)中取，如果没有取到任何值则不显示。

2. 流程控制标签

<c:if>标签常用属性如表 12-6 所示。

表 12-6 <c:if>常用属性

属性	描述	是否必须	默认值
test	需要评价的条件，相当于 if (...){}语句中的条件	是	无
var	要求保存条件结果的变量名	否	无
scope	保存条件结果的变量范围	否	page

代码：

```
<c:if test = "${user.wealthy}">
    user.wealthy is true.
    </c:if>
```

含义：如果 user. wealthy 值为 true，则显示 user. wealthy is true。

<c:choose>这个标签不接受任何属性。

<c:when>标签常用属性如表 12-7 所示。

表 12-7 <c:when>常用属性

属性	描述	是否必须	默认值
test	需要评价的条件	是	无

<c:otherwise>这个标签同样不接受任何属性。

代码：

```
<c:choose>
    <c:when test = "${user.generous}">
    user.generous  is true.
    </c:when>
    <c:when test = "${user.stingy}">
    user.stingy is true.
    </c:when>
    <c:otherwise>
    user.generous and user.stingy are false.
    </c:otherwise>
    </c:choose>
```

含义：只有当条件 user. generous 返回值是 true 时，才显示 user. generous is true；只有当条件 user. stingy 返回值是 true 时，才显示 user. stingy is true；其他所有的情况(即 user. generous 和 user. stingy 的值都不为 true)全部显示 user. generous and user. stingy are false。

由于 JSTL 没有形如 if (){...} else {...}的条件语句，所以这种形式的语句只能用<c:choose>、<c:when>和<c:otherwise>标签共同来完成了。

3. 循环控制标签

<c:forEach>标签用于通用数据，常用属性如表 12-8 所示。

表 12-8 <c:forEach>常用属性

属性	描述	是否必须	默认值
items	进行循环的项目	否	无
begin	开始条件	否	0
end	结束条件	否	集合中的最后一个项目
step	步长	否	1
var	代表当前项目的变量名	否	无
varStatus	显示循环状态的变量	否	无

代码：

```
<c:forEach items = "${vectors}" var = "vector">
    <c:out value = "${vector}"/>
    </c:forEach>
```

相当于 Java 语句：for (int i=0;i<vectors. size();i++) {out. println(vectors. g(i)); } 、

代码：<c:forEach begin = "1" end = "10" var = "i" step = "2">

count = <c:out value = " $ {i}"/>

</c:forEach>

输出结果：

count = 1

count = 3

count = 5

count = 7

count = 9

12.5.2 核心标签库应用实例

(1) 接上一个项目，在 struts-config.xml 的 Design 模式里建立 jstlcore Action 和 success2 Forward，success2 转向指向的路径是 jstlcore.jsp，然后将 Action 和 Forward 关联起来，如图 12-14 所示。

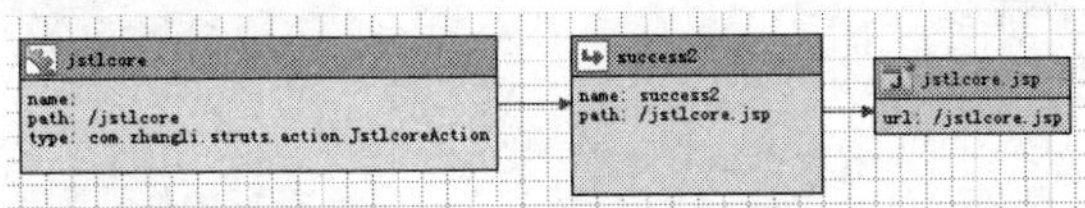

图 12-14 建立 jstlcore Action 和 success2 Forward

(2) 编辑 jstlcore Action，主体代码如下所示。

```
public class JstlcoreAction extends Action {
    public ActionForward execute(ActionMapping mapping, ActionForm form,
            HttpServletRequest request, HttpServletResponse response) {
        //普通属性
        request.setAttribute("hello", "Hello World");
//html 文本
        request.setAttribute("bj", "<font color = 'red'>北京欢迎您</font>");
        //测试条件控制标签
        request.setAttribute("v1", 1);
        request.setAttribute("v2", 2);
        request.setAttribute("v3", new ArrayList());
        request.setAttribute("v4", "test");
        //测试 c:forEach
        Group group = new Group();
        group.setName("尚学堂");
        List userList = new ArrayList();
        for (int i = 0; i<10; i++) {
            User user = new User();
            user.setUsername("user_" + i);
            user.setAge(18 + i);
            user.setGroup(group);
            userList.add(user);
        }
        request.setAttribute("userlist", userList);
        return mapping.findForward("success2");
    }
}
```

(3) 在 WebRoot 文件夹新建并编辑 jstlcore.jsp 页面，主体代码如下所示。

```
<body>
    <h1>测试 jstl 核心库</h1>
    <hr>
    <li>测试 c:out</li><br>
    hello(default):<c:out value="${hello}"/><br>
    hello(el 表达式):${hello }<br>
    hello(default="123"):<c:out value="${abc}" default="123"/><br>
    hello(default="123"):<c:out value="${abc}">123</c:out><br>
    bj(defalut):<c:out value="${bj}"/><br>
    bj(escapeXml="true"):<c:out value="${bj}" escapeXml="true"/><br>
    bj(escapeXml="false"):<c:out value="${bj}" escapeXml="false"/><br>
    bj(el 表达式):${bj }<br>
    <p>
    <li>测试条件控制标签 c:if</li><br>
    <c:if test="${v1 lt v2}" var="v">
        v1 小于 v2<br>v=${v }<br>
    </c:if>
    <c:if test="${empty v3}">
        v3 为空<br>
    </c:if>
    <c:if test="${empty v4}">
        v4 为空<br>
    </c:if>
    <p>
    <li>测试条件控制标签 c:choose,c:when,c:otherwise</li><br>
    <c:choose>
        <c:when test="${v1 lt v2}">
            v1 小于 v2<br>
        </c:when>
        <c:otherwise>
            v1 大于 v2<br>
        </c:otherwise>
    </c:choose>
    <c:choose>
        <c:when test="${empty v4}">
            v4 为空<br>
        </c:when>
        <c:otherwise>
            v4 不为空<br>
        </c:otherwise>
    </c:choose>
    <p>
    <li>测试循环控制标签 c:forEach</li><br>
    <table border="1">
        <tr>
            <td>姓名</td>
            <td>年龄</td>
            <td>所属组</td>
        </tr>
        <c:choose>
            <c:when test="${empty userlist}">
                <tr>
                    <td colspan="3">没有符合条件的数据！</td>
```

```
            </tr>
        </c:when>
        <c:otherwise>
            <c:forEach items = " $ {userlist}" var = "u">
                <tr>
                    <td> $ {u.username }</td>
                    <td> $ {u.age }</td>
                    <td> $ {u.group.name }</td>
                </tr>
            </c:forEach>
        </c:otherwise>
    </c:choose>
</table>
<p>
<li>测试循环控制标签 c:forEach,varstatus</li><br>
<table border = "1">
    <tr>
        <td>姓名</td>
        <td>年龄</td>
        <td>所属组</td>
    </tr>
    <c:choose>
        <c:when test = " $ {empty userlist}">
            <tr>
                <td colspan = "3">没有符合条件的数据! </td>
            </tr>
        </c:when>
        <c:otherwise>
            <c:forEach items = " $ {userlist}" var = "user" varStatus = "vs">
                <c:choose>
                    <c:when test = " $ {vs.count % 2 == 0}">
                        <tr bgcolor = "red">
                    </c:when>
                    <c:otherwise>
                        <tr>
                    </c:otherwise>
                </c:choose>
                            <td>
                                <c:out value = " $ {user.username}"/>
                            </td>
                            <td>
                                <c:out value = " $ {user.age}"/>
                            </td>
                            <td>
                                <c:out value = " $ {user.group.name}"/>
                            </td>
                        </tr>
            </c:forEach>
        </c:otherwise>
    </c:choose>
</table>
<p>
<li>测试循环控制标签 c:forEach,begin,end,step</li><br>
```

```
    <table border = "1">
        <tr>
            <td>姓名</td>
            <td>年龄</td>
            <td>所属组</td>
        </tr>
        <c:choose>
            <c:when test = "${empty userlist}">
                <tr>
                    <td colspan = "3">没有符合条件的数据！</td>
                </tr>
            </c:when>
            <c:otherwise>
                <c:forEach items = "${userlist}" var = "user" begin = "2" end = "8" step = "2">
                    <tr>
                        <td>${user.username}</td>
                        <td>${user.age}</td>
                        <td>${user.group.name }</td>
                    </tr>
                </c:forEach>
            </c:otherwise>
        </c:choose>
    </table>
    <p>
</body>
```

注意：① 记得设置 utf-8 的编码格式，首行代码如下所示。

```
<%@ page language = "java" import = "java.util.*" pageEncoding = "utf-8" %>
```

② jstlcore.jsp 需要调用 JSTL 标签库，所以记得在此页面头部引入相关标签库，一般将代码放在第二行即设置完页面编码格式后，添加的代码如下所示。

```
<%@ taglib prefix = "c" uri = "http://java.sun.com/jsp/jstl/core" %>
```

(4) 重新部署项目，运行测试。

在地址栏里输入网址 http://localhost:8080/struts-jstl/或 http://localhost:8080/struts-jstl/index.jsp，单击超链接"测试 jstl 核心库"，跳转后的正确页面效果如图 12-15 所示。

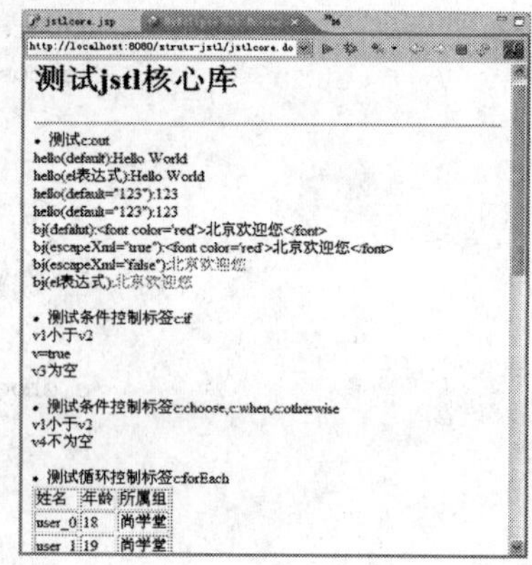

jstlcore.jsp
测试jstl核心库
• 测试c:out
hello(default):Hello World
hello(el表达式):Hello World
hello(default="123"):123
hello(default="123"):123
bj(default):<font color='red'>北京欢迎您</font>
bj(escapeXml="true"):<font color='red'>北京欢迎您</font>
bj(escapeXml="false"):北京欢迎您
bj(el表达式):北京欢迎您
• 测试条件控制标签c:if
v1小于v2
v=true
v3为空
• 测试条件控制标签c:choose,c:when,c:otherwise
v1小于v2
v4不为空
• 测试循环控制标签c:forEach
姓名 年龄 所属组
user_0 18 尚学堂
user_1 19 尚学堂

图 12-15　jstlcore Action 正确的输出效果

12.5.3　格式化标签库应用实例

(1) 接上一个项目，在 struts-config.xml 的 Design 模式里建立 jstlfmt Action 和 success3 Forward，success3 转向指向的路径是 jstlfmt.jsp，然后将 Action 和 Forward 关联起来，如图 12-16 所示。

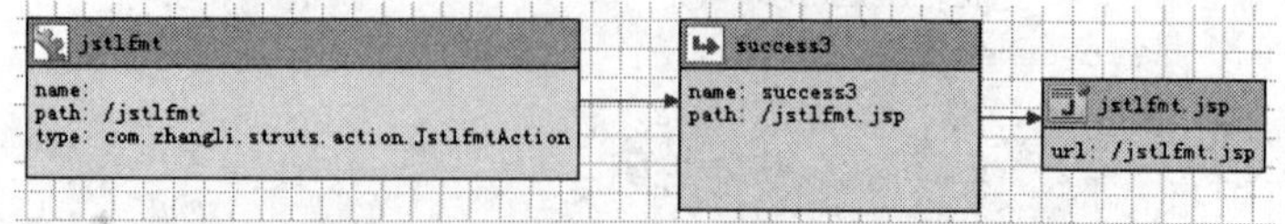

图 12-16　建立 jstlfmt Action 和 success3 Forward

（2）编辑 Jstlfmt Action，主体代码如下所示。

```
public class JstlfmtAction extends Action {
    public ActionForward execute(ActionMapping mapping, ActionForm form,
            HttpServletRequest request, HttpServletResponse response) {
        request.setAttribute("today", new Date());
        request.setAttribute("n", 123456.123);
        request.setAttribute("p", 0.12345);
        return mapping.findForward("success3");
    }
}
```

（3）在 WebRoot 文件夹新建并编辑 jstlfmt.jsp 页面，主体代码如下所示。

```
<body>
    <h1>测试 jstl 格式化库</h1>
      <hr>
      <li>测试日期的格式化</li><br>
      today(default):<fmt:formatDate value="${today}"/><br>
      today(type="date"):<fmt:formatDate value="${today}" type="date"/><br>
      today(type="time"):<fmt:formatDate value="${today}" type="time"/><br>
      today(type="both"):<fmt:formatDate value="${today}" type="both"/><br>
      today(dateStyle="short"):<fmt:formatDate value="${today}" dateStyle="short"/><br>
      today(dateStyle="medium"):<fmt:formatDate value="${today}" dateStyle="medium"/><br>
      today(dateStyle="long"):<fmt:formatDate value="${today}" dateStyle="long"/><br>
      today(dateStyle="full"):<fmt:formatDate value="${today}" dateStyle="full"/><br>
      today(pattern="yyyy/MM/dd HH:mm:ss"):<fmt:formatDate value="${today}"
pattern="yyyy/MM/dd HH:mm:ss"/><br>
      today(pattern="yyyy/MM/dd HH:mm:ss"):<fmt:formatDate value="${today}"
pattern="yyyy/MM/dd HH:mm:ss" var="d"/><br>
      ${d }<br>
      <p>
      <li>测试数字的格式化</li><br>
      n(default):<fmt:formatNumber value="${n}"/><br>
      n(pattern="###,###.##"):<fmt:formatNumber value="${n}"
pattern="###,###.##"/><br>
      n(pattern="###,###.0000"):<fmt:formatNumber value="${n}"
pattern="###,###.0000"/><br>
      n(groupingUsed="false"):<fmt:formatNumber value="${n}" groupingUsed="false"/><br>
      n(minIntegerDigits="10"):<fmt:formatNumber value="${n}" minIntegerDigits="10"/><br>
      n(type="currency"):<fmt:formatNumber value="${n}" type="currency"/><br>
      n(type="currency"):<fmt:formatNumber value="${n}" type="currency"
currencySymbol="$"/><br>
      n(type="percent"):<fmt:formatNumber value="${p}" type="percent"
maxFractionDigits="2" minFractionDigits="2"/><br>
  </body>
```

注意：① 记得设置 utf-8 的编码格式，首行代码如下所示。

```
<%@ page language="java" import="java.util.*" pageEncoding="utf-8"%>
```

② jstlcore.jsp 需要调用 JSTL 标签库，所以记得在此页面头部引入相关标签库，一般将代码放在第二行即设置完页面编码格式后，添加的代码如下所示。

```
<%@ taglib prefix="fmt" uri="http://java.sun.com/jsp/jstl/fmt"%>
```

（4）重新部署项目，运行测试。

在地址栏里输入网址 http://localhost:8080/struts-jstl/或 http://localhost:8080/struts-jstl/

index. jsp,单击超链接“测试 jstl 格式化库”,跳转后的正确页面效果如图 12-17 所示。

图 12-17　jstlfmt Action 正确的输出效果

12.6　网络留言板 V6.0

要求综合运用 Struts 框架和标签相关知识完成留言板功能。

12.6.1　数据库及表结构

数据库名为 zhangli,表名为 strutsguestbook,其中 strutsguestbook 的字段结构如表 12-9 所示。

表 12-9　strutsguestbook 表结构

字段	类型	可为空
id	int	否,主键
name	varchar(40)	是
email	varchar(120)	是
url	varchar(120)	是
title	varchar(200)	是
content	varchar(2000)	是
time	varchar(40)	是

在 MySQL 的 zhangli 数据库里创建表,代码如下所示。

```
CREATE TABLE strutsguestbook(id int(11) NOT NULL auto_increment, name varchar(40),email varchar
(60),url varchar(60),title varchar(200),content varchar(2000),time varchar(40), PRIMARY KEY(id));
```

12.6.2　设置数据库连接池

(1) 修改 context. xml 文件。

(2) 将 MySQL 的 JDBC 驱动复制到 Tomcat 的安装目录下,放到 lib 文件夹。

(3) 关于连接池中连接的代码到具体文件中使用。

12.6.3 建立并编辑 Web 项目

（1）新建一个 Web 项目名为 strutsguestbook，为项目增加 Struts 开发能力。

（2）在 struts-config.xml 的 Design 模式中单击右键，选择“New”→“Form，Action and JSP”选项，在弹出界面进行设置，如图 12-18 所示。

注意：在设置完属性以后，不要单击“Next”或者“Finish”按钮，要切换到 JSP 选项卡，生成对应的 JSP 文件，然后再单击“Next”按钮，如图 12-19 所示。

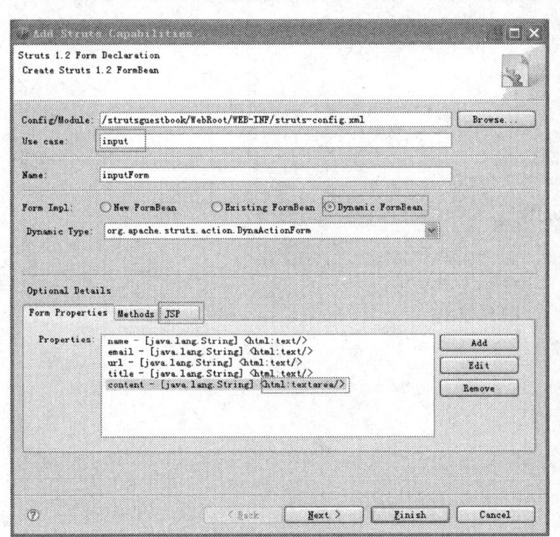

图 12-18 创建 Form Action and JSP

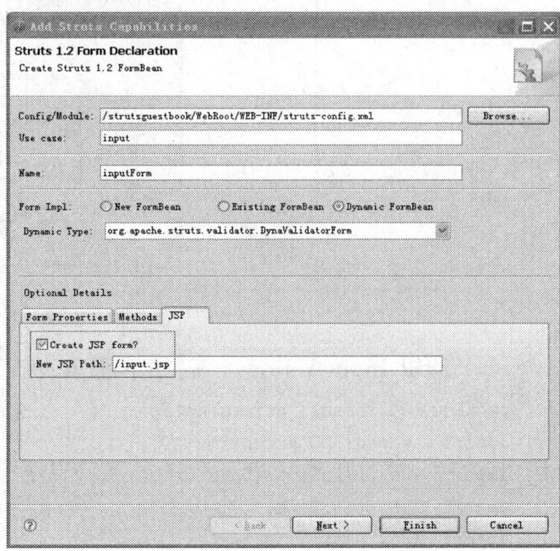

图 12-19 生成 input.jsp

经过以上操作后弹出如图 12-20 所示效果，单击“Finish”按钮即创建完毕。

（3）增加 JDBC 驱动和 dbutils 类库，用来连接数据和方便对数据库的 JDBC 操作。

右键单击项目名称，选择“Build Path”→“Configure Build Path”选项构建路径，如图 12-21 所示。

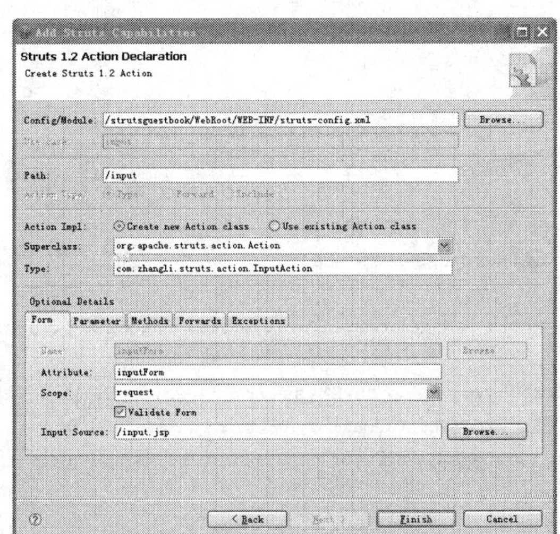

图 12-20 创建 input Action 完毕

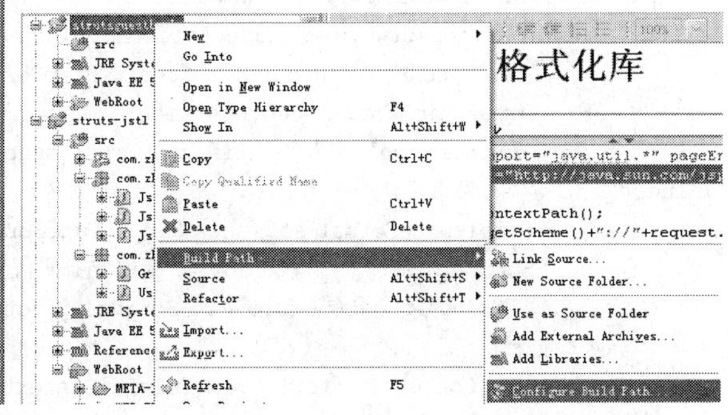

图 12-21 为 strutsguestbook 配置构建路径

通过 Add External JARs 把“MySQL 的 JDBC 驱动.jar”和“commons-dbutils-1.1.jar”文

件导入进来，如图 12-22 所示。

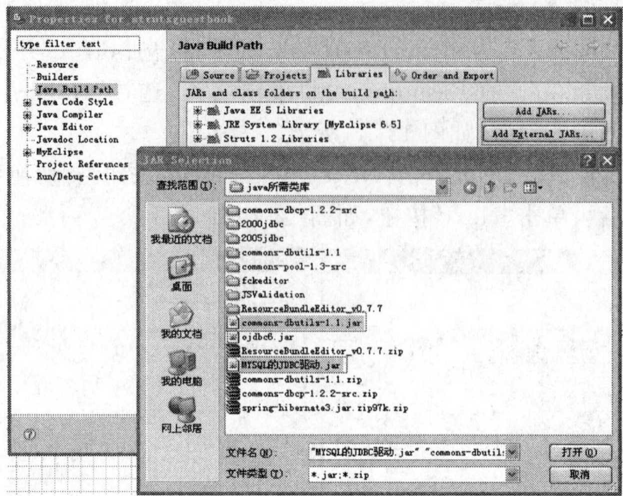

图 12-22　导入 JAR 文件

（4）编辑 InputAction，代码如下所示。

```
package com.zhangli.struts.action;
import java.sql.SQLException;
import java.text.SimpleDateFormat;
import java.util.Date;
import javax.naming.Context;
import javax.naming.InitialContext;
import javax.naming.NamingException;
import javax.servlet.http.HttpServletRequest;
import javax.servlet.http.HttpServletResponse;
import javax.sql.DataSource;
import org.apache.commons.dbutils.QueryRunner;
import org.apache.struts.action.Action;
import org.apache.struts.action.ActionForm;
import org.apache.struts.action.ActionForward;
import org.apache.struts.action.ActionMapping;
import org.apache.struts.action.DynaActionForm;
import org.apache.struts.validator.DynaValidatorForm;
public class InputAction extends Action {
    public ActionForward execute(ActionMapping mapping, ActionForm form,
            HttpServletRequest request, HttpServletResponse response) {
        DynaActionForm f = (DynaActionForm) form;
          String sql = " insert into strutsguestbook (name, email, url, title, content, time)
values(?,?,?,?,?,?)";
        SimpleDateFormat sdf = new SimpleDateFormat("yyyy-mm-dd hh:MM:ss");
        String params[] = { (String) f.get("name"), (String) f.get("email"), (String) f.get("url"),
        (String) f.get("title"), (String) f.get("content"),sdf.format(new Date()) };
        try {
            Context context = new InitialContext();
            DataSource ds = (DataSource) context.lookup("java:/comp/env/jdbc/mysql");
            QueryRunner qr = new QueryRunner(ds);
            qr.update(sql, params);
        } catch (NamingException e) {
```

```
                e.printStackTrace();
            } catch (SQLException e) {
                e.printStackTrace();
            }
            return mapping.findForward("guestbook.read");
        }
    }
```

注意:做完此步骤后,可以开启服务器,部署项目,先运行测试一下了。在地址栏输入 http://localhost:8080/strutsguestbook/input.jsp,页面效果如图 12-23 所示。

在 input.jsp 页面输入各项数值,页面进行跳转。如图 12-24 所示,页面是空白,因为对应的 Forward 还没有建立,所以没有对应的跳转页面。

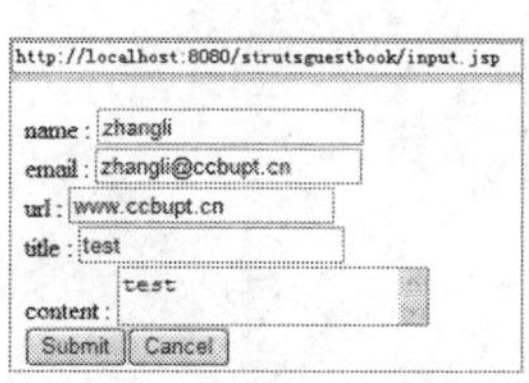

图 12-23　input.jsp 页面效果

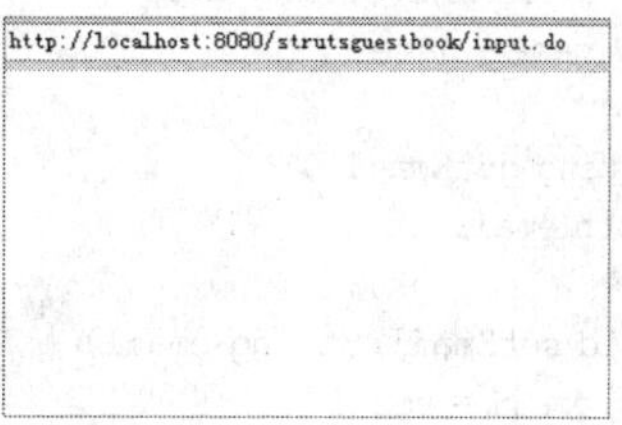

图 12-24　跳转到空白页面

为了检测之前作所的步骤是否正确,我们可以先去 MySQL 数据库查看里面是否有留言,输入 select * from strutsguestbook;如果输出结果如图 12-25 所示,则表明之前的操作正确,可继续下一步操作;否则表示结果不正确,需检查错误原因。

以上操作有可能出现两种错误,如下描述。

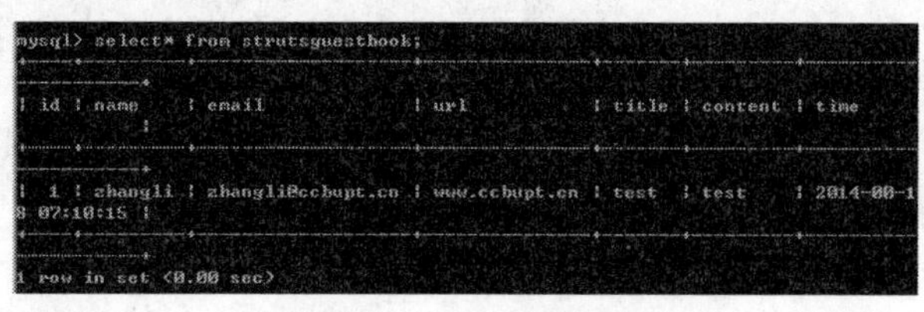

图 12-25　插入数据库成功

① 在修改 tomcat 目录下的 context.xml 文件时,配置信息有错误,导致服务器开启不了或者数据源有问题。

② 编码过程中引用的数据库或表的名字跟实际创建的名字不一致,字段不匹配等问题。

(5) 在 struts-config.xml 的 Design 模式里建立 read Action 和 guestbook.display Forward,guestbook.display 转向指向的路径是 display.jsp,并将 Action 与 Forward 关联起来,如图 12-26 所示。

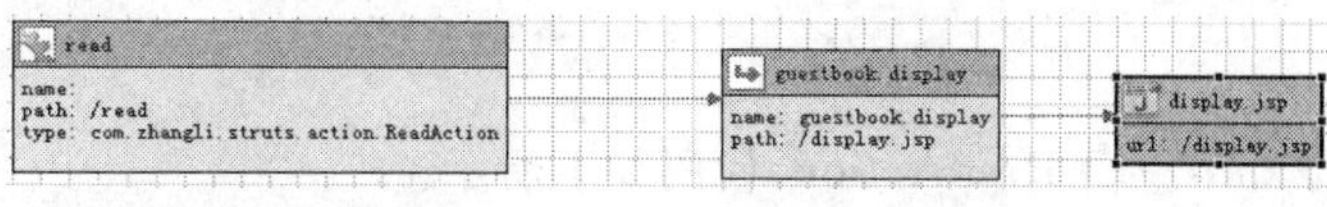

图 12-26　创建 read Action 和 Forward

(6) 新建 Java 类名为 StrutsGuestbook,所在包为 com.zhangli.struts.model,代码如下所示。

```
package com.zhangli.struts.model;
public class StrutsGuestbook {
    private int id;
    private String name;
    private String email;
```

```
    private String url;
    private String content;
    private String title;
    private String time;
    public int getId() {
        return id;
    }
    public void setId(int id) {
        this.id = id;
    }
    public String getName() {
        return name;
    }
    public void setName(String name) {
        this.name = name;
    }
    public String getEmail() {
        return email;
    }
    public void setEmail(String email) {
        this.email = email;
    }
    public String getUrl() {
        return url;
    }
    public void setUrl(String url) {
        this.url = url;
    }
    public String getContent() {
        return content;
    }
    public void setContent(String content) {
        this.content = content;
    }
    public String getTitle() {
        return title;
    }
    public void setTitle(String title) {
        this.title = title;
    }
    public String getTime() {
        return time;
    }
    public void setTime(String time) {
        this.time = time;
    }
}
```

（7）编辑 ReadAction，代码如下所示。

```
package com.zhangli.struts.action;
import java.sql.SQLException;
import java.util.List;
import javax.naming.Context;
import javax.naming.InitialContext;
import javax.naming.NamingException;
import javax.servlet.http.HttpServletRequest;
import javax.servlet.http.HttpServletResponse;
```

```
import javax.sql.DataSource;
import org.apache.commons.dbutils.QueryRunner;
import org.apache.commons.dbutils.handlers.BeanListHandler;
import org.apache.struts.action.Action;
import org.apache.struts.action.ActionForm;
import org.apache.struts.action.ActionForward;
import org.apache.struts.action.ActionMapping;
import com.zhangli.struts.model.StrutsGuestbook;
public class ReadAction extends Action {
    public ActionForward execute(ActionMapping mapping, ActionForm form,
            HttpServletRequest request, HttpServletResponse response) {
        String sql = "select * from strutsguestbook order by id desc";
        try {
            Context context = new InitialContext();
            DataSource ds = (DataSource) context.lookup("java:/comp/env/jdbc/mysql");
            QueryRunner qr = new QueryRunner(ds);
            List list = (List) qr.query(sql, new BeanListHandler(StrutsGuestbook.class));
            request.setAttribute("guestbook.display.list", list);
        } catch (NamingException e) {
            e.printStackTrace();
        } catch (SQLException e) {
            e.printStackTrace();
        }
        return mapping.findForward("guestbook.display");
    }
}
```

(8) 在 WebRoot 下新建并编辑 display.jsp,主体代码如下所示。

```
<body>
    <c:forEach items="${requestScope['guestbook.display.list']}" var="article">
        <c:out value="${article.id}"/>
        <c:out value="${article.name}"/>
        <c:out value="${article.email}"/>
        <c:out value="${article.url}"/>
        <c:out value="${article.title}"/>
        <c:out value="${article.content}"/>
        <c:out value="${article.time}"/>
    </c:forEach>
</body>
```

注意:① 记得设置 utf-8 的编码格式,首行代码如下所示。

```
<%@ page language="java" import="java.util.*" pageEncoding="utf-8"%>
```

② display.jsp 需要调用 JSTL 标签库,所以记得在此页面头部引入相关标签库,一般将代码放在第二行即设置完页面编码格式后,添加的代码如下所示。

```
<%@ taglib prefix="c" uri="http://java.sun.com/jsp/jstl/core"%>
```

做完以上步骤,程序的大体部分已经基本完成,可以做第二次阶段测试了。测试是否能读出数据库的内容。在地址栏输入 http://localhost:8080/strutsguestbook/read.do。如果输出结果如图 12-27 所示,则表明之前的操作正确,可继续下一步操作,即美化页面、增加验证、加入中文国际化处理;否则表示结果不正确,需检查错误原因。

http://localhost:8080/strutsguestbook/read.do

1 zhangli zhangli@ccbupt.cn www.ccbupt.cn test test 2014-00-18 07:10:15

图 12-27　正确的读取留言页面效果

12.6.4 界面设计

(1) 为了美化界面,我们用 DreamWeave 设计出两个 HTML 文件的界面模板。一个是输入留言页面 add.htm,如图 12-28 所示。另一个是显示留言页面 display.htm,如图 12-29 所示。

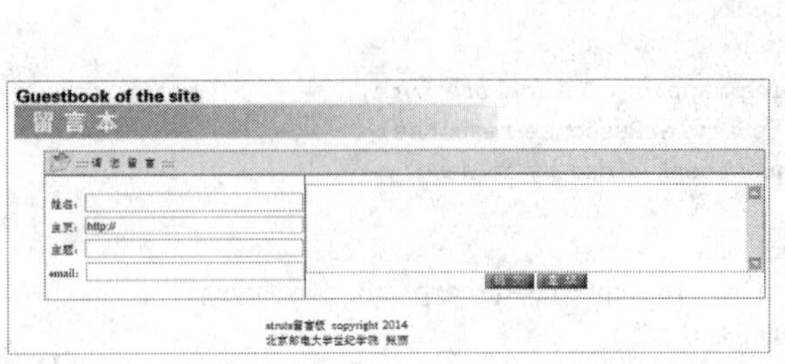

图 12-28 输入留言页面模板

图 12-29 读取留言页面模板

(2) 将两个模板页面的相关文件复制到留言板项目的 WebRoot 目录下,然后在 MyEclipse 里刷新项目。

(3) 将 input.jsp 文件套入 add.htm 格式,采用的方式是:将 input.jsp 的核心代码复制到 add.htm 中,然后放到或者替换到合适的位置。

在进行修改之前最好先将 add.htm 和 input.jsp 在其他文件夹进行备份,以后后面改错后不可逆。

首先 input.jsp 的头部声明文件和标签库的引用文件,需要放到 add.htm 的头部位置,如下代码所示。

```
<%@page language="java" pageEncoding="utf-8"%>
<%@taglib uri="http://struts.apache.org/tags-bean" prefix="bean"%>
<%@taglib uri="http://struts.apache.org/tags-html" prefix="html"%>
```

然后比较 input.jsp 的<form>和 add.htm 的<form>部分,做代码替换工作。

① input.jsp 中的<html:form action="/input ">和</html:form> 替换掉 add.htm 中的<form id="form1" name="form1" action=" "method="post">和</form>。

② input.jsp 中的<html:text property="name"/>替换掉 add.htm 中的<input class="input" size="312" name="name">。

③ input.jsp 中的<html:text property="url" value="http://"/>替换掉 add.htm 中的<input class="input" size="312" value="http://" name="homepage">。

④ input.jsp 中的<html:text property="title"/>替换掉 add.htm 中的<input class="input" size="312" name="title">。

⑤ input.jsp 中的<html:text property="email"/>替换掉 add.htm 中的<input class="input" size="312" name="email">。

⑥ input.jsp 中的<html:textarea property="content" rows="6" cols="40"/>替换掉 add.htm 中的<textarea class="input" name="content" rows="6" cols="60"></textarea>。

⑦ 将 add.htm 中的对齐标签 align=absmiddle 或者 align=middle 都改成:align="middle"。

⑧ 将工程中的 input.jsp 删除,然后将 add.htm 另存为成 input.jsp,如图 12-30 和图 12-31 所示。

最后重新部署项目,运行测试,在地址栏输入 http://localhost:8080/strutsguestbook/

input. jsp，页面效果如图 12-32 所示。

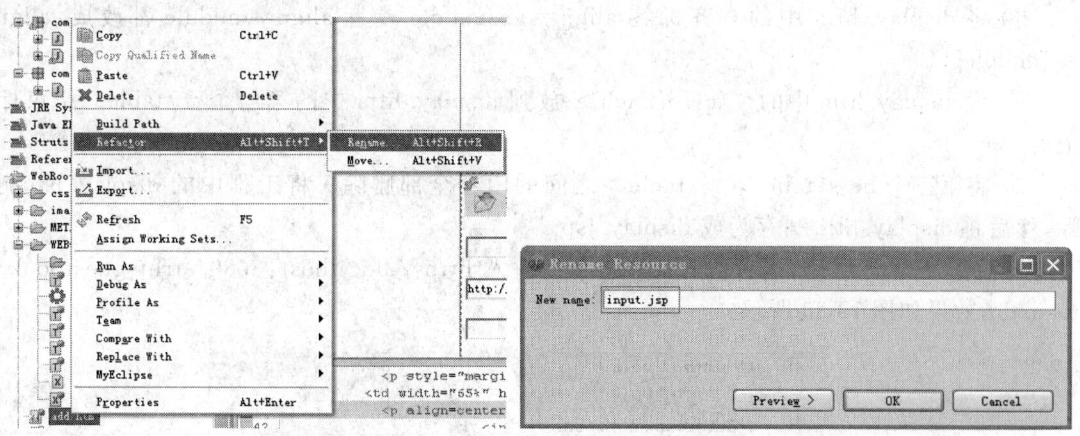

图 12-30　重命名 add. htm　　　　图 12-31　设置新的文件名称

（4）将 display. jsp 文件套入 display. htm 格式，采用的方式是：将 display. jsp 的核心代码复制到 display. htm 中，然后放到或者替换到合适的位置。

在进行修改之前最好先将 display. htm 和 display. jsp 在其他文件夹进行备份，以后后面改错后不可逆。

首先 display. jsp 的头部声明文件和标签库的引用文件，需要放到 display. htm 的头部位置，如下代码所示。

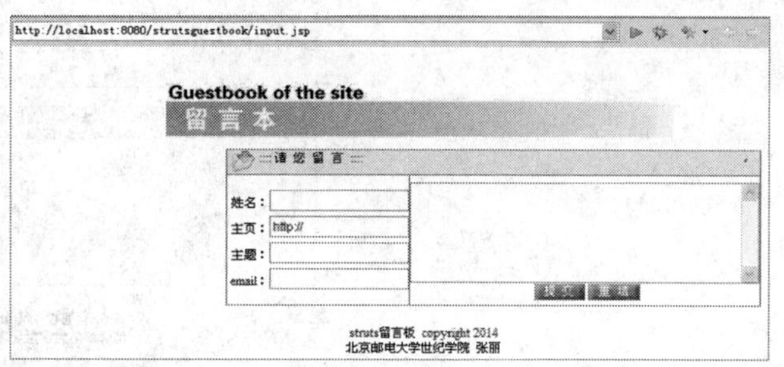

图 12-32　美化后的 input. jsp 页面效果

```
<%@page language = "java" import = "java.util.*" pageEncoding = "utf-8" %>
<%@taglib uri = "http://java.sun.com/jsp/jstl/core" prefix = "c" %>
```

（5）然后比较 display. jsp 和 display. htm，做代码替换工作。

① 将 display. jsp 中的＜c: forEach items＝"${requestScope['guestbook. display. list']}" var＝"article"＞放到 display. htm 中第二个的＜table border＝"0" cellpadding＝"0" cellspacing＝"0"style＝"border-collapse: collapse" bordercolor＝"#111111" width＝"80%" id＝"AutoNumber3"＞标签前面。

② 将 display. jsp 中的＜c: out value＝"${article. name}"/＞替换掉 display. htm 中的"留言者姓名"。

③ display. jsp 中的＜c:out value＝"${article. time}"/＞替换掉 display. htm 中的"留言时间说"。

④ display. jsp 中的＜c:out value＝"${article. title}"/＞替换掉 display. htm 中的"这里显示留言的主题"。

⑤ display. jsp 中的＜c: out value＝"${article. email}"/＞替换掉 display. htm 中的"liuwei@126. com"。

⑥ display. jsp 中的＜c: out value＝"${article. content}"/＞替换掉 display. htm 中的"这里显示留言的内容"。

⑦ display. jsp 中的<c:out value="${article. url}"/>替换掉 display. htm 中的"#"。

⑧ 将 display. htm 中的对齐标签 align=absmiddle 或者 align=middle 都改成:align="middle"。

⑨ 将 display. htm 中的</c:forEach> 放到 display. htm 中的第二个</table>结束标记后。

⑩ 将第三个 he <table></table>之间的内容全部删除。将工程中的 display. jsp 删除,然后将 display. htm 另存为成 display. jsp。

最后重新部署项目,运行测试,在地址栏输入 http://localhost:8080/strutsguestbook/read. do,效果如图 12-33 所示。

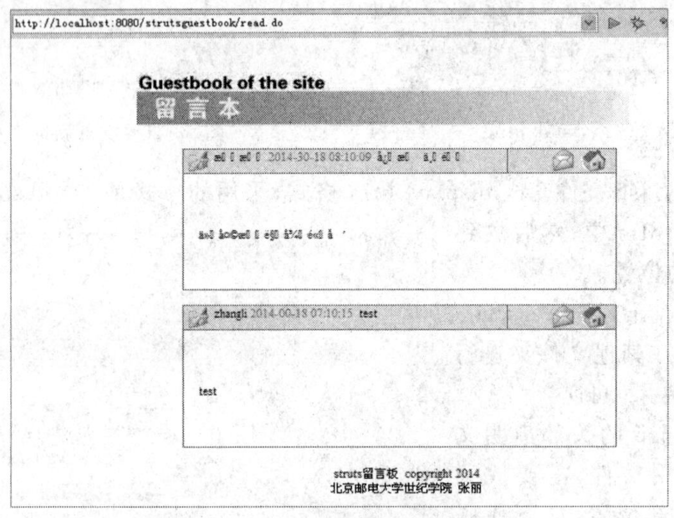

图 12-33 美化后的读取留言页面效果

12.6.5 完善

上一节的项目在功能上还存在以下几个问题。

(1) 用户输入留言后不能直接跳转到查看留言页面,而是需要重新输入网址才能查看留言,操作不方便。

(2) 在读取留言时有中文乱码问题,如图 12-16 所示的最新一条留言。

(3) input. jsp 上有 form 表单,但是没有表单验证。

(4) 解决国际化问题,为 validations. xml 中的 key 值增加中文国际化验证。

要解决以上问题,需进行如下步骤。

(1) 在 struts-config. xml 的 Design 模式里建立一个 Forward 名为 guestbook. read,转向指向的路径是 read. do,如图 12-34 所示。

经过上述操作后,struts-config. xml 的 Design 模式发生变化,界面如图 12-35 所示。

(2) 解决中文参数传递问题,用过滤器的方法。此问题请参考前面 11.3.2 节所讲步骤。

(3) 修改 input. jsp。

① 页面上增加一个显示留言的链接。将代码<td bgcolor=#eefee0 colspan=2> <img src="images/gb-add. gif" align="middle"> :::: 请 您 留 言 ::::</td>

</tr>改成<td bgcolor=#eefee0 colspan=2> <img src="images/gb-add.gif" align="middle"> :::: 请 您 留 言 :::: ::::<a href="read.do">查看留言::::</td></tr>。

② 添加验证,此问题请参考前面 9.5 节所讲步骤。

③ 为 validation.xml 中的 key 值设置中文国际化,此问题请参考前面 11.3.3 所讲步骤。

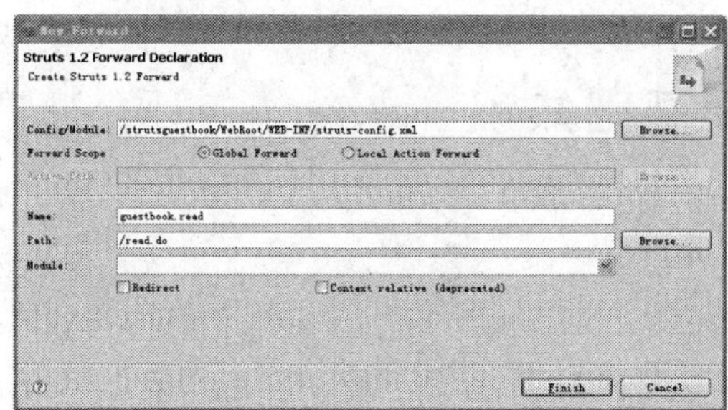

图 12-34　新建 guestbook.read 转向

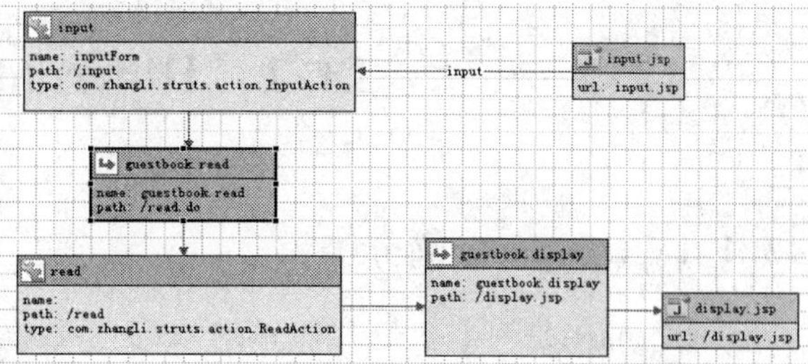

图 12-35　struts-config.xml 最后效果图

重新部署项目,运行测试,如果在 input.jsp 什么都不填就单击"提交"按钮,结果如图 12-36 所示。

在 input.jsp 表单上输入各项,单击"提交"按钮,如图 12-37 所示。

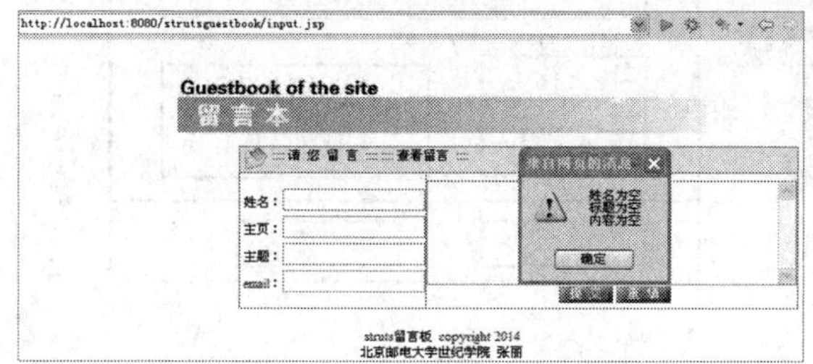

图 12-36　弹出验证框

图 12-37　输入各项

经过上述操作,页面会自动跳转到查看留言界面,并且能够将刚才中文输入的参数传递过来,如图 12-38 所示。

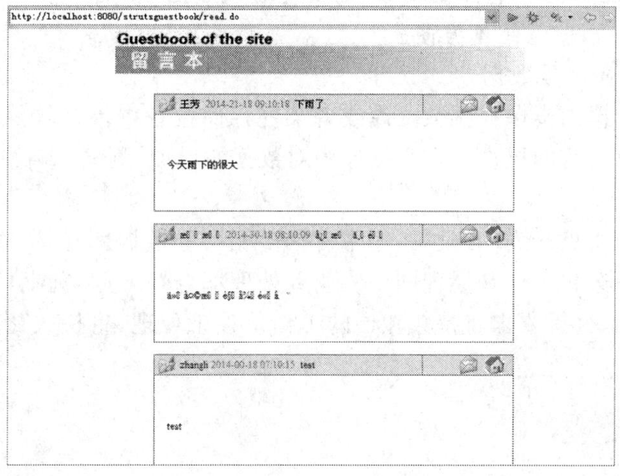

图 12-38　中文参数传递正确

第 13 章　Hibernate 框架及其应用

13.1　Hibernate 基础知识

13.1.1　Hibernate 简介

Hibernate 是一个基于 Java 的对象/关系数据库映射工具，它将对象模型表示的数据映射到 SQL 表示的关系模型上去。Hibernate 管理 Java 到数据库的映射，还提供了数据查询和存取的方法，大幅度减少了开发者的数据持久化相关的编程任务。

Hibernate 是目前最为流行的 ORM 框架。ORM 也称为对象关系映射，是面向对象语言的对象持久化技术。有了 ORM 框架，在关系型数据库和 Java 对象之间进行自动映射，就使得程序员可以以非常简单的方式实现对数据库的操作。Hibernate 基本架构如图 13-1 所示。

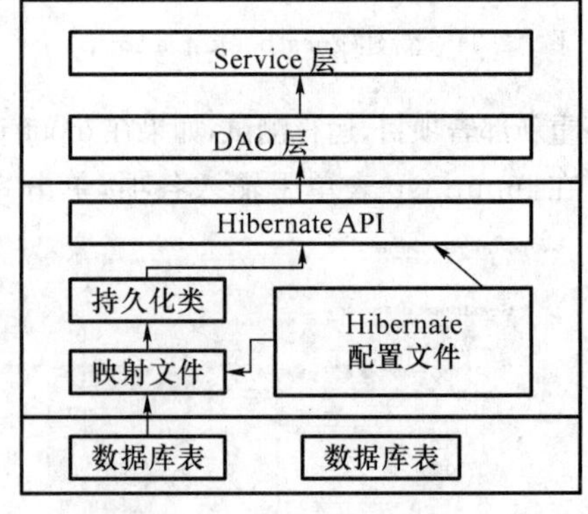

图 13-1　Hibernate 基本架构图

13.1.2　持久化与 ORM

1. 为什么要持久化

(1) 内存是暂时存储设备，断电后数据易丢失。

(2) 网络传输无法传输内存中的对象，需要将对象外化。

(3) 内存中数据查询、组织不方便。

(4) 内存只能存储少量数据。

持久化就是把数据同步保存到数据库或者某些存储设备中。在软件的分成体系结构中，持久化是和数据库打交道的层次。在数据库中对数据的增加、删除、查找和修改都是通过持久化来完成的。

在常见的 JSP 相关的 Web 开发中，经常有很多相关的数据库连接、查询等操作语句。这是把数据库相关的持久化工作和展现同一些业务处理耦合在一起，前期的代码编写和后期的工作维护都相当困难，这就要求将持久化层的工作单独来处理，将持久化层提取出来，易于开发、维护。

2. 怎样持久化

(1) 用 JDBC

优点：底层开发，控制力强(细)；效率最高；标准的(SQL)JDBC，有可移植性。

缺点：过于复杂；代码量大；可维护性差(代码重用性低)。

(2) 用 EJB

优点：直接自动生成 JDBC 代码；持久对象(PO)的状态由服务器管理；声明式的事务。

缺点：功能不全(特殊的组件，不能做继承关系)；EJB 容器是侵入性容器，失去 OO 的优点；调试更复杂。

(3) 用 ORM

ORM 的作用是在关系数据库和对象之间做一个自动映射，这样在操作具体的数据库时，就不需要再与复杂的 SQL 语句打交道，只用操纵对象即可。ORM 工具会自动将对象操作转化为 SQL 语句，这样就只需要关注业务逻辑中的对象结构，而不用关心底层复杂的 SQL 和 JDBC 代码。

优点：自动生成 JDBC(代码量下降)；使用 POJO(Plain Oldest Java Object)，非侵入型；提供状态管理；难度下降，不需要容器。

缺点：由于开源，文档少；bug 多；技术支持差。

结论：用 Java 开发→必须将数据持久化→用数据库持久化→须用 ORM→需要用 Hibernate，Hibernate 是一些 ORM 工具中的杰出代表，是关系/对象映射的解决方案。

13.1.3 Hibernate 架构

作为 ORM 映射工具，了解 Hibernate 整体架构对 Hibernate 的工作原理和以后的使用将有指导性的作用。

Hibernate 的高层架构图如图 13-2 所示，该图显示了 Hibernate 利用数据库和配置数据向应用程序提供持久化服务和持久化对象。

Hibernate 的详细视图如图 13-3 所示，从这个图中可以看出，Hibernate 处理了 JDBC 和 JTA 相关的细节，应用程序不用知道这些处理的内容，Hibernate 将会自动管理好这一切。

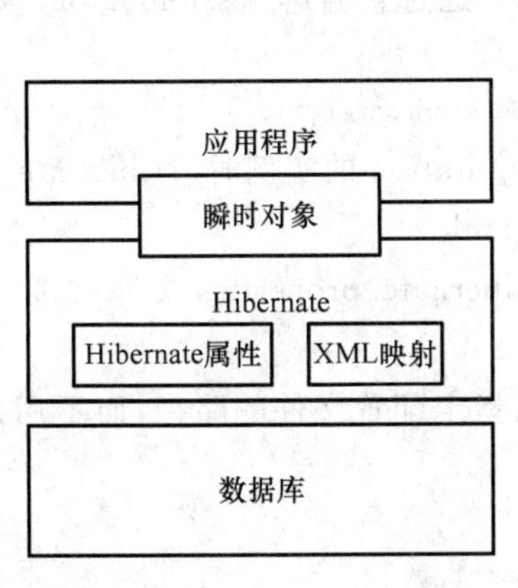

图 13-2　Hibernate 高层架构图

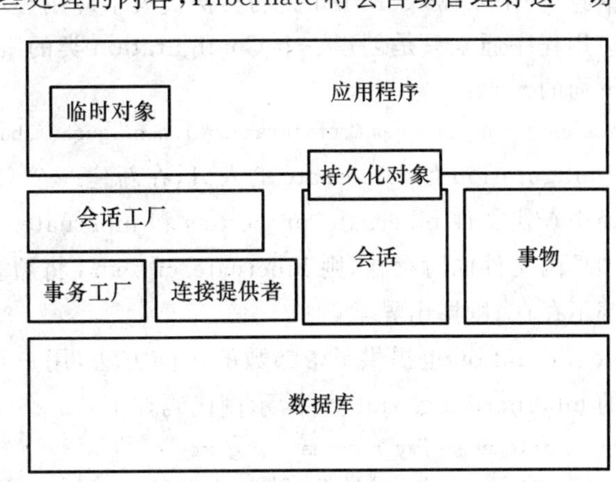

图 13-3　Hibernate 详细架构图

(1) 会话工厂(SessionFactory)。会话工厂是对属于单一数据库的编译过的映射文件的线程安全的、不可变的缓存快照。它是会话的工厂类，可能有一个可选(二级)的数据缓存，可以在进程级别或集群级别保存事务中重要的数据。

(2) 会话(Session)。会话是单线程、声明短暂的对象，代表应用程序和持久化层之间的一次对话。它封装了一个 JDBC 连接，也是事务的工程。保存有必需(一级)持久化对象缓存，用于遍历对象图，或者通过表示查找对象。

(3) 持久化对象(Persistent Object)和集合(Collection)。持久化对象是声明周期短暂的单线程对象，包含了持久化状态和商业功能。它们可能是普通的 JavaBean/POJOs，唯一特别的是，它们从属于且仅属于一个会话。一旦会话被关闭，它们将从会话中取消联系，可以在任何程序中自由使用。

(4) 临时对象(Transient Object)和集合(Collection)。临时对象是没有从属于一个 Session 的持久化类的实例。它们可能是刚被程序实例化，还没有来得及持久化的对象，或者是被一个已经关闭的会话实例化的对象。

(5) 事务(Transaction)。事务是单线程、生命周期短暂的对象，应用程序用它来表示一批不可分割的操作，是底层的 JDBC、JTA 或者 CORBA 事务的抽象。一个会话在某些情况下可能跨越多个事务。

(6) 连接提供者(ConnectionProvider)(可选)。连接提供者是 JDBC 连接的工厂和池，从底层的 Datasource 或者 DriverManager 抽象而来。对应用程序不可见，但可以被开发者扩展或实现。

(7) 事务工厂(TransactionFactory)(可选)。事务工厂是事务实例的工厂，对应用程序不可见，但可以被开发者扩展或实现。

13.1.4 Hibernate 配置及相关类

在使用 Hibernate 的过程中，会发现 Hibernate 提供很多类，但常用的不会很多，其中最核心的就是关于整体数据库的配置文件和与之相关的类。

Hibernate 被设计为可以在不同的环境下工作，所以有很多配置参数，不过很多参数已经有默认值了，所以配置较少的参数就可以运行。

(1) Configuration 类：读配置文件(默认名：hibernate. cfg. xml)，负责管理 Hibernate 的配置信息，一个 Configuration 类的实例代表了应用程序中 Java 类到数据库的映射的集合。

应用程序通常只是创建一个 Configuration 类的实例，并通过它创建 Sessionfactory 实例。例如下面的代码：

```
Sessionfactory sf = new Configuration().configure().buildSessionfactory();
```

Configuration 是 Hibernate 的入口，在新建一个 Configuration 的实例时，Hibernate 会在类路径中查找文件 hibernate. properties 和 hibernate. cfg. xml。

如果两文件同时存在，则 hibernate. cfg. xml 将覆盖 hibernate. properties 文件；如果两个文件都不存在，则抛出异常。

Configuration 也提供了带参数的访问方法，用户可以指定配置文件的路径，而不用系统默认的 hibernate. cfg. xml 文件，示例代码如下：

```
String filename = "my_hibernate_cfg_xml";
Configuration config = new Configuration().configure(filename);
```

(2) Hibernate 配置文件：配置整个数据库的信息，如数据库的 URL、用户名、密码和 Hibernate 使用的语言等；同时还管理这个数据库中各个表的映射文件。

(3) SessionFactory 类：负责创建 Session 实例。SessionFactory 是重量级的对象，是线程安全的。为了创建一个 SessionFactory 对象，必须在 Hibernate 初始化时创建一个 Configuration 类的实例，并将已写好的映射文件交由它处理。

这样 Configuration 对象就可以创建一个 SessionFactory 对象，当该对象转交成功后，Configuration 对象就没有用了，可以简单地抛弃它，例如下面的实例代码：

```
Configuration config = new Configuration().configure(filename);
```

```
SessionFactory sf = config.buildSessionFactory();
```

SessionFactory 是线程安全的，可以被多个线程调用以取得 Session 对象，而构造 SessionFactory 很消耗资源，所以多数情况下一个应用中只初始化一个 SessionFactory，为不用的线程提供 Session。

（4）Session：相当于 JDBC 中的 Connection(org.hibernate.Session)，它是轻量级的对象，线程不安全(原则上一个线程一个 Session，一个事物一个 Session，不要放在并发的环境中)。

Session 是 Hibernate 运作的核心，对象的声明周期、事务的管理、数据库的存取都与它密切相关。所以有效地管理 Session 成为使用 Hibernate 的重点。

从上面的描述可以知道，Session 是由 SessionFactory 创建的。SessionFactory 是线程安全的，可以让多个线程同时存取 SessionFactory 对象而不会引起数据共享的问题。可是 Session 不是线程安全的，所以让多个线程共享一个 Session 会引起冲突和混乱的问题。

（5）Transaction：管理事务的对象(org.hibernate.Transaction)。

（6）Query：查询对象，提供面向对象的查询语言(HQL)。

13.1.5 Hibernate 对象及状态

Hibernate 中的对象有三种状态：临时状态(Transient)、持久化状态(Persistent)和托管对象(Detached Objects)。

对象在 Hibernate 中的状态转化如图 13-4 所示，其显示了 Hibernate 中临时对象、持久化对象和托管对象之间的转换关系。下面对三种状态进行解释。

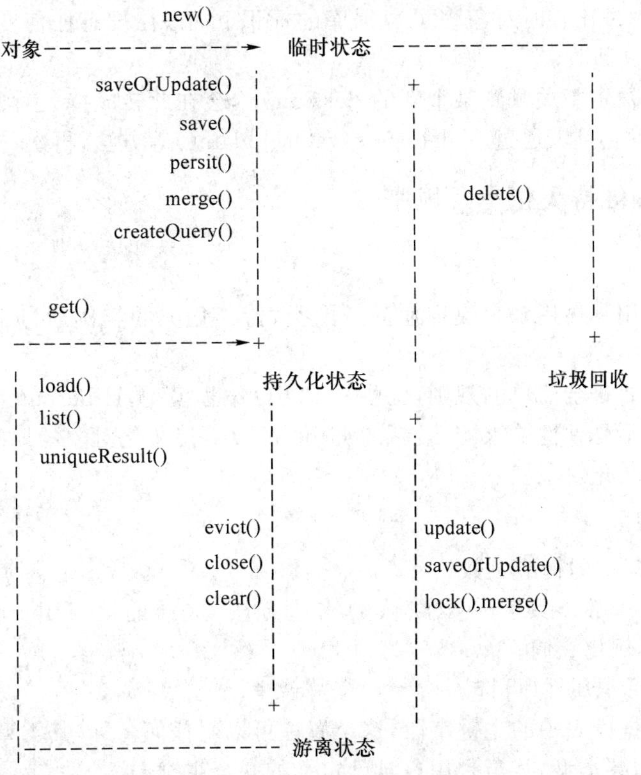

图 13-4　Hibernate 中的对象及状态转换

1. 临时状态

由 Java 的 new 命令开辟内存空间的 Java 对象，也就是平时所熟悉的 Java 对象。如果没有变量对它引用，它将被 JVM 回收。

临时对象在内存中是孤立存在的，它的意义仅仅是携带信息的载体，不和数据库中的数据有任何关联。

通过 Session 的 save()和 saveOrUpdate()方法可以把一个临时对象和数据库相关联，并把临时对象携带的信息通过配置文件的映射插入到数据库中，这个临时对象就成为持久化对象，并拥有和数据库相同的"id"字段。

2. 持久化状态

持久化对象在数据库中有相应的记录，并拥有一个持久化标识。持久化对象可以是刚被保存的，或者刚被加载的，都只是在相关联的 Session 声明周期中保存这个状态。

如果使用 delete()方法，持久化对象就变成临时对象，并且删除数据库中相对应的记录，这个对象和数据库不再有任何关联。

持久化对象总是与 Session 和 Transaction 关联在一起的。在一个 Session 中，持久化对象的操作不会立即写回到数据库中，只有当 Transaction 结束时，才真正进行数据库更新，这样完成了持久化对象和数据库的同步。在同步之前的持久化对象称为脏对象。

3. 持久化状态

当一个 Session 执行 close()、clear()或 evict()之后，持久化对象就变为托管对象，这时对象的 id 虽然拥有数据库的识别值，但已经不在 Hibernate 持久层的管理之下，它和临时对象基本上是一致的，只不过比临时对象多了数据库的标识 id 值，在没有任何变量引用此对象的情况下，JVM 可能将其回收。

如果托管对象被重新关联到某个新的 Session 上，会在此转成持久对象。托管对象拥有数据库的标识 id，所以它可以通过 update()、savaOrUpdate()等方法，再次与持久层关联。

13.1.6 Hibernate 持久化类及规则

1. 持久化类

持久化类是应用程序用来解决商业问题的类，持久化类的实例通过 Hibernate 持久化管理层保存到数据库中。

持久化类只需要符合简单的规则，也就是 POJO 编程模型，Hibernate 就会工作得很好。

但是这些规则不是硬性要求的，最新的 Hibernate 对持久化对象的要求很少，用户可以用自己的方法表示持久化对象。

2. 持久化类规则

(1) 实现一个默认的构造函数

所有持久化类都必须具有一个默认的构造方法，这样的话，Hibernate 可以通过使用 newInstance()来实例化它们。

(2) 提供一个标识属性(可选)

属性需包含数据库表中的主键字段，这个属性可以叫任何名称，其类型也可以是任何原始类型、原始类型的包装类型，甚至是用户自己定义的联合主键。

用于标识的属性是可选的，可以不用管它，让 Hibernate 内部来追踪对象的识别，但不推荐这样做。

实际上,Hibernate 的一些功能只能对声明了标识属性的类起作用,所以建议对所有持久化类采用同样的名称作为属性。

(3) 不要使用 final 的类(可选)

Hibernate 的关键功能之一是,代理要求持久化类不是 final 的,或者是一个全部方法都是 public 的接口实现。也可以对一个 final 的且没有实现接口的类执行持久化,但是不能对它们使用代理,这多多少少会影响进行性能优化的选择。

(4) 为持久化字段声明访问器和是否可变的标志(可选)

Hibernate 对 JavaBean 风格的主属性进行持久化,属性不一定要声明 public,Hibernate 对 default、protected 或 private 的 getter/setter 方法都可以执行持久化。

13.2 DataBase Explorer 透视图

单击如图 13-5 所示的工具栏处按钮,选择 MyEclipse Database Explorer 选项,即可打开 Database Explorer 透视图。

MyEclipse DataBase Explorer 透视图里会默认有一个 MyEclipse Derby 连接,但我们一般不使用这个连接,而且选择创建一个新的连接,单击如图 13-6 所示的按钮,选择"New"选项。

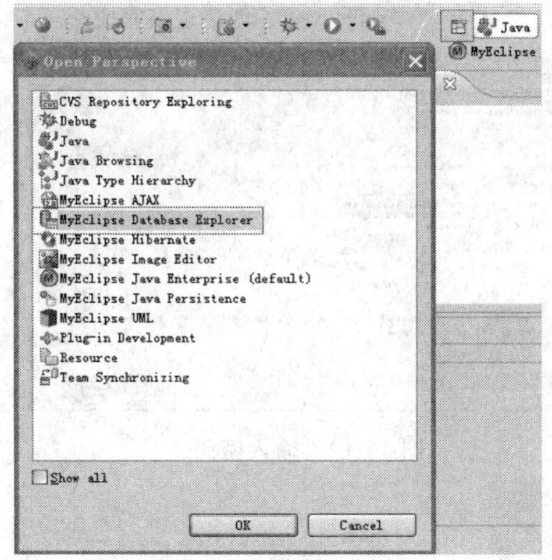

图 13-5 切换到 MyEclipse DataBase Explorer 透视图

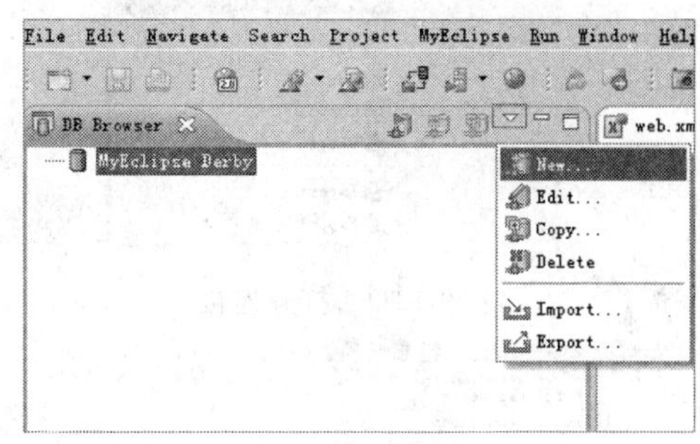

图 13-6 新建一个连接

Driver template 选择 MySQL Connector/J 选项,此项不可改。Driver name 设置为 mysql connection,此名称可以根据自己的需要修改。Connection URL 设置为 jdbc:mysql://localhost:3306/zhangli,其中的 zhangli 是具体数据库的名字,可以根据需要进行修改。User name 为 root。密码为 123456。Driver JARs 可以通过单击 Add JARs 选项将 MYSQL 的 JDBC 驱动导入进来,然后单击"Next"按钮,如图 13-7 所示。弹出如图 13-8 所示对话框,单击"Finish"按钮即可。

经过以上操作后,会发现在 MyEclipse DataBase Explorer 透视图里增加一个名为 mysql connection 的连接。默认情况下此连接是关闭的,需要我们手动打开。右键单击该连接的名字,选择"Open connection"选项,如图 13-9 所示。

打开连接时需要重新输入密码,在 Password 处输入 123456,单击"OK"按钮,如图 13-10 所示。

打开连接后,可以展开此连接,MySQL 数据库里的各种信息就会显示出来,例如我们在

12 章中创建的数据库的表也都会显示出来，如图 13-11 所示。

选中某个表之后，可以查看表的相关字段，如图 13-12 所示。

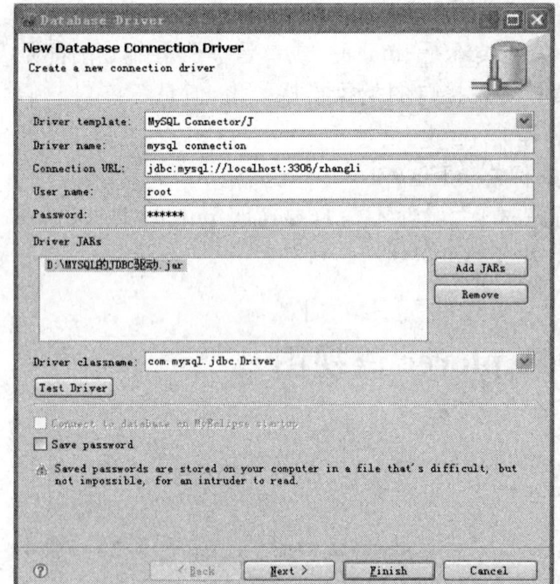

图 13-7　设置连接

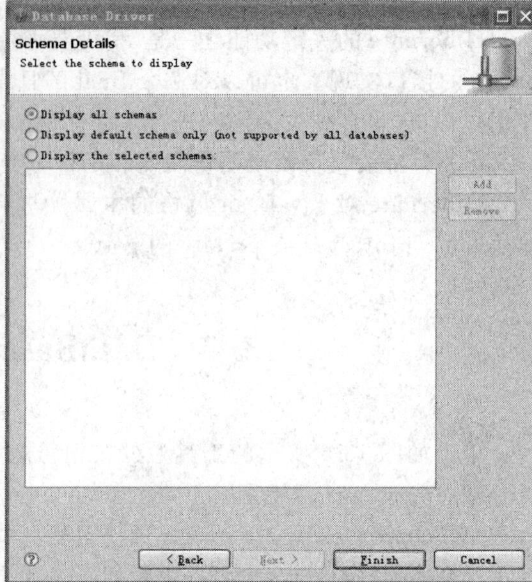

图 13-8　创建连接完成

图 13-9　打开连接

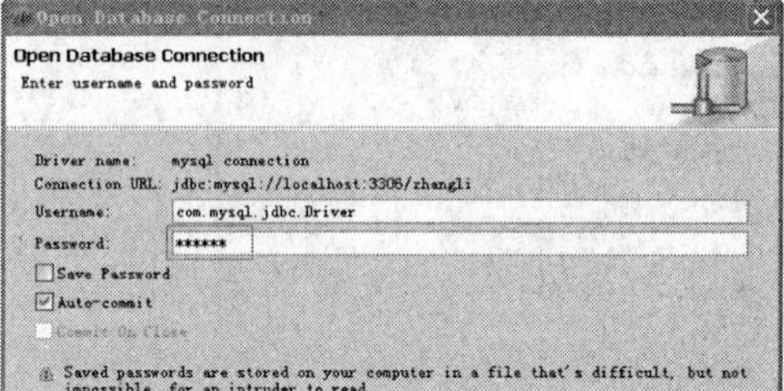

图 13-10　输入密码

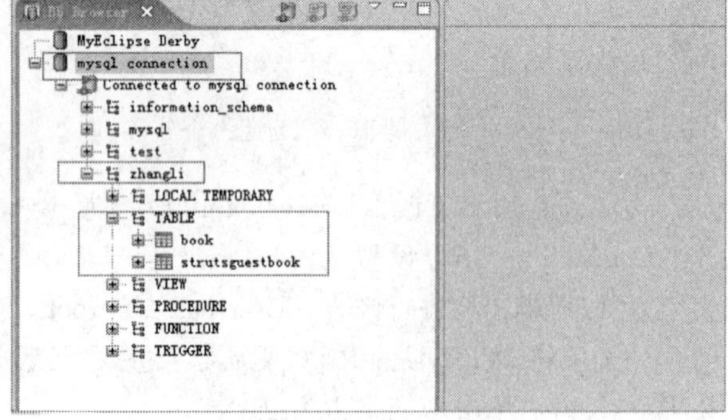

图 13-11　展开连接

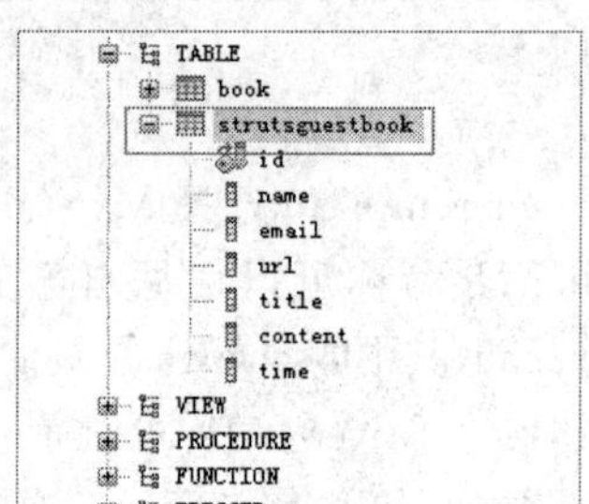

图 13-12　查看表及相关字段

也可以在控制台查看字段的具体信息，如图 13-13 所示。

右键单击 Connected to mysql connection，选择“New SQL Editor”选项，可以将 SQL 编辑器打开执行 SQL 语句，如图 13-14 所示。

在 SQL Editor 里输入“select * from strutsguestbook”，然后单击如图 13-15 所示的三角

按钮即可将查询的结果显示在 SQL Results 里。

Column Name	Data Type	Size	Decimal Digits	Default Value	Accept Null V...	Uni
id	int	11	0		NO	NO
name	varchar	40	0		YES	NO
email	varchar	60	0		YES	NO
url	varchar	60	0		YES	NO
title	varchar	200	0		YES	NO
content	varchar	2000	0		YES	NO
time	varchar	40	0		YES	NO

图 13-13　控制台信息

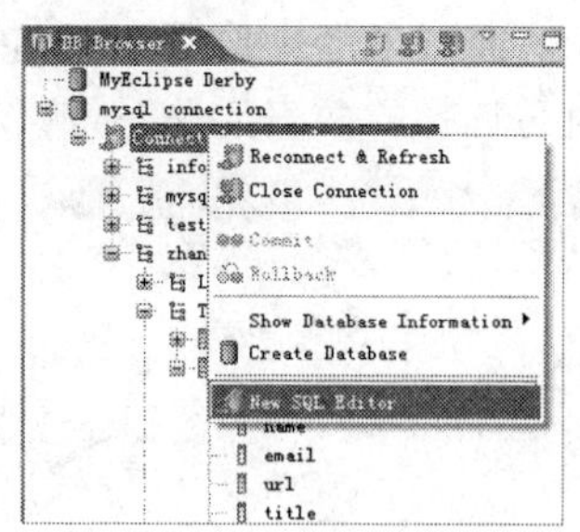

图 13-14　打开 SQL Editor

还可以为某些有关系的表生成 ER 图。如图 13-16 所示，右键单击 zhangli，选择“New ER Diagram”选项。

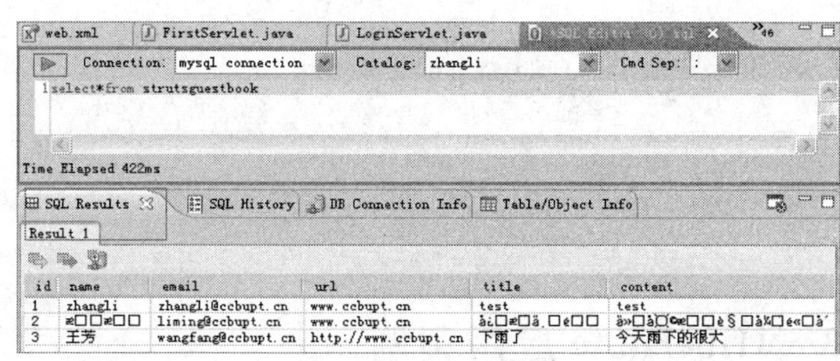

图 13-15　执行 SQL 语句

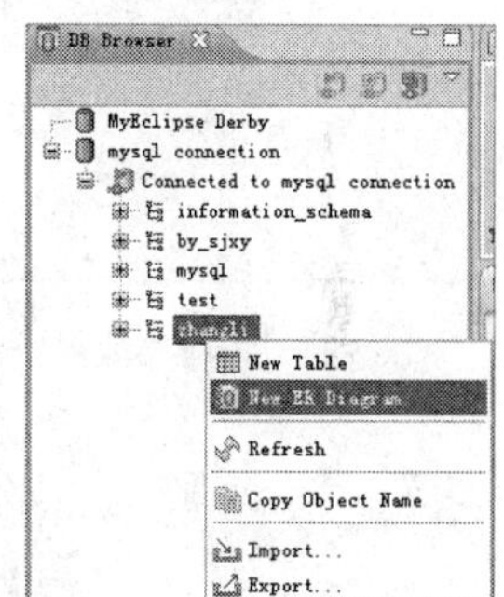

图 13-16　选中要生成 ER 图的表所属数据库

以数据库的名字生成 ER 图文件的名字后缀为.mer，并选择保存到某个目录下，然后单击“OK”按钮，如图 13-17 所示。

选择要生成 ER 图的表，将左侧的 book 和 strutsguestbook 逐个选中，通过 Add 添加到右侧来，添加到右侧之前的效果如图 13-18 所示。

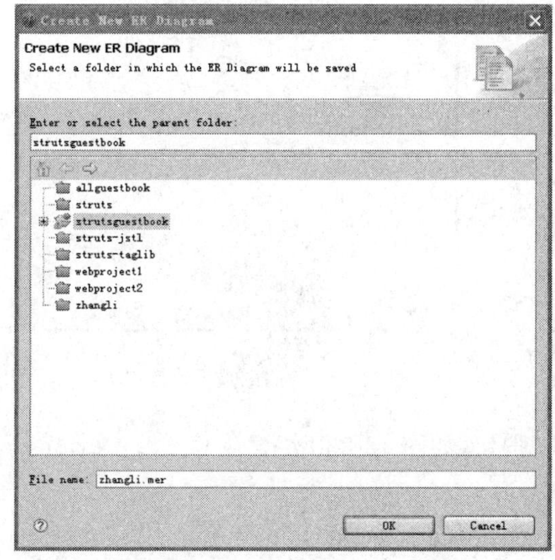

图 13-17　选择.mer 文件所属目录

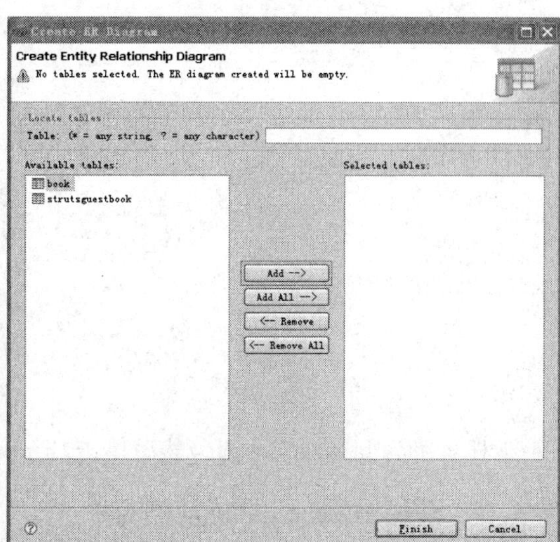

图 13-18　选中要生成 ER 图的表

添加到右侧之后的效果如图 13-19 所示。最后单击“Finish”按钮。

经过以上操作后会在选择的目录下生成 zhangli. mer，单击该文件，会查看生成的 ER 图，因为选择的两表无关系，所以都是独立的，如图 13-20 所示。

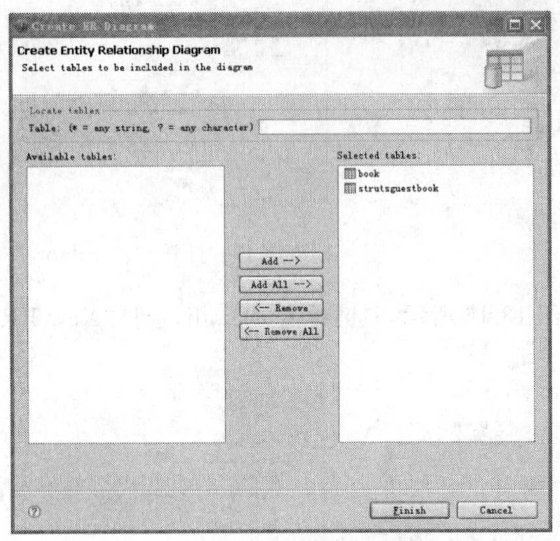

图 13-19　选择各表完毕

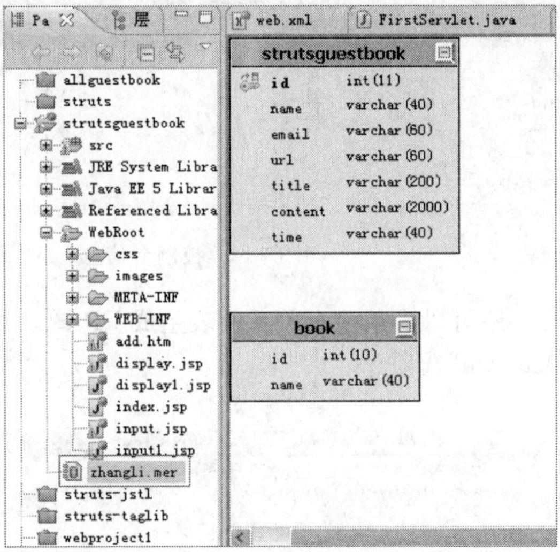

图 13-20　生成 zhangli. mer

13.3　Hibernate 应用实例

13.3.1　新建 Java 项目

单击“File”菜单，选择“New”→“Project”选项，如图 13-21 所示。然后选择 Java Project 选项，单击“Next”按钮，如图 13-22 所示。

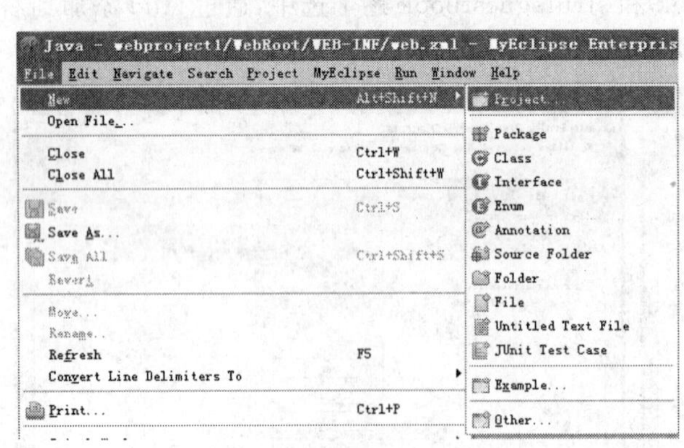

图 13-21　新建工程

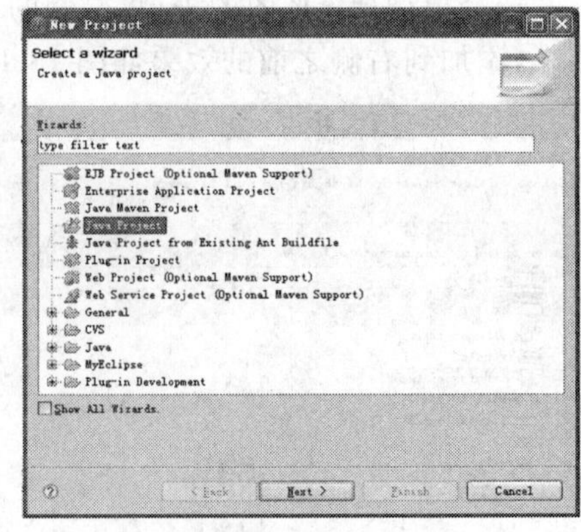

图 13-22　选择创建 Java Project

工程名字为 hibernatedemo，然后单击“Finish”按钮，如图 13-23 所示。

13.3.2　增加 Hibernate 开发能力

为项目增加 Hibernate 开发能力，与增加 Struts 开发能力操作步骤一样，并且也有两种方法。

方法一：右键单击项目名称，然后选择“MyEclipse”→“Add Hibernate Capabilities”选项，如图 13-24 所示。

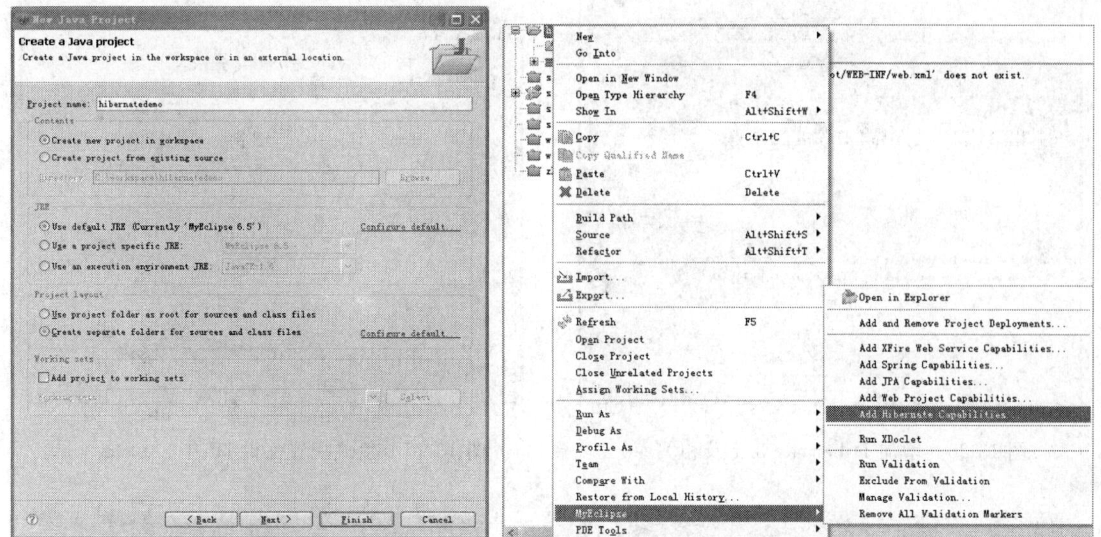

图 13-23　设置工程名为 hibernatedemo　　　　图 13-24　通过右键方式增加 Hibernate 开发能力

方法二：左键单击项目名称，然后单击“MyEclipse”菜单，选择“Project Capabilities”→“Add Hibernate Capabilities”选项，如图 13-25 所示。

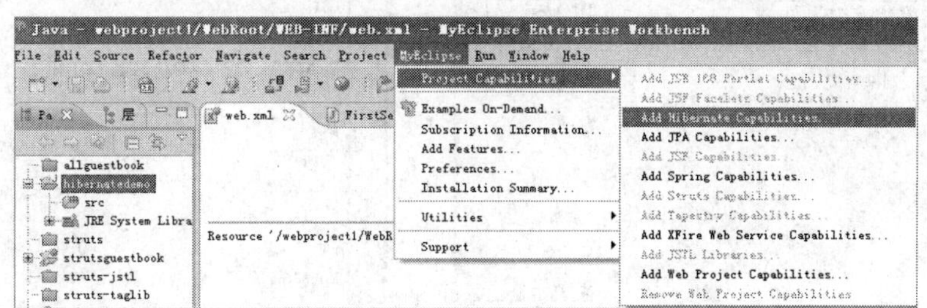

图 13-25　通过菜单方式增加 Hibernate 开发能力

两种方法任选其一，然后弹出如图 13-26 所示的图，选择 Hibernate 3.1 版本，系统会自动地将“Hibernate 3.1 Core Libraries-＜MyEclipse-Library＞”选项勾上，然后单击“Next”按钮。

系统会在 src 文件夹生成一个名为 hibernate.cfg.xml 的文件，该文件是 Hibernate 框架的配置文件，然后单击“Next”按钮，如图 13-27 所示。

接下来要设置 Hibernate 数据库连接的细节，在 DB Driver 一项选择之前在 DataBase Explorer 透视图里设置的 mysql connection 连接，这样其余编辑框就会出现相关信息，然后在 Password 处输入密码 123456，然后单击“Next”按钮，如图 13-28 所示。

13.3.3　生成 HibernateSessionFactory 类

经过以上步骤的操作后，会弹出关于 SessionFactory 的设置框，如图 13-29 所示，将“Create SessionFactory Class”选项勾选上，然后在 Java package 右侧单击“New”按钮，为生成的 HibernateSessionFactory 类设置一个包，包名为 com.zhangli.hibernate，然后单击“Finish”按钮。

经过以上操作，效果如图 13-30 所示，会在包名为 com.zhangli.hibernate 的包里生成一个类名为 HibernateSessionFactory，然后单击“Finish”按钮。

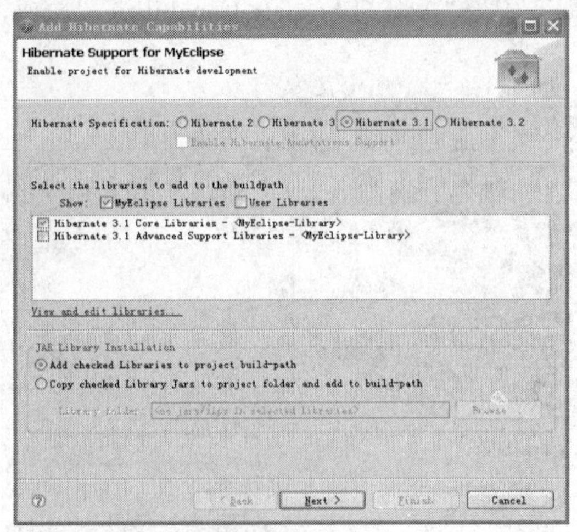

图 13-26　增加 Hibernate 3.1 及相关库

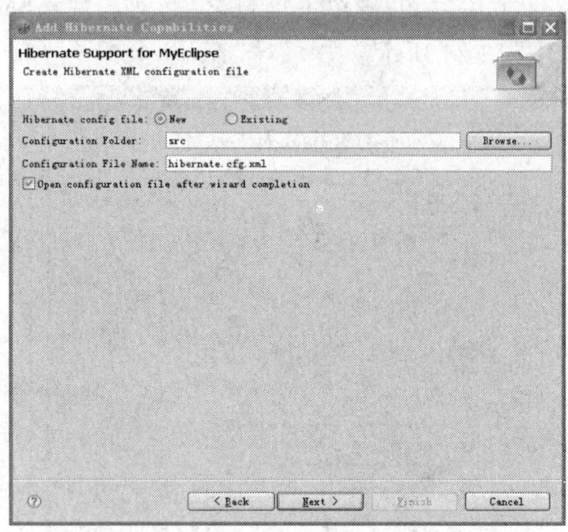

图 13-27　生成配置文件 hibernate.cfg.xml

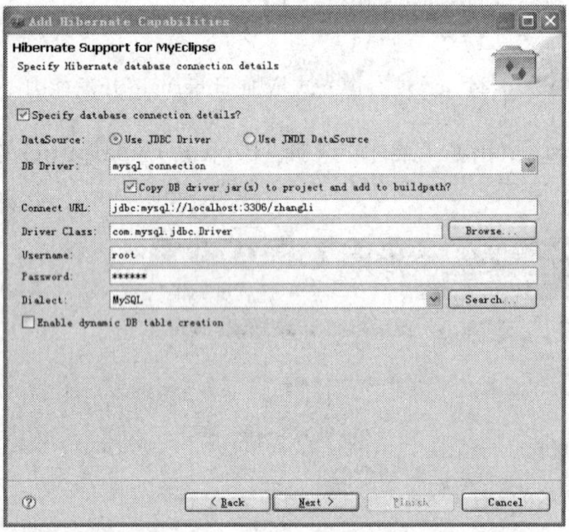

图 13-28　关联 DataBase Explorer 中数据库

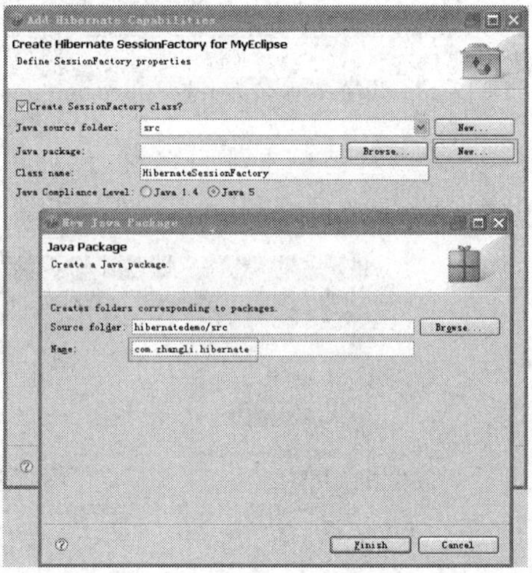

图 13-29　为生成的会话工厂类设置所属包

13.3.4　生成 POJO 类和映射文件

切换到 MyEclipse DataBase Explorer 透视图，根据数据库表生成 POJO 类和映射文件。可以单独选中某个表生成进行逆向工程设置，也可以按住“Ctrl”键选择多个表进行逆向工程设置。

当前项目里我们只选中 strutsguestbook，然后单击右键，选择“Hibernate Reverse Engineering”选项，如图 13-31 所示。

选择逆向工程后会生成相应的 POJO 类和映射文件，需要为这些文件设置所属路径和包，在弹出的如图 13-32 所示的图中需要单击 Java

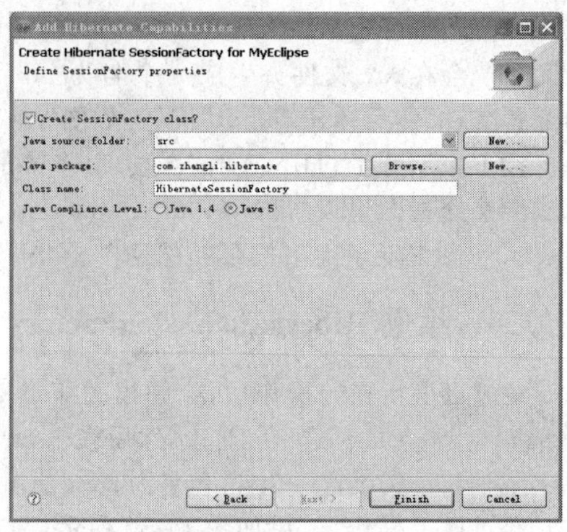

图 13-30　设置完成

src folder 右侧的“Browse”按钮，选择到Hibernatedemo的 src 目录下，然后单击“OK”按钮。

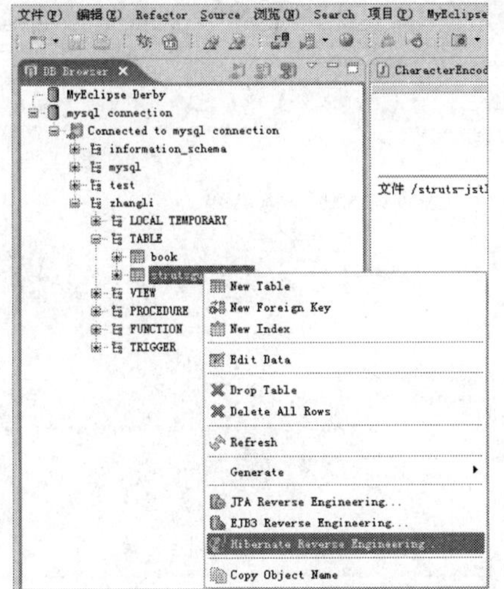

图 13-31　为 strutsguestbook 表生成逆向工程

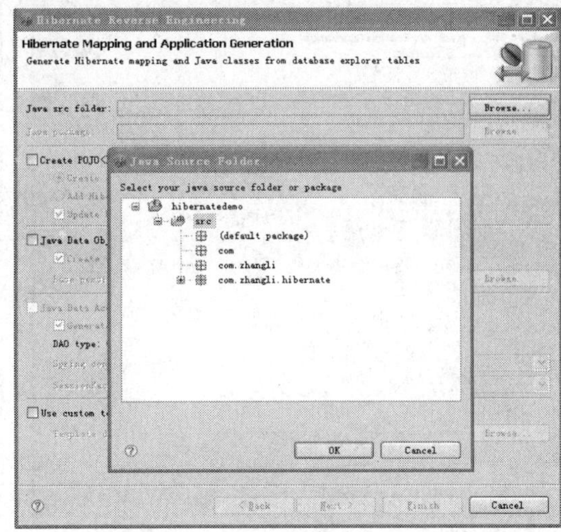

图 13-32　设置 src 目录

接下来需设置所属包，单击 Java package 右侧的 Browse 按钮，选择 com. zhangli. hibernate 包，然后单击“OK”按钮，如图 13-33 所示。

然后勾选“Create POJO<>DB Table mapping information”和“Java Data Object(POJO<>DBTable)”选项，单击“Next”按钮，如图 13-34 所示。

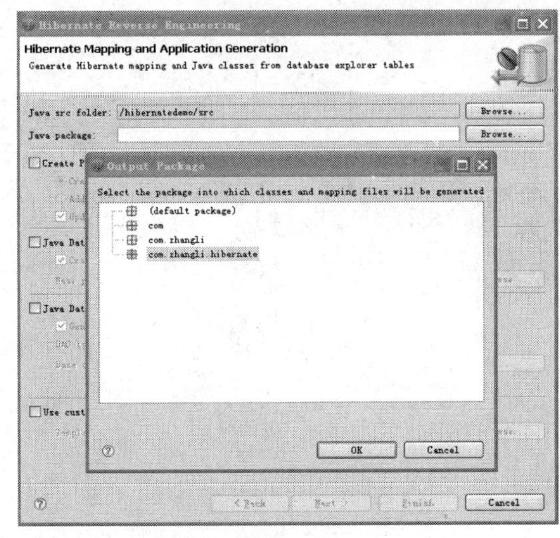

图 13-33　设置所属包

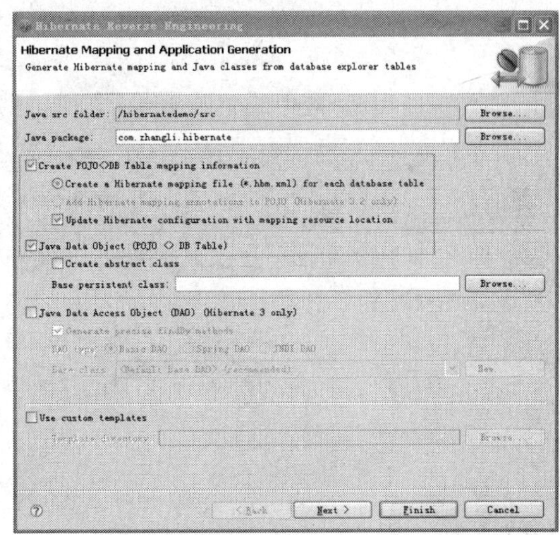

图 13-34　POJO 和映射文件设置

ID Generator 处选择 native，然后单击“Next”按钮，如图 13-35 所示。设置完成，单击“Finish”按钮，如图 13-36 所示。

在初级开发阶段，为了查看对数据库的操作，我们希望把相关的 SQL 语句显示出来，可以在 hibernate. cfg. xml 文件中进行操作，单击 Add 按钮在弹出的对话框上 Property 处填写 show_sql，Value 处填写 true，然后单击“OK”按钮，如图 13-37 所示。

经过以上设置后，效果如图 13-38 所示。

在做代码测试之前，我们可以先用 HQL 语言来进行简单测试。右键单击项目名称，选择

"MyEclipse"→"Open HQL Editor"选项,如图 13-39 所示。

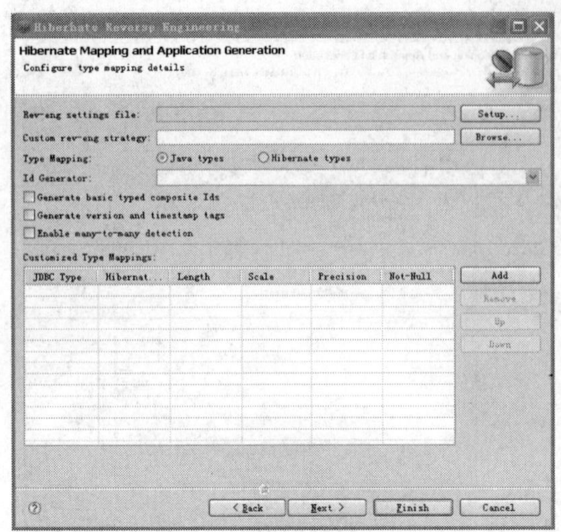

图 13-35　选择 native

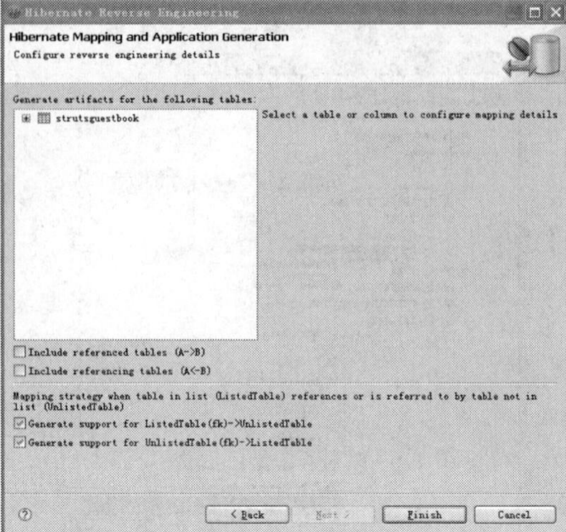

图 13-36　设置完成

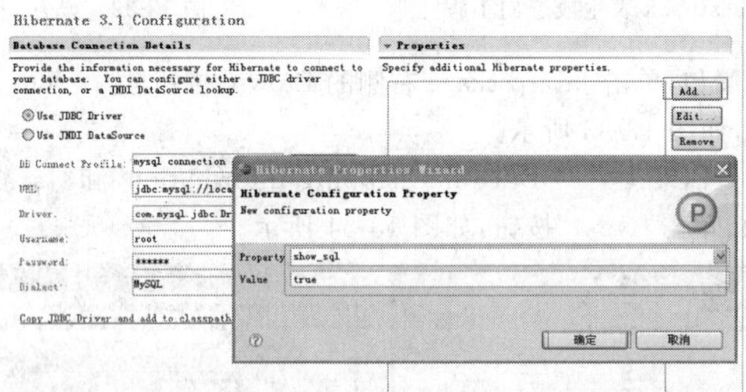

图 13-37　将 show_sql 属性值设置为 true

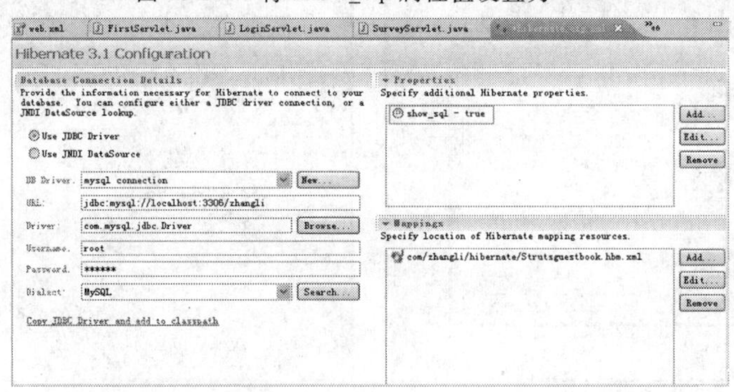

图 13-38　设置完成

打开 HQL 编辑器后,输入 HQL 语句 from Strutsguestbook,然后单击左上角的三角按钮,就会在下面的 Hibernate Query Result 视图中输出结果,结果是将数据库里的每一条记录作为一个 Strutsguestbook 类的实例输出。在 12 章的例子中我们只添加了三条留言,所以在本项目中查询出的结果就是三个 Strutsguestbook 的实例,如图 13-40 所示。

注意:HQL 语句"from Strutsguestbook"中的 Strutsguestbook 不是数据库的表名,而是刚才逆向工程生成的 POJO 类名。

如果想要查看每一条结果的具体值,我们可以将视图切换到 MyEclipse Hibernate 透视图，如图 13-41 所示。

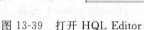

图 13-39　打开 HQL Editor

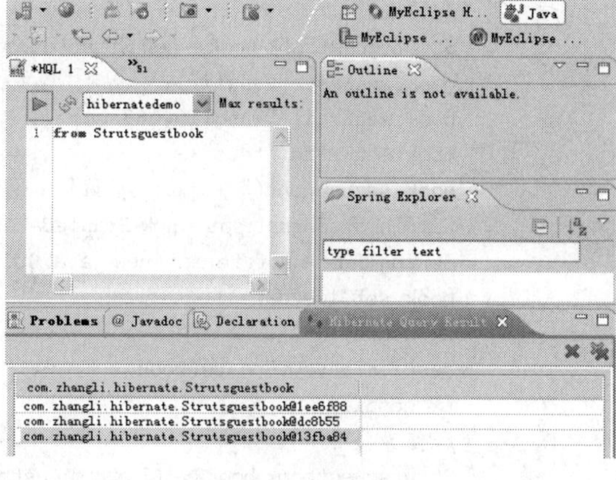

图 13-40　输出查询结果

切换到 MyEclipse Hibernate 透视图后，在 Hibernate Query Result 里随意单击一个类的实例，便会在上角的 Properties 选项卡里显示各属性的值，如图 13-42 所示。

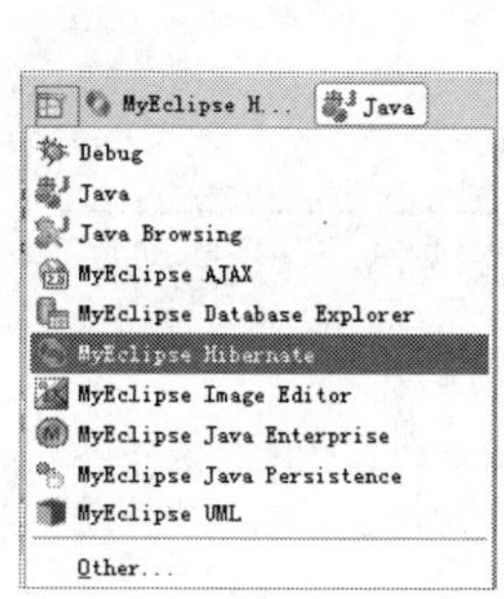

图 13-41　切换到 MyEclipse Hibernate 透视图

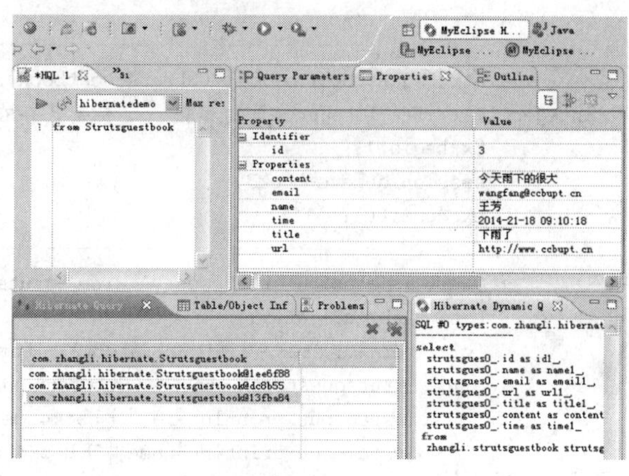

图 13-42　精确显示某一条记录

13.3.5　新建并编辑测试文件

切换到 Java 视图，在 com.zhangli.hibernate 包里建立一个 Java 类名为 HibernateTest，带有 main 方法，如图 13-43 所示。

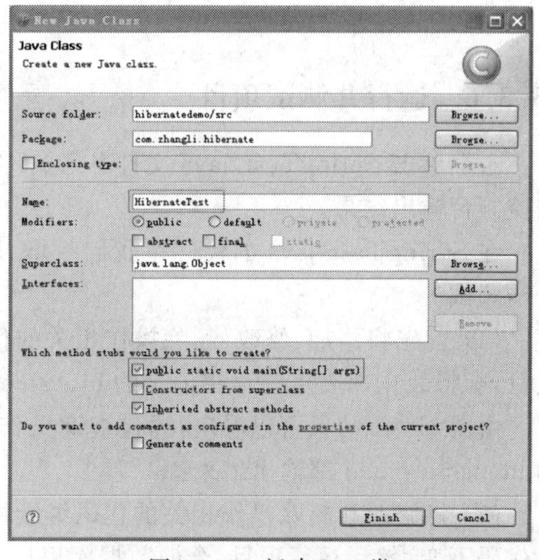

图 13-43　新建 Java 类

编辑 HibernateTest，代码如下所示。

```
package com.zhangli.hibernate;
import java.text.SimpleDateFormat;
import java.util.Iterator;
import java.util.List;
import org.hibernate.Query;
import org.hibernate.Session;
import org.hibernate.Transaction;
public class HibernateTest {
    public static void main(String[] args) {
```

```
        Session session = HibernateSessionFactory.getSession();
        Transaction tx = session.beginTransaction();
        //添加操作------------------------------------
        Strutsguestbook book = new Strutsguestbook();
        book.setName("wangli");
        book.setEmail("wangli@163.com");
        book.setTitle("test");
        book.setContent("今天天气很好");
        SimpleDateFormat sdf = new SimpleDateFormat("yyyy-MM-dd hh:mm:ss");
        String date = sdf.format(new java.util.Date());
        book.setTime(date);
        tx.begin();
        session.saveOrUpdate(book);
        tx.commit();
        //修改操作--------------------------------------------
        Strutsguestbook book2 = (Strutsguestbook)session.get(Strutsguestbook.class, new
Integer(3)); //New Integer()里的参数一定要是已存在的记录的 id 值
        book2.setName("李明");
        tx.begin();
        session.saveOrUpdate(book2);
        tx.commit();
        //删除操作--------------------------------------------
        Strutsguestbook book3 = (Strutsguestbook)session.get(Strutsguestbook.class, new
Integer(1));//New Integer()里的参数一定要是已存在的记录的 id 值
        tx.begin();
        session.delete(book3);
        tx.commit();
        //查询集合操作--------------------------------------------
        Query q = session.createQuery("from Strutsguestbook");
        List list = q.list();
        for (Iterator iter = list.iterator(); iter.hasNext();) {
            Strutsguestbook book4 = (Strutsguestbook)iter.next();
            System.out.println("id:" + book4.getId());
            System.out.println("name:" + book4.getName());
            System.out.println("email:" + book4.getEmail());}
        session.close();
    }
}
```

13.3.6 运行并测试项目

右键单击 SpringTest.java 文件名，选择“Run”→“Java Application”选项即可运行项目并在控制台输出结果。

在 SpringTest.java 的代码里我们将增、删、改、查方法都使用了，但是在测试的时候最好分步测试。

(1) 首先将添加、修改、删除操作相关的代码注释掉，保留查询操作相关的代码，然后运行项目，会将数据库表里已存在记录的 id、name、email 输出出来，结果如图 13-44 所示。

由图 13-44 结果可以看出，通过查询操作相关的代码可以将数据库表里存储的 3 条记录的 id、name、email 都输出出来。

(2) 将修改和删除操作相关的代码继续注释掉，将添加操作相关的代码打开，查询操作相关代码不变，然后运行项目，会向数据库里插入一条新的留言，并将数据库表里所有记录的 id、

name、email 输出出来，结果如图 13-45 所示。

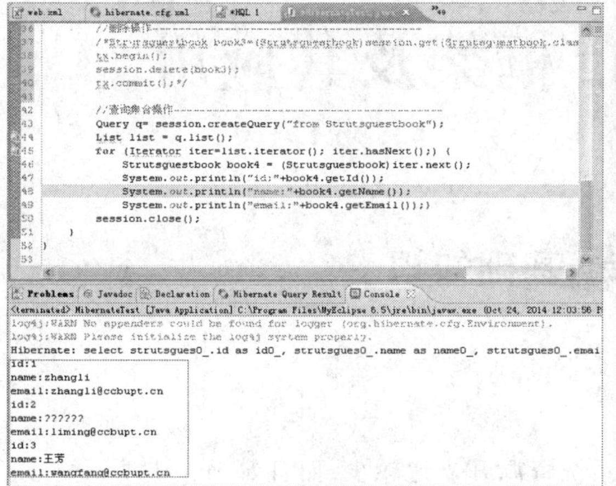

图 13-44　查询输出已存在记录

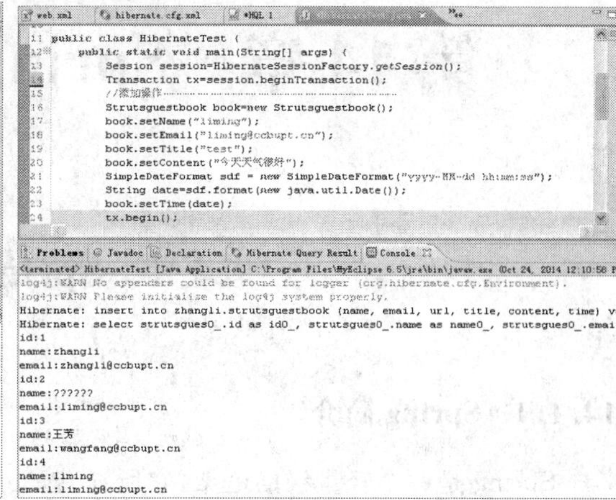

图 13-45　添加并输出所有记录

由图 13-45 结果可以看出，程序先执行向数据库添加记录的代码，那么数据库表里的记录会变成 4 条，然后再通过查询操作相关代码可以将 4 条记录的 id、name、email 都输出出来。

（3）将增加和删除操作相关的代码注释掉，将修改操作相关的代码打开，查询操作相关代码不变，然后运行项目，会修改数据库里的某一条记录，并将数据库表里所有记录的 id、name、email 输出出来，结果如图 13-46 所示。

由图 13-46 结果可以看出，程序先执行修改数据库表里第 3 条记录的代码，那么第 3 条记录的 name 由王芳变成李明，然后再通过查询操作相关代码可以将修改后的 4 条记录的 id、name、email 都输出出来。

（4）将增加和修改操作相关的代码注释掉，将删除操作相关的代码打开，查询操作相关代码不变，然后运行项目，会删除数据库里的某一条记录，并将数据库表里剩余所有记录的 id、name、email 输出出来，结果如图 13-47 所示。

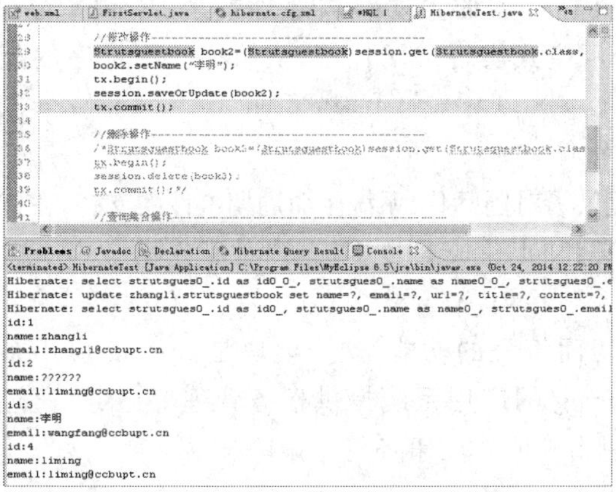

图 13-46　修改并输出记录

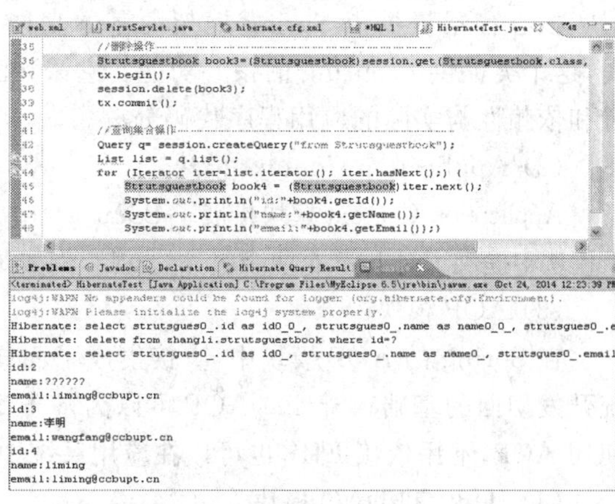

图 13-47　删除并输出记录

由图 13-47 结果可以看出，程序先执行删除数据库表里第 1 条记录的代码，那么系统里就会剩余 3 条记录，然后再通过查询操作相关代码将剩余的 3 条记录的 id、name、email 都输出出来。

第 14 章　Spring 框架及其应用

14.1　Spring 基础知识

14.1.1　Spring 简介

Spring 是一个轻量级的框架,它所耗费的系统资源开支比较少;而且 Spring 是非侵入式的,在一般情况下,在引入 Spring 的系统中,具体的对象并不依赖于 Spring API;在 Spring 中,提供了对反转控制(IOC)和面向切面编程(AOP)的良好支持。

Spring 是一个解决了许多 J2EE 开发中常见问题并能够替代 EJB 技术的强大的轻量级框架。Spring 是由如图 14-1 所示的几个模块组成的,这些模块提供了开发企业级应用所需要的基本功能,可以在自己的程序中选择使用需要的模块。

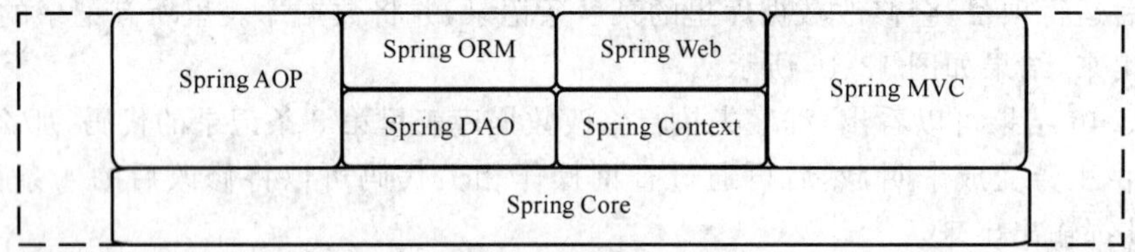

图 14-1　Spring 框架结构图

(1) 核心容器和支持工具

核心容器提供了 Spring 框架的基本功能,核心容器的主要组成部分就是 BeanFactory 类,这个类提供了 Spring 的核心功能。它采用工厂模式实现反转控制,从而把应用程序的配置和依赖性与实际的应用程序代码分离。

(2) Application Context 模块

Application Context 模块扩展了 BeanFactory,提供了对国际化、系统生命周期事件的支持,在这个模块中提供了对 Java 企业级服务的支持,例如访问 JNDI、集成 EJB 及电子邮件服务等。

(3) AOP 模块

在 Spring 的 AOP 模块中,直接集成了面向切面编程的功能,这个模块是 Spring 应用系统开发切面的基础。Spring AOP 可以为基于 Spring 的应用系统提供事务管理等服务,通过使用 AOP,不用依赖 EJB,也可以在应用系统中使用声明式的事务管理策略。

(4) JDBC 和 DAO 模块

JDBC 和 DAO 模块提供了数据库操作中的模板代码,例如取得数据库连接、处理结果集、关闭数据库连接等。Spring 通过提供这些模板代码,简化了数据库操作的代码,同时释放数据库资源,所以可以避免数据库资源释放失败引起的性能问题。

另外,在 Spring 的 JDBC 和 DAO 模块中,提供了数据库异常层,用来管理异常处理和不同数据库供应商抛出的错误信息,这就简化了数据库操作的错误处理,并且极大地减少了异常处理的工作量。

(5) ORM 映射模块

在 Spring 中并不提供对 ORM 映射的实现，而是提供了对其他 ORM 工具的支持，可以在 Spring 中集成现有的 ORM 映射工具，在 Spring 中支持的 ORM 工具包括 JDO、Hibernate 和 ibatis 等，Spring 的事务管理都提供对这些 ORM 工具的支持。

(6) Web 模块

Web 模块建立在 Application Context 模块的基础上，为基于 Web 的应用程序提供了上下文。这个模块提供常见的 Web 任务的处理功能，简化了处理多部分请求及将请求参数绑定到域对象的工作，而且在 Spring 的 Web 模块中，提供了对 Struts 的支持。

(7) MVC 模块

Spring 的 MVC 模块是一个完整的 MVC 实现，虽然 Spring 可以很好地和其他 MVC 框架集成，但是 Spring 通过使用反转控制可以把业务逻辑和控制逻辑分离开，而且在 Spring 中可以声明如何将请求参数绑定到业务对象中。同时在 Spring 的 MVC 中，支持各种视图技术，例如 JSP、Velocity、和 Titles 等。

14.1.2 Spring 控制反转

使程序组件或类之间尽量形成一种松耦合的结构，开发人员在使用类的实例之前需要创建对象的实例。IOC 将创建实例的任务交给 IOC 容器，这样开发应用代码时只需要直接使用类的实例，这就是 IOC 控制反转。通常用一个所谓的好莱坞原则(Don't call me, I will call you，请不要给我打电话，我会打给你)来比喻这种控制反转的关系。

IOC 就是由容器控制程序之间的关系，而不是在程序中直接使用代码控制，控制权由程序代码转移到外部容器，控制权的转移就是所谓的反转，这就是控制反转的本质含义。

由于程序组件之间的依赖关系是由容器控制的，在程序运行期间，由容器动态地将依赖关系注入组件之中，这就是依赖注入的本质含义。依赖注入在本质上也就是控制反转的另一种解释。

控制反转是 Spring 中的核心技术之一，在任何 Java 应用系统中，要实现具体的业务逻辑，都需要很多 Java 类的协同工作来才能完成。程序运行期间，每个 Java 对象必须在得到所需调用的对象之后才能继续运行，这种对象之间的关系就是依赖。

在传统的应用系统中，这种依赖关系是通过在代码中调用其他类来完成的，这样就增加了耦合度，从而给系统带来种种隐患。而在 IOC 中，对象之间的依赖关系在统一的配置文件中进行描述，不会在程序中用代码直接调用其他类的对象，在程序运行期间，IOC 容器负责把对象之间的依赖关系注入，使各个对象之间协同工作，从而实现系统的功能。

14.1.3 Spring 注入依赖

Martin Fowler 曾专门写了一篇文章 *Inversion of Control Containers and the Dependency Injection pattern* 来讨论控制反转这个概念，并提出了一个更为准确的概念即“注入依赖”。Spring 框架中的各个部分充分使用了注入依赖(Dependency Injection)技术，使代码中不再有单实例垃圾和麻烦的属性文件，取而代之的是一致和优雅的程序应用代码。

Spring 中对象之间的依赖是由容器控制的，在程序运行期间，容器会根据配置文件的内容把对象之间的依赖关系注入组件中，从而实现对象之间的协同工作。在 Spring 中，注入对象之间依赖关系的方式有以下几种。

（1）赋值注入

在 JavaBean 规范中，可以使用属性对应的 getter 和 setter 方法来获得和设置 Bean 的属性值，这种方法在普通的 JavaBean 中已经被大量使用。

同样在 Spring 中，每个对象在配置文件中都是以＜bean＞的形式出现的，而子元素＜property＞则指明了使用 JavaBean 的 setter 方法来注入值。

在＜property＞中，可以定义要配置的属性及要注入的值，可以给属性注入任何类型的值，可以是基本的 Java 数据类型，也可以是其他的 Bean 对象。

（2）构造器注入

在使用赋值注入的方式时，可以通过＜property＞元素来注入属性的值。构造器注入的方法与这基本类似，不同之处在于，使用构造器注入的时候，是通过＜bean＞元素的子元素＜constructor-arg＞来指定实例化 Bean 的时候需要注入的参数，同时在 Bean 中需要提供对应的构造器，而不是提供属性的 setter 和 getter 方法。

在实际的开发中，上面两种方式都是很常用的。另外，注入依赖的方法还可以采用接口的方法来实现，在具体的开发中，可以根据需要采用合适的方式。总之，这些方式都可以很方便地实现注入依赖的功能。

14.1.4 面向切面编程

面向切面编程(Aspect Oriented Programming，AOP)是继 Spring IOC 之后的 Spring 框架的又一大特性，也是该框架的核心内容。

AOP 是一种思想，所有符合该思想的技术都可以是看作 AOP 的实现。AOP 提供另一种角度来思考程序结构，通过使用 AOP 可以给面向对象编程提供强大的辅助功能。

在 Spring 框架中，提供了对 AOP 的支持，Spring 的 AOP 框架允许将分散在系统中的模块集中起来，通过 AOP 中的切面实现，并通过 Spring 中强大的切入点机制在程序中随时引入切面。在众多的 AOP 实现技术中，Spring AOP 做得最好，也是最为成熟的。通过使用 Spring 的 AOP 框架，就可以给系统中添加强大的服务，例如身份验证、声名式事务管理等服务。

Spring AOP 建立在 Java 的代理机制之上，从 JDK 1.3 开始就支持代理功能。但是性能成为一个很大问题。为此出现了 CGLIB 代理机制。它可以生成字节码，所以其性能会高于 JDK 代理。Spring 支持这两种代理方式。但是随着 JVM(Java 虚拟机)性能的不断提高，这两种代理性能的差距会越来越小。

AOP 中的基本概念和术语如下所示。

（1）切面(Aspect)

切面就是一个抽象出来的功能模块的实现，例如用户登录的功能，可以把这个功能从系统中抽象出来，用一个独立的模块描述，这个独立的模块就是切面。

当然这个模块和普通的 Java 功能模块是有所不同的，它是遵循 AOP 规范的特殊模块。通过切面可以把系统中不同层面的问题隔离开来，实现统一的管理，各个切面只需要专注于各自的逻辑实现，而且使用切面还可以降低系统的耦合度，从而大大增强了代码的可重用性。

（2）连接点(JointPoint)

连接点即程序运行过程中的某个阶段点，可以是方法调用、异常抛出等。在这些阶段点可以引入切面，从而给系统增加新的服务功能。

（3）通知(Advice)

通知即在某个连接点所采用的处理逻辑，即切面功能的实际实现。通知的类型包括

Before、After、Around、Throw 4 种。

(4) 切入点(PointCut)

切入点即一系列连接点的集合,它指明通知将在何时被触发。切入点可以是制定的类名,也可以是匹配类名和方法名的正则表达式。当匹配的类或方法被调用的时候,就会在这个匹配的地方应用通知。

(5) 目标对象(Target)

目标对象就是被通知的对象。在 AOP 中,目标对象可以专心实现自身的业务逻辑,通知的功能可以在程序运行期间自动引入。

(6) 代理(Proxy)

代理是在目标对象中使用通知以后创建的新对象,这个对象既拥有目标对象的全部功能,而且还拥有通知提供的附加功能。

14.2 Spring 框架应用实例

14.2.1 新建 Java 项目

单击"File"菜单,选择"New"→"Java Project"选项,设置工程名字为 springdemo,然后单击"Finish"按钮,如图 14-2 所示。

14.2.2 为项目增加 Spring 开发能力

为项目增加 Spring 开发能力,与增加 Struts 和 Hibernate 开发能力操作步骤一样,并且也有两种方法。

方法一:右键单击项目名称,然后选择"MyEclipse"→"Add Spring Capabilities"选项,如图 14-3 所示。

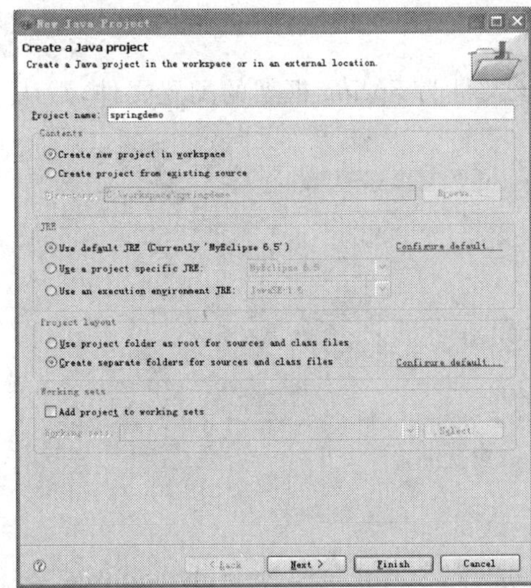

图 14-2 新建 Java 项目 springdemo

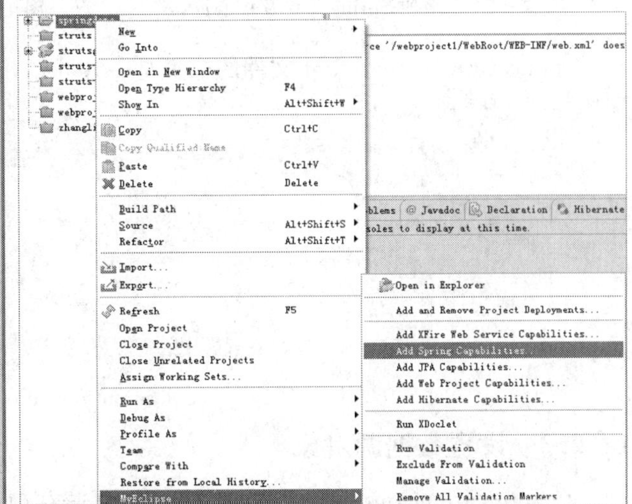

图 14-3 增加 Spring 开发能力方法一

方法二:左键单击项目名称,然后单击"MyEclipse"菜单,选择"Project Capabilities"→"Add Spring Capabilities"选项,如图 14-4 所示。

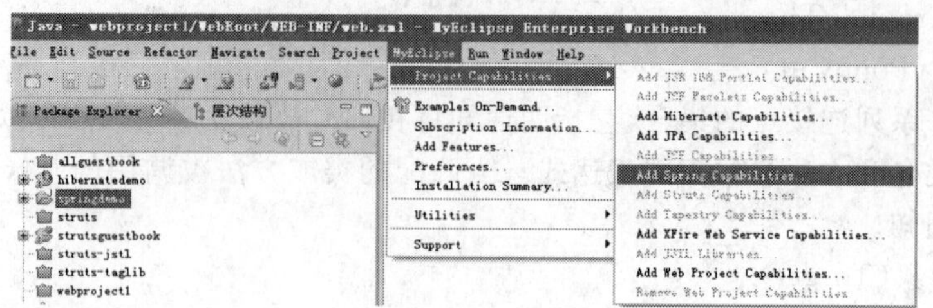

图 14-4　增加 Spring 开发能力方法二

两种方法任选其一，然后弹出如图 14-5 所示的对话框，选择 Spring 2.0 版本，系统会自动地将“Spring 2.0 Core Libraries-<MyEclipse-Library>”选项勾上，然后单击“Next”按钮。

接下来系统会提示在 src 目录下生成一个名为 applicationContext.xml 的文件，如图 14-6 所示。

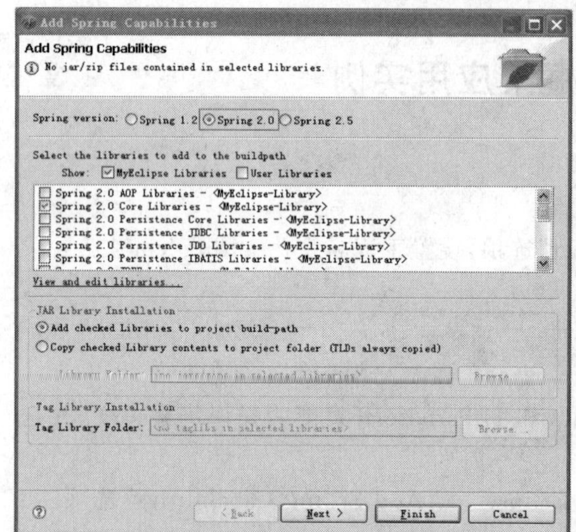

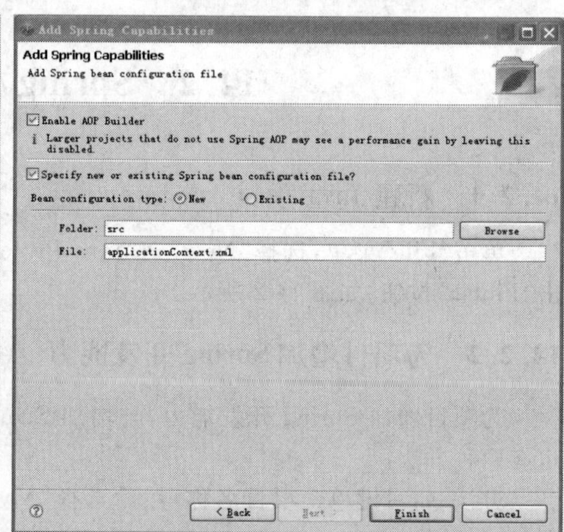

图 14-5　增加 Spring 2.0 及核心库　　　　图 14-6　生成配置文件 applicationContext.xml

applicationContext.xml 文件的标识是一片叶子，该文件为 Spring 框架的配置文件，默认配置如图 14-7 所示。

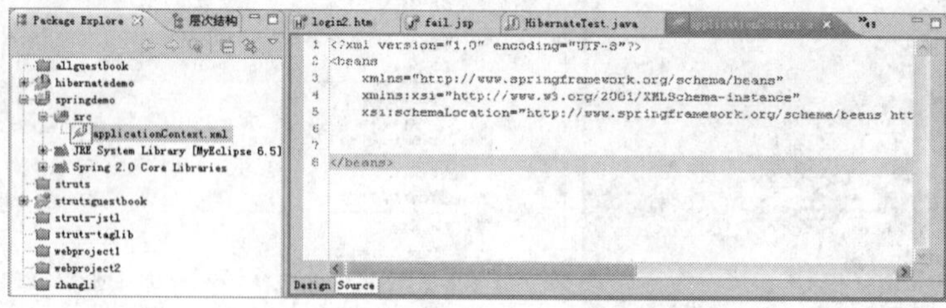

图 14-7　applicationContext.xml 默认配置

14.2.3　设置数据源对象

在 applicationContext.xml 文件空白处单击右键，选择“Spring”→“New dataSource”选项，添加一个 dataSource，如图 14-8 所示。

在 Bean ID 处输入 dataSource，在 DB Driver 处选择我们之前在 MyEclipse DataBase Explorer 里建立的 mysql connection 连接，下面的一些相关信息就会自动显示出来，然后在 Password 处输入 123456，单击“Finish”即可，如图 14-9 所示。

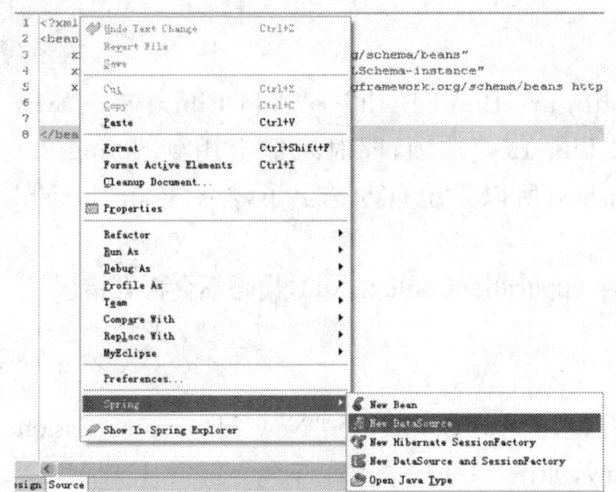

图 14-8　右键→Spring→New DataSource

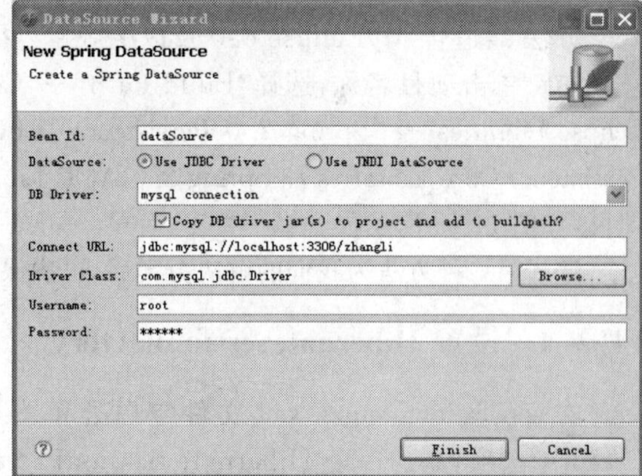

图 14-9　设置 dataSource

执行完以上操作后，配置文件 applicationContext. xml 会发生变化，增加了对数据源的描述代码，如图 14-10 所示。

```
1  <?xml version="1.0" encoding="UTF-8"?>
2  <beans
3      xmlns="http://www.springframework.org/schema/beans"
4      xmlns:xsi="http://www.w3.org/2001/XMLSchema-instance"
5      xsi:schemaLocation="http://www.springframework.org/schema/beans http://www.spring
6      <bean id="dataSource"
7          class="org.apache.commons.dbcp.BasicDataSource">
8          <property name="driverClassName"
9              value="com.mysql.jdbc.Driver">
10         </property>
11         <property name="url"
12             value="jdbc:mysql://localhost:3306/zhangli">
13         </property>
14         <property name="username" value="root"></property>
15         <property name="password" value="123456"></property>
16     </bean>
17 </beans>
```

图 14-10　applicationContext. xml 发生变化

单击保存时文件会出现错误，在大概第 7 行代码处，错误提示表示不认识"org. apache. commons. dbcp. BasicDataSource"这个类，如图 14-11 所示。

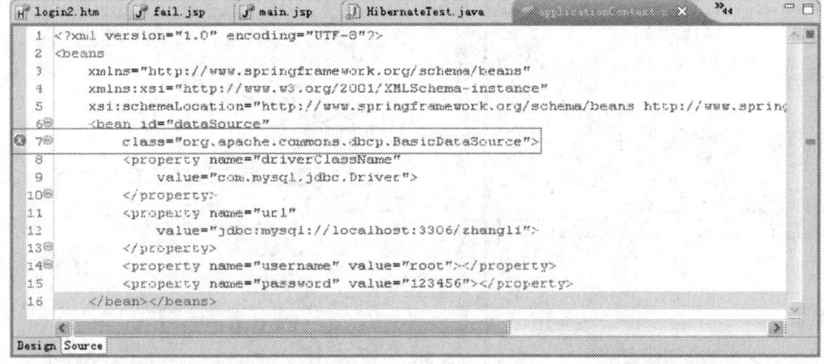

图 14-11　不认识 org. apache. commons. dbcp. BasicDataSource

关于这个错误有两种解决方法，如下所示。

方法 1：适合 MyEclipse 5. 5 及以下版本。

到 http://commons. apache. org/dbcp/downloads. html 下载 commons-dbcp. jar，然后右键单击项目名称，选择“Build Path”→“Configure Build Path”→“Add External JARs”选项，将

commons-dbcp. jar 添加到构建路径下。

方法 2:适合 MyEclipse 6.0 及以上版本。

右键单击项目名称,选择“Build Path”→“Configure Build Path”→“Add Library”→“MyEclipse Libraries”→“Spring 2.0 Persistence JDBC Libraries”选项,同时可能会用到 Spring 2.0 Persistence Core Libraries 和 Spring 2.0 AOP Libraries,所以系统自动选上了,然后单击“Finish”即可,如图 14-12 所示。

选择第二种方法为我们的解决方案后,再次保存 applicationContext. xml,代码不会再有错误。

14.2.4 设置 HibernateSessionFactory

在 applicationContext. xml 文件空白处单击右键,选择“Spring”→“New Hibernate SessionFactory”选项,添加一个 Hibernate SessionFactory,如图 14-13 所示。

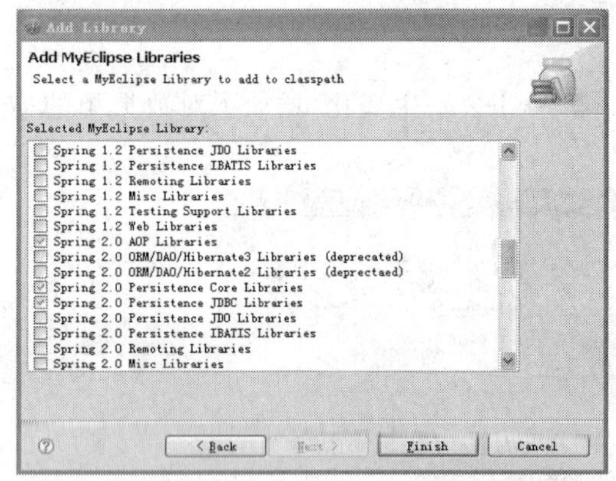

图 14-12 选中 MyEclipse Libraries 相关类库

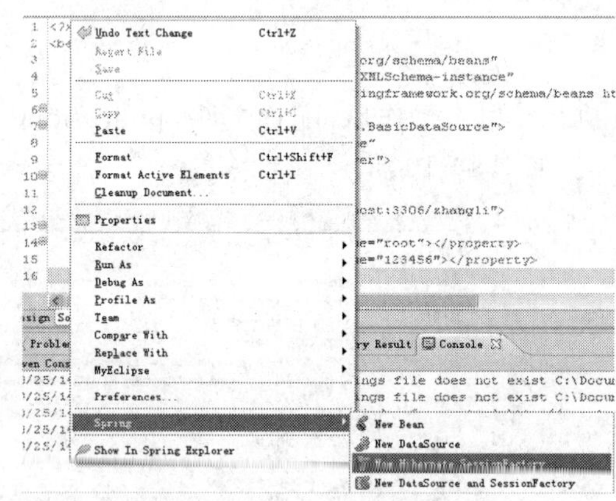

图 14-13 右键→Spring→New Hibernate SessionFactory

然后为 Hibernate SessionFactory 进行一系列相关设置,如图 14-14 所示。

经过以上设置后,配置文件 applicationContext. xml 又发生变化,增加了 Hibernate SessionFactory 的描述代码,如图 14-15 所示。

图 14-14 设置 Hibernate SessionFactory

图 14-15 applicationContext. xml 发生变化

14.2.5 新建并编辑 Java 类

新建名为 Message 的 Java 类，所属包名为 com. zhangli. springdemo，如图 14-16 所示。

编辑 Message 类，代码如下所示。

```
package com.zhangli.springdemo;
public class Message {
    private String content;
    public String getContent() {
        return content;
    }
    public void setContent(String content) {
        this.content = content;
    }
}
```

14.2.6 设置 Spring Bean

在 applicationContext. xml 文件空白处单击右键，选择“Spring”→“New Bean”选项，将 Message 类作为一个 Bean 注入 Spring 管理中，如图 14-17 所示。

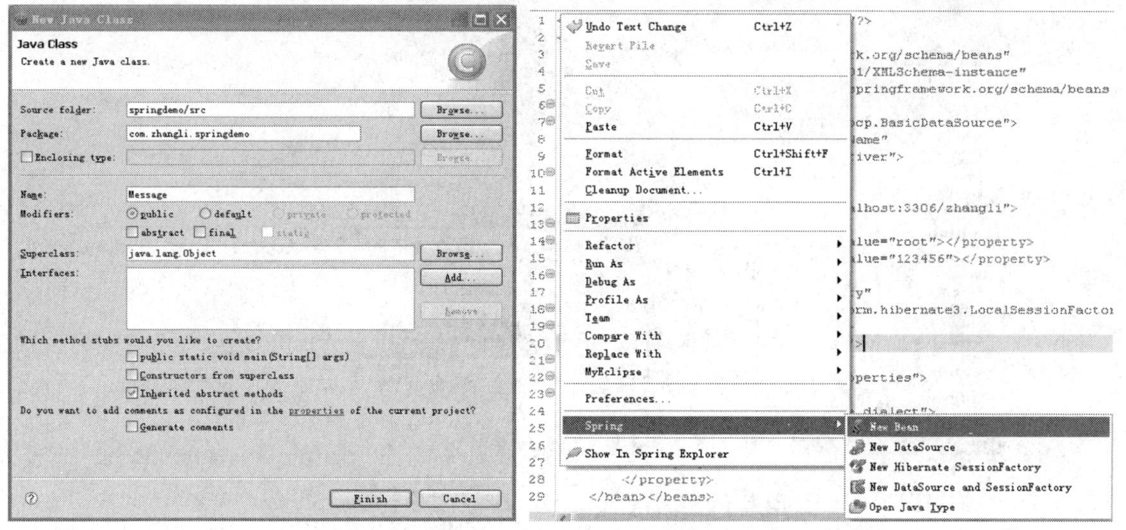

图 14-16　新建 Java 类　　　　图 14-17　右键→Spring→New Bean

给 Bean 设置一个 id 为 msgBean，并单击 Bean class 右侧的“Browse”按钮去搜索查找 Bean 的实际路径，在弹出的对话框中输入 Message，系统自动搜索相关类的路径，选中“com. zhangli. springdemo”类包中的 Message 类，单击“OK”按钮，然后单击“Finish”按钮，如图 14-18 所示。

经过以上步骤后，配置文件 applicationContext. xml 发生变化，增加了 msgBean 的描述代码，如图 14-19 所示。

在 Spring 配置文件里还可以做其他相关设置。

(1) 如果在以后的使用过程中，还想让 Spring 管理其他的类，仍然可以通过单击右键→Spring→New Bean，将更多的类以 Bean 的形式添加进来。

(2) 可以以可视化的方式查看 Spring 所管理的类。在空白处单击右键，选择“Show In Spring Explorer”选项，如图 14-20 所示。会在 Spring Explorer 中输出 applicationContext.

xml 所管理的所有类，如图 14-21 所示。

(3) 如果想查看各个类之间的关系，在 Spring Explorer 中右键单击 applicationContext. xml-src，选择“Open Graph”选项，如图 14-22 所示。

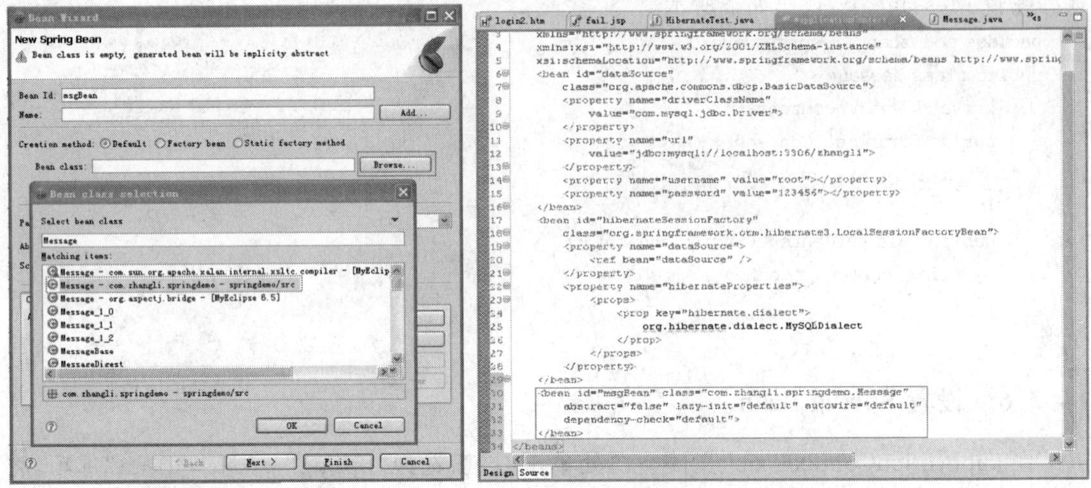

图 14-18 设置 msgBean　　　　图 14-19 applicationContext. xml 发生变化

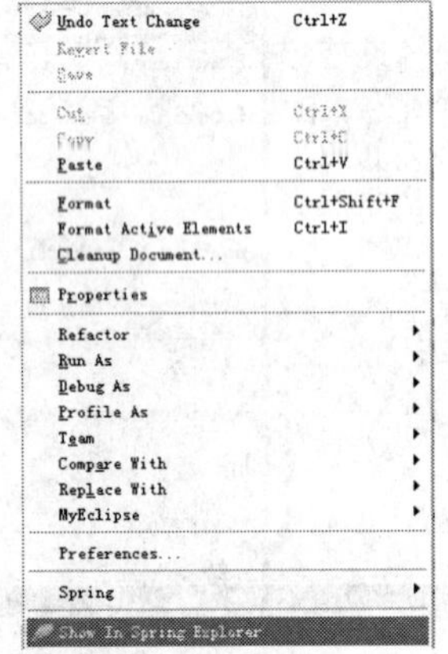

图 14-20 右键→Show In Spring Explorer

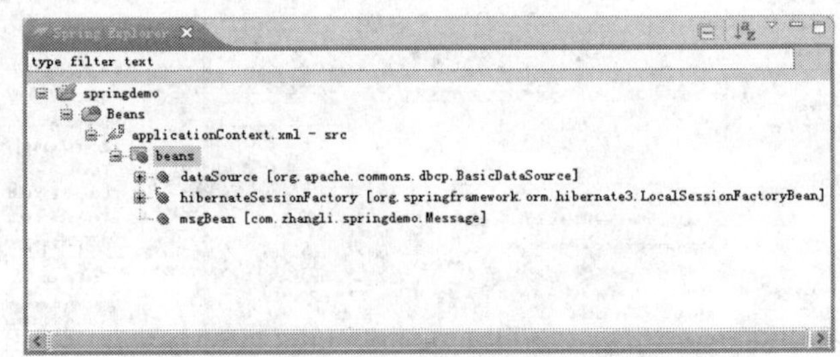

图 14-21 控制台显示 Spring 所管理的类

applicationContext. xml 就会变成可视化的视图，显示各类之间的关系，如图 14-23 所示。

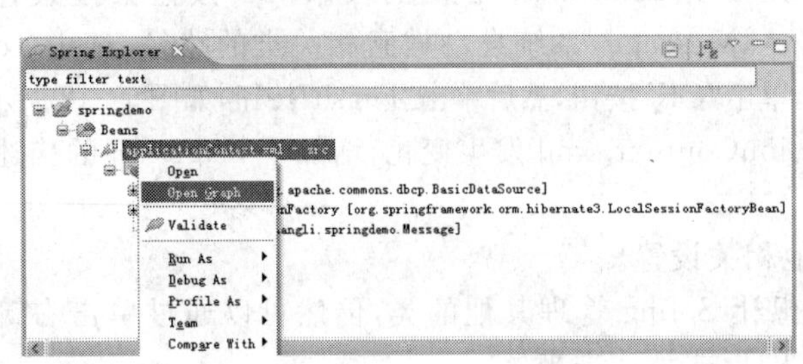

图 14-22 右键→Open Graph

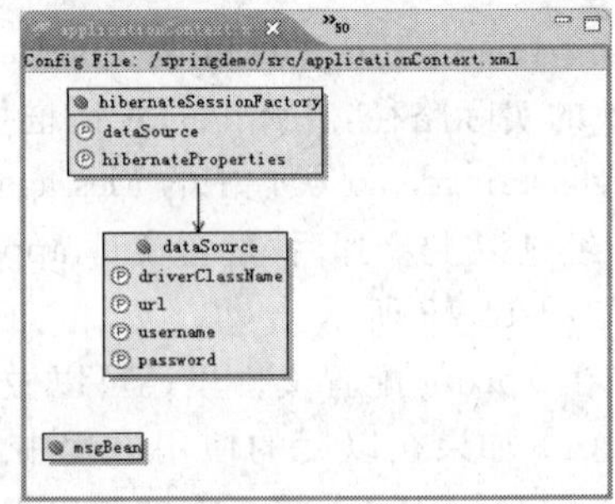

图 14-23 显示各类之间的关系

14.2.7 新建并编辑测试文件

新建一个名为SpringText的Java类，所在类包名为com.zhangli.springdemo，该类用作测试文件，需勾选main()方法，如图14-24所示。

编辑SpringTest，代码如下所示。

```
package com.zhangli.springdemo;
import org.springframework.context.support.ClassPathXmlApplicationContext;
public class SpringTest {
    public static void main(String[] args) {
        //通过Spring管理还获得Message类
        ClassPathXmlApplicationContext ctx = new ClassPathXmlApplicationContext ("/application-
Context.xml");
        Message msg = (Message)ctx.getBean("msgBean");
        //普通的Message类调用方法:
        //Message msg = new Message();
        msg.setContent("welcome to www.ccbupt.com");
        System.out.println(msg.getContent());
    }
}
```

14.2.8 运行并输出结果

上述代码并未使用到数据源和HibernateSessionFactory，所以测试之前将applicationContext.xml中dataSource bean和hibernateSessionFactory bean的相关代码用<!—— ——>注释起来，如图14-25所示。

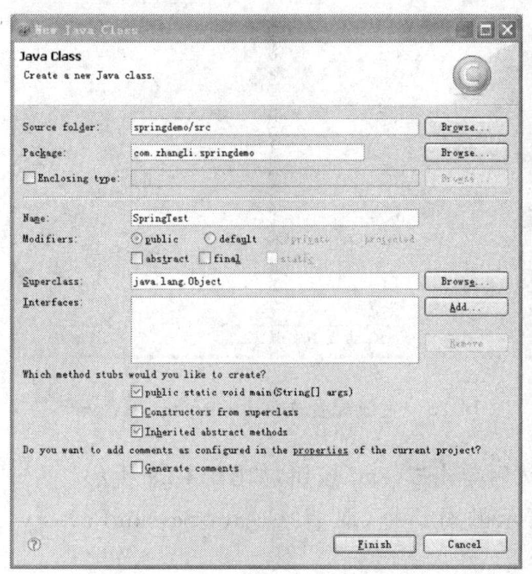

图14-24 新建Java类SpringTest

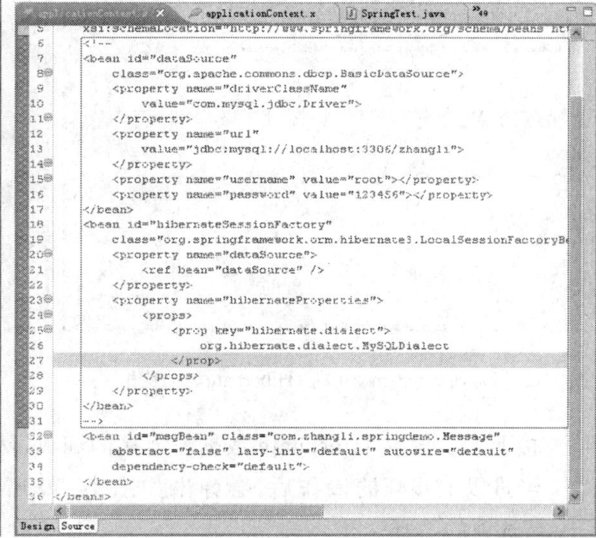

图14-25 注释部分代码

然后右键单击SpringTest.java文件名，选择“Run”→“Java Application”选项，运行项目，在控制台输出结果，如图14-26所示。

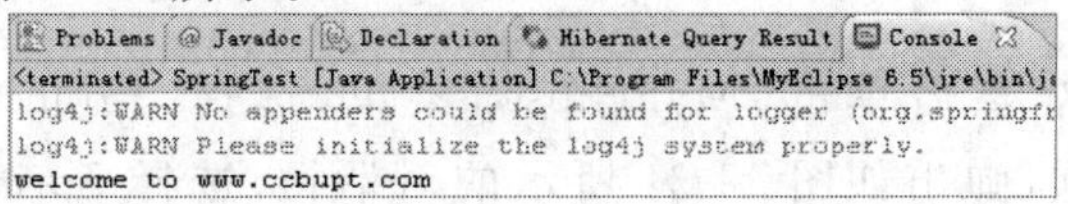

图14-26 SpringTest.java输出结果

14.3 Spring 和 Hibernate 组合开发实例

14.3.1 新建 Java 项目

单击“File”菜单，选择“New”→“Java Project”选项，设置工程名字为 springdemo2，然后单击“Finish”按钮即可。

14.3.2 为项目增加 Hibernate 开发能力

左键单击项目名称，然后单击“MyEclipse”菜单，选择“Project Capabilities”→“Add Hibernate Capabilities”选项，弹出如图 14-27 所示的对话框，选择 Hibernate 3.1 版本，系统会自动地将“Hibernate 3.1 Core Libraries－<MyEclipse-Library>”选项勾上，然后单击“Next”按钮。系统会在 src 文件夹生成一个名为 hibernate.cfg.xml 的文件，然后单击“Next”按钮，如图 14-28 所示。

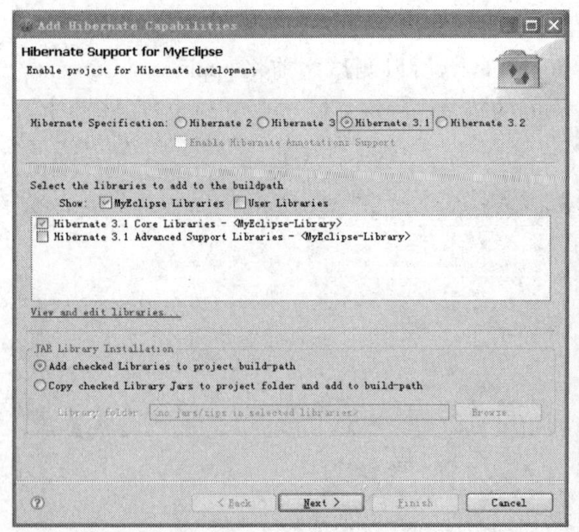

图 14-27 为 Springdemo2 增加 Hibernate 3.1 及相关库

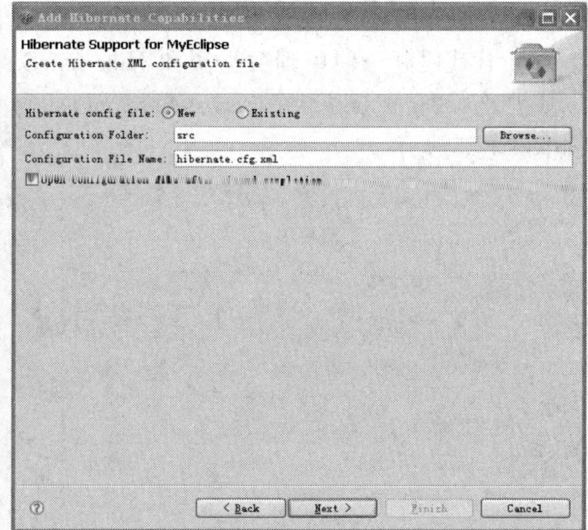

图 14-28 生成配置文件 hibernate.cfg.xml

接下来要设置 Hibernate 数据库连接的细节，然后单击“Next”按钮，如图 14-29 所示。

经过以上步骤的操作后，会弹出如图 14-30 所示的对话框，取消“Create SessionFactory Class”选项的选择。

注意：此步骤跟之前的 Hibernate 开发有所区别，并不是由 Hibernate 生成会话工厂，改为由 Spring 生成。

14.3.3 为项目增加 Spring 开发能力

左键单击项目名称，然后单击“MyEclipse”菜单，选择“Project Capabilities”→“Add Spring Capabilities”选项，弹出如图 14-31 所示的对话框，选择 Spring 2.0 版本，然后单击“Next”按钮。

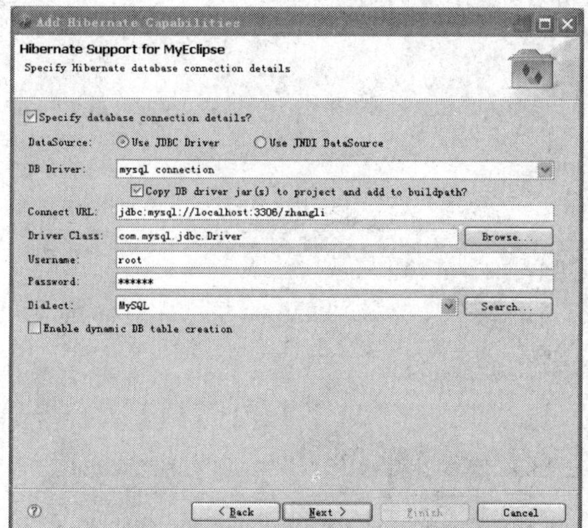

图 14-29　关联 DataBase Explorer 中数据库

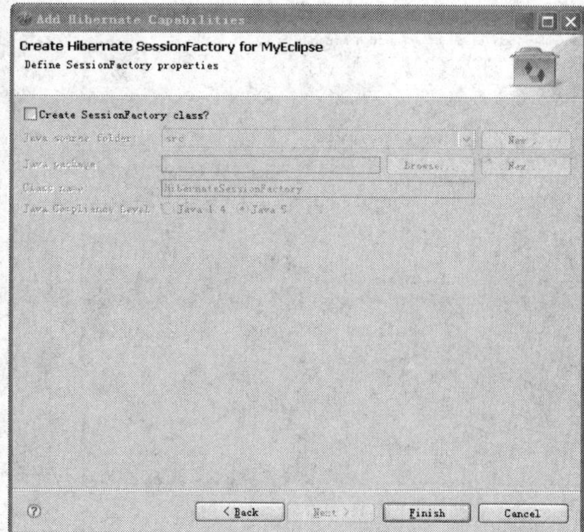

图 14-30　取消生成 Hibernate SessionFactory

接下来系统会提示在 src 目录下生成一个名为 applicationContext. xml 的文件,然后单击“Next”按钮,如图 14-32 所示。

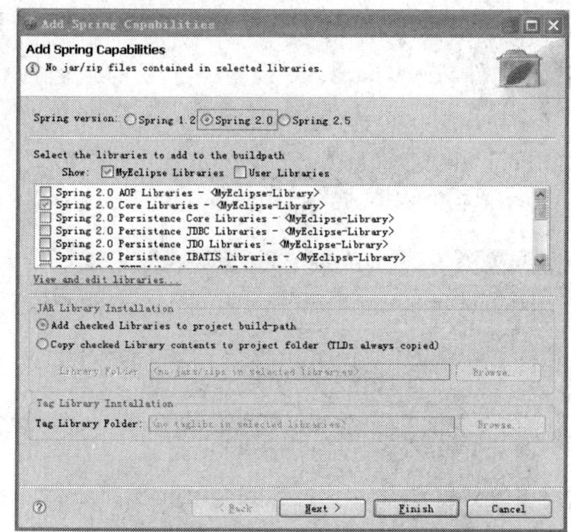

图 14-31　增加 Spring 2.0 及核心库

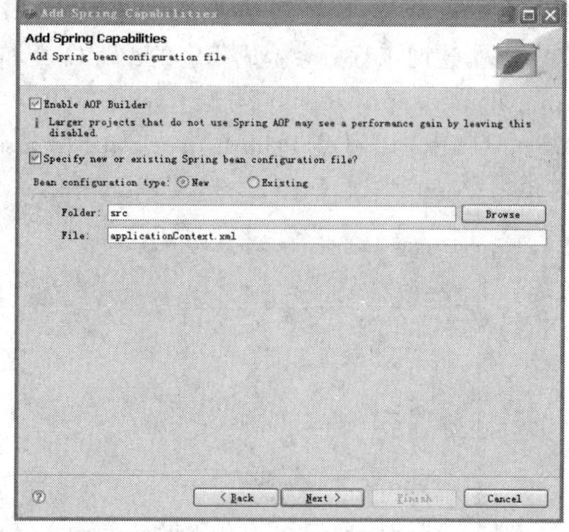

图 14-32　生成配置文件 applicationContext. xml

注意:此步骤跟之前增加 Spring 开发能力有所区别,不能单击“Finish”按钮,而是需要单击下一步继续配置会话工厂。

经过以上操作后,系统会由 Spring 生成 SessionFactory,然后单击“Finish”按钮即可,如图 14-33 所示。

此时配置文件 applicationContext. xml 发生变化,保存时会出现错误,表示不认识“org. springframework. orm. hibernate3. LocalSessionFactoryBean”这个类,如图 14-34 所示。

解决方法是:右键单击项目名称,选择“Build Path”→“Configure Build Path”→“Add External JARs”选项,将 spring-hibernate3. jar 添加到构建路径下。

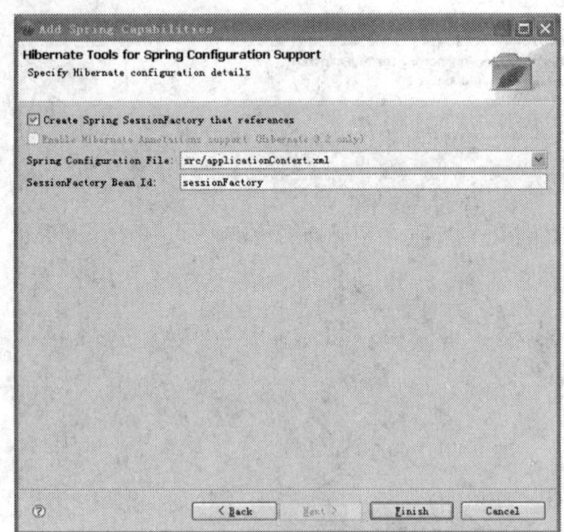

图 14-33　生成 Spring SessionFactory

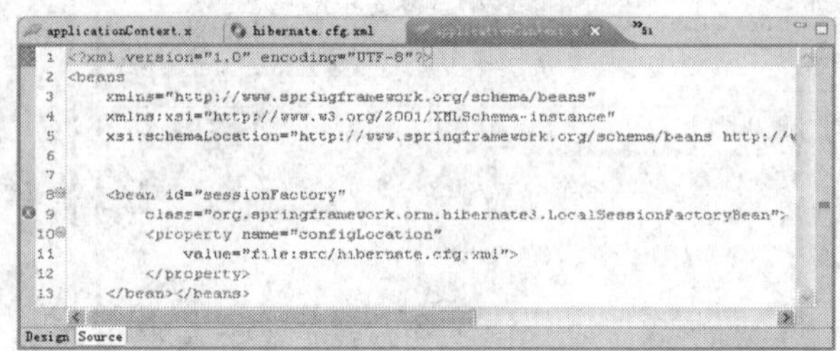

图 14-34　applicationContext.xml 发生错误

14.3.4　生成 POJO 类和映射文件

切换到 MyEclipse DataBase Explorer 透视图，选中表 strutsguestbook，然后单击右键，选择“Hibernate Reverse Engineering”选项，如图 14-35 所示。

选择逆向工程后会生成相应的 POJO 类和映射文件，Java package 设置一个新的包名为 com.zhangli.springdemo，勾选 Create POJO<>DB Table mapping information、Java Data Object(POJO<>DB Table)、Java Data Access Object (DAO)(Hibernate 3 only)选项上，然后单击“Next”按钮，如图 14-36 所示。

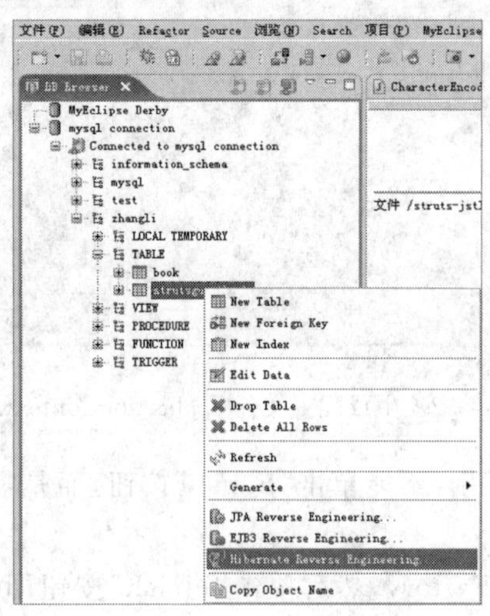

图 14-35　为 strutsguestbook 表生成逆向工程

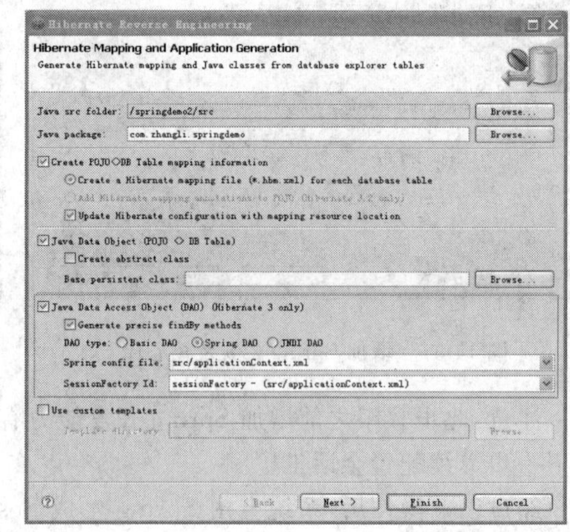

图 14-36　POJO 和映射文件设置

注意：此步骤也跟之前的 Hibernate 开发步骤所有不同，这里使用了 Spring DAO 技术。

Id Generator 处选择 native，然后单击“Next”按钮，如图 14-37 所示。设置完成，单击“Finish”按钮，如图 14-38 所示。

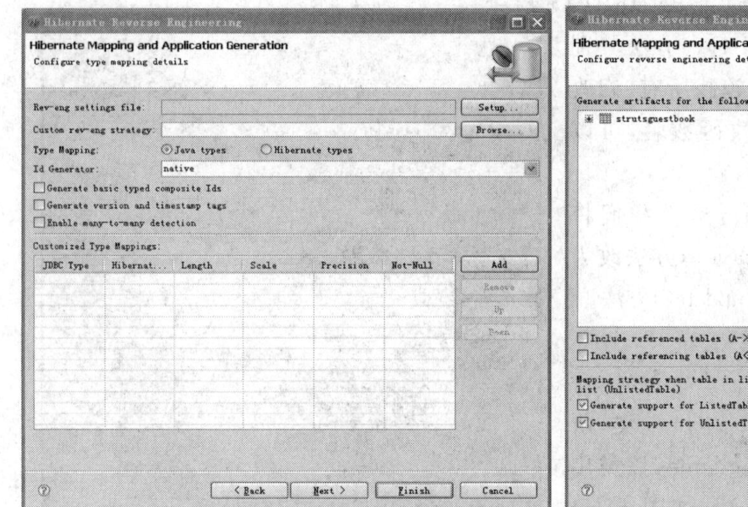

图 14-37　设置 native

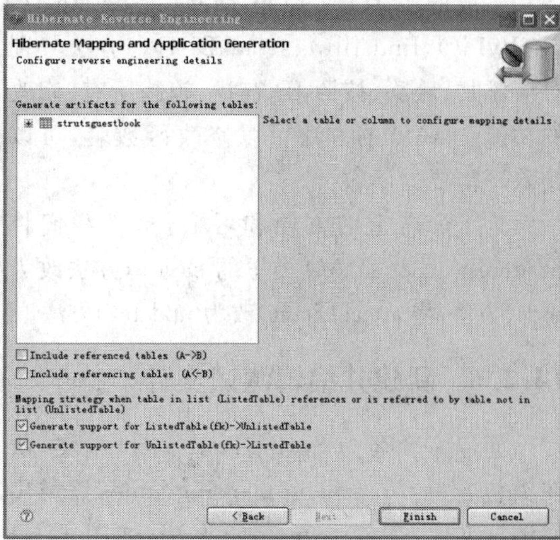

图 14-38　设置完成

切换到 Java 视图查看包资源管理器，会发现在 com. zhangli. springdemo 包多了三个文件，即 Strutsguestbook. java、StrutsguestbookDao. java 和 Strutsguestbook. hbm. xml，如图 14-39 所示。

在图 14-39 中我们发现 StrutsguestbookDAO. java 显示有错误，错误提示表示不认识 HibernateDaoSupport这个类。

解决方法：右键单击项目名称，选择"Build Path"→"Configure Build Path"→"Add Library"→"MyEclipse Libraries"→"Spring 2.0 ORM/DAO/Hibernate3 Libraries(depvecated)"选项，同时可能会用到 Spring 2.0 AOP Libraries，所以系统自动选上了，然后单击"Finish"按钮即可，如图 14-40 所示。

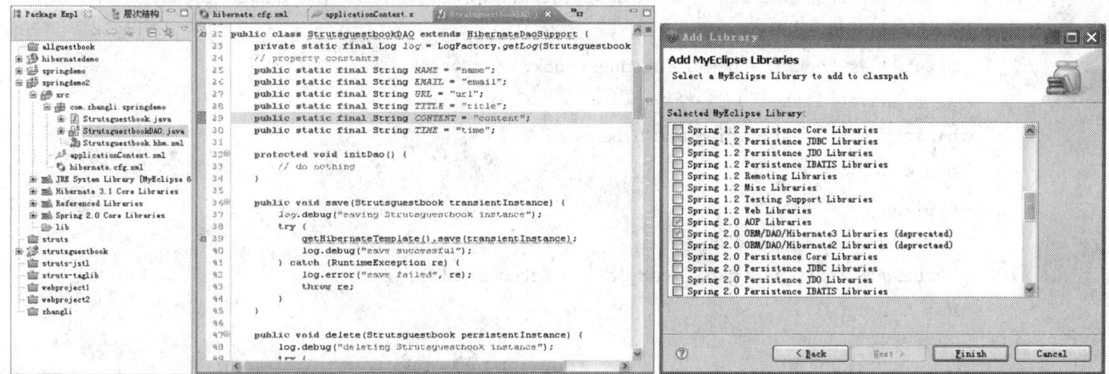

图 14-39　生成相关文件

图 14-40　选中 MyEclipse Libraries 相关类库

14.3.5　修改 DAO 方法

在操纵持久化数据时，直接利用 Session 提供的方法，可能对数据操作的封装力度太小，在实际开发过程中一般不好使用，在此引入 DAO(Data Access Object)的概念。

DAO 是持久化对象的客户端，负责所有与数据库操作相关的逻辑，例如数据查询、增加、删除和更新等。

生成的 DAO 文件里 save()、delete()、findById()、findAll()、attachDirty()方法分别对应添加、删除、按照 ID 查找、查找所有、修改的功能。DAO 的方法可以修改函数名，可以删除不需要的函数。

为了命名上的方便和习惯，这里我们将 StrutsguestbookDAO 类里的 save()方法改为 add()方法，将 attachDirty()改为 update()方法。

14.3.6 新建并编辑测试文件

新建一个名为 SpringText 的 Java 类，所在类包名为 com. zhangli. springdemo，该类用作测试文件，需勾上 main()方法，如图 14-41 所示。

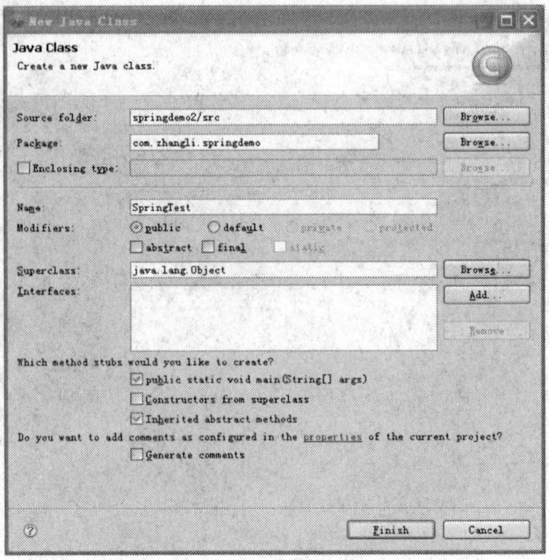

图 14-41 新建 Java 类 SpringTest

编辑 SpringTest，代码如下所示。

```
package com.zhangli.springdemo;
import java.util.Iterator;
import java.util.List;
import org.springframework.context.support.ClassPathXmlApplicationContext;
import com.zhangli.springdemo.Strutsguestbook;
public class SpringTest {
    public static void main(String[] args) {
        ClassPathXmlApplicationContext ctx = new
ClassPathXmlApplicationContext("/applicationContext.xml");
        StrutsguestbookDAO dao = (StrutsguestbookDAO)ctx.getBean("StrutsguestbookDAO");
        //添加操作代码
        Strutsguestbook g1 = new Strutsguestbook();
        g1.setName("liubei");
        g1.setTitle("test spring and hibernate");
        dao.add(g1);
        p(g1);
        //删除操作代码
        Strutsguestbook g3 = dao.findById(new Integer(12));
        dao.delete(g3);
        //修改操作代码
        Strutsguestbook g2 = dao.findById(new Integer(15));
        g2.setName("good");
        dao.update(g2);
        //查询所有结果代码
        List list = dao.findAll();
        for (Iterator iter = list.iterator(); iter.hasNext();) {
            Strutsguestbook g = (Strutsguestbook)iter.next();
            p(g);
            }
    }
```

```
        public static void p(Strutsguestbook g){
                System.out.println("-------------");
                System.out.println(g.getId());
                System.out.println(g.getTitle());
                System.out.println(g.getName());
                System.out.println("-------------");
        }
    }
```

14.3.7 运行并输出结果

右键单击 SpringTest.java 文件名，选择“Run”→“Java Application”选项即可运行项目并在控制台输出结果。

在 SpringTest.java 的代码里我们将增、删、改、查方法都使用了，但是在测试的时候最好分步测试。像 13.3.6 节的测试一样，先测试查询所有的方法，把数据库里当前所有记录输出出来。然后测试添加和查询所有方法，向数据库里添加一条记录，然后把所有记录查询输出。接着测试查询某个记录、修改和查询所有方法，先查询到数据库里的某条已存在的记录，然后修改此记录的某些属性，并将数据库里所有的记录输出。最后测试查询某个记录、删除和查询所有方法，先查询到数据库里的某条已存在的记录，然后删除此记录的某些属性，并将数据库里所有的记录输出。

经测试后发现当前操作的数据只能在缓存里起作用，无法真正影响 MySQL 数据库记录。

原因是：打开 applicationContext.xml，右键单击空白处，选择“Show In Spring Explorer”选项打开 applicationContext.xml 管理的各类，发现根本没有 dataSource，更别提 sessionFactory 与 dataSource 有没有关系了，所以 sessionFactory 的数据未写入到数据源里，如图 14-42 所示。

解决方法：修改 applicationContext.xml，空白处单击右键，选择“Spring”→“New dataSource”选项，将 dataSource 作为 Bean 增加进来，设置如图 14-43 所示。

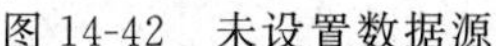
图 14-42 未设置数据源

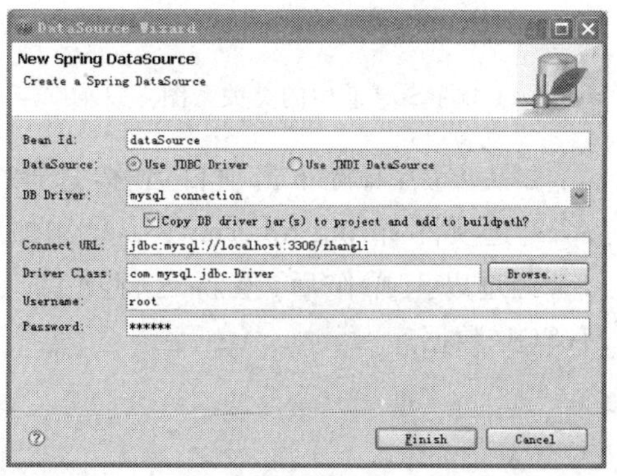

图 14-43 设置 dataSource

执行完以上操作后，配置文件 applicationContext.xml 会发生变化，增加了对数据源的描述代码,如图 14-44 所示。

我们还需手动编写代码给 sessionFactory 增加一个属性 dataSource,这样 sessionFactory 就与 dataSource 产生了联系,如图 14-45 所示。

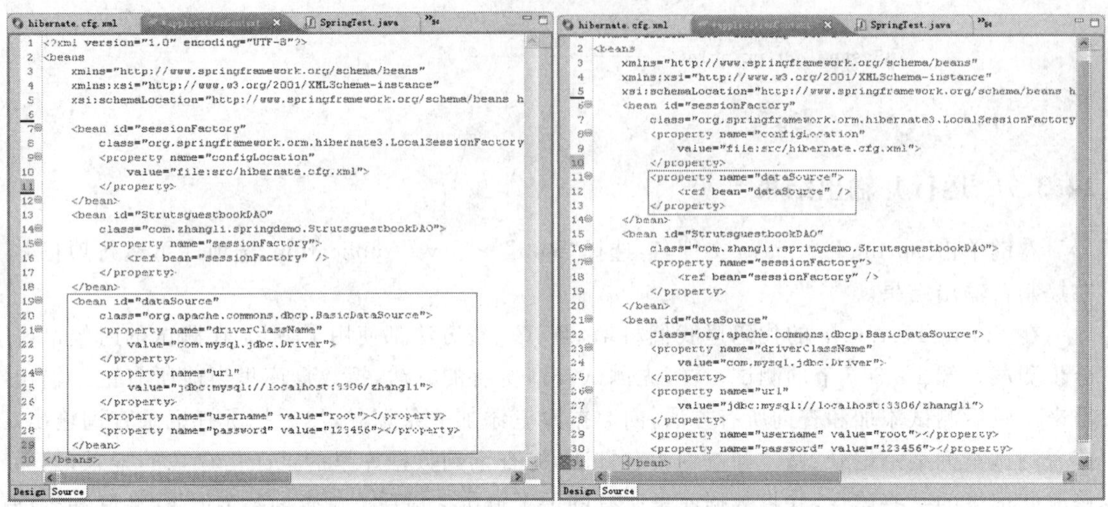

图 14-44　applicationContext. xml 发生变化　　　　图 14-45　手动添加代码

经过以上操作后,在 applicationContext. xml 空白处单击右键,选择“Show In Spring Explorer”选项,然后在 Spring Explorer 中右键单击 applicationContext. xml-src,选择“Open Graph”选项,则可以看到三个文件之间发生了关系,如图 14-46 所示。

此时重新运行项目,在控制台会报错,主要原因是 java. lang. NoClassDefFoundError: org/apache/commons/pool/impl/GenericObjectPool,如图 14-47 所示。

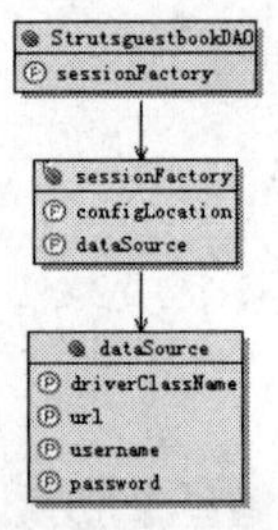

图 14-46　Spring 中的类关系图

```
<terminated> SpringTest (1) [Java Application] C:\Program Files\MyEclipse 6.5\jre\bin\javaw.exe (Oct 25, 2014 5:32:29 PM
log4j:WARN Please initialize the log4j system properly.
Exception in thread "main" org.springframework.beans.factory.BeanCreationException: Error
Caused by: org.springframework.beans.factory.BeanCreationException: Error creating bean wi
Caused by: java.lang.NoClassDefFoundError: org/apache/commons/pool/impl/GenericObjectPool
	at java.lang.Class.getDeclaredConstructors0(Native Method)
	at java.lang.Class.privateGetDeclaredConstructors(Unknown Source)
	at java.lang.Class.getConstructor0(Unknown Source)
	at java.lang.Class.getDeclaredConstructor(Unknown Source)
	at org.springframework.beans.factory.support.SimpleInstantiationStrategy.instantia
	at org.springframework.beans.factory.support.AbstractAutowireCapableBeanFactory.in
	at org.springframework.beans.factory.support.AbstractAutowireCapableBeanFactory.cr
	at org.springframework.beans.factory.support.AbstractAutowireCapableBeanFactory.cr
	at org.springframework.beans.factory.support.AbstractBeanFactory$1.getObject(Abstr
	at org.springframework.beans.factory.support.DefaultSingletonBeanRegistry.getSingl
	at org.springframework.beans.factory.support.AbstractBeanFactory.getBean(AbstractB
	at org.springframework.beans.factory.support.AbstractBeanFactory.getBean(AbstractB
```

图 14-47　程序发生错误

解决方法:右键单击项目名称,选择“Build Path”→“Configure Build Path”→“Add External JARs”选项将 spring-hibernate3. jar 添加到构建路径下。

经过以上操作后,重新运行项目,会发现所有的增、删、改、查操作都能真正影响到 MySQL 数据库。

第 15 章　SSH 整合应用

15.1　SSH 整合理念

SSH(Struts＋Spring＋Hibernate)架构作为一种轻量级的 Java EE 平台，也是基于 MVC 设计模式的。下面就 Java EE、MVC、SSH 的概念和技术进行详细说明。

15.1.1　Java EE 应用

(1) Java EE 应用介绍

Java EE，即 Java 企业版，是美国 SUN 公司为了开发具有高可用性、安全性、易维护性的企业级应用所提出的一整套技术规范。

Java EE 平台在企业级开发中占有很大的优势，Java EE 应用以其稳定的性能、良好的开放性及严格的安全性，深受企业及应用开发者的喜爱。

Java EE 应用提供的跨平台性、开放性及各种远程访问的技术，为异构系统的良好整合提供了保证。

(2) Java EE 应用的分层模型

框架是整个系统或系统的一部分的可重用设计，由一组抽象的类及其实例间的相互作用方式组成。

基于 Java EE 的四层架构应用模型同传统的 C/S 模型相比，提高了系统的可扩展性、安全性和可重用性。

Java EE 四层架构将应用逻辑与用户界面和数据访问相剥离，这样便使系统的维护变得简单，同时可以通过采用组件技术，降低数据库服务器的负担，从而提高系统的性能。Java EE 四层架构示意图如图 15-1 所示。

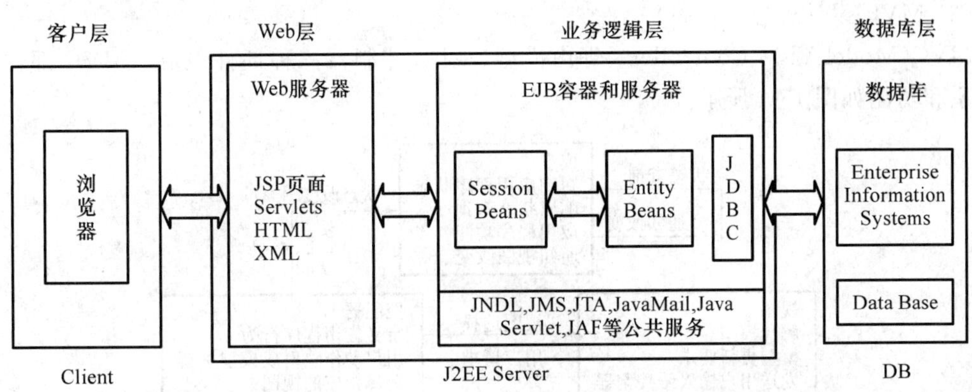

图 15-1　Java EE 四层架构示意图

(3) Java EE 应用的组件

① 表现层组件：JSP、Velocity 和 FreeMarker 等。

② 控制器组件:控制器负责拦截用户请求,并将请求转发给用户实现的控制器组件。

③ 业务逻辑组件:系统的核心组件,实现系统的业务逻辑。

④ DAO 组件:Data Access Object,也被称为数据访问对象。

⑤ 领域对象组件:领域对象(Domain Object)抽象了系统的对象模型。

15.1.2 MVC 设计模式

(1) Model 1

以 JSP 为中心的开发模型称为 Model 1,表示逻辑与业务处理混合在 JSP 中。Model 1 架构如图 15-2 所示。

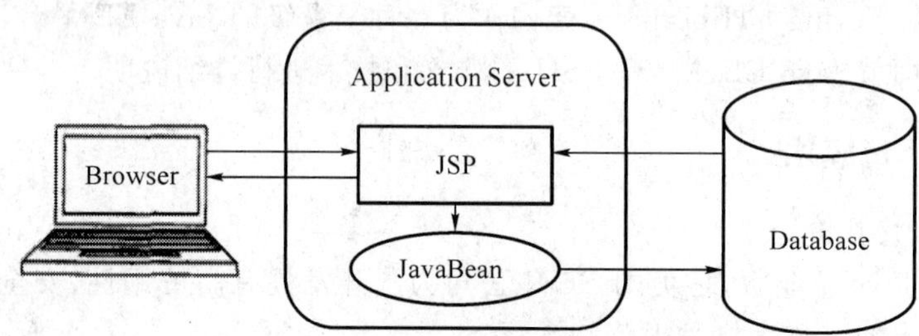

图 15-2 Model 1 架构

(2) Model 2

基于 MVC 模式的框架模型称为 Model 2。Model 2 架构如图 15-3 所示。

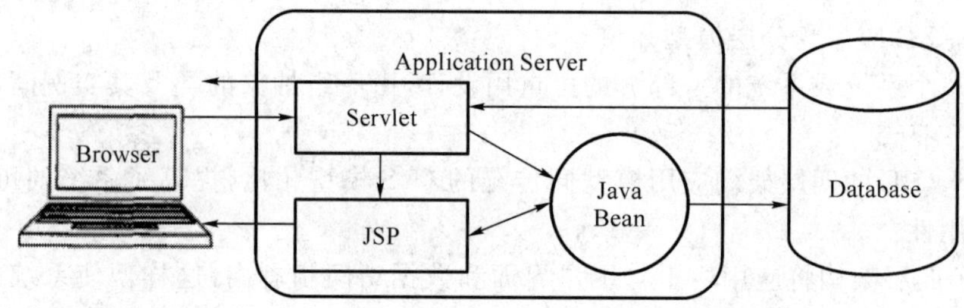

图 15-3 Model 2 架构

(3) MVC 设计思想

MVC(Model-View-Controller),即由模型、视图、控制器三种部件组成。MVC 部件类型的关系和功能如图 15-4 所示。

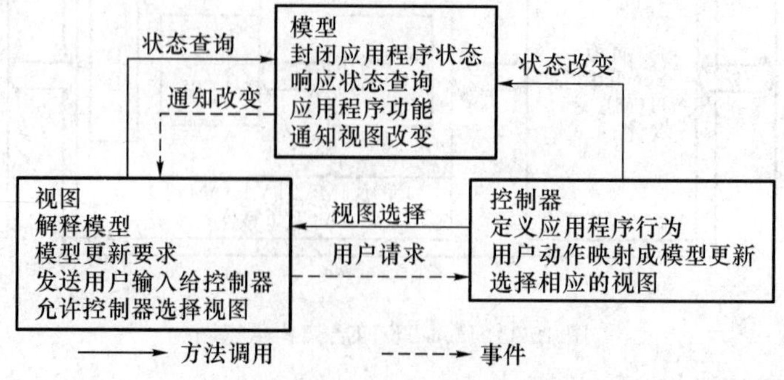

图 15-4 MVC 部件类型的关系和功能

15.1.3 SSH 架构

SSH 是 Struts＋Spring＋Hibernate 的一个集成框架，是目前流行的一种 Java Web 开发的开源框架。SSH 结构如图 15-5 所示。

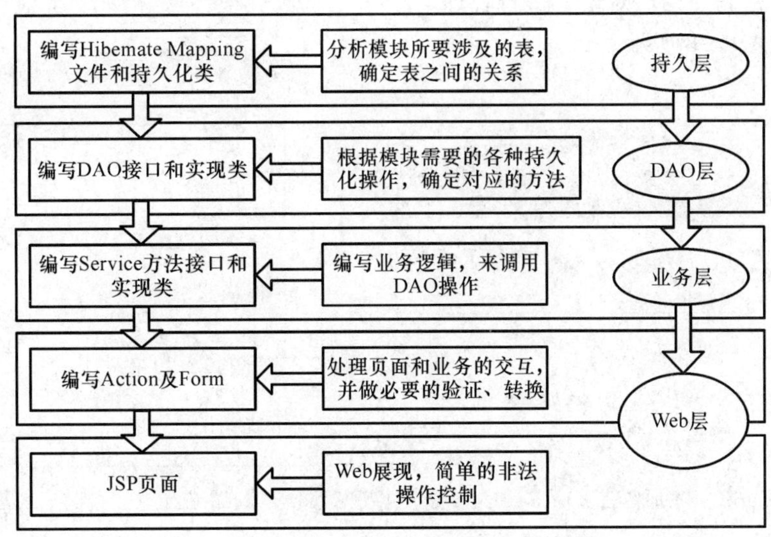

图 15-5 SSH 架构

Struts 负责 Web 层。ActionFormBean 接收网页中表单提交的数据，然后通过 Action 进行处理，再 Forward 到对应的网页，在 Struts-config. xml 中定义了＜action-mapping＞，ActionServlet 会加载进来。

Spring 负责业务层管理，即 Service。Service 为 Action 提供统一的调用接口，封装持久层的 DAO，并集成 Hibernate，Spring 可对 JavaBean 和事务进行统一管理。

Hibernate 负责持久层，完成数据库的 CRUD 操作。Hibernate 有一组 hbm. xml 文件和 POJO，是与数据库中的表相对应的，然后定义 DAO，这些是与数据库打交道的类。

15.2 网络留言板 V7.0

15.2.1 实例功能

（1）添加留言功能

添加留言功能页面网址为 http://localhost:8080/allguestbook/input. jsp，用户输入相应信息后单击提交便可以将数据保存到数据库中，留言页面如图 15-6 所示。

（2）读取留言功能

读取留言功能页面网址为 http://localhost:8080/allguestbook/guestbook. do? maethod＝list，用户可以查看以前提交的所有留言，读取留言页面如图 15-7 所示。

(3) 管理功能

管理功能包括管理员身份验证、删除留言和修改留言功能。

身份验证功能页面网址为 http://localhost:8080/allguestbook/login. jsp，管理员需输入用户名和密码登录后对留言进行管理，身份验证界面如图 15-8 所示。

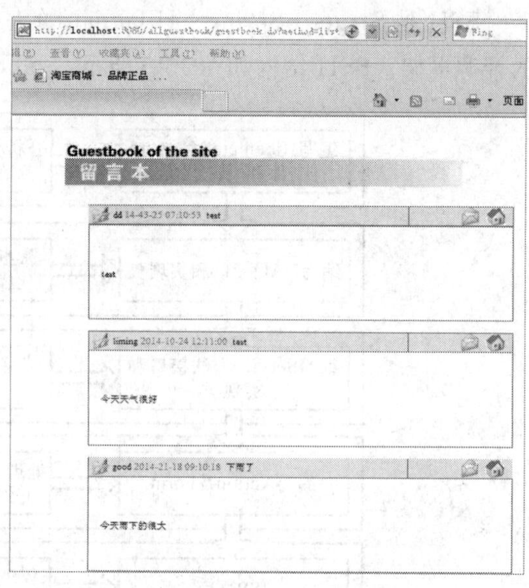

图 15-7　读取留言页面

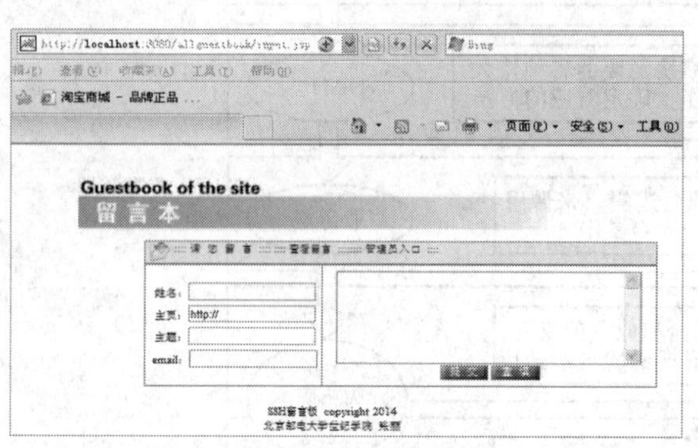

图 15-6　添加留言页面

管理留言功能页面网址为 http://localhost:8080/allguestbook/guestbook. do? maethod = admin，管理员登录成功后进入管理留言页面，可以编辑和删除每条留言，如图 15-9 所示。

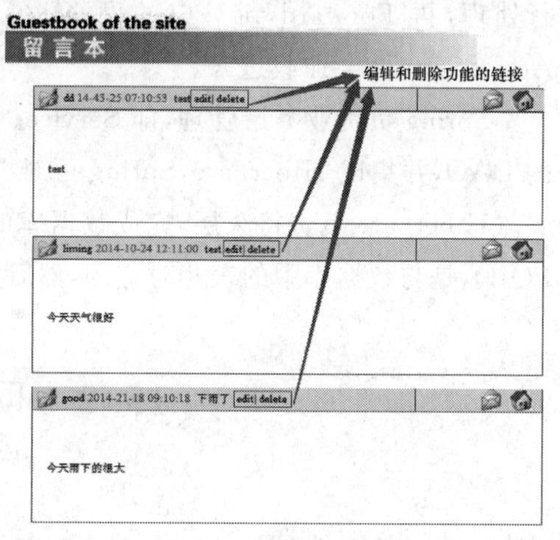

图 15-9　管理留言界面

图 15-8　管理员登录界面

当单击某条留言的 delete 链接后，页面刷新后显示剩余所有的留言，例如单击第一条留言后的 delete 链接后效果如图 15-10 所示。删除留言后跳转到的页面网址为 http://localhost:8080/allguestbook/guestbook. do? maethod=delete@id=xxx。

当单击某条留言的 edit 链接后，可以跳到当前留言记录的页面进行修改，例如单击第一条留言后的 edit 链接后效果如图 15-11 所示。编辑留言后跳转到的页面网址为 http://localhost:8080/allguestbook/guestbook. do? maethod=edit@id=xxx。

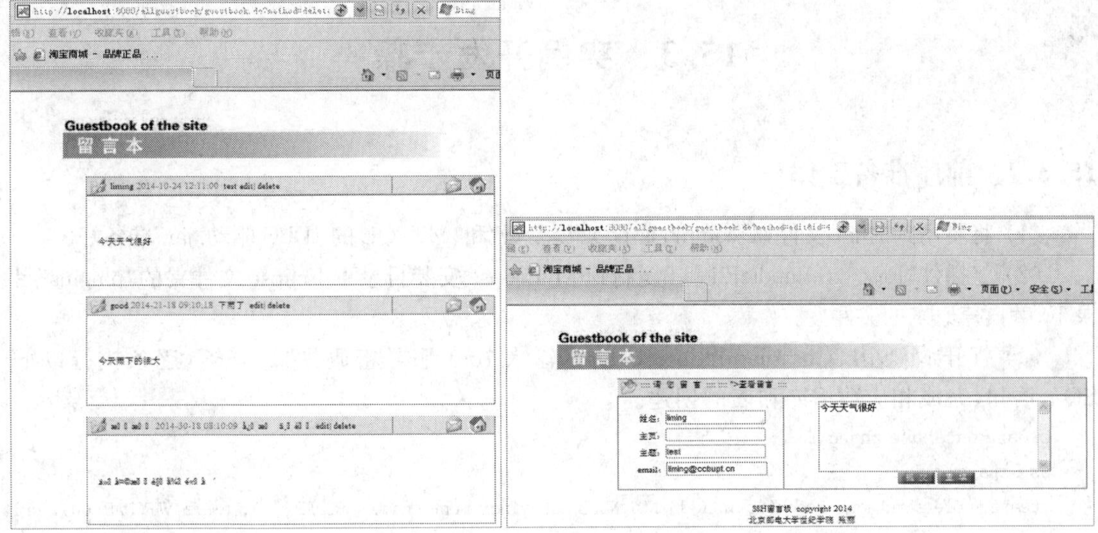

图 15-10　删除留言后的效果　　　　图 15-11　修改具体留言界面

15.2.2　技术与工具

技术：Struts，Hibernate，Spring。

工具：Eclipse，MyEclipse，Tomcat。

15.2.3　文件组织结构

com. zhangli. allguestbook. dao

com. zhangli. allguestbook. dao. hibernate

com. zhangli. allguestbook. model

com. zhangli. allguestbook. service

com. zhangli. allguestbook. service. impl

com. zhangli. allguestbook. web

15.2.4　数据库设计

数据库：MySQL。

数据库名：zhangli。

表名：strutsguestbook。

数据库表结构如表 15-1 所示。

表 15-1　strutsguestbook 表结构

字段	类型	可为空	字段	类型	可为空
id	int	否，主键	title	varchar(200)	是
name	varchar(40)	是	content	varchar(2000)	是
email	varchar(60)	是	time	varchar(40)	是
url	varchar(60)	是			

15.3 实例开发步骤

15.3.1 前序准备工作

（1）将要用到的 jar 文件如“commons-pool-1.3.jar”和“MYSQL 的 JDBC 驱动.jar”准备好。

（2）将插件“ResourceBundleEditor”复制到 MyEclipse 安装目录下 Eclipse 文件夹的“plugins”目录下，替换掉原来的文件夹。

（3）打开 MySQL Command Line Client，输入 root 账号密码：“123456”，逐条执行以下 SQL 语句，完成相应数据库和表的创建。

```
create database zhangli;
use zhangli;
create table strutsguestbook(id int(11) NOT NULL auto_increment, name VARCHAR(40), email VARCHAR(60), url VARCHAR(60), title VARCHAR(200), content VARCHAR(2000), time VARCHAR(40), PRIMARY KEY(id));
create table admin(id int(11) NOT NULL auto_increment, username VARCHAR(20), password VARCHAR(20),PRIMARY KEY(id));
```

（4）启动 MyEclipse，打开“MyEclipse Database Explorer”透视图，设置一个名为“mysql connection”的数据库连接，添加“MYSQL 的 JDBC 驱动.jar”驱动，数据库链接：“jdbc:mysql://localhost:3306/zhangli”，账号：“root”，密码：“123456”，并启动连接。

15.3.2 新建 Web Project

新建 Web Project，名字为 allguestbook，如图 15-12 所示。

15.3.3 为项目增加 Hibernate 开发能力

右键单击项目名称，然后选择“MyEclipse”→“Add Hibernate Capabilities”选项，如图 15-13 所示。

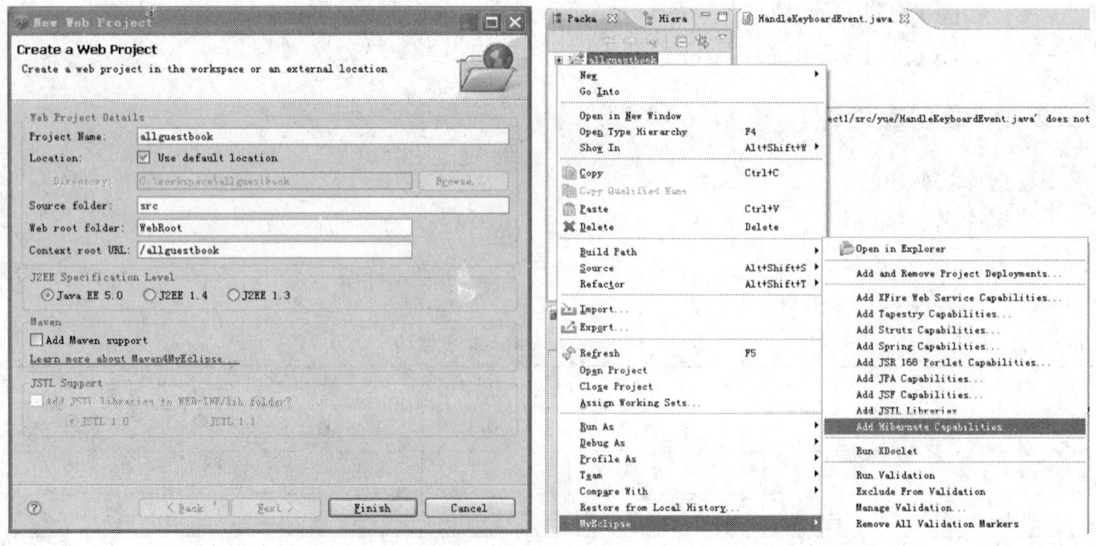

图 15-12 新建 Web 项目 allguestbook　　　　图 15-13 增加 Hibernate 开发能力

选择 Hibernate 3.1 版本，系统会自动地将“Hibernate 3.1 Core Libraries－<MyEclipse-Library>”选项勾上，然后单击“Next”按钮，如图 15-14 所示。

系统会在 src 文件夹生成一个名为 hibernate. cfg. xml 的文件，该文件是 Hibernate 框架的配置文件，然后单击“Next”按钮，如图 15-15 所示。

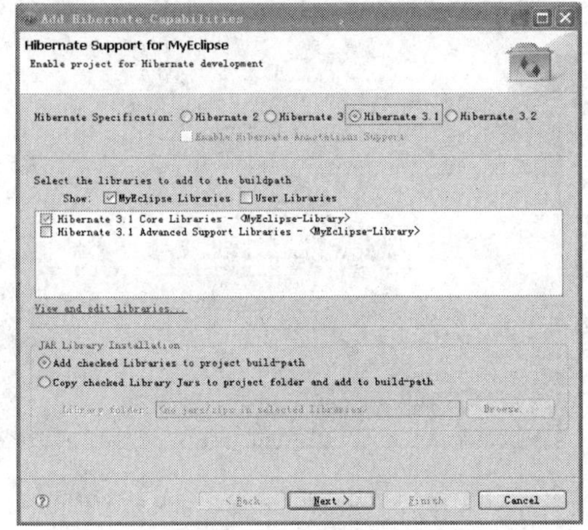

图 15-14　增加 Hibernate 3.1 及相关库

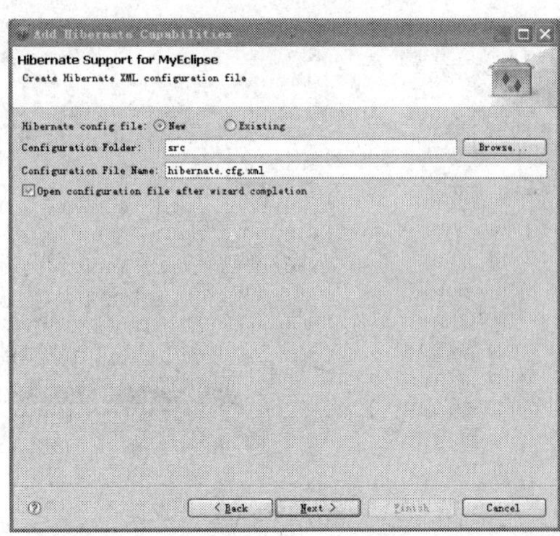

图 15-15　生成配置文件 hibernate. cfg. xml

接下来要设置 Hibernate 数据库连接的细节，在 DB Driver 一项选择之前在 DataBase Explorer 透视图里设置的 mysql connection 连接，这样其余编辑框就会出现相关信息，然后在 Password 处输入密码 123456，单击“Next”按钮，如图 15-16 所示。

经过以上步骤的操作后，会弹出关于 SessionFactory 的设置框，取消勾选“Create SessionFactory Class”，不需要用 Hibernate 生成 SessionFactory 类，然后单击“Finish”按钮即可，如图 15-17 所示。

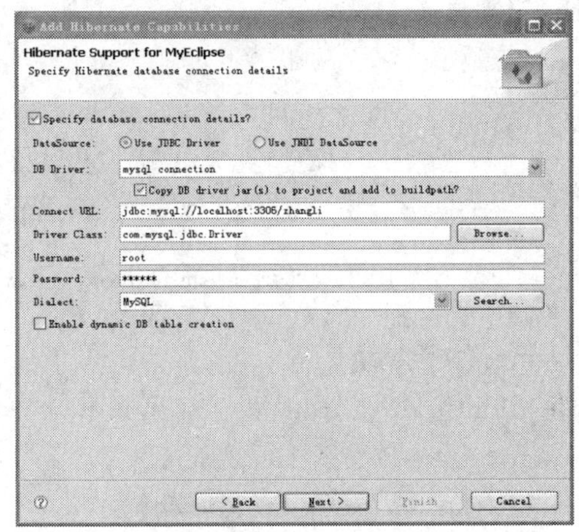

图 15-16　关联 DataBase Explorer 中数据库

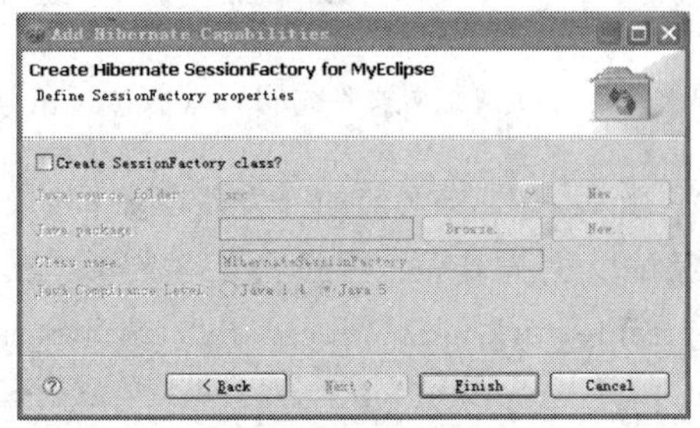

图 15-17　取消此项勾选

注意：此步骤与之前的开发步骤不同，不用 Hibernate 生成会话工厂。

15.3.4　为项目增加 Spring 开发能力

右键单击项目名称，然后选择“MyEclipse”→“Add Spring Capabilities”选项，如图 15-18 所示。

弹出如图 15-19 所示的对话框，选择 Spring 2.0 版本，系统会自动地勾选“Spring 2.0 Core Libraries－＜MyEclipse-Library＞”选项，然后单击“Next”按钮。

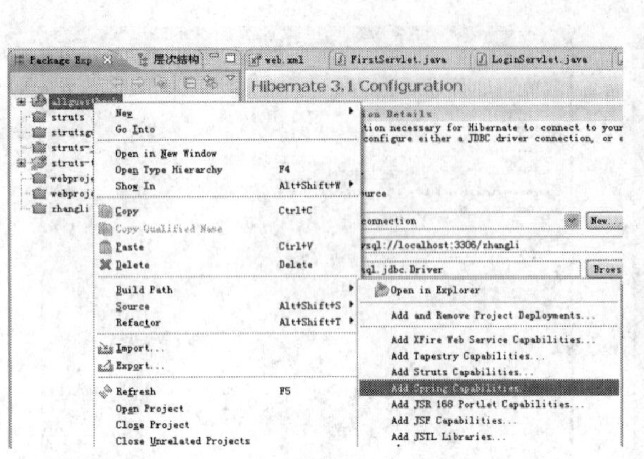

图 15-18　增加 Spring 开发能力　　　　图 15-19　增加 Spring 2.0 及核心库

接下来系统会提示在 src 目录下生成一个名为 applicationContext.xml 的文件，然后单击“Next”按钮，如图 15-20 所示。

勾选“Create Spring SessionFactory that references”选项，会在 src/applicationContext.xml 文件里生成一个 id 为 sessionFactory 的 Bean，然后单击“Finish”按钮，如图 15-21 所示。

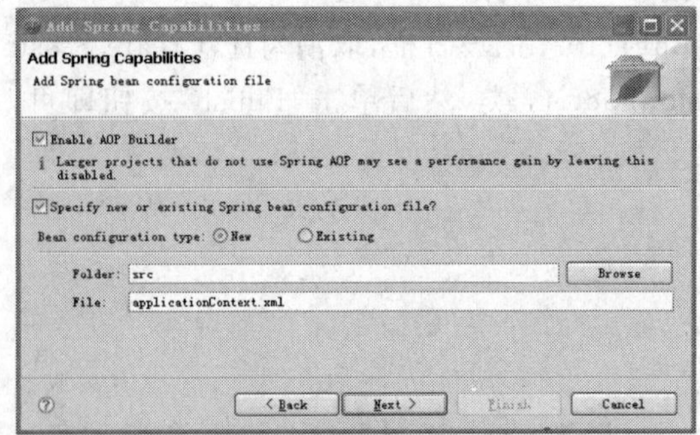

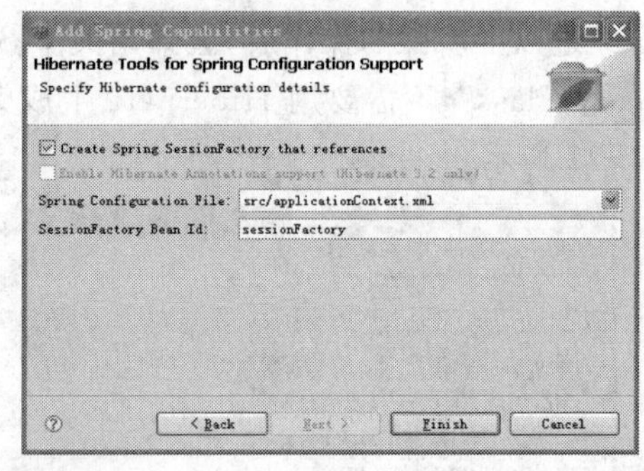

图 15-20　生成配置文件 applicationContext.xml　　　　图 15-21　生成 sessionFactory

注意：此步骤与之前的开发步骤不同，采用 Spring 生成会话工厂。

经过以上操作后，程序会发生错误，在 applicationContext.xml 里显示不认识类“org.springframework.orm.hibernate3.LocalSessionFactoryBean”，如图 15-22 所示。

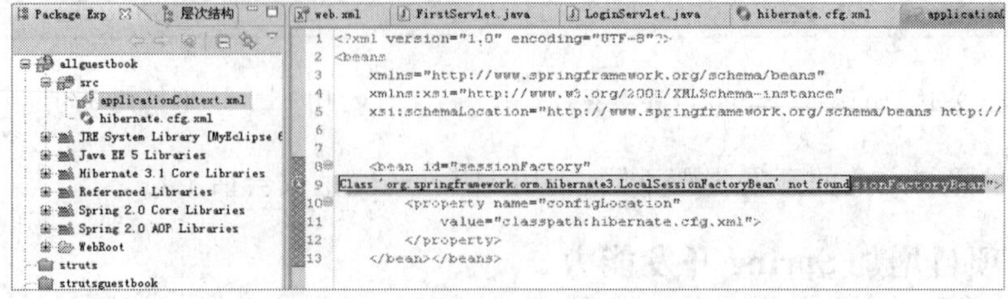

图 15-22　applicationContext.xml 发生错误

解决方法：右键单击项目名称，选择“Build Path”→“Configure Build Path”→“Add Library”→“MyEclipse Libraries”选项，单击“Next”按钮，如图 15-23 所示。

勾选 Spring 2.0 ORM/DAO/Hibernate3 Libraries(deprecated)选项，然后单击“Finish”按钮即可，如图 15-24 所示。

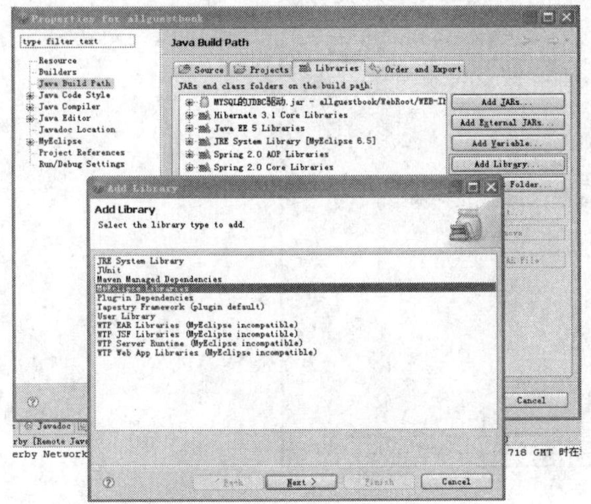

图 15-23　添加 MyEclipse 类库

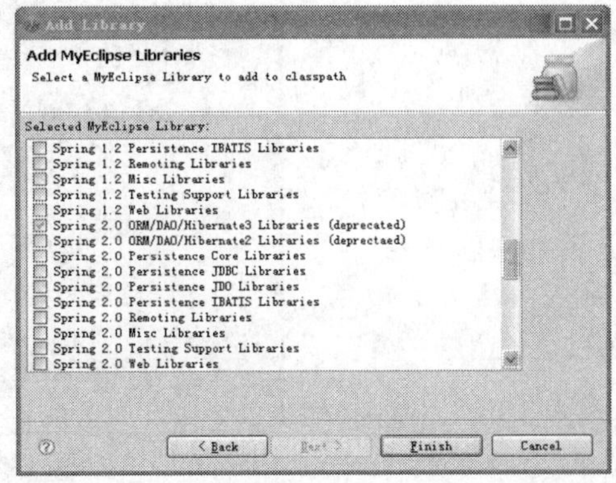

图 15-24　勾选 Spring 2.0 ORM/DAO /Hibernate3 Libraries(deprecated)

经过以上操作后，applicationContext.xml 中的错误符号自行消失。

15.3.5　生成 POJO 类和映射文件

切换到 MyEclipse DataBase Explorer 透视图，选中表 strutsguestbook，然后单击右键，选择“Hibernate Reverse Engineering”选项，如图 15-25 所示。

选择逆向工程后会生成相应的 POJO 类和映射文件，Java package 设置一个新的包名为 com.zhangli.allguestbook.model，然后勾选“Create POJO<>DB Table mapping information”和“Java Data Object(POJO<>DB Table)”选项，单击“Next”按钮，如图 15-26 所示。

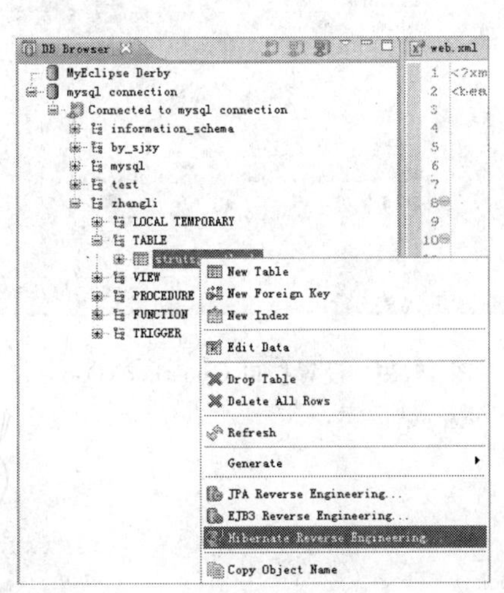

图 15-25　为 strutsguestbook 表生成逆向工程

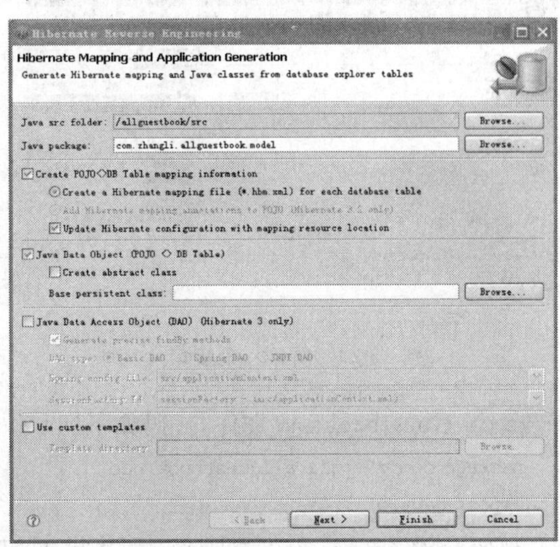

图 15-26　POJO 和映射文件设置

注意:在这里我们不选择 Spring 生成 DAO,不是很好用,我们在后面自己手写 DAO。

在 ID Generator 处选择 native,然后单击"Finish"按钮即可,如图 15-27 所示。

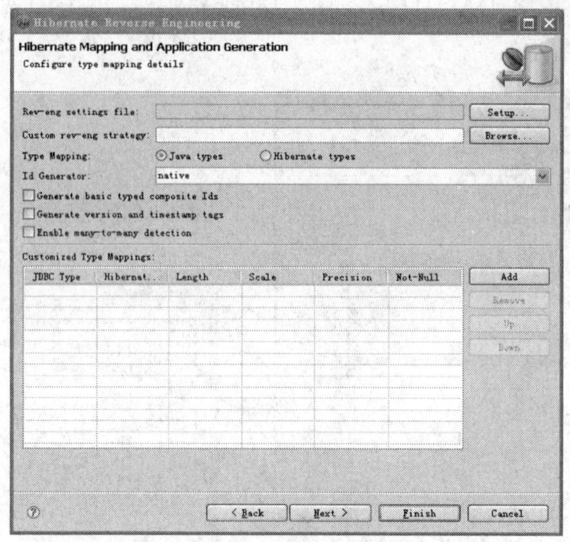

图 15-27　设置 native

15.3.6　编写 DAO 接口

新建一个接口,单击"File"菜单,选择"New"→"Interface"选项,如图 15-28 所示。

接口名称为 GuestbookDao,所在包名为 com. zhangli. allguestbook. dao,如图 15-29 所示。

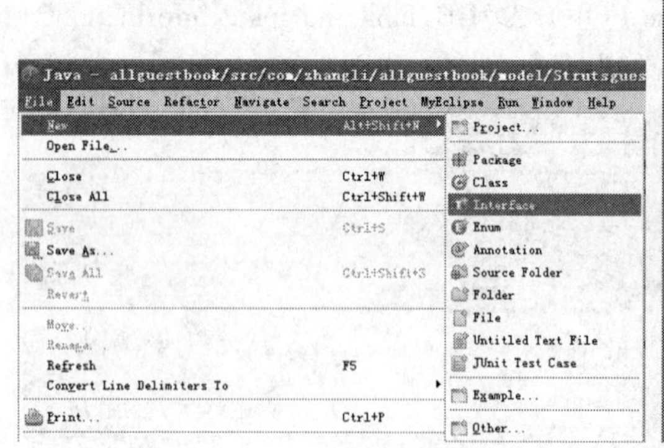

图 15-28　新建一个接口

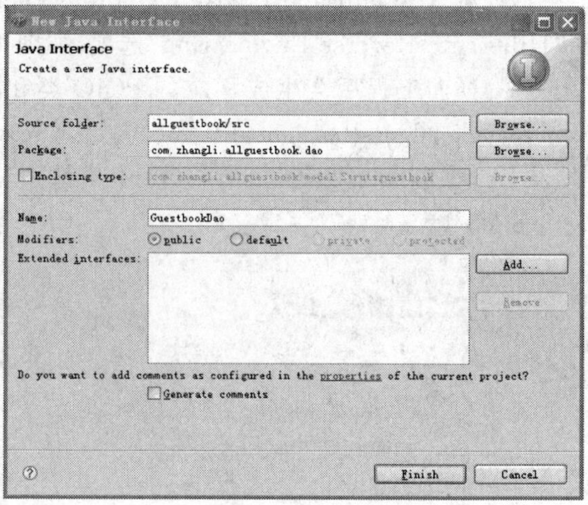

图 15-29　设置接口 GuestbookDao

编辑 GuestbookDao 文件,代码如下所示。

```
package com.zhangli.allguestbook.dao;
import java.util.List;
import com.zhangli.allguestbook.model.Strutsguestbook;
public interface GuestbookDao {
public void save(Strutsguestbook g);
```

```
        public void delete(int id);
        public List getGuestbooks();
        public Strutsguestbook getGuestbook(int id);
}
```

15.3.7 编写 DAO 实现类

新建一个 Java 类名为 GuestbookDaoHibernate，所在包名为 com. zhangli. allguestbook. dao. hibernate，如图 15-30 所示，单击 Superclass 右侧的“Browse”按钮，在弹出的界面框中输入“HibernateDaoSupport”，系统自动搜索相关类的路径，选中“org. springframework. orm. hibernate3. support”类包中的 HibernateDaoSupport 类，然后单击“OK”按钮。

单击 Interfaces 右侧的“Add”按钮，在弹出的界面框中输入“GuestbookDao”，系统自动搜索相关类的路径，选中“com. zhangli. allguestbook. dao”类包中的 GuestbookDao 类，然后单击“OK”按钮，如图 15-31 所示。

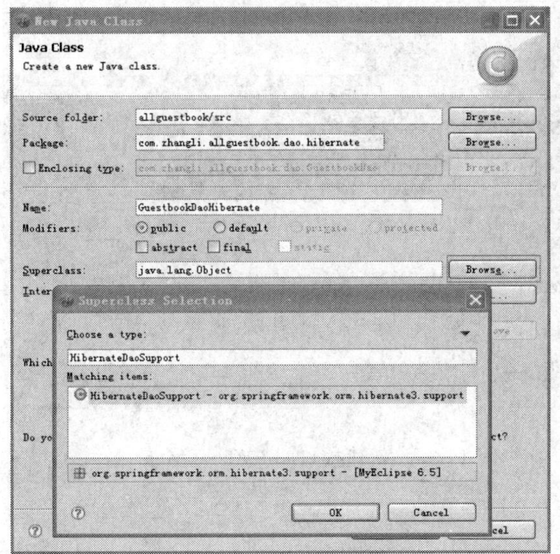

图 15-30 设置 GuestbookDaoHibernate 超类

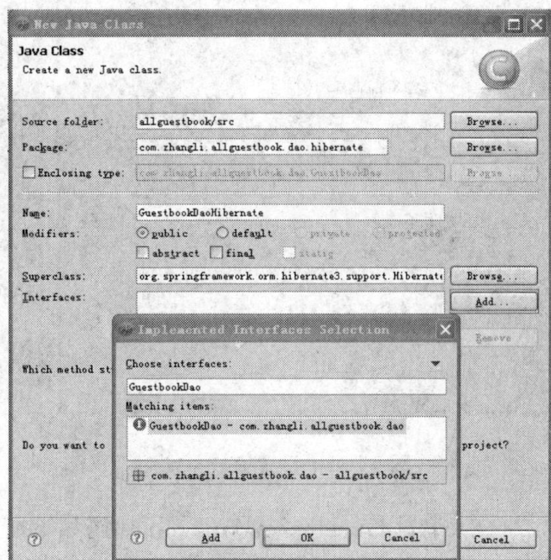

图 15-31 设置 GuestbookDaoHibernate 接口

经过以上操作后，GuestbookDaoHibernate 类设置如图 15-32 所示。最后单击“Finish”按钮。

编辑 GuestbookDaoHibernate 文件，代码如下所示。

```
package com.zhangli.allguestbook.dao.hibernate;
import java.util.List;
import org.springframework.orm.hibernate3.support.HibernateDaoSupport;
import com.zhangli.allguestbook.dao.GuestbookDao;
import com.zhangli.allguestbook.model.Strutsguestbook;
public class GuestbookDaoHibernate extends HibernateDaoSupport implements
        GuestbookDao {
    public void delete(int id) {
        getHibernateTemplate().delete(getGuestbook(id));
    }
    public Strutsguestbook getGuestbook(int id) {
        return
(Strutsguestbook)getHibernateTemplate().get(com.zhangli.allguestbook.model.Strutsguestbook.class, id);
```

```
        }
    public List getGuestbooks() {
        return getHibernateTemplate().find("from Strutsguestbook order by id desc");
    }
    public void save(Strutsguestbook g) {
        getHibernateTemplate().saveOrUpdate(g);
    }
}
```

15.3.8 编写服务层接口

(1) 新建一个接口文件，名为 GuestbookManager，所在包名为 com. zhangli. allguestbook. service，如图 15-33 所示。

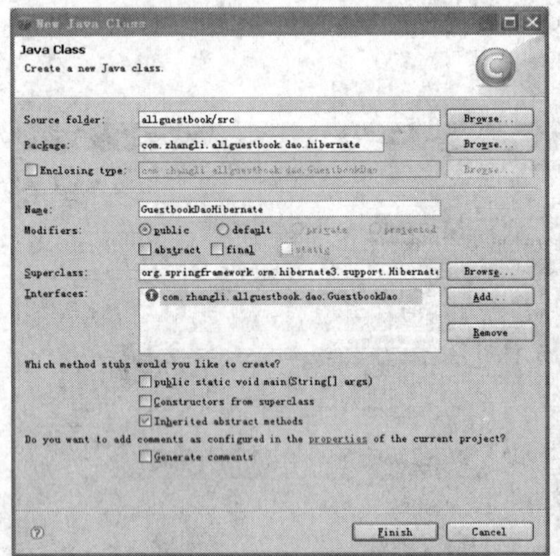

图 15-32 设置完成

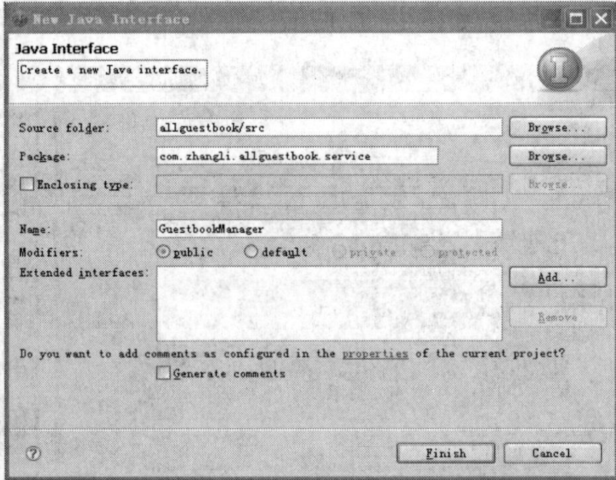

图 15-33 新建接口 GuestbookManager

(2) 编辑 GuestbookManager，代码如下所示。

```
package com.zhangli.allguestbook.service;
import java.util.List;
import com.zhangli.allguestbook.model.Strutsguestbook;
public interface GuestbookManager {
    public void save(Strutsguestbook g);
    public void delete(int id);
    public Strutsguestbook getGuestbook(int id);
    public List getGuestbooks();
}
```

15.3.9 编写服务层实现类

(1) 新建一个 Java 类名为 GuestbookManagerImpl，所在包名为 com. zhangli. allguestbook. service. impl，该类实现"com. zhangli. allguestbook. service"类包中的 GuestbookManager 接口，通过单击 Interfaces 右侧的"Add"按钮选择搜索到，如图 15-34 所示。

(2) 编辑 GuestbookManagerImpl，代码如下所示。

```
package com.zhangli.allguestbook.service.impl;
import java.util.List;
```

```
import com.zhangli.allguestbook.dao.GuestbookDao;
import com.zhangli.allguestbook.model.Strutsguestbook;
import com.zhangli.allguestbook.service.GuestbookManager;
public class GuestbookManagerImpl implements GuestbookManager {
    private GuestbookDao dao;
    public void setGuestbookDao(GuestbookDao dao) {
    this.dao = dao;
    }
    public void delete(int id) {
        dao.delete(new Integer(id));
    }
    public Strutsguestbook getGuestbook(int id) {
        return dao.getGuestbook(new Integer(id));
    }
    public List getGuestbooks() {
        return dao.getGuestbooks();
    }
    public void save(Strutsguestbook g) {
        dao.save(g);
    }
}
```

15.3.10 修改 Spring 配置文件

修改 Spring 配置文件 applicationContext.xml，将 Hibernate 配置文件 hibernate.cfg.xml 里的信息整合到 applicationContext.xml 里就可以将 Hibernate 配置文件删除了。

(1) 首先在 applicationContext.xml 文件空白处单击右键，选择"Spring"→"New DataSource"选项添加一个 DataSource，如图 15-35 所示。

图 15-34 新建 Java 类 GuestbookManagerImpl

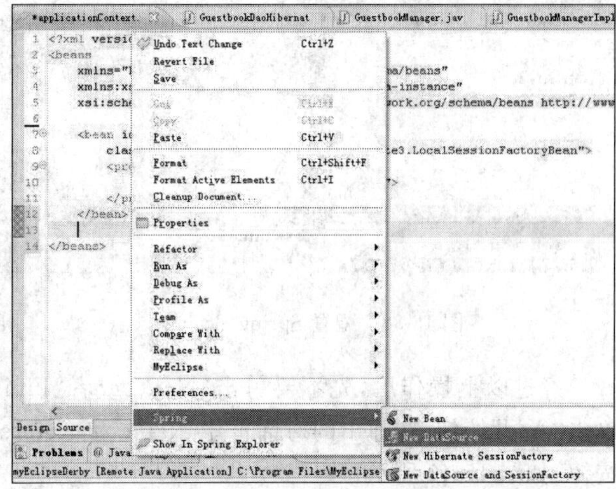

图 15-35 New DataSource

经过以上操作后弹出 DataSource 编辑框，如图 15-36 所示，单击"Finish"按钮。

因为 MySQL 的 JDBC 驱动之前已经添加过一次，所以直接使用以前的就可以了，如图 15-37 所示。

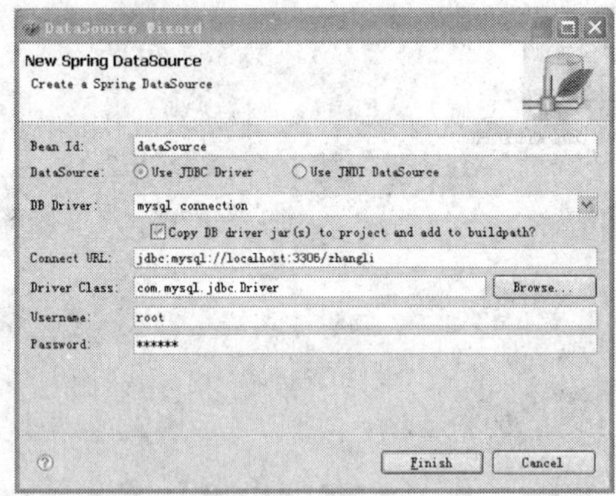

图 15-36　设置 dataSource

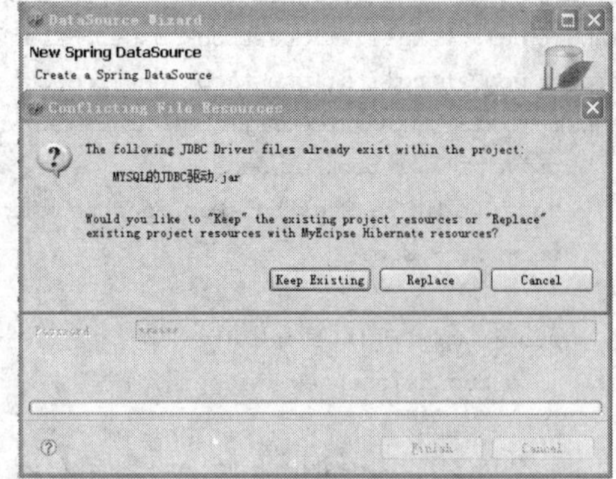

图 15-37　保留原来的 MySQL jdbc

（2）在 applicationContext. xml 文件空白处单击右键，选择“Spring”→“New Bean”选项，将 GuestBookDaoHibernate 添加进来，如图 15-38 所示。

给 Bean 设置一个 id 为 guestbookDao，并单击 Bean class 右侧的 Browse 按钮去搜索查找 Bean 的实际路径，在弹出的对话框中输入 guestbookDaoHibernate，系统自动搜索相关类的路径，选中“com. zhangli. allguestbook. dao. hibernate”类包中的 guestbookDaoHibernate 类，然后单击“OK”按钮，如图 15-39 所示。

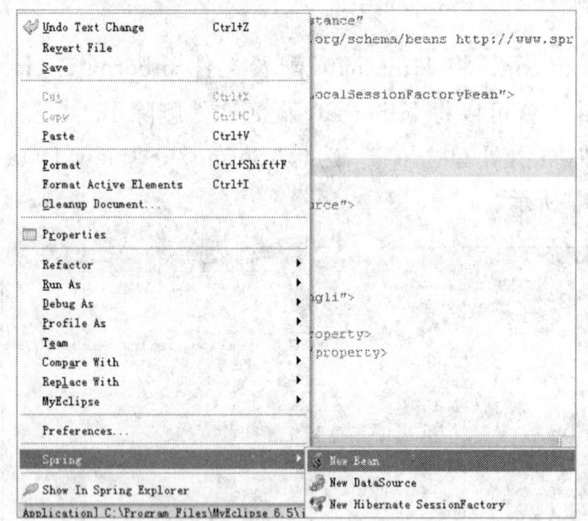

图 15-38　配置 Spring Bean

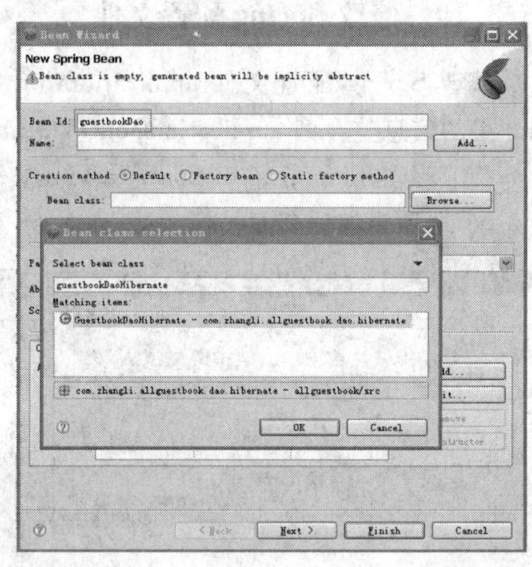

图 15-39　浏览 GuestBookDaoHibernate 路径

经过以上操作后，先不要单击“Next”或者“Finish”按钮，切换到 Properties 选项卡，然后单击“Add”按钮，在弹出的对话框中 Name 和 Reference 处输入 sessionFactory，单击“Finish”按钮，如图 15-40 所示。

经过以上操作后，设置完成，单击“Finish”按钮即可，如图 15-41 所示。

（3）在 applicationContext. xml 文件空白处单击右键，选择“Spring”→“New Bean”选项，将 GuestBookManagerImpl 添加进来。

给 Bean 设置一个 id 为 guestbookManager，并单击 Bean class 右侧的 Browse 按钮去搜索查找 Bean 的实际路径，在弹出的对话框中输入 guestbookManagerImpl，系统自动搜索相关类的路径，选中“com. zhangli. allguestbook. service. impl”类包中的 guestbookManagerImpl 类，然后单击“OK”按钮，如图 15-42 所示。

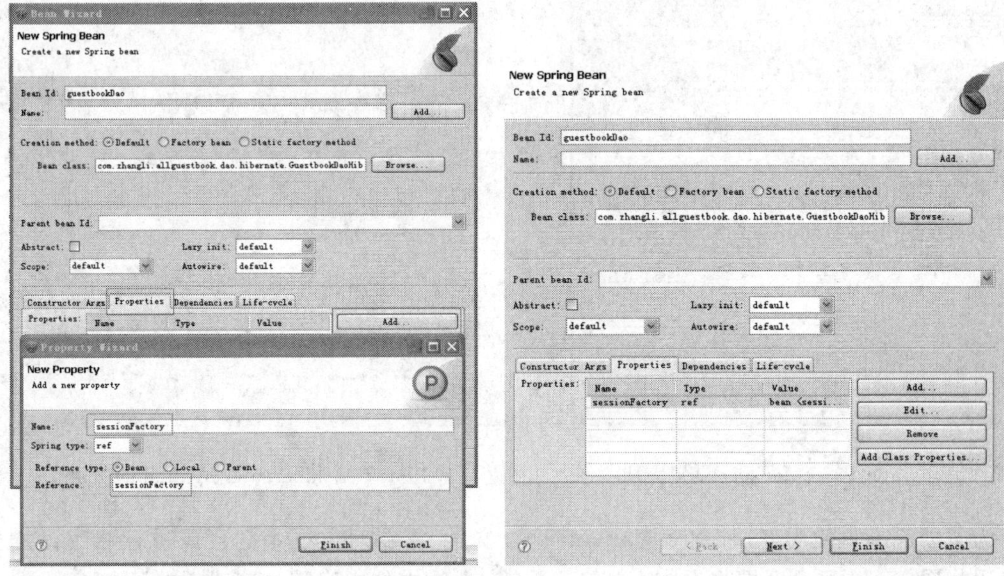

图 15-40　添加属性 sessionFactory　　　　图 15-41　guestbookDao 设置完成

经过以上操作后，先不要单击“Next”或者“Finish”按钮，切换到 Properties 选项卡，然后单击“Add”按钮，在弹出的对话框中 Name 和 Reference 处输入 guestbookDao，单击“Finish”按钮，如图 15-43 所示。

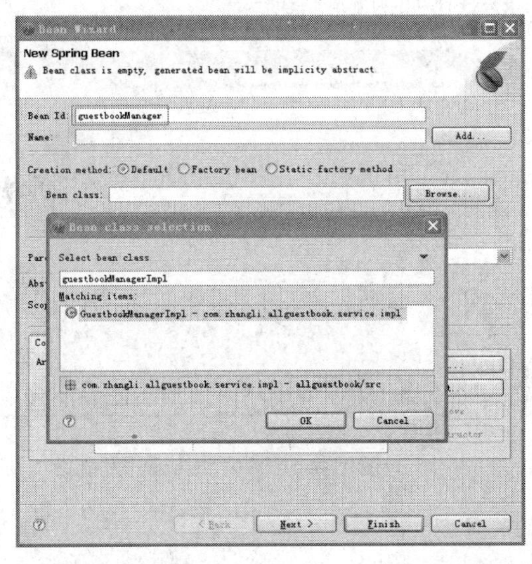

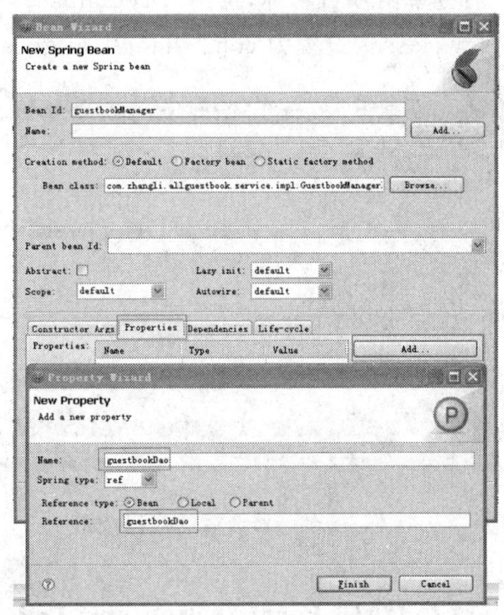

图 15-42　浏览 GuestbookManagerImpl 路径　　　　图 15-43　添加属性 guestbookDao

经过以上操作后，设置完成，单击“Finish”按钮即可，如图 15-44 所示。

(4) 在 applicationContext. xml 文件中有部分代码引用了 hibernate. cfg. xml 文件，如图 15-45 所示。

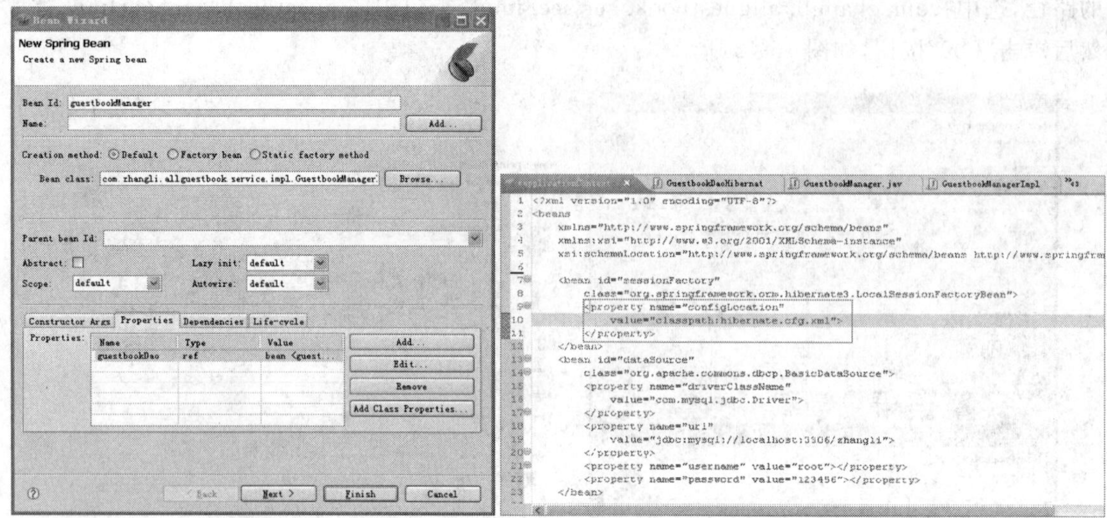

图 15-44　guestbookManager 设置完成　　　　图 15-45　对 hibernate. cfg. xml 的引用

为了以后不再使用 hibernate. cfg. xml 这个文件，需要对方框中的代码进行修改，修改后的代码如图 15-46 所示。即将原本 hibernate. cfg. xml 中的内容移过来，增加了 DataSource 的依赖、POJO 映射文件的依赖、数据库方言的设置。经过以上修改后，就可以将 hibernate. cfg. xml 文件删除。

15. 3. 11　增加 Struts 开发能力

右键单击项目名称，选择“MyEclipse”→“Add Struts Capabilities”选项，将 Base package for new classes 设置为 com. zhangli. allguestbook. web，如图 15-47 所示。

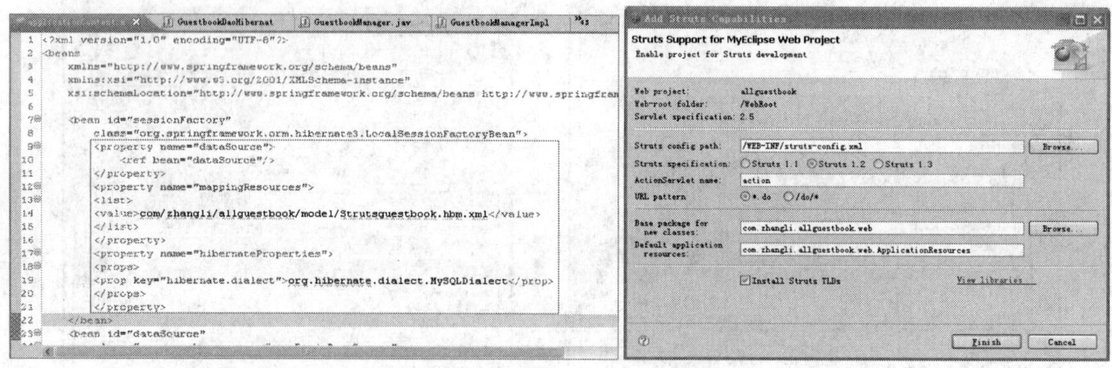

图 15-46　修改后的代码截图　　　　图 15-47　添加 Struts 开发能力

15. 3. 12　新建 Form、Action and JSP

在 struts-config. xml 的 Design 模式中单击右键，选择“New”→“Form Action and Jsp”选项，弹出如图 15-48 所示对话框。

注意：在设置完属性以后，不要单击 Next 或者 Finish 按钮，要切换到 JSP 选项卡，生成对应的 JSP 文件，然后再单击“Next”按钮，如图 15-49 所示。

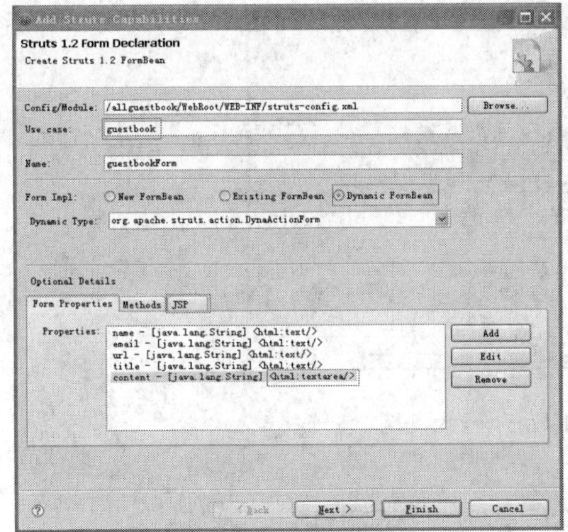

图 15-48　设置 Form

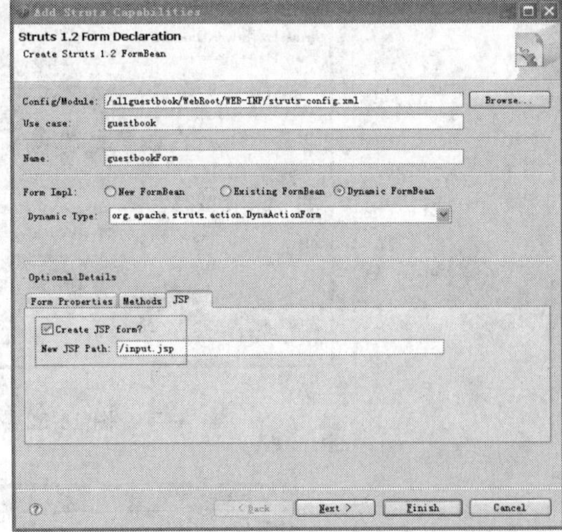

图 15-49　生成对应的 JSP 文件

经过以上操作后弹出如图 15-50 所示对话框，此时不要单击“Finish”按钮，而是切换到 Parameter 选项卡。在 Parameter 右侧编辑框输入 method，然后单击“Finish”按钮，如图 15-51 所示。

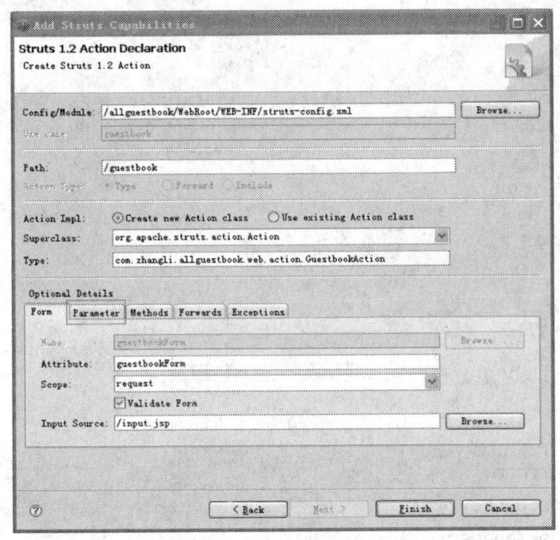

图 15-50　创建 Action

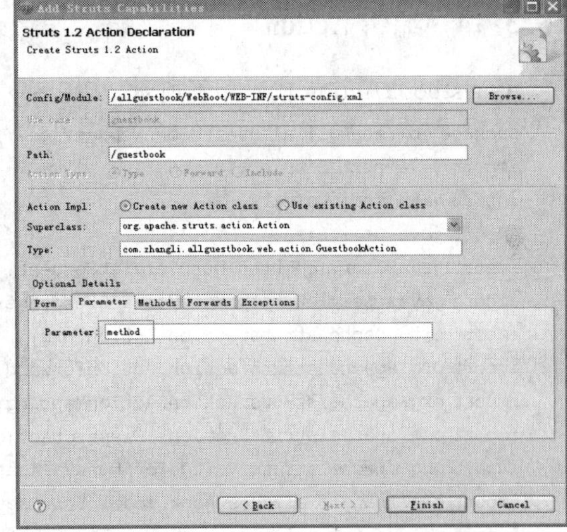

图 15-51　设置 Parameter 选项卡

15.3.13　新建 Forward

在 struts-config. xml 文件的 Design 模式，右键选择“New”→“Forward”选项，在 Forward 编辑框内设置 Name 为 guestbook. display，Path 为/display. jsp，然后单击“Finish”按钮，如图 15-52 所示。

经过以上操作后 struts-config. xml 的可视化视图如图 15-53 所示。

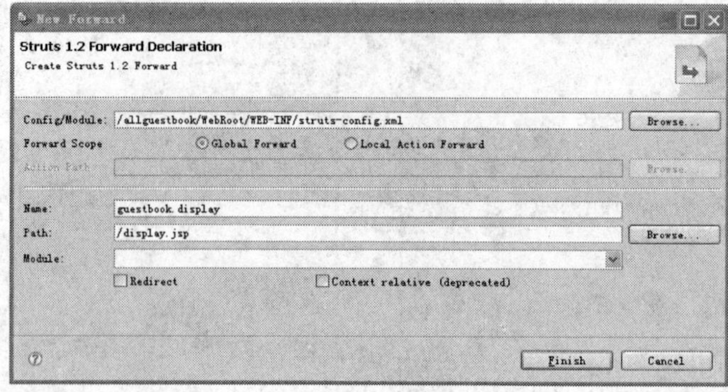

图 15-52　设置 Forward

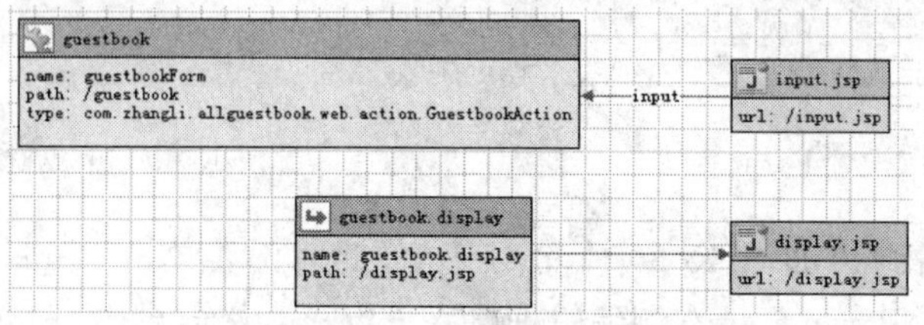

图 15-53　struts-config.xml 效果图

15.3.14　编辑 Action

GuestbookAction 代码如下所示。

```
package com.zhangli.allguestbook.web.action;
import java.text.SimpleDateFormat;
import java.util.Date;
import java.util.List;
import javax.servlet.http.HttpServletRequest;
import javax.servlet.http.HttpServletResponse;
import org.apache.struts.action.ActionForm;
import org.apache.struts.action.ActionForward;
import org.apache.struts.action.ActionMapping;
import org.apache.struts.actions.DispatchAction;
import org.apache.struts.validator.DynaValidatorForm;
import com.zhangli.allguestbook.model.Strutsguestbook;
import com.zhangli.allguestbook.service.GuestbookManager;
public class GuestbookAction extends DispatchAction {
    private GuestbookManager manager;
    public void setGuestbookManager(GuestbookManager manager) {
    this.manager = manager;
    }
    public ActionForward edit(ActionMapping mapping, ActionForm form,
            HttpServletRequest request, HttpServletResponse response) {
        DynaActionForm f = (DynaActionForm) form;
        int id = Integer.parseInt(request.getParameter("id"));
        Strutsguestbook gb = manager.getGuestbook(id);
        f.set("name", gb.getName());
        f.set("email", gb.getEmail());
```

```
            f.set("title", gb.getTitle());
            f.set("url", gb.getUrl());
            f.set("content", gb.getContent());
            request.setAttribute("guestbook.article.id", id);
            return mapping.findForward("guestbook.edit");
        }
        public ActionForward save(ActionMapping mapping, ActionForm form, HttpServletRequest re-
quest, HttpServletResponse response) {
            DynaActionForm f = (DynaActionForm) form;
            String id = request.getParameter("id");
            Strutsguestbook gb = null;
            if (id != null) {
                gb = manager.getGuestbook(Integer.parseInt(id));
            }
            else {
                gb = new Strutsguestbook();
            }
            gb.setName((String) f.get("name"));
            gb.setEmail((String) f.get("email"));
            gb.setUrl((String) f.get("url"));
            gb.setTitle((String) f.get("title"));
            gb.setContent((String) f.get("content"));
            SimpleDateFormat sdf = new SimpleDateFormat("yyy-mm-dd hh:MM:ss");
            gb.setTime(sdf.format(new Date()));
            manager.save(gb);
            return list(mapping, form, request, response);
        }
        public ActionForward list(ActionMapping mapping, ActionForm form, HttpServletRequest re-
quest, HttpServletResponse response) {
            List list = manager.getGuestbooks();
            request.setAttribute("guestbook.articles", list);
            return mapping.findForward("guestbook.display");
            }
        public ActionForward delete(ActionMapping mapping, ActionForm form, HttpServletRequest re-
quest, HttpServletResponse response) {
            manager.delete(Integer.parseInt(request.getParameter("id")));
            return list(mapping, form, request, response);
            }
            //未指定method值,默认使用的方法
        public ActionForward unspecified(ActionMapping mapping, ActionForm form, HttpServletRequest
request, HttpServletResponse response) {
            return list(mapping, form, request, response);
            }
    }
```

15.3.15 新建并编辑 JSP

(1) 将以前做的 strutsguestbook 项目中用到的 display.jsp、input.jsp 和相关的 image.css 文件夹复制到本项目的 WebRoot 目录下,然后在 MyEclipse 中刷新项目。

(2) 将 strutsguestbook 项目中的验证文件 validations.xml 复制到本项目的 WebRoot 目录下 WEB-INF 文件夹。

(3) 将 strutsguestbook 项目中的资源文件 ApplicationResources_zh_CN.properitier 和

ApplicationResource. properities 复制到本项目的 com. zhangli. allguestbook. web 包下。

（4）修改 input. jsp

① 将代码：＜html:javascript formName＝"inputForm"/＞改为：＜html:javascript formName＝"guestbookForm"/＞。

② 将代码：＜html:form action＝"/input" onsubmit＝"return validateInputForm (this)"＞改为：＜html:form action＝"/guestbook" onsubmit＝"return validateGuestbookForm (this)"＞。

③ 将代码：:::: 查看留言 :::: :::: ＜a href＝"read. do"＞改为:::: 查看留言 :::: :::: ＜a href＝"guestbook. do? method＝list"/＞。

④ 在显示所有留言之前，得先把数据保存，需要添加一个隐藏域调用 save()方法。

在代码：＜html:form action＝"/guestbook" onsubmit＝"return validateGuestbookForm (this)"＞下面添加：＜html:hidden property＝"method" value＝"save"/＞。

⑤ 修改 validations. xml。将代码：＜form name＝"inputForm"＞改为：＜form name＝"guestbookForm"＞。

⑥ 修改 display. jsp。将代码：＜c:forEach items＝"${requestScope['guestbook. display. list']}" var＝"article"＞改为：＜c:forEach items＝"${requestScope['guestbook. articles']}" var＝"article"＞。

⑦ 还需新建一个修改页面，因为该页面和 input. jsp 差不多，可通过复制 input. jsp 页面，然后进行粘贴把名字改为 edit. jsp，稍加修改即可。

右键选中 input. jsp，选择“Copy”选项，如图 15-54 所示。然后在空白处右键单击，选择“Paste”选项，如图 15-55 所示。

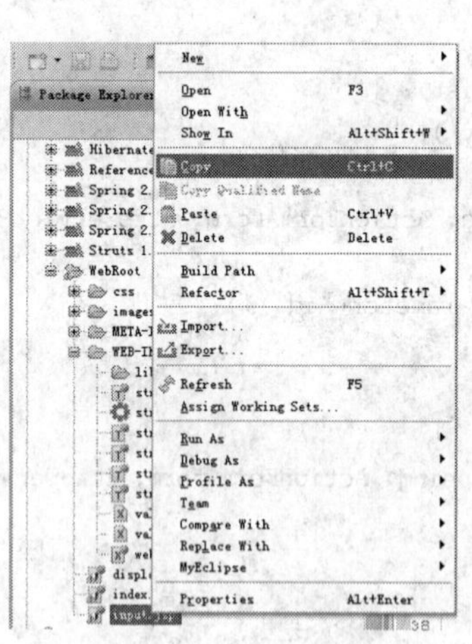

图 15-54　复制 input. jsp

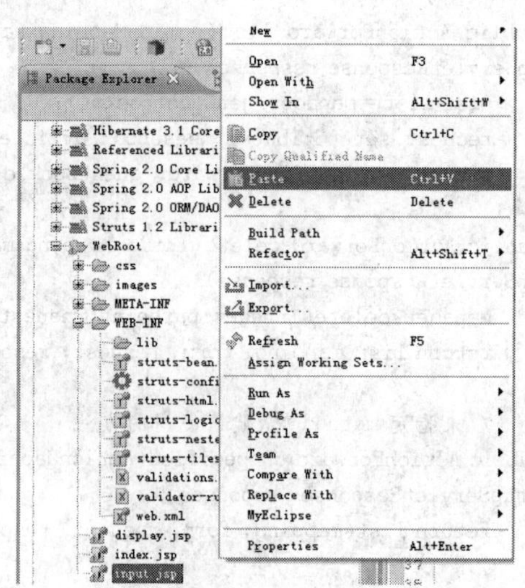

图 15-55　粘贴 input. jsp

粘贴时需重新设置一个名字，在这里设置为 edit. jsp，如图 15-56 所示。

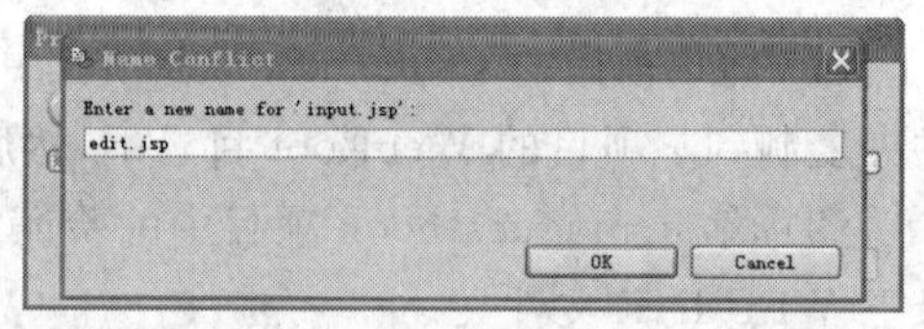

图 15-56　粘贴时将名字进行更改

在代码：＜html:form action＝"/guestbook" onsubmit＝"return validateGuestbookForm (this)"＞和＜html:hidden property＝"method" value="save"/>之间加入:<html:hidden property="id" value="${requestScope['guestbook.article.id']}"/>。

⑧ 还需新建一个管理页面,管理员可以查看、修改和删除留言,因为该页面和 display.jsp 差不多,可通过复制 display.jsp 页面,然后进行粘贴把名字改为 admin.jsp,稍加修改即可。在该页面上需要增加修改和删除操作的链接。

所以在代码:<c:out value="${article.title}"/>之后加入:<a href="guestbook.do?method=edit&id=${article.id}">edit</a>|<a href="guestbook.do?method=delete&id=${article.id}">delete</a>。

15.3.16 修改 Web、Struts 和 Spring 配置文件

(1) 将 applicationContext.xml 文件转移到 WEB_INF 目录下。

(2) 修改 web.xml,在<servlet>之前添加 Spring 提供的过滤器,添加对 Spring 配置文件的引入,添加过滤器的映射,添加监听器,代码如下所示。

```
<filter>
    <filter-name>encodingFilter</filter-name>
    <filter-class>org.springframework.web.filter.CharacterEncodingFilter</filter-class>
    <init-param>
        <param-name>encoding</param-name>
        <param-value>UTF-8</param-value>
    </init-param>
    <init-param>
        <param-name>forceEncoding</param-name>
        <param-value>true</param-value>
    </init-param>
</filter>
<context-param>
    <param-name>contextConfigLocation</param-name>
    <param-value>/WEB-INF/applicationContext.xml</param-value>
</context-param>
<filter-mapping>
    <filter-name>encodingFilter</filter-name>
    <url-pattern>/*</url-pattern>
</filter-mapping>
<listener>
    <listener-class>org.springframework.web.context.ContextLoaderListener</listener-class>
</listener>
```

效果如图 15-57 所示。

(3) 修改 struts-config.xml,添加两个 plugIn 插件,一个是实现表单验证,另一个是将 Spring 配置引入进来,以后 action 也变成了 spring 中的一个 Bean。

① 在最后一行代码</struts-config>之前加入以下代码:

```
<plug-in className = "org.apache.struts.validator.ValidatorPlugIn">
    <set-property property = "pathnames"
value = "/WEB-INF/validator-rules.xml,/WEB-INF/validations.xml"/>
</plug-in>
```

```
<plug-in className = "org.springframework.web.struts.ContextLoaderPlugIn">
    <set-property property = "contextConfigLocation" value = "/WEB-INF/action-servlet.xml" />
</plug-in>
```

效果如图 15-58 所示。

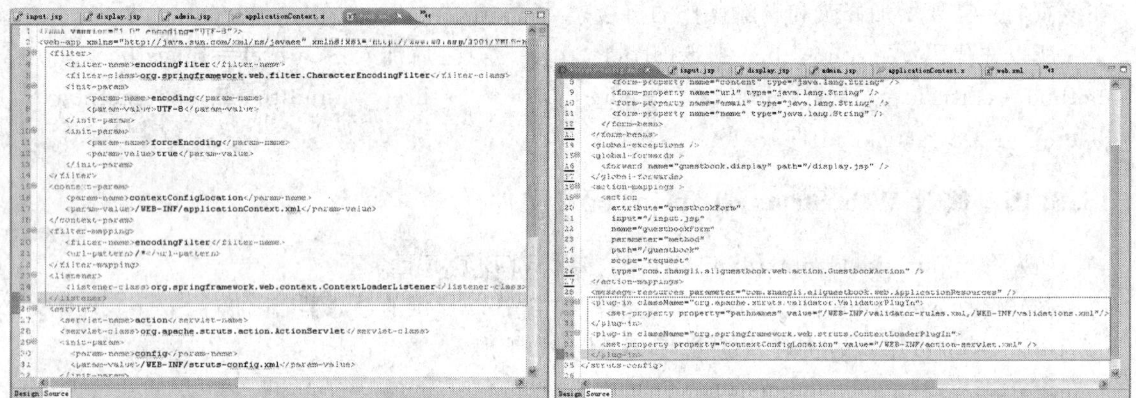

图 15-57　为 web.xml 增加过滤器　　　　图 15-58　为 struts-config.xml 增加插件

② 在上述第二个 plugin 中指定了一个文件叫 action-servlet.xml，于是我们需要在 WEB-INF 目录下新建一个 xml 文件，名字是 action-servlet，该文件其实也是 Spring 的配置文件，只是它专门管理 action。

首先将 action-servlet.xml 里的所有代码删除，然后将以下代码直接粘贴到 action-servlet.xml 里并保存文件。这些代码是从 applicationContext.xml 头部复制过来的规则文件。

```
<? xml version = "1.0" encoding = "UTF-8"? >
<beans
    xmlns = "http://www.springframework.org/schema/beans"
    xmlns:xsi = "http://www.w3.org/2001/XMLSchema-instance"
    xsi:schemaLocation = "http://www.springframework.org/schema/beans
http://www.springframework.org/schema/beans/spring-beans-2.0.xsd">
</beans>
```

这时候 action-servlet.xml 的左面标识应该变成叶子形状，如图 15-59 所示，这表示它跟 applicationContext 的性质是一样的了。如果 action-servlet.xml 的标识没有变成叶子形状，需要关闭，再重新打开。

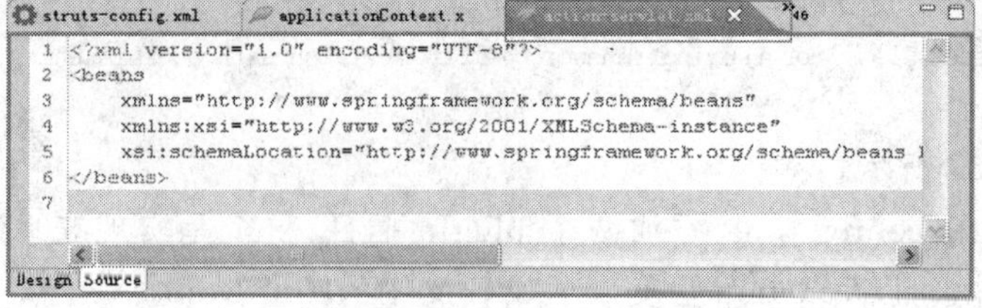

图 15-59　创建 action-servlet.xml

确保 action-servlet.xml 的标识变成叶子形状后，就可以在此文件空白处右键单击，选择“spring”→“newBean”选项，将 guestbookAction 作为 Bean 被 Spring 管理。如图 15-60 所示，在浏览到 Bean class 路径后切换到 Properties 选项卡，并单击“Add”按钮。为 guestbookAction 设

置属性 guestbookManager，然后单击“Finish”按钮，如图 15-61 所示。

经过以上操作后，设置完成，单击“Finish”按钮，如图 15-62 所示。

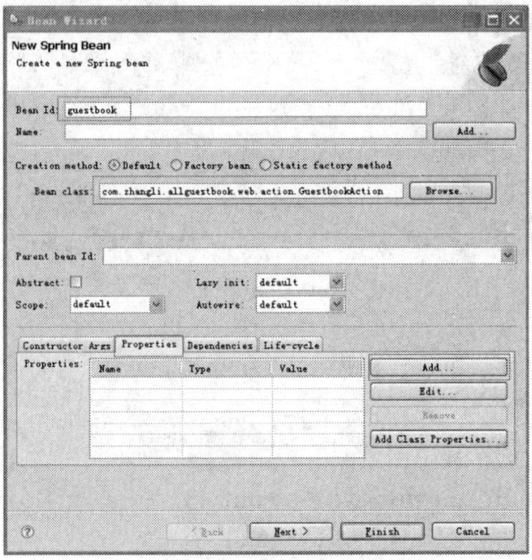

图 15-60　设置 Bean guestbookAction

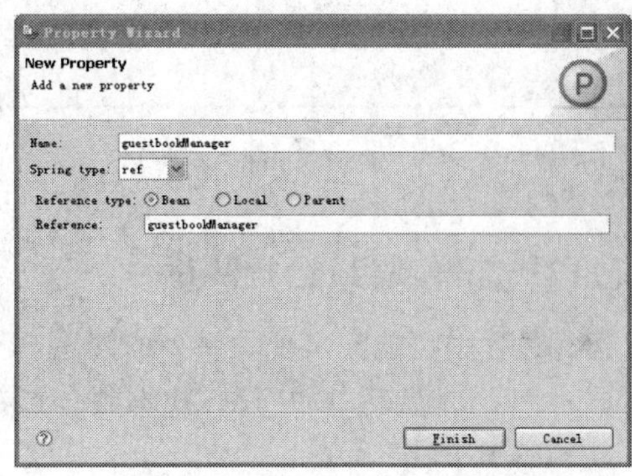

图 15-61　添加属性 guestbookManager

经过以上操作后，action-servlet. xml 发生变化，代码如下所示。

```
<? xml version = "1.0" encoding = "UTF-8"? >
<beans
      xmlns = "http://www.springframework.org/schema/beans"
      xmlns:xsi = "http://www.w3.org/2001/XMLSchema-instance"
      xsi:schemaLocation = "http://www.springframework.org/schema/beans
   http://www.springframework.org/schema/beans/spring-beans-2.0.xsd">
      <bean id = "guestbook"
            class = "com.zhangli.allguestbook.web.action.GuestbookAction"
            abstract = "false" lazy-init = "default" autowire = "default"
            dependency-check = "default">
            <property name = "guestbookManager">
            <ref bean = "guestbookManager" />
      </property>
</bean></beans>
```

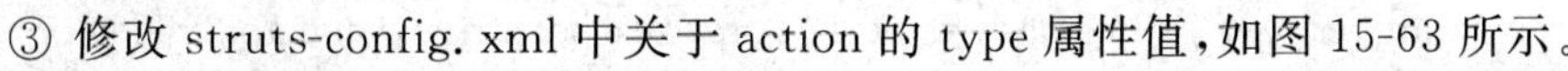

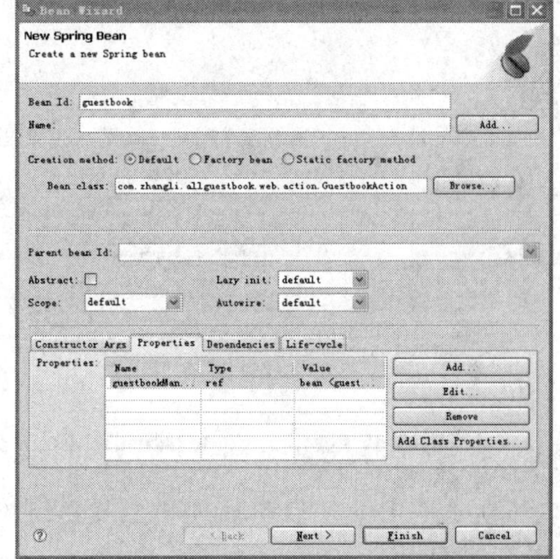

图 15-62　设置完成

③ 修改 struts-config. xml 中关于 action 的 type 属性值，如图 15-63 所示。

将框起来的代码中的类型改为 Spring 的代理类型“org. springframework. web. struts. DelegatingActionProxy”，如图 15-64 所示。

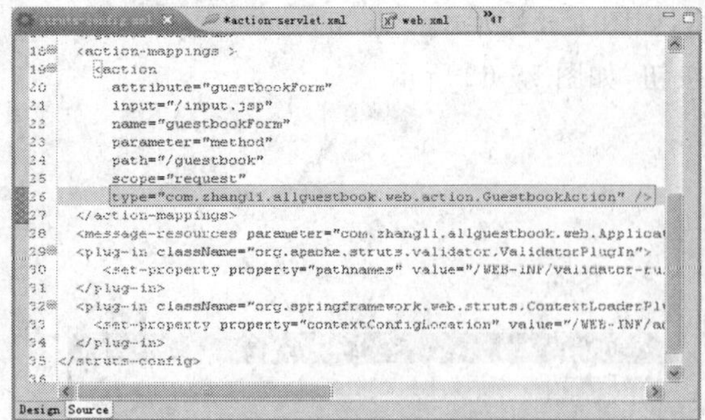

图 15-63　struts-config. xml 更改前的代码

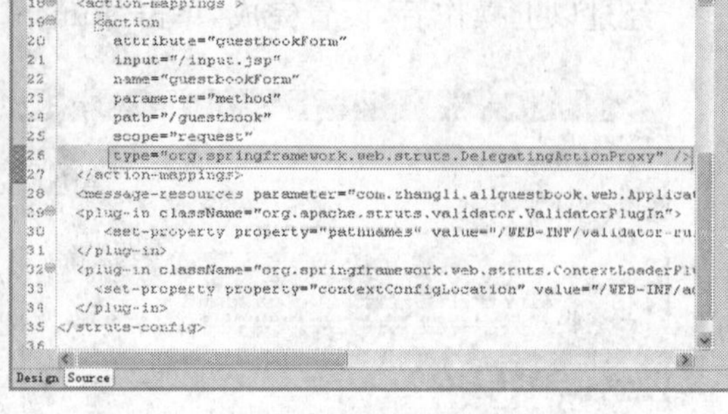

图 15-64　struts-config. xml 更改后的代码

15.3.17　部署项目、运行测试

运行过程中可能会出现一系列的问题，要一一解决。

(1) Tomcat 启动时的问题：找不到 org. springframework. web. context. ContextLoader-Listener，如图 15-65 所示。

解决方法：添加含有 ContextLoaderListener 的类库，通过右键单击项目名称，选择“Build Path”→“Configure Build Path”→“Add Library”→“MyEclipse Libraries”→“Spring 2. 0 Web Libraries”选项，将 Spring 2. 0 Web 库配置到构建路径中，如图 15-66 所示。

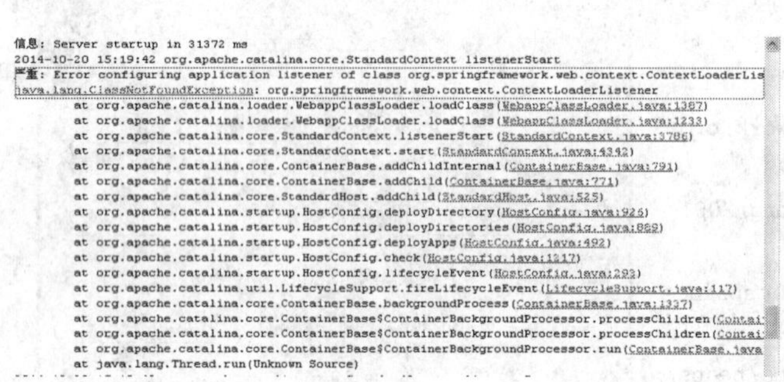

图 15-65　找不到 ContextLoaderListener

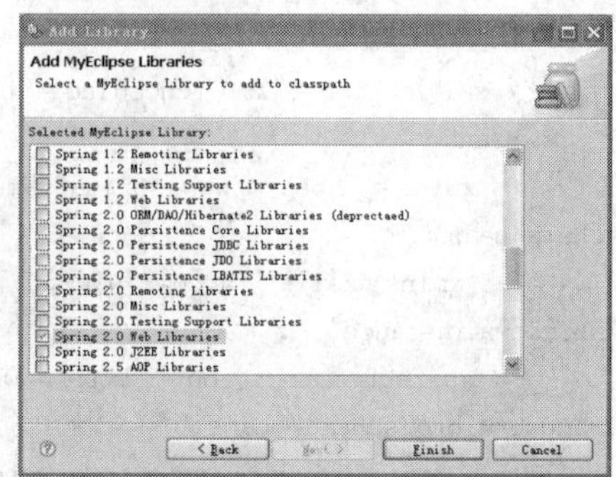

图 15-66　增加 Spring 2. 0 Web 库

(2) 也是 Tomcat 启动时的问题：找不到 org/apache/commons/pool/impl/ GenericObjectPool，如图 15-67 所示。

解决方法：添加含有 GenericObjectPool 的类库，通过右键单击项目名称，选择“Build Path”→“Configure Build Path”→“Add External JARs”→“ commons-pool-1. 3. jar”，将 commons-pool-1. 3. jar 配置到构建路径中，如图 15-68 所示。

(3) 也是 Tomcat 启动时的问题：不能从正确路径加载验证文件，如图 15-69 所示。

解决方法：可能添加三个框架后，有些路径有冲突或者发生变化，修改 struts-config. xml。

将 <set-property property="pathnames" value="/org/apache/struts/validator/validator-rules. xml,/WEB-INF/validations. xml" /> 修改为 <set-property property = "pathnames" value = "/WEB-INF/validator-rules. xml,/WEB-INF/validations. xml" />。

(4) Tomcat 正常启动后，添加留言提交时的问题：错误提示为 No bean named '/guestbook' is defined，如图 15-70 所示。

图 15-67　找不到 GenericObjectPool

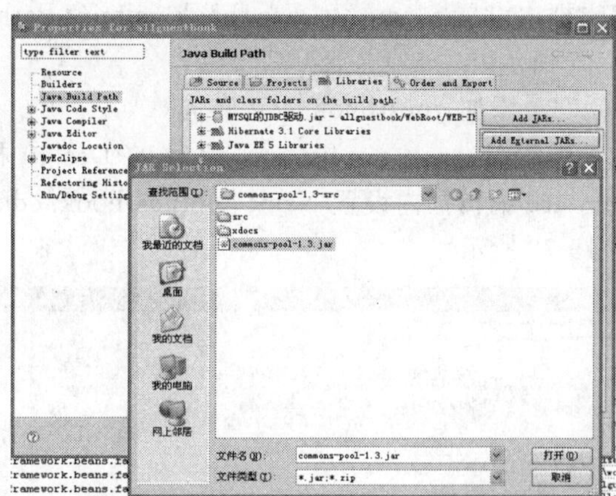

图 15-68　添加 commons-pool-1.3.jar

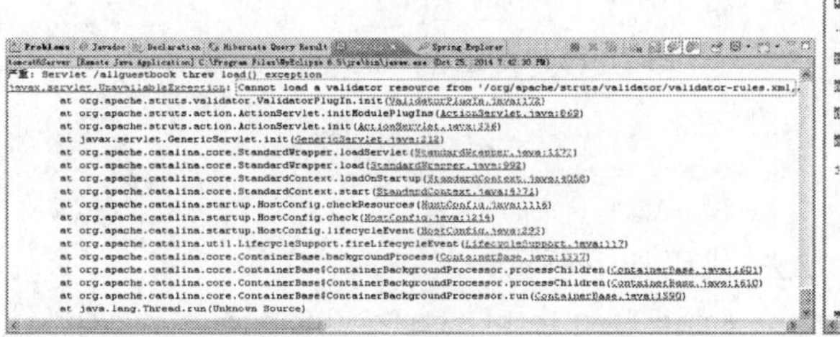

图 15-69　不能正确加载验证文件

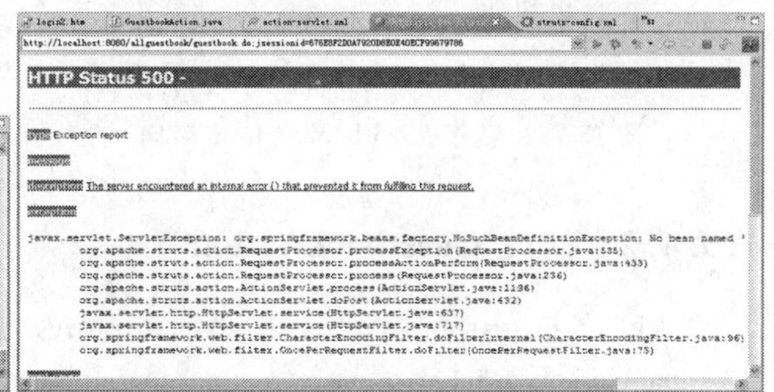

图 15-70　找不到名字为/guestbook 的 bean

解决方法：所有的 action 变为 Bean 被管理时，名字要以/开头。

修改 action-servlet.xml，将 bean name="guestbook"修改为 bean name="/guestbook"。

(5) 提交留言后，可以直接显示留言。但当我们再回到 input.jsp 页面，通过单击“查看留言”来显示刚才添加的留言，地址虽然显示 http://localhost:8080/allguestbook/guestbook.do?method=list，但页面却没有跳转。

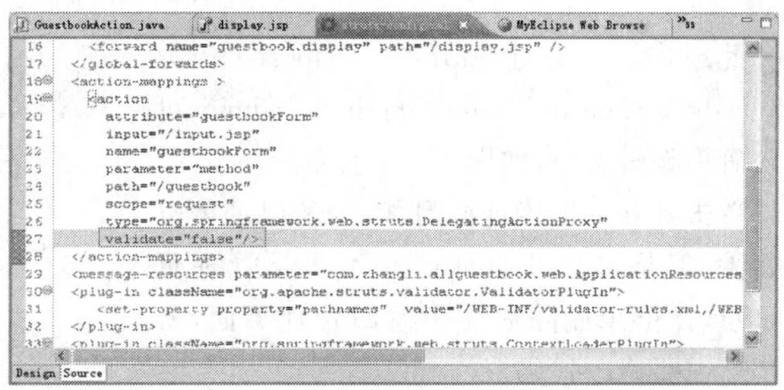

图 15-71　增加 validate="false"属性

修改方法：在 struts-config.xml 文件里为 action 增加一个属性 validate="false"，如图 15-71 所示。

15.4　实例完善

15.4.1　添加 Forward 转向

(1) 添加 guestbook.admin 转向

在 struts-config.xml 文件的 Design 模式，右键选择“New”→“Forward”选项，在 Forward

编辑框内设置 Name 为 guestbook. admin，Path 为/admin. jsp，然后单击“Finish”按钮，如图 15-72 所示。

（2）添加 guestbook. edit 转向

继续在 struts-config. xml 文件的 Design 模式，右键选择“New”→“Forward”选项，在 Forward 编辑框内设置 Name 为 guestbook. edit，Path 为/edit. jsp，然后单击“Finish”按钮，如图 15-73 所示。

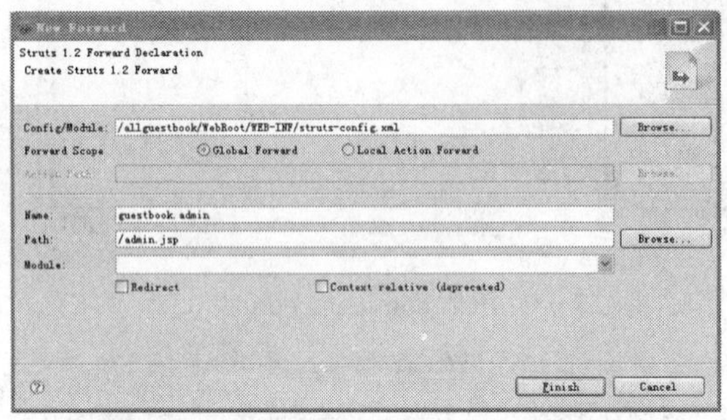

图 15-72　新建 guestbook. admin 转向

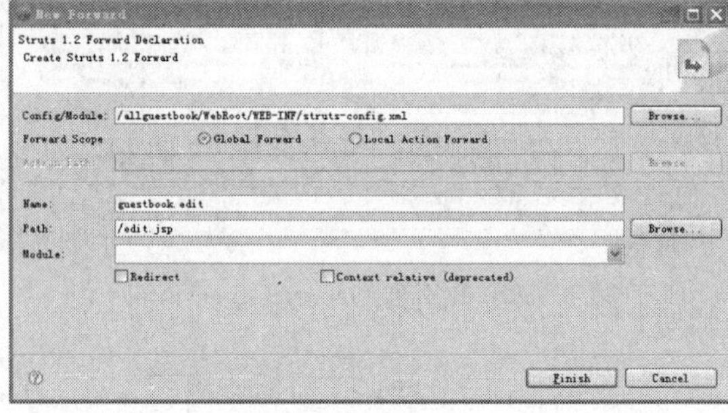

图 15-73　新建 guestbook. edit 转向

15.4.2　修改 GuestbookAction

（1）在 GuestbookAction 中添加 admin()方法，代码如下所示。

```
    public ActionForward admin(ActionMapping mapping, ActionForm form, HttpServletRequest request,
HttpServletResponse response) {
            List list = manager.getGuestbooks();
            request.setAttribute("guestbook.articles", list);
            return mapping.findForward("guestbook.admin");
    }
```

此时，输入地址：http://localhost：8080/allguestbook/guestbook. do? method=admin，可进入管理编辑页面，如图 15-74 所示。

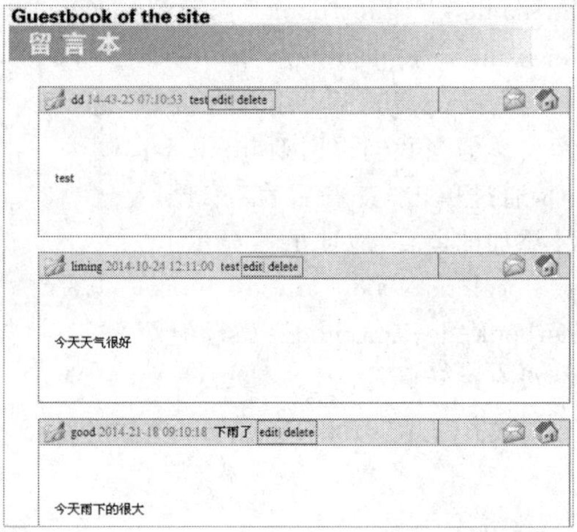

单击 delete 链接进行测试，该条记录可以被删除，但是显示的页面已经不再是管理页面，应该让记录删除后还是返回管理页面，所以仍然需要修改代码。

（2）修改 GuestbookAction 中的 delete 方法。

将代码：return list(mapping，form，request，response)修改为：return admin(mapping，form，request，response)。

单击 edit 链接进行测试，发现可以跳转到该条记录的修改页面，但是 URL 读到的内容不对，原因是我们以前给 URL 地址一个默认的 value 值，现在应当把 value 属性去掉。

图 15-74　编辑留言页面效果

（3）修改 edit. jsp。

将代码：主页<html：text property="url" value="http：//"/></p>修改为主页：<

html:text property="url" /＞＜/p＞。

URL 能够读取到正确的记录后，我们就修改这条记录，然后单击“确定”按钮，发现页面跳转到普通的显示页面，并且能够正确显示修改过的留言。我们希望修改记录后，单击“确定”按钮，依然跳转到管理页面。

(4) 修改 guestbookAction 的 save 方法。

将代码：return list(mapping, form, request, response)；修改为

```
if (id ! = null)
        { return admin(mapping, form, request, response);  }
    else
        {return list(mapping, form, request, response);}
```

15.4.3 添加管理员角色

(1) 在数据库 MySQL 里新建表 admin，并增加记录，设置一个或者多个管理员。

admin 表的字段结果如表 15-2 所示。

表 15-2 admin 表结构

字段	类型	可为空	字段	类型	可为空
id	int	否，主键	password	varchar(20)	是
username	varchar(20)	是			

在 MySQL 数据库里创建表的 SQL 语句为：create table admin(id int(11)NOT NULL auto_increment, username varchar(20), password varchar(20), PRIMARY KEY(id))；然后再向表里插入一条管理员记录，对应的 SQL 语句为：insert into admin(username, password) values("zhangli","123456")；这样便设置好了一位管理员身份，如图 15-75 所示。

(2) 为 admin 表生成 POJO 类和映射文件。

图 15-75 在 admin 表中设置的管理员

切换到 MyEclipse DataBase Explorer 透视图，刷新表，然后右键单击 admin 表，选择“Hibernate Reverse Engineering”选项，在图 15-76 中，勾选 Create POJO＜＞DB Table mapping information 和 Java Data Object(POJO＜＞DB Table)，然后单击“Next”按钮。

在 ID Generator 处选择 native，然后单击“Next”按钮，如图 15-77 所示。设置完成，单击“Finish”按钮，如图 15-78 所示。

最后就会在 com. zhangli. allguestbook. model 包就会生成 POJO 类 Admin 和映射文件 Admin. hbm. xml。

(3) 修改 applicationContext. xml 文件，将 Admin. hbm. xml 文件注入到配置文件里。在代码＜value＞com/zhangli/allguestbook/model/Strutsguestbook. hbm. xml＜/value＞下添加＜value＞com/zhangli/allguestbook/model/Admin. hbm. xml＜/value＞。

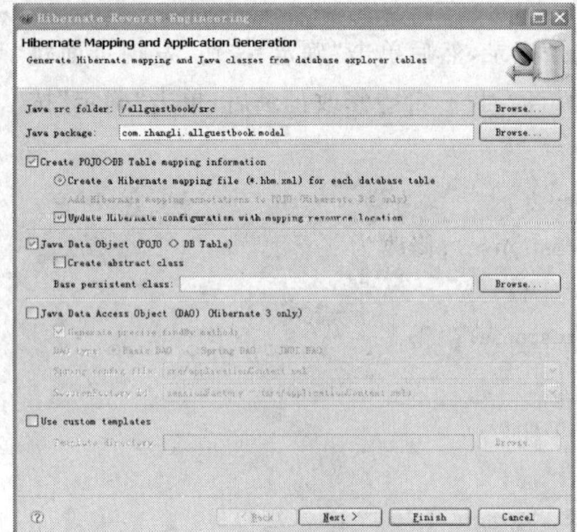

图 15-76　为 admin 表生成逆向工程

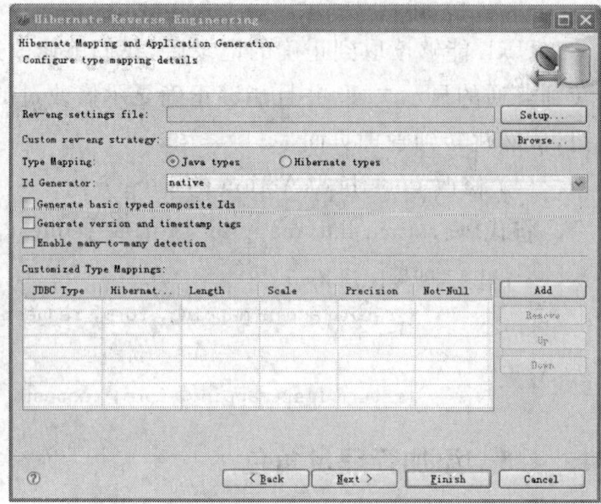

图 15-77　设置 native

15.4.4　编写 Admin DAO 接口和实现类

（1）在包 com.zhangli.allguestbook.dao 新建一个接口 AdminDao，如图 15-79 所示。

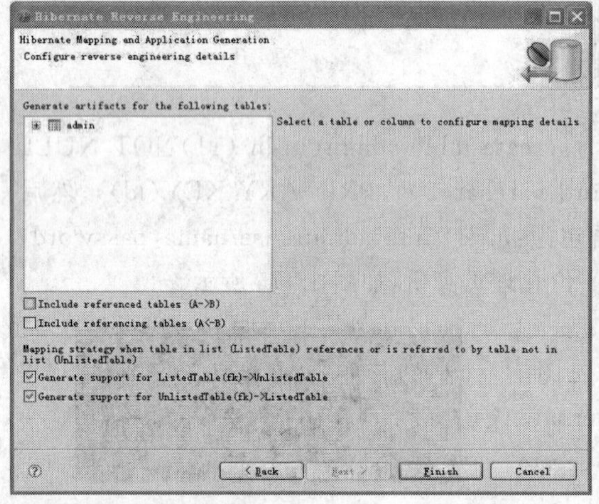

图 15-78　逆向工具设置完成

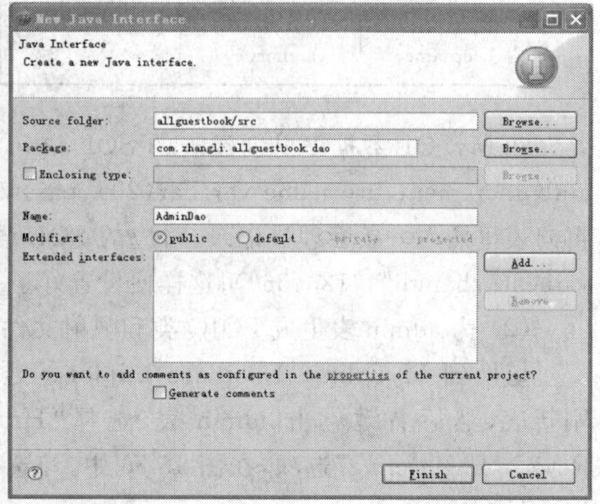

图 15-79　新建接口 AdminDao

（2）编辑 AdminDao，代码如下所示。

```
package com.zhangli.allguestbook.dao;
public interface AdminDao {
    public boolean validate(String username,String password);
}
```

（3）在包 com.zhangli.allguestbook.dao.hibernate 新建一个 Java 类 AdminDaoHibernate，该类的超类为 HibernateDaoSupport，通过单击"Browse"按钮浏览到，并且实现 AdminDao 接口，通过单击"Add"浏览到，如图 15-80 所示。

（4）编辑 AdminDaoHibernate，代码如下所示。

```
package com.zhangli.allguestbook.dao.hibernate;
```

```
import java.util.List;
import org.springframework.orm.hibernate3.support.HibernateDaoSupport;
import com.zhangli.allguestbook.dao.AdminDao;
public class AdminDaoHibernate extends HibernateDaoSupport implements AdminDao {
    public boolean validate(String username, String password) {
        String param[] = {username,password};
        List list = getHibernateTemplate().find("from Admin where username = ? and
password = ?",param);
        return list.size()>0;
    }
}
```

15.4.5 编写 Admin 服务层接口和实现类

（1）在包 com.zhangli.allguestbook.service 新建一个接口 AdminManager，如图 15-81 所示。

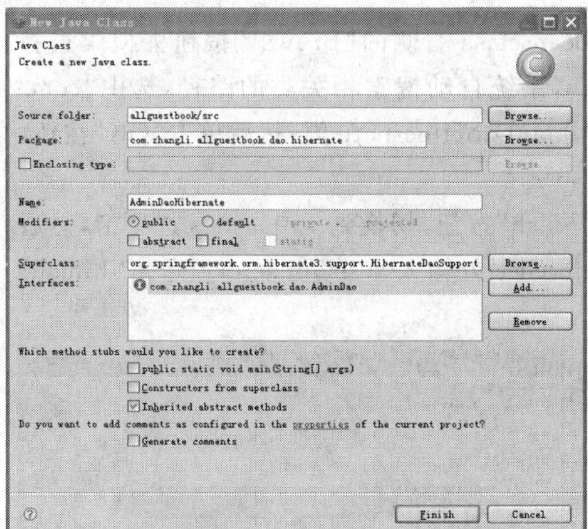

图 15-80　新建 Java 类 AdminDaoHibernate

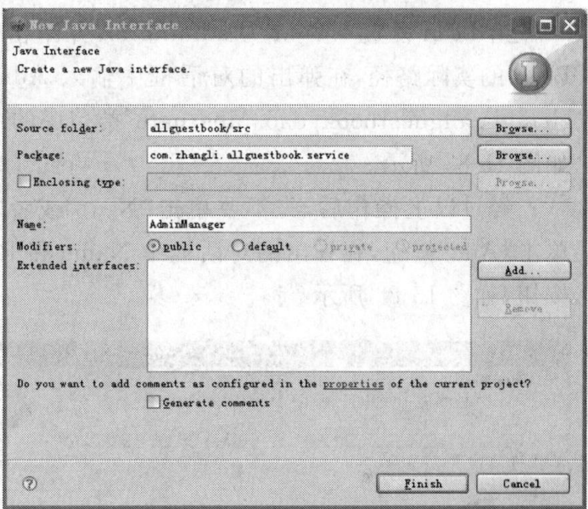

图 15-81　新建接口 AdminManager

（2）编辑 AdminManager，代码如下所示。

```
package com.zhangli.allguestbook.service;
public interface AdminManager {
    public boolean validate(String username,
String password);
}
```

（3）在包 com.zhangli.allguestbook.service.impl 新建一个 Java 类 AdminManagerImpl，该类实现 AdminManager 接口，通过单击“Add”按钮浏览到，如图 15-82 所示。

图 15-82　新建 Java 类 AdminManagerImpl

（4）编辑 AdminManagerImpl，代码如下所示。

```
package com.zhangli.allguestbook.service.impl;
import com.zhangli.allguestbook.dao.AdminDao;
import com.zhangli.allguestbook.service.Ad-
minManager;
```

```
public class AdminManagerImpl implements AdminManager {
    private AdminDao dao;
    public void setAdminDao(AdminDao dao){
        this.dao = dao;
        }
    public boolean validate(String username, String password) {
        return dao.validate(username, password);
    }
}
```

15.4.6 修改 applicationContext.xml

(1) 将 AdminDaoHibernate 作为 Bean 注入进来。

在 applicationContext.xml 文件空白处单击右键,选择"Spring"→"New Bean"选项,将 AdminDaoHibernate 添加进来。

给 Bean 设置一个 id 为 adminDao,并单击 Bean class 右侧的"Browse"按钮去搜索查找 Bean 的实际路径,在弹出的对话框中输入 Admin,系统自动搜索相关类的路径,选中"com.zhangli.allguestbook.dao.hibernate"类包中的 AdminDaoHibernate 类,然后单击"OK"按钮,如图 15-83 所示。

经过以上操作后,先不要单击"Next"或者"Finish"按钮,切换到 Properties 选项卡,然后单击"Add"按钮,在弹出的对话框中 Name 和 Reference 处输入 sessionFactory,单击"Finish"按钮,如图 15-84 所示。

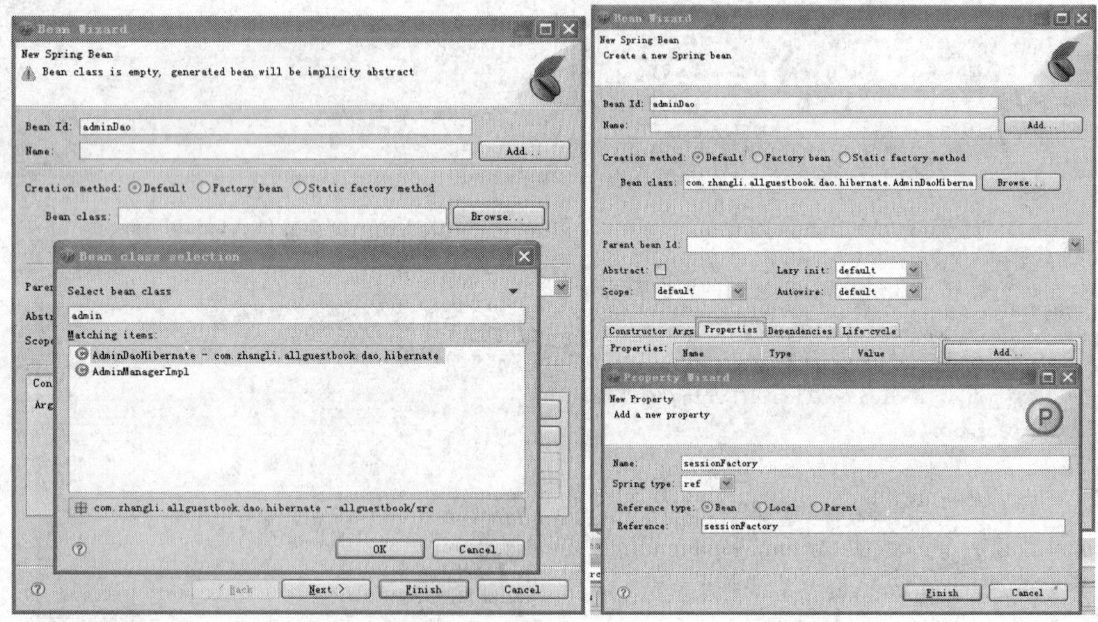

图 15-83 浏览 AdminDaoHibernate 路径　　　　图 15-84 添加属性 sessionfactory

经过以上操作后,设置完成,单击"Finish"按钮即可,如图 15-85 所示。

(2) 将 AdminManagerImpl 作为 Bean 注入进来。

在 applicationContext.xml 文件空白处单击右键,选择"Spring"→"New Bean"选项,将 AdminDaoHibernate 添加进来。

给 Bean 设置一个 id 为 adminManager，并单击 Bean class 右侧的 Browse 按钮去搜索查找 Bean 的实际路径，在弹出的对话框中输入 admin，系统自动搜索相关类的路径，选中“com.zhangli.allguestbook.service.impl”类包中的 AdminManagerImpl 类，然后单击“OK”按钮，如图 15-86 所示。

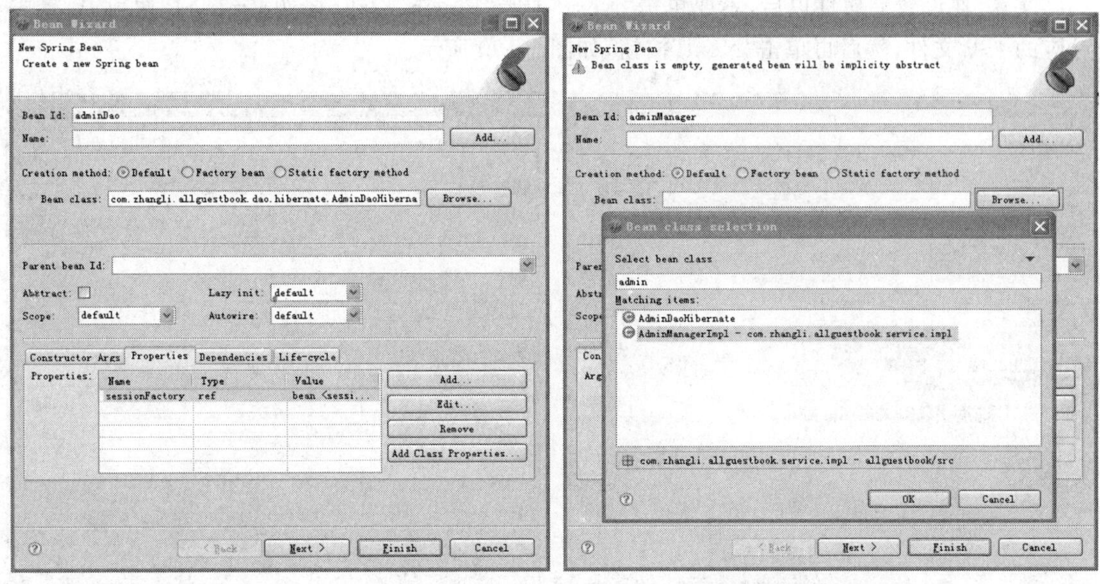

图 15-85　adminDao 设置完成　　　　图 15-86　浏览 AdminManagerImpl 路径

经过以上操作后，先不要单击“Next”或者“Finish”按钮，切换到 Properties 选项卡，然后单击“Add”按钮，在弹出的对话框中 Name 和 Reference 处输入 adminDao，单击“Finish”按钮，如图 15-87 所示。

经过以上操作后，设置完成，单击“Finish”按钮即可，如图 15-88 所示。

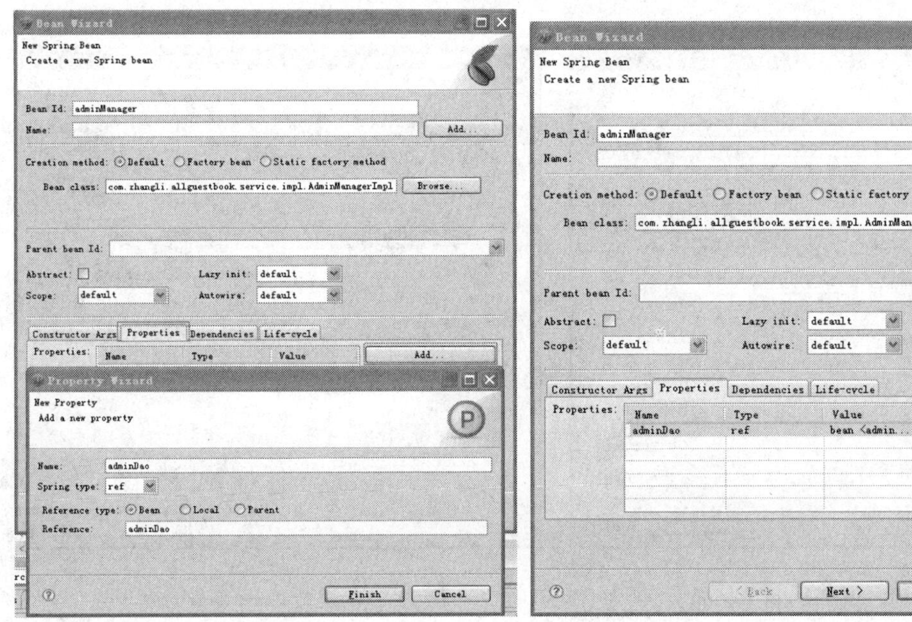

图 15-87　添加属性 adminDao　　　　图 15-88　adminManager 设置完成

15.4.7 新建 Form Action and JSP

在 struts-config. xml 的 Design 模式中单击右键，选择“New”→“Form Action and JSP”选项，弹出 Form 编辑对话框，如图 15-89 所示。

注意：在设置完属性以后，不要单击“Next”或者“Finish”按钮，要切换到 JSP 选项卡，生成对应的 JSP 文件，然后再单击“Next”按钮，如图 15-90 所示。

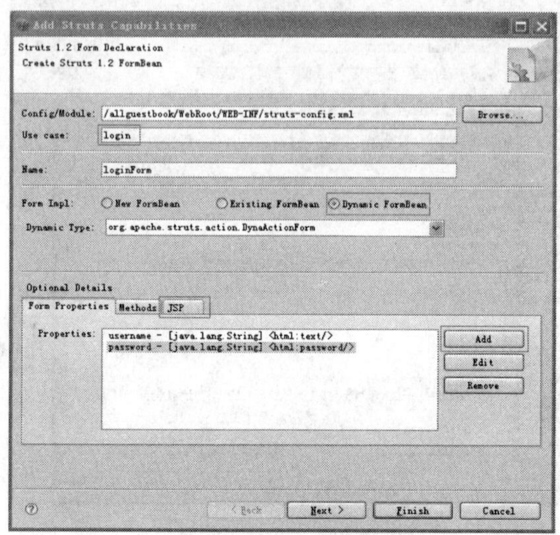

图 15-89 设置 login Form

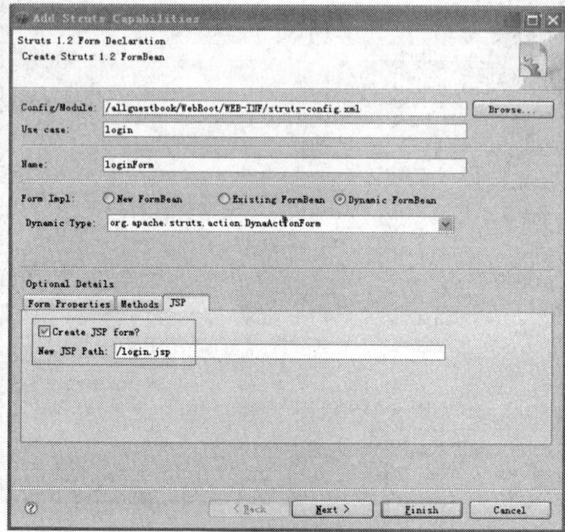

图 15-90 生成 login. jsp

经过以上操作后弹出如图 15-91 所示对话框，此时不要单击“Finish”按钮，而是切换到 Parameter 选项卡。

经过上述操作后，在 Parameter 右侧编辑框输入 method，然后单击“Finish”按钮，如图 15-92 所示。

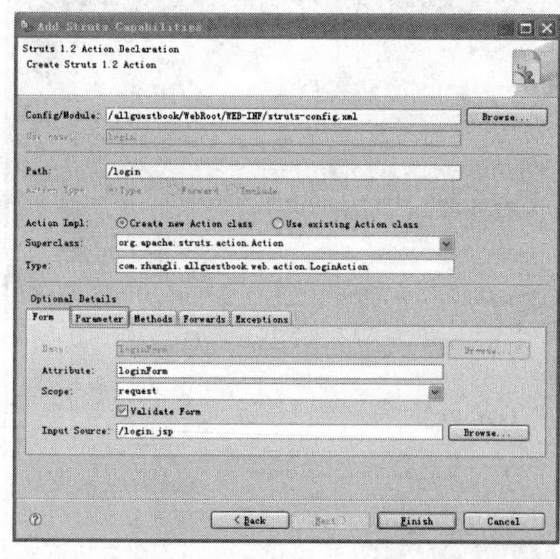

图 15-91 创建 login Action

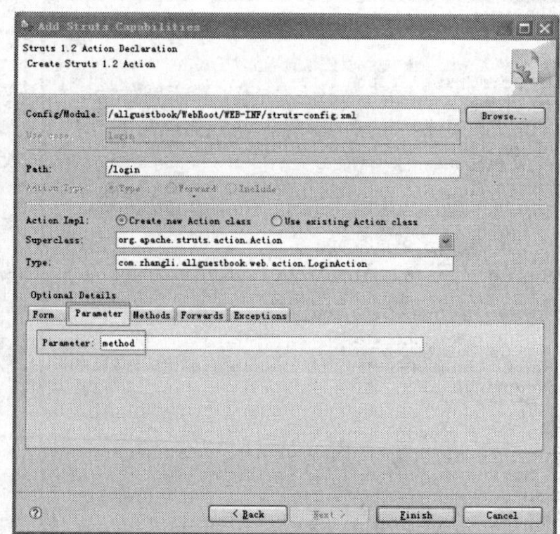

图 15-92 设置 Parameter 选项卡

15.4.8 编辑 LoginAction

LoginAction 代码如下所示。

```
package com.zhangli.allguestbook.web.action;
import javax.servlet.http.HttpServletRequest;
import javax.servlet.http.HttpServletResponse;
import javax.servlet.http.HttpSession;
import org.apache.struts.action.ActionForm;
import org.apache.struts.action.ActionForward;
import org.apache.struts.action.ActionMapping;
import org.apache.struts.actions.DispatchAction;
import org.apache.struts.validator.DynaValidatorForm;
import com.zhangli.allguestbook.service.AdminManager;
public class LoginAction extends DispatchAction {
    private AdminManager manager;
    public void setAdminManager(AdminManager manager) {
            this.manager = manager;
    }
    public ActionForward login(ActionMapping mapping, ActionForm form,
HttpServletRequest request,
        HttpServletResponse response) {
        DynaValidatorForm f = (DynaValidatorForm) form;
        boolean result = manager.validate((String) f.get("uesrname"), (String)
f.get("password"));
        if (result) {
            HttpSession session = request.getSession();
            session.setAttribute("guestbook.admin.uesrname", f.get("uesrname"));
            return mapping.findForward("guestbook.admin.index");
        } else {
            return mapping.findForward("guestbook.admin.fail");
        }
    }
    public ActionForward logout(ActionMapping mapping, ActionForm form,
HttpServletRequest request,
            HttpServletResponse response) {
            HttpSession session = request.getSession();
            session.invalidate();
            return mapping.findForward("guestbook.admin.login");
    }
    public static boolean validate( HttpServletRequest request) {
        HttpSession session = request.getSession();
        return (session.getAttribute("guestbook.admin.uesrname")! = null);
    }
}
```

15.4.9 添加 Forward 转向

(1) 添加 guestbook.admin.index 转向。

在 struts-config.xml 文件的 Design 模式，右键选择"New"→"Forward"选项，在 Forward 编辑框内设置 Name 为 guestbook.admin.index，Path 为/guestbook.do? method=admin，然后单击"Finish"按钮，如图 15-93 所示。

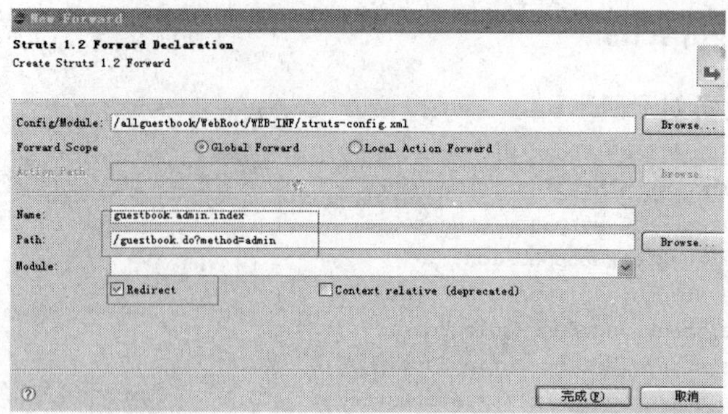

图 15-93　添加 guestbook. admin. index 转向

（2）添加 guestbook. admin. fail 转向。

在 struts-config. xml 文件的 Design 模式，右键选择“New”→“Forward”选项，在 Forward 编辑框内设置 Name 为 guestbook. admin. fail，Path 为/loginfail. jsp，然后单击“Finish”按钮，如图 15-94 所示。

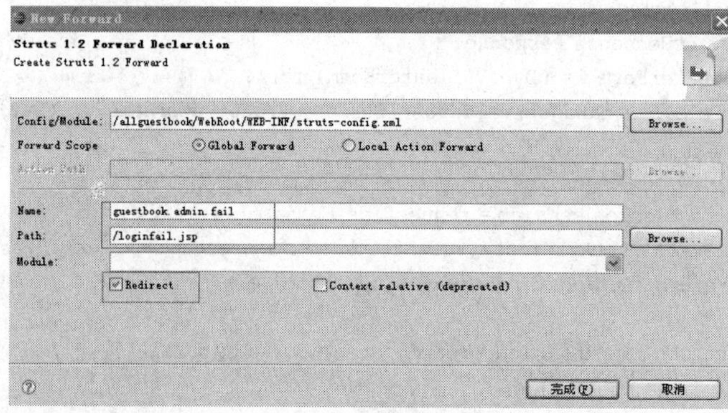

图 15-94　添加 guestbook. admin. fail 转向

（3）添加 guestbook. admin. login 转向。

在 struts-config. xml 文件的 Design 模式，右键选择“New”→“Forward”选项，在 Forward 编辑框内设置 Name 为 guestbook. admin. login，Path 为/login. jsp，然后单击“Finish”按钮，如图 15-95 所示。

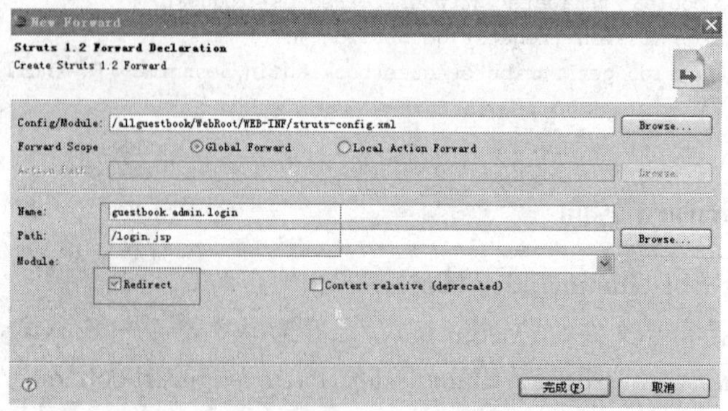

图 15-95　添加 guestbook. admin. login 转向

15.4.10 新建并编辑 JSP

（1）在 WebRoot 目录下添加 loginfail. jsp 页面。

（2）编辑 loginfail. jsp。首先将首行的编码格式改为 utf-8。然后编写<body>与</body>之间的主体代码，代码如下所示。

```
<body>
    管理员登录失败，请重新登录。<br>
    <a href = "login.jsp">管理员登录</a>
    <a href = "input.jsp">请您留言</a>
</body>
```

15.4.11 修改 Struts 和 Spring 配置文件

（1）修改 struts-config. xml，将关于 login action 设置的代码进行修改，将类型 type＝"com. zhangli. allguestbook. web. action. LoginAction"改为 type＝"org. springframework. web. struts. DelegatingActionProxy" 并且在此代码后加一个属性设置 validate＝"false"，修改后的效果如图 15-96 所示。

struts-config. xml 最后的 Design 模式效果如图 15-97 所示。

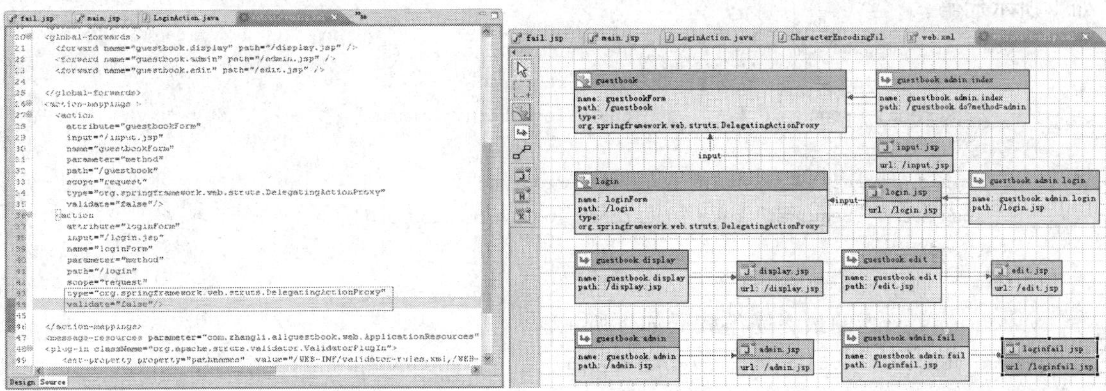

图 15-96 修改后的 struts-config. xml

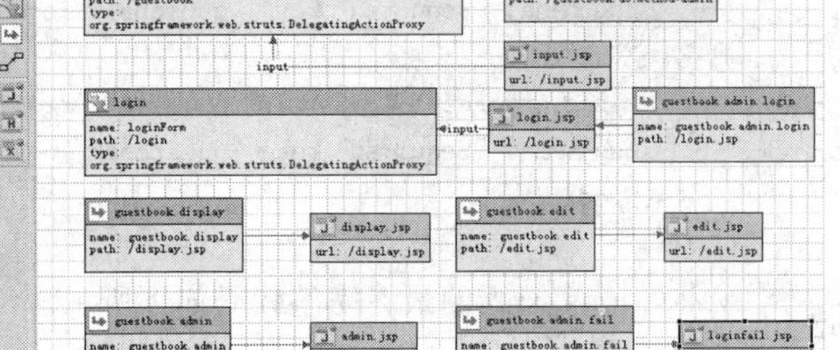

图 15-97 Design 模式效果图

（2）修改 action-servlet. xml，在 action-servlet. xml 文件空白处单击右键，选择“Spring→New Bean”选项，将 LoginAction 添加进来，id 为/login，类型为 com. zhangli. allguestbook. web. action 包中的 LoginAction，属性为 adminManager，如图 15-98 所示。

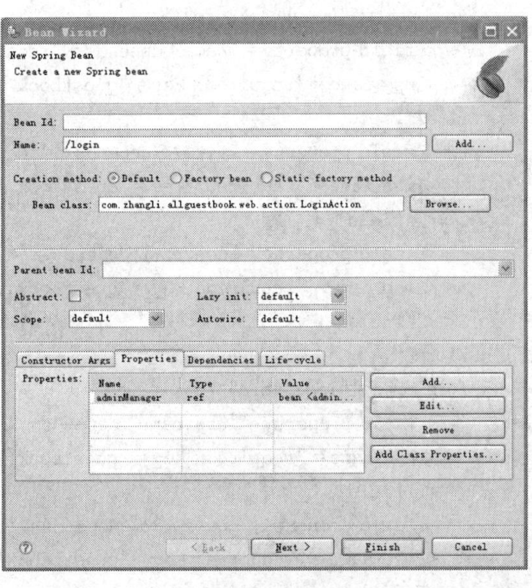

图 15-98 添加/login

15.4.12 重新编辑 GuestbookAction

（1）修改 edit 方法，在函数体的首行加入代码，如下所示。

```
if (LoginAction.validate(request) == false) {
                return mapping.findForward("
guestbook.admin.login");
        }
```

（2）修改 save 方法，在第一个 if 判断首行加入代码,如下所示。

```
if (LoginAction.validate(request) == false) {
                return mapping.findForward("guestbook.admin.login");
        }
```

(3) 修改 admin 方法,在函数体的首行加入代码,如下所示。

```
if (LoginAction.validate(request) == false) {
                return mapping.findForward("guestbook.admin.login");
        }
```

(4) 修改 delete 方法,在函数体的首行加入代码,如下所示。

```
if (LoginAction.validate(request) == false) {
            return mapping.findForward("guestbook.admin.login");
        }
```

15.4.13 重新编辑各 JSP

(1) 重新编辑 login.jsp。

① 在 validations.xml 中添加对 loginForm 两个属性的验证。在</formset>之前加入如下所示代码。

```
<form name = "loginForm">
    <field property = "username" depends = "required">
    <msg name = "required" key = "guestbook.loginForm.username" />
    </field>
    <field property = "password" depends = "required">
    <msg name = "required" key = "guestbook.loginForm.password" />
    </field>
</form>
```

validations.xml 的最终完整代码如下所示。

```
<? xml version = "1.0" encoding = "UTF-8"? >
<form-validation>
<formset>
<form name = "guestbookForm">
    <field property = "name" depends = "required">
    <msg name = "required" key = "guestbook.inputForm.name" />
    </field>
    <field property = "title" depends = "required">
    <msg name = "required" key = "guestbook.inputForm.title" />
    </field>
    <field property = "content" depends = "required">
    <msg name = "required" key = "guestbook.inputForm.content" />
    </field>
</form>
<form name = "loginForm">
    <field property = "username" depends = "required">
    <msg name = "required" key = "guestbook.loginForm.username" />
    </field>
    <field property = "password" depends = "required">
    <msg name = "required" key = "guestbook.loginForm.password" />
    </field>
```

```
</form>
</formset>
</form-validation>
```

② 在资源文件 ApplicationResource_zh_CN. properties 中增加对 key 值的中文定义。修改后的 ApplicationResource_zh_CN. properties 效果如图 15-99 所示。

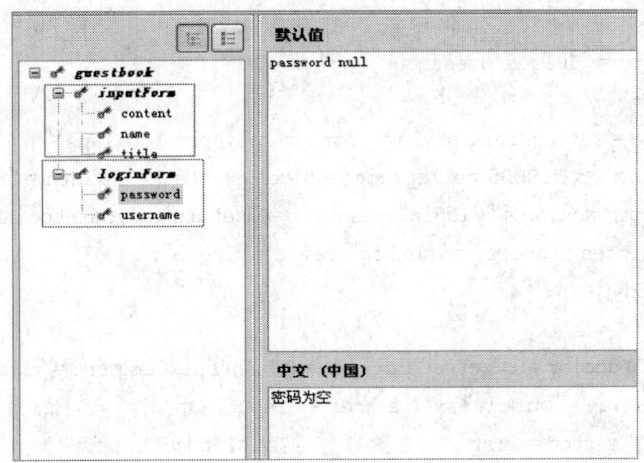

图 15-99　修改后的 ApplicationResource_zh_CN. properties

③ 在 login. jsp 中添加对表单验证引入的代码。

④ 在 login. jsp 中添加"请您留言"和"查看留言"的链接。

⑤ 在 login. jsp 中加入隐藏的 method 值。

login. jsp 修改后的最终代码如下所示。

```
<%@page language="java" pageEncoding="utf-8"%>
<%@taglib uri="http://jakarta.apache.org/struts/tags-bean" prefix="bean"%>
<%@taglib uri="http://jakarta.apache.org/struts/tags-html" prefix="html"%>
<%
String path = request.getContextPath();
String basePath = request.getScheme() + "://" + request.getServerName() + ":" + request.getServer-
Port() + path + "/";
%>
<!DOCTYPE HTML PUBLIC "-//W3C//DTD HTML 4.01 Transitional//EN">
<html>
  <head>
    <base href="<%=basePath%>">
    <title>管理员登陆</title>
    <meta http-equiv="pragma" content="no-cache">
    <meta http-equiv="cache-control" content="no-cache">
    <meta http-equiv="expires" content="0">
    <meta http-equiv="keywords" content="keyword1,keyword2,keyword3">
    <meta http-equiv="description" content="This is my page">
</head>
    <html:javascript formName="loginForm"/>
<body>
<p> 
<table id=autonumber3 style="border-collapse: collapse" bordercolor=#111111
cellspacing=0 cellpadding=0 width="100%" border=0>
```

```
<tbody>
<tr>
    <td valign = top align = middle width = 140>
        <p>
        <p>
        <p><br>
    </p></td>
    <td><img src = "images/guestbook.jpg" border = 0>
        <center>
        <table id = autonumber4 style = "border-collapse: collapse"
        bordercolor = #3f8805 cellspacing = 0 cellpadding = 0 width = "80%" border = 1>
         <html:form action = "/login" onsubmit = "return validateLoginForm(this)">
         <html:hidden property = "method" value = "login"/>
            <tbody>
          <tr>
              <td bgcolor = #eefee0 colspan = 2> <img src = "images/gb-add.gif"
                  align = "middle"> <a href = "input.jsp"/>:::: 请 您 留 言 :::: :::: <a
href = "guestbook.do? method = list"/>查看留言 ::::</td></tr>
          <tr>
              <td align = "middle" width = "35%">
                  <p style = "margin-top: 3px; margin-bottom: 3px"> 姓名<html:text
property = "username"/></p>
                  <p style = "margin-top: 3px; margin-bottom: 3px"> 密码<html:text
property = "password"/></p>
                  <input class = backc type = submit value = "登 陆" name = "submit">
                  <input class = backc type = reset value = "取 消" name = "reset">
          </td></tr></html:form> </table></center></td></tr></tbody>
          </table>
      <p align = center>SSH 留言板 copyright 2014<br>
        北京邮电大学世纪学院 张丽</p>
      </body>
    </html>
```

(2) 重新编辑 display.jsp,在里面加入管理员登录的入口。

将最后一个   修改成代码:

```
<a href = "input.jsp">请 您 留 言</a> :::::::<a href = "login.jsp">管理员入口</a>
```

display.jsp 修改后的最终代码如下所示。

```
<%@ page language = "java" import = "java.util.*" pageEncoding = "utf-8" %>
<%@ taglib uri = "http://java.sun.com/jsp/jstl/core" prefix = "c" %>
<html>
<head>
<meta http-equiv = "Content-Language" content = "zh-cn">
<meta http-equiv = "Content-Type" content = "text/html; charset = utf-8">
<title>留言本</title>
<link rel = "stylesheet" type = "text/css" href = "css/css.css">
</head>
<body>
<p> 
<table border = "0" cellpadding = "0" cellspacing = "0" style = "border-collapse: collapse"border-
```

```
color = "#111111" width = "80 % " id = "AutoNumber3">
      <tr>
         <td width = "140" valign = "top" align = center>
         </td>
         <td><img border = "0" src = "images/guestbook. jpg"><p style = "margin: 0 20">
         </td>
      </tr>
    </table>
      <c:forEach items = " $ {requestScope['guestbook. articles']}" var = "article">
    <table border = "0" cellpadding = "0" cellspacing = "0" style = "border-collapse: collapse"border-
color = "#111111" width = "80 % " id = "AutoNumber3">
      <tr>
         <td width = "140" valign = "top">
         </td>
         <td>
         <br>
         <div align = "center">
            <center>
            <table  style = "word-break:break-all" border = "1" cellpadding = "0"cellspacing = "0"
    style = "border-collapse: collapse" bordercolor = "#3F8805" width = "90 % "
    id = "AutoNumber4">
               <tr>
                    <td height = "20" bgcolor = "#eefee0" width = "75 % "> <img
    src = "images/gb-index2. gif" align = "absmiddle"">   <c:out value = " $ {article. name}"/> <font
    color = "#3F8805">
                 <c:out value = " $ {article. time}"/></font>    <c:out
    value = " $ {article. title}"/></td>
                 <td height = "20" bgcolor = "#eefee0" width = "25 % ">
                 <p align = "right" style = "margin-right: 10">
                 <a href = mailto:<c:out value = " $ {article. email}"/>><img border = '0' alt = '<c:out
    value = " $ {article. email}"/>信箱 <c:out value = " $ {article. email}"/>' src = images/gb-mail. gif
    align = "middle"></a> 
                 <a href = " <c:out value = " $ {article. url}"/>">
                 <img border = '0'  src = images/gb-url. gif align = 'middle'>
                 </a>
                 </td>
               </tr>
               <tr>
                  <td colspan = "2" height = "120" style = "WORD-WRAP: break-word">
                     <p style = "line-height: 140 % ; margin-left: 15; margin-right: 10; margin-top: 10;
    margin-bottom: 5" align = left>
          <c:out value = " $ {article. content}"/>
               </p>
          </td>
               </tr>
               </table>
            </center>
      </div> </td> </tr> </table>
        </c:forEach>
      <table border = "0" cellpadding = "0" cellspacing = "0" style = "border-collapse: collapse"
```

```
bordercolor = "#111111" width = "80%" id = "AutoNumber5">
  <tr>
    <td width = "140" valign = "top"> </td>
    <td> <br> <div align = "center">
        <center>
            <table border = "1" cellpadding = "0" cellspacing = "0" style = "border-collapse:
  collapse" bordercolor = "#3F8805" width = "90%" id = "AutoNumber6">
            <tr>
              <td colspan = "2" height = "50">
              <a href = "input.jsp">请您留言</a> :::::::<ahref = "login.jsp">管理员入口</a>
              </td>
            </tr>
          </table>
        </center>
      </div></td>
  </tr>
  </table>
  <p align = center>SSH 留言板 copyright 2014<br>
    北京邮电大学世纪学院 张丽</p>
  </body></html>
```

（3）重新编辑 admin.jsp，在里面加入管理员登录的入口。

将最后一个 ；修改成代码：

```
<a href = "input.jsp"> 请您留言</a> :::::::<a href = "login.do? method = logout">退出管理</a>
```

admin.jsp 修改后的最终代码如下所示。

```
<%@ page language = "java" import = "java.util.*" pageEncoding = "utf-8" %>
<%@ taglib uri = "http://java.sun.com/jsp/jstl/core" prefix = "c" %>
<html>
<head>
<meta http-equiv = "Content-Language" content = "zh-cn">
<meta http-equiv = "Content-Type" content = "text/html; charset = utf-8">
<title>留言本</title>
<link rel = "stylesheet" type = "text/css" href = "css/css.css">
</head>
<body>
<p> 
<table border = "0" cellpadding = "0" cellspacing = "0" style = "border-collapse: collapse"
bordercolor = "#111111" width = "80%" id = "AutoNumber3">
  <tr>
    <td width = "140" valign = "top" align = center>
    </td>
    <td><img border = "0" src = "images/guestbook.jpg"><p style = "margin: 0 20">
    </td>
  </tr>
</table>
  <c:forEach items = "${requestScope['guestbook.articles']}" var = "article">
<table border = "0" cellpadding = "0" cellspacing = "0" style = "border-collapse: collapse"
bordercolor = "#111111" width = "80%" id = "AutoNumber3">
  <tr>
    <td width = "140" valign = "top">
```

```
    </td>
    <td>
    <br>
    <div align = "center">
        <center>
        <table  style = "word-break:break-all" border = "1" cellpadding = "0" cellspacing = "0"
style = "border-collapse: collapse" bordercolor = "#3F8805" width = "90%"
id = "AutoNumber4">
        <tr>
            <td height = "20" bgcolor = "#eefee0" width = "75%"> <img
src = "images/gb-index2.gif" align = "absmiddle"">   <c:out value = "${article.name}"/> <font
color = "#3F8805">
            <c:out value = "${article.time}"/></font>    <c:out
value = "${article.title}"/>
            <a href = "guestbook.do? method = edit&id = ${article.id} ">edit</a>|
            <a href = "guestbook.do? method = delete&id = ${article.id}">delete</a>
            </td>
            <td height = "20" bgcolor = "#eefee0" width = "25%">
            <p align = "right" style = "margin-right: 10">
           <a href = mailto:<c:out value = "${article.email}"/>><img border = '0' alt = '<c:out
value = "${article.email}"/>信箱 <c:out value = "${article.email}"/>' src = images/gb-mail.gif
align = "middle"></a> 
            <a href = "<c:out value = "${article.url}"/>">
            <img border = '0'  src = images/gb-url.gif align = 'middle'>
            </a>
            </td>
        </tr>
        <tr>
            <td colspan = "2" height = "120" style = "WORD-WRAP: break-word">
              <p style = "line-height: 140%; margin-left: 15; margin-right: 10; margin-top: 10;
margin-bottom: 5" align = left>
  <c:out value = "${article.content}"/>
  </p>
</td>
        </tr>
        </table>
      </center>
</div> </td> </tr> </table>
  </c:forEach>
<table border = "0" cellpadding = "0" cellspacing = "0" style = "border-collapse: collapse"
bordercolor = "#111111" width = "80%" id = "AutoNumber5">
  <tr>
    <td width = "140" valign = "top"> </td>
    <td> <br> <div align = "center">
       <center>
          <table border = "1" cellpadding = "0" cellspacing = "0" style = "border-collapse:
collapse" bordercolor = "#3F8805" width = "90%" id = "AutoNumber6">
          <tr>
              <td colspan = "2" height = "50">
              <a href = "input.jsp">请您留言</a> :::::::<a
href = "login.do? method = logout">退出管理</a>
              </td>
```

```
                </tr>
              </table>
            </center>
          </div></td>
    </tr>
</table>
<p align = center>SSH 留言板 copyright 2014<br>
    北京邮电大学世纪学院 张丽</p>
</body>
</html>
```

(4) 重新编辑 input.jsp。

在"请您留言""查看留言"后加入"管理员入口"的链接：

```
:::: <a href = "login.jsp"/>管理员入口 ::::
```

input.jsp 修改后的最终代码如下所示。

```
<%@ page language = "java" pageEncoding = "utf-8" %>
<%@ taglib uri = "http://jakarta.apache.org/struts/tags-bean" prefix = "bean" %>
<%@ taglib uri = "http://jakarta.apache.org/struts/tags-html" prefix = "html" %>
<html>
<head>
<meta http-equiv = "Content-Language" content = "zh-cn">
<meta http-equiv = "Content-Type" content = "text/html; charset = utf-8">
<title>留言本</title>
<link rel = "stylesheet" type = "text/css" href = "css/css.css">
</head>
<html:javascript formName = "guestbookForm"/>
<body>
<p> 
<table id = autonumber3 style = "border-collapse: collapse" bordercolor = #111111
cellspacing = 0 cellpadding = 0 width = "100%" border = 0>
  <tbody>
  <tr>
    <td valign = top align = middle width = 140>
      <p>
      <p>
      <p><br>
    </p></td>
    <td><img src = "images/guestbook.jpg" border = 0>
      <center>
      <table id = autonumber4 style = "border-collapse: collapse"
      bordercolor = #3f8805 cellspacing = 0 cellpadding = 0 width = "80%" border = 1>
       <html:form action = "/guestbook" onsubmit = "return validateGuestbookForm(this)">
       <html:hidden property = "method" value = "save"/>
        <tbody>
        <tr>
          <td bgcolor = #eefee0 colspan = 2> <img src = "images/gb-add.gif"
             align = "middle"> ::::请 您 留 言 :::: :::: <a
    href = "guestbook.do? method = list"/>查看留言 :::::::: <a href = "login.jsp"/>管理员入口
::::</td></tr>
```

```
        <tr>
          <td align = "middle" width = "35 % ">
            <p style = "margin-top: 3px; margin-bottom: 3px"> 姓名:<html:text
property = "name"/></p>
            <p style = "margin-top: 3px; margin-bottom: 3px"> 主页:<html:text
property = "url" value = "http://"/></p>
            <p style = "margin-top: 3px; margin-bottom: 3px"> 主题:<html:text
property = "title"/></p>
            <p style = "margin-top: 3px; margin-bottom: 3px"> email:<html:text property
= "email"/></p></td>
          <td width = "65 % " height = 130>
            <p align = center><html:textarea property = "content" rows = "6"
cols = "40"/><br> <input class = backc type = submit value = "提 交" name = "submit">
                                    <input class = backc type = reset value = "重 填" name = "reset">
      </p></td></tr>
      </html:form>
      </table>
      </center>
      </td>
      </tr>
      </tbody>
      </table>
      <p align = center>SSH 留言板 copyright 2014<br>
         北京邮电大学世纪学院 张丽</p>
      </body></html>
```

Part Four

项目实战篇

第 16 章 通用论坛 BBS 设计与实现

互联网随着时代的脚步早已迈进 Web 2.0 时代，Web 2.0 相对 Web 1.0 则更注重用户的交互作用，用户既是网站内容的浏览者，也是网站内容的制造者。BBS 作为最早的也是最成功的互联网社交工具早已经成为互联网的主流社区形式。

16.1 关键技术解析

为了满足用户网络沟通的需求，在 Struts＋Hibernate 扩展的 MVC 框架基础上，以 MyEclipse 为开发平台，利用 Tomcat 作为服务器，用当今主流的网站开发技术 JSP 语言进行前台界面开发，MySQL 作为后台数据库，开发出一款可以为匿名用户、普通用户、版主、系统管理员四种角色的用户提供注册、登录、发帖、回复和权限管理等核心功能的 BBS 论坛。

本系统最大的特点在于界面友好，简洁美观，操作简单方便，稳定性以及通用性较强。FCKeditor 插件的运用使论坛中发帖和回复时文字编辑的功能更为多样化。

16.2 系统功能分析

系统功能模块图如图 16-1 所示。

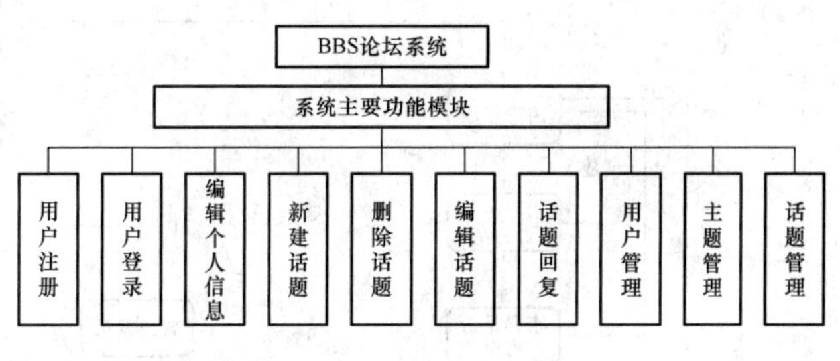

图 16-1 主要功能模块图

(1) 注册功能：通过单击注册链接进入注册页面，用户可输入用户名、密码、昵称、性别、电子邮箱等信息进行注册。输入之后，单击“提交”成功注册。系统同时会做简单的验证，若用户名或密码为空时，则弹出警告框。

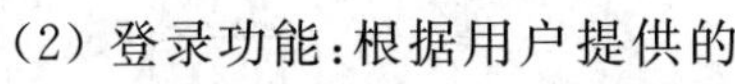

(2) 登录功能：根据用户提供的信息表单从数据库中获取用户信息，验证用户提交的信息和数据库的信息是否一致。如果用户名和密码输入与数据库中存储数据相同则以普通用户身份跳转到论坛首页，否则登录失败并停留在当前页。

(3) 分页功能：在对应的 Action 中通过查询所有记录，并通过定义规则进行分页。

(4) 编辑个人信息：从数据库中提取用户信息，用户可以根据需要对之前设定的个人信息进行修改或补充，单击保存后将新的内容覆盖到原来的信息上。

(5) 浏览话题：每个主题要列出所有话题，根据最新更新时间排序。所有用户(包括匿名登录用户)都可以对整个论坛所有话题进行浏览。

(6) 新建话题：如果是注册用户，会在论坛首页看到“发表文章”的按钮，单击后通过链接进入发帖界面，编辑后可成功提交并在前台显示。

(7) 删除话题：如果是当前用户登录界面，关于本人发表的话题可以看到“删除”链接，单击后会弹出警告框确定是否删除,可以确定删除或者取消删除。

(8) 编辑话题:如果是当前用户登录界面,关于本人发表的话题可以看到"编辑"链接,用户可对自己发布的帖子进行多次编辑重新发布。

(9) 回复功能:注册用户在进入具体话题后,可以在页面最下方看到回复的填写界面。编辑内容后提交,可以在该话题下查看到发布的回复,匿名用户则无此功能。

(10) 用户管理:管理员身份拥有对所有注册用户的管理功能,包括查看用户注册时提交的信息以及目前状态。同时可以在这里添加或取消用户版主的权利,并可以对用户进行锁定或删除,被锁定的用户无法进行发帖以及回帖。版主是介于普通用户和管理员之间可以对其权限范围的版面进行文章管理的人,由管理员进行设定。

(11) 主题管理:管理员可以对整个论坛的主题结构进行添加或删除,当删除某个主题后,这个主题下面的所有话题会自动删除。

(12) 话题管理:管理员可在后台查看所有论坛的话题,并可以对其进行加精或删除操作,加精后前台会在该帖标题前显示"精华"。

当进入本系统时,首先以游客身份进入论坛首页浏览内容。同时可以选择注册或登录功能。如选择注册流程,则会跳转至注册页面,填写相关信息后成功注册成为注册用户。若选择登录功能,则会跳转至用户登录界面,此时有两种选择:注册用户登录或匿名登录。注册用户分为普通用户和管理员两种身份,当输入用户名和密码并且验证无误后普通用户可以进行浏览、回复、发布话题、修改个人信息、管理自己发表的话题及回复等功能;管理员除了拥有普通用户的权限以外还可以对人员和模块进行管理,具体包括设置版主、用户锁定、模块设置等功能。系统流程图如图 16-2 所示。

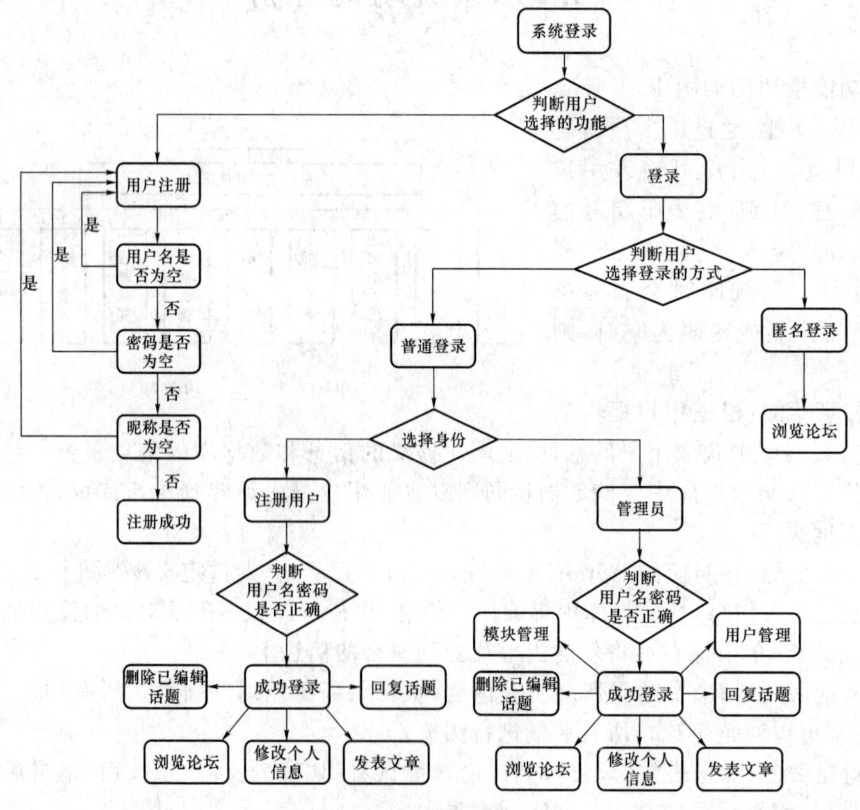

图 16-2　系统流程图

16.3　数据库设计与连接

16.3.1　数据库设计

USER 表主要用来保存注册用户的信息,结构如表 16-1 所示。

表 16-1　用户表

字段名	字段类型	长度	字段含义
id	bigint	64	用户 ID,主键
username	varchar	20	用户名
pwd	varchar	15	用户密码
nickname	varchar	20	用户昵称
sex	varchar	2	用户性别
birthday	varchar	25	用户生日
email	varchar	255	用户邮箱
phone	varchar	15	用户电话
description	varchar	255	用户描述
status	varchar	2	用户状态
registerdate	timestamp	14	注册时间
role		10	用户角色(admin 为管理员,banzhu 为版主,member 为普通注册用户)

SUBJECT 表主要用来存放论坛中已有的主题,结构如表 16-2 所示。

表 16-2　主题表

字段名	字段类型	长度	字段含义
id	bigint	64	主题 ID,主键
name	varchar	20	主题名
description	varchar	255	主题描述
createdate	timestamp	14	主题生成日期

话题表代表一个用户创建的话题,结构如表 16-3 所示。

表 16-3　话题表

字段名	字段类型	长度	字段含义
id	bigint	64	话题 ID,主键
tittle	varchar	255	话题名
content	varchar	255	话题内容
createdate	timestamp	14	话题创建时间
writer	bigint	64	话题作者
subjectid	bigint	64	话题所属主题
iflocked	carchar	2	话题状态
lastmodiedtime	datetime		话题最后修改时间
isjinghua	carchar	2	是否精华帖

回复表表示的是一个话题的回复,结构如表 16-4 所示。

表 16-4 回复表

字段名	字段类型	长度	字段含义
id	bigint	64	回复 ID,主键
content	varchar	255	回复内容
topcid	bigint	64	回复所属话题
writer	bigint	64	回复作者
createdate	timestamp		回复创建时间
lastmodified	datetime		回复最后修改时间

16.3.2 数据库连接

本系统使用了 Hibernate 自带的连接池,比起传统的 JDBC 连接数据库的方法,Hibernate 以面向对象的思想来看数据库。操作数据库时,无须考虑一条数据记录中的每一个字段的操作。通过创建 Hibernate 配置文件,Hibernate 根据这个文件获得数据库的信息,包括数据库类型、数据库用户名、数据库密码以及映射文件等。

```
<property name = " connection.url" > jdbc:mysql://localhost:3306/bbs? useUnicode = true&amp;
characterEncoding = UTF-8</property>
<property name = "connection.username">root</property>//数据库用户名
<property name = "connection.driver_class">com.mysql.jdbc.Driver</property>
<property name = "dialect">org.hibernate.dialect.MySQLDialect</property>
<mapping resource = "com/bbs/domain/model/User.hbm.xml" />//配置映射文件
```

16.4 各模块功能设计与实现

16.4.1 注册功能实现

如果用户还不是注册用户,则提供链接,可以让用户进行注册。用户提交信息之后,系统开始判断用户的注册信息是否有效,首先是用户名是否为空,密码是否为空,然后依次往后判断用户所填写的各项信息是否符合要求,直到所有信息均正确无误,系统将该用户注册信息写入用户表,即 user 表,并提示用户注册成功。接下来就可以进行其他有效的操作了。

我们可以对注册信息进行简单的验证,例如用户名、密码为空或过长会提示错误,重新注册。

```
if((username == null)||(username.length()<1)||(username.length()>15) )
errors.add("usernamc",new ActionMessage("bbs.error.username"));
if((pwd == null )||(pwd.length()<1)||(pwd.length()>15))
errors.add("pwd",new ActionMessage("bbs.error.pwd"));return errors;
```

register 方法是用户注册方法,首先要判断是新建用户还是编辑个人信息。如果是编辑个人信息,则从用户表单中根据用户 ID 从数据库中获得用户信息,并保存新的信息。如果是新建用户,则将用户信息保存到数据库中。保存过程中,会对用户名进行判断,若该用户名已存在，则进行提示，注册失败，如图 16-3 所示。

```
if(userform.getAction()! = null&&"edit".equalsIgnoreCase(userform.getAction()))
{...
user = manager.getByID(userform.getId());...}
else{user = manager.getUserByName(userform.getUsername());...}
```

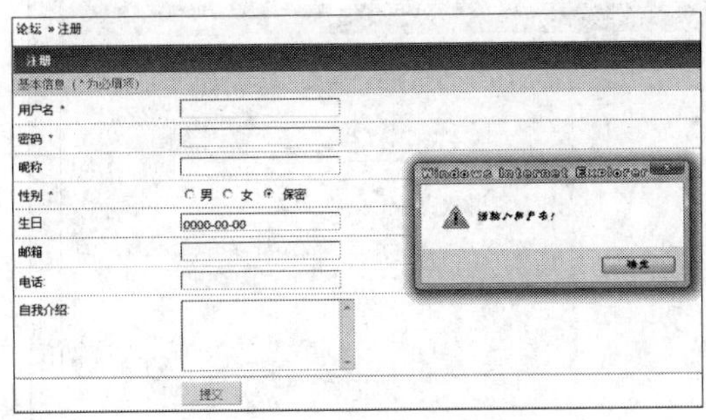

图 16-3　注册失败预览图

若成功注册，则保存用户信息，显示注册成功并给出跳转链接，如图 16-4 所示。

图 16-4　注册成功预览图

16.4.2　登录功能实现

用户登录模块是防止非法用户登录的第一道防线，通过它可以保护后台数据库的安全性。当用户要进行发帖或回复时，首先要进行身份验证，只有在密码正确的情况下才能进行以后的操作；如果输入的密码不正确，则不能进行发表新帖和回复。如果用户以匿名用户的身份进入网站，则只能进行一般的帖子浏览，而不能发表新帖和回复。

登录功能只需要验证用户提交的信息和数据库的信息是否一致，在界面上有两个简单的文本框，用于输入用户名和密码。关键在于登录的控制器根据表单中的用户名从数据库中获得用户信息，判断用户信息的密码和表单提交的密码是否一致，如果成功，则根据用户角色的不同跳转到对应页面。

```
if(user.getRole().equals( "member"))
{return mapping.findForward("success");}
else if(user.getRole().equals( "admin")||user.getRole().equals( "banzhu"))
{return mapping.findForward("adminlogon");}
```

登录后会在论坛页面右上角显示当前登录用户的昵称，并在 Logo 下方提供进入后台管理的链接。效果如图 16-5 所示。

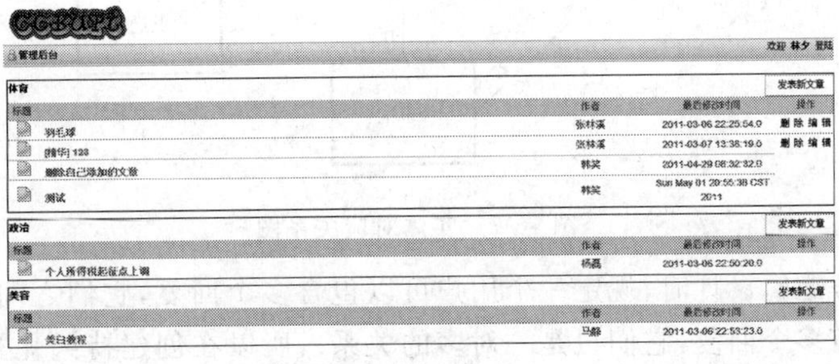

图 16-5　登录成功界面

16.4.3 新建话题功能实现

用户在登录浏览过程中,可以在某一主题下新建话题。是否可以发表新话题是根据用户的锁定状态和用户权限来判断的,具体是通过控制按钮是否能在页面展现来进行操作。

同时在这个功能中利用了 FCKeditor 插件,实现了在线文本编辑功能,使发表的帖子更具特色。效果如图 16-6 所示。

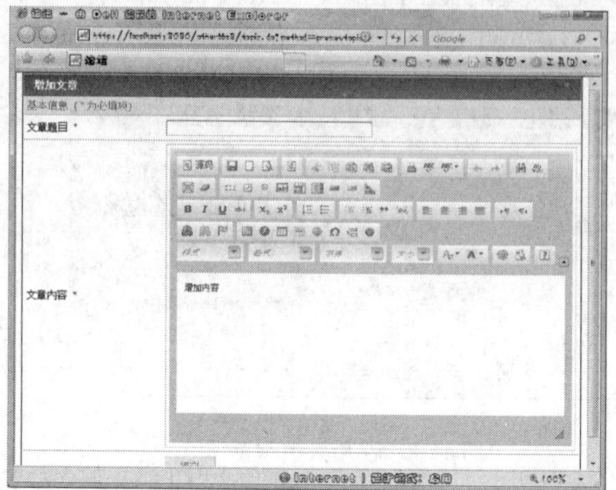

图 16-6 新建话题界面

```
User user = (User) session.getAttribute(Constants.USER_KEY);
User user_temp = usermanager.getByID(user.getId());
Subject subject_temp = subjectmanager.getByID(Long.valueOf(subjectId));
if(user.getStatus().equalsIgnoreCase("y"))//判断用户是否被锁定
```

16.4.4 删除话题功能实现

当用户浏览某一话题时,有权对自己建立的话题进行删除操作。首先要获取该话题的 ID,通过这个 ID 从数据库中读取话题信息,若话题有效则可成功删除。

```
String topicid = (String)request.getParameter("topicid");//获得话题 ID
if(temp_topic ! = null)
    {topicmanager.delete(temp_topic);}
```

16.4.5 回复功能实现

用户在浏览某一话题时,会列出该话题的回复,登录后且未被锁定的用户可以进行回复。使用 Hibernate 时,需要注意的是回复与话题、回复与用户间的关系。实体对应关系如图 16-7 所示。

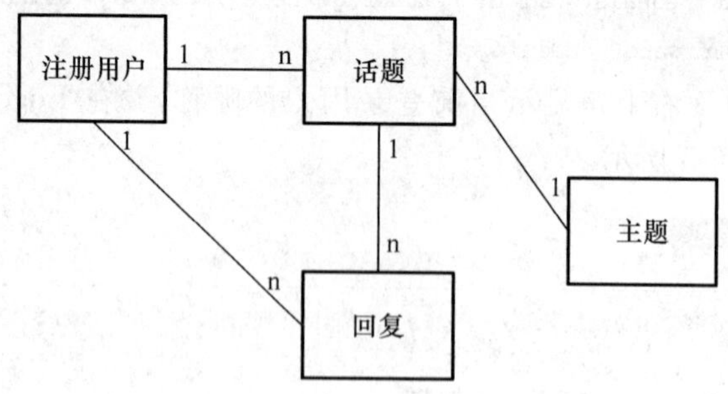

图 16-7 实体对应关系图

在对系统业务逻辑设计时,规定一个用户可以包含多个回复,它们之间是一对多的关系;一个话题可以拥有多个回复,它们也是一对多的关系。所以在创建持久化类和映射文件的时候,除了配置与数据库表对应的属性外,还通过两个<many-to-one>标签配置了回复与话题,以及回复与用户之间多对一的关系。

```
<set name="topic" cascade="delete"><key column="writer"/>
<one-to-many class="Topic"/></set>
<set name="responses" cascade="delete"><key column="writer"/>
<one-to-many class="Response"/></set>
```

数据层中主要就是DAO模式中的接口和接口的实现。DAO接口中声明需要的操作方法，在实现类中具体实现。在论坛系统中，数据层是为服务层服务的，数据层运用了一个工厂模式，使服务层通过这个工厂类来生成各种DAO接口。使用接口，数据层对外只是暴露了接口中的方法，而具体的实现方法对上层来说是透明的。在回复的DAO接口声明了4个方法。

① public List getAllByTopicid(Topic topic)：获得一个话题下的所有回复。

② public void save(Response response)：保存一个新回复。

③ public void delete(Response response)：删除自己的回复。

④ public Response getById(Long id)：根据回复ID，获得回复。

服务层的实现也是通过DAO类来实现具体的数据库操作。首先是创建一个ResponseDAO，然后Struts中需要使用到的方法可以通过这个ResponseDAO来实现。回复的模型层非常简单，在该模型中就是两个属性，一个是回复的ID，另一个是回复的内容。在TopicAction中主要实现回复的分页功能、编辑以及保存。

回复的视图层实现了三个主要的功能。

(1) 实现了分页功能，如果回复太多，则需要实现分页。

(2) 利用分页功能，显示一个话题的所有回复，显示的顺序通过回复创建的时间决定。

(3) 新建回复，在页面的最下面是一个TopicForm和一个TopicAction的路径，用户提交这个TopicForm则新建一个回复。

传统的分页方法是先通过查询数据库的总数来确定出要想显示的数据，这个需要查询两次数据库，一次是查询总条数，然后确定游标的开始位置和结束位置，另一次是通过游标查询得到数据。为了减少查询数据库次数，提高程序效率，这里根据条件查询出所有记录然后进行分页，下面是程序定义的一些分页规则。

```
int pagesize=5;//每页显示五条
int tolal=listReply.size();  //总共有几条回复
int tolalpage=listReply.size()/pagesize+1;//总共有几页
int start=(pagenum-1)*pagesize;//显示页的第一条记录的位置
int end=pagenum==tolalpage? tolal:start+pagesize;//显示页的最后一条记录的位置
int prepage=pagenum==1? 1:pagenum-1;//上一页
int lastpage=pagenum==tolalpage? tolalpage:pagenum+1;//下一页
List listresult=new ArrayList();//查出来当页的数据
for(int i=start;i<end;i++){
listresult.add(listReply.get(i));}
```

接下来是页面的部分，在indexviewtopic.jsp中，通过链接进入首页、下一页或上一页，并通过JS来实现的SELECT on Change事件重新请求选择的页。效果如图16-8所示。

16.4.6 用户管理功能实现

一个论坛系统除了能够让用户实现前台的浏览和回复等操作之外，还必须能够使管理人员对系统的各种信息进行维护，比如对用户信息的管理、论坛主题的设置等。管理功能是论坛

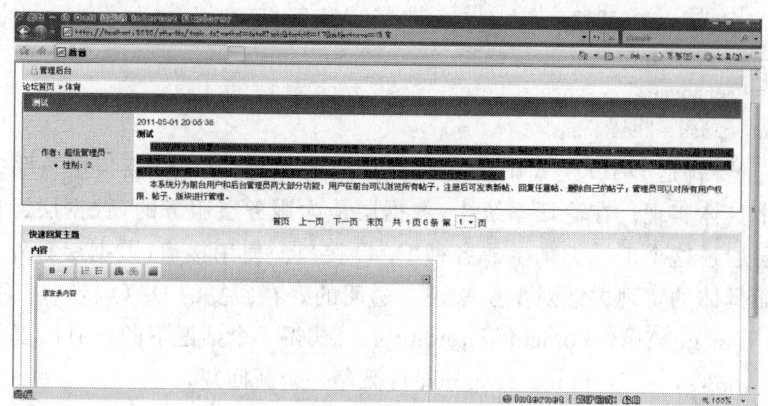

图 16-8　回复功能页面效果

系统相当重要的一部分功能。

管理员可以通过主页面进入系统后台进行维护，出于安全性考虑，管理员账号应尽量少分配，密码也要尽量复杂，经常更换。

这个功能中，主要体现了管理员对用户信息的查看、锁定、设置版主或删除的操作。首先，浏览视图需要提供以下的功能。

(1) 显示每一个用户的名称，单击可查看该用户的详细信息。

(2) 在每一个用户后面提供设置版主的功能，管理员可以将任何普通用户赋予版主的权限。

(3) 在每一个用户后面提供删除功能，管理员可以删除任何普通用户。

(4) 在每一个用户后面提供锁定或解锁的功能，管理员可以锁定或解锁任何一个普通用户。

具体实现一些功能是在 UserAction 里，例如删除用户的操作是通过 UserAction 中的 delete 方法来实现的。通过获得用户 ID 得到用户对象，如果用户 ID 不为空且有效则从数据库中获取用户信息并删除；锁定一个用户以后，该用户就不能发表或回复任何话题，锁定的方法就是改变用户的一个字段值。具体实现时先获取用户 ID，从数据库中提取该用户的信息，改变他的 Status 状态值之后再保存到数据库。而设置版主则同样是获取用户 ID 后，改变 role 的值，将其在 banzhu 或 member 之间变化从而产生角色的改变。根据不同的操作我们需要在 UserAction 中以不同的方法来进行实现，以设置版主为例：

```
User user = manager.getByID(Long.valueOf(request.getParameter("userid")));
user.setRole(request.getParameter("role"));
manager.saveUser(user);
```

为了便于日后注册用户增多后的管理，在本部分中也添加了分页功能，具体方法同回复部分中类似，在此就不再赘述了。效果如图 16-9 所示。

我的账户　用户管理　设置模块　增删主题　论坛首页　登出　　管理员：超级管理员

用户管理

用户名	姓名	创建时间	密码	邮件	是否版主	操作	锁定
测试1	测试1	2011-05-02 11:32:20.0	ceshi1		升为版主	删除	锁定
YY	聂筱辰	2011-05-02 11:26:41.0	niexiaochen		升为版主	删除	解锁
red	小红	2011-03-07 13:38:21.0	xiaohong		取消版主	删除	锁定
小点儿	王梦怡	2011-03-07 10:20:05.0	wangmengyi		取消版主	删除	锁定
石犁	白珺	2011-03-06 22:59:55.0	baijun		取消版主	删除	解锁

首页　上一页　下一页　末页　共 2 页 9 条　第 1 页

图 16-9　用户管理页面效果图

16.4.7　主题及话题管理功能实现

管理员可以对主题模块进行管理，如新建主题、删除主题、设定主题的版主。当删除一个主题的时候，该主题下的所有话题以及回复均要被删除。效果如图 16-10 所示。

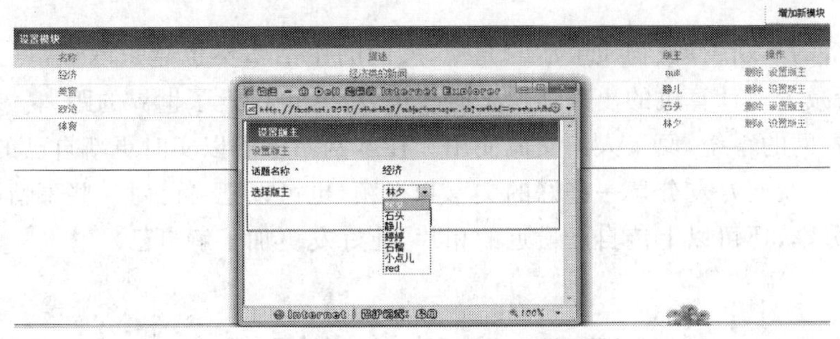

图 16-10　主题管理页面效果

首先还是和用户管理一样，用类似的方法建立管理视图，提供各种功能链接，以新建主题为例：若主题有效，则复制到主题的持久化对象中，保存新建的主题。

```
SubjectManager subjectmanager = ManagerFactory.createSubjectManager();
Subject subject = new Subject();/
BeanUtils.copyProperties(subject,subjectform);
subjectmanager.save(subject);
```

16.4.8　FCKEditor 的应用

在发表新话题和回复话题的功能中运用到了 FCKeditor 这个插件。这是一个专门使用在网页上属于开放源代码的所见即所得文字编辑器。将 FCKeditor 文件夹复制到本 Web 项目的 WebRoot 目录下，并把 ckeditor 目录下的 ckeditor.js 加入页面，便可在需要使用的 JSP 页面引入 ckeditor，使发布的文字可以进行加粗、变色等编辑功能。以下以新建话题的 newtopic.jsp 为例。

```
<script type = "text/javascript" src = "js/ckeditor/ckeditor.js"></script>
<textarea class = "ckeditor" cols = "80" id = "editor1" name = "editor1" rows = "10">增加内容
</textarea>
```

第 17 章　社交网站设计与实现

伴随着经济的不断发展、物质生活的充裕，人们的生活节奏也越来越快，每天忙于学习和工作，交流逐渐减少。计算机的出现加快了时代的发展，也拉近了世界的距离。基于这种情况开发了一个交友网的系统，便于人们交流使用。在本网站上可以实时更新自己的状态，可以添加搜索的好友，以及向好友分享一些好的文章和视频，也可以把自己对一些事情的感受写成一篇日志与他人分享，还可以上传自己最近的相片，让好友更加了解自己。

17.1　关键技术解析

本系统软件开发平台是 MyEclipse 软件，所用到的插件主要包括 Java 开发工具包 JDK、Web 应用服务 Tomcat。其中 JDK 采用的是针对 Java 企业级开发平台的 Java Platform Enterprise Edtion 版本。而 Tomcat 是一个小型的轻量级应用服务器，主要是用在中小型系统和并发访问用户不是很多的场合下，是开发和调试 Web 程序的首选。本系统的数据库选择了 Oracle，它具有安全、快速、功能强大等特点，并且使用 PL/SQL 来操作数据库。网站页面采用 HTML、CSS、JavaScript、JSP 等技术开发。通过在 MyEclipse 中集成上述插件以及安装配置 Oracle 数据库就可以完成整个软件开发环境的构建。

17.2　系统功能分析

根据社交网站的定位目标，网站需要实现的功能如下。

(1) 网友注册信息，登录验证功能。

(2) 网友可以修改自己的资料、个性签名，设置隐私。

(3) 网友可以搜索和添加好友，给好友打招呼，浏览好友分享的信息。

(4) 网友可以上传相片、日志，分享视频。

(5) 网友可以发布活动信息，会员可以报名参加活动。

(6) 管理员可以在后台对用户进行基本管理。

本社交网站主要由六个模块组成：网站首页、个人主页、娱乐模块、故事分享、会员首页、后台管理。结构如图 17-1 所示。

网站首页：网站首页包含的信息非常丰富，包括用户的登录、最新注册会员的显示、人气会员的显示、好友搜索以及活动信息的显示。网站的首页就是一个网站的门面，其中显示了该网站的主要内容，以便游客和会员浏览最新的站内消息。

个人主页：个人主页主要是显示与自己有关联的信息，也是活动浏览和与朋友交流的主要场所，其中显示了好友分享的个人资料，包括日志的分享，相册、视频的分享等，也包含了一些用户需要登录后才能进行操作的功能。

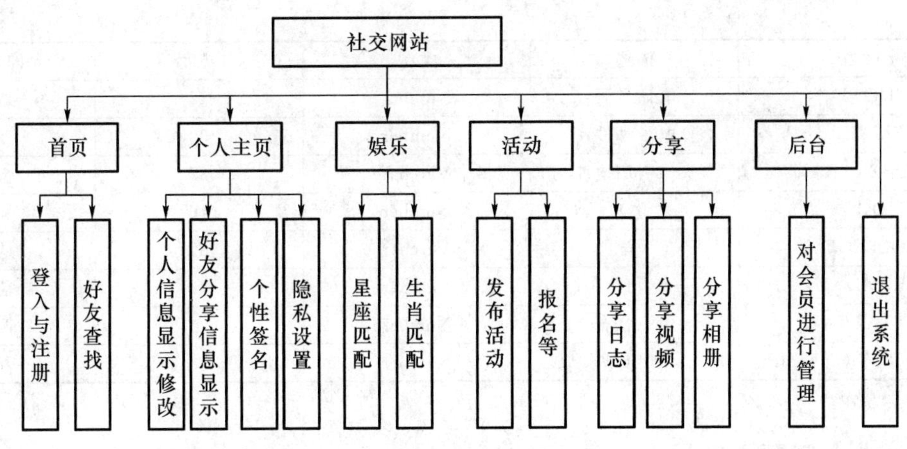

图 17-1　系统功能结构图

娱乐模块：主体是缘分匹配和活动信息的发布。缘分匹配可以进行星座匹配和生肖匹配，这些都是小游戏，方便用户娱乐。另一个就是活动信息的发布，这个活动信息的发布必须是实时有效的，它以邀请的方式邀请好友来参加这个活动，是属于户外的活动类型。

故事分享：故事分享主要包括两个方面，一个是爱情故事分享，另一个是成功故事分享，这些都是记录了用户实时的感受，并分享给其他用户查看的文章。

会员首页：显示所有会员成员，方便用户查询。

后台管理：管理员可以对用户进行管理，对站内发布的信息等进行管理，发布活动信息等。

17.3　数据库表设计

17.3.1　用户信息表

用户信息表主要是记录用户的详细信息的表格。当用户注册的时候就会在该表中产生一条新的数据，用户登录的时候就会在该表中进行比对，如果存在就表示用户登录成功，用户也可以修改该表中的数据，如表 17-1 所示。

表 17-1　用户信息表

字段名	描述	类型	长度	允许为空
CSID	所属星座	Number	8	否
CCZID	生肖	Number	8	否
NAME	用户的真实姓名	Varchar2	32	否
NICKNAME	昵称	Varchar2	32	是
SEX	性别	Varchar	4	是
LOGINNAME	登入时的用户名	Varchar	32	否
PASSWORD	密码	Varchar	32	否
HOMETOWN	家乡	Varchar	32	是
LOCATION	现住地	Varchar	32	是

续 表

字段名	描述	类型	长度	允许为空
PHONE	电话号码	Number	16	是
EMAIL	电子邮件	Number	32	否
HEADPORTRAIT	头像引用地址	Varchar	32	否
QQ	QQ	Number	16	是
COLLEGE	大学	Varchar	32	是
BIRTHDAY	生日	Varchar	32	是
STATE	用户状态	Number	4	否
REGISTRATIONTIME	注册时间	Number	32	否

17.3.2 安全问题表

记录了用户设置的安全问题的题目以及用户回答的答案，当用户忘记密码的时候就要通过安全问题来找回密码，这也就是相当于二级密码，能够对用户的账号信息进行很好的保护，如表 17-2 和表 17-3 所示。

表 17-2 安全问题表

字段名	描述	类型	长度	允许为空
SQID	问题 ID	Number	8	否
CONTENT	问题内容	Varchar	100	否

表 17-3 安全问题关联表

字段名	描述	类型	长度	允许为空
SQCID	关联用户 ID	Number	8	否
SQSQID	关联问题 ID	Number	8	否
SQANSWER	问题答案	Varchar	100	否

17.3.3 打招呼、留言和添加好友表

这些表都是用户登录后对其他用户进行操作所产生的数据。

用户每给一位好友打招呼、留言以及添加好友的操作都会在数据库中产生一条新的数据，并进行保留。

打招呼的信息表如表 17-4 所示。

表 17-4 打招呼表

字段名	描述	类型	长度	允许为空
GID	打招呼 ID	Number	8	否
GCID	打招呼人 ID	Number	8	否
TOGCID	收到信息的人 ID	Number	8	否
GSTATE	信息状态	Number	8	否
GTIME	时间	Date	20	否

留言的信息表如表 17-5 所示。

表 17-5　留言信息表

字段名	描述	类型	长度	允许为空
LWID	留言 ID	Number	8	否
LWCID	留言人 ID	Number	8	否
TOLWCID	收到信息的人 ID	Number	8	否
LWCONTENT	留言信息	Varchar	200	否
LWSTATE	留言状态	Number	8	否
LWCREATETIME	留言时间	Date	20	否

添加好友的信息表如表 17-6 所示。

表 17-6　添加好友表

字段名	描述	类型	长度	允许为空
FACID	添加好友人 ID	Number	8	否
FBCID	收到信息人 ID	Number	8	否
FGID	分组 ID	Number	8	否
STATE	信息状态	Number	8	否

17.3.4　个人隐私表

这个表是针对该用户的访问权限而进行设置的，每个用户都会在这个表中产生一条数据，设置哪些人可以访问我的首页，如表 17-7 和表 17-8 所示。

表 17-7　隐私表

字段名	描述	类型	长度	允许为空
PID	隐私表 id	Number	8	否
PCONTENT	隐私内容	Varchar	100	否

表 17-8　隐私与用户关联表

字段名	描述	类型	长度	允许为空
SQCID	Customer 外键	Number	8	否
SQPID	Privacy 外键	Number	8	否
SQANSWER	关联关系	Varchar	8	否

17.3.5　个性签名表

用户可以实时修改自己的个性签名，如表 17-9 所示。

表 17-9　个性签名表

字段名	描述	类型	长度	允许为空
MID	个性签名 ID	Number	8	否
MCID	关联用户外键	Number	8	否
MCONTENT	个性签名内容	Varchar	200	否
MCREATETIME	个性签名创建时间	Date	20	否

17.3.6 交友活动发布与报名表

当用户发布活动的时候就会在这个表中产生一条数据，用户记录这次活动的详细信息，如表 17-10 和表 17-11 所示。

表 17-10 活动表

字段名	描述	类型	长度	允许为空
ACID	活动发布 ID	Number	8	否
ATIME	活动发布的时间	Date	20	否
ANUMBER	参加活动的人数	Number	8	否
ACONTACTWAY	创办人的联系方式	Number	20	否
ACONTENT	活动的内容	Varchar	500	是
ACREATETIME	活动的举办时间	Date	20	否
APLACE	活动的举办地点	Varchar	100	否
ANAME	活动的名称	Varchar	100	否
ANEEDMONEY	活动的费用	Number	8	是

表 17-11 活动用户关联表

字段名	描述	类型	长度	允许为空
CID	个性签名 ID	Number	8	否
AID	关联用户外键	Number	8	否
SIGNTIME	个性签名内容	Varchar	200	否

17.3.7 缘分匹配表

这是给用户扩展的一个娱乐性的项目，用户可以和自己的好友进行缘分匹配，匹配的数据就会从这个数据表中读取，如表 17-12 所示。

表 17-12 匹配表

字段名	描述	类型	长度	允许为空
MSID	匹配人 ID	Number	8	否
FSID	匹配人好友 ID	Number	8	否
RESULT	匹配结果	Varchar	200	否

17.3.8 日志、相册和视频表

记录用户日志的日志表如表 17-13 所示。

表 17-13 日志表

字段名	描述	类型	长度	允许为空
DRID	日志 ID	Number	8	否
DRCID	写日志人 ID	Number	8	否
DRNAME	标题	Varchar	100	否
DRCONTENT	内容	Varchar	500	否
DRCREATETIME	创建日志的时间	Date	20	否

保存用户相册信息的用户表如表 17-14 所示。

表 17-14　相册表

字段名	描述	类型	长度	允许为空
PAID	相册 ID	Number	8	否
PACID	创建相册人 ID	Number	8	否
PANAME	相册名称	Varchar	100	否
PAPATH	指定路径	Varchar	100	否
PACREATETIME	创建相册的时间	Date	20	否

保存用户视频相关信息的视频表如表 17-15 所示。

表 17-15　视频表

字段名	描述	类型	长度	允许为空
VID	视频 ID	Number	8	否
VCID	创建视频人 ID	Number	8	否
VNAME	视频名称	Varchar	100	否
VLINK	视频地址	Varchar	100	否
VCREATETIME	创建视频的时间	Date	20	否

17.4　各模块功能设计与实现

17.4.1　用户登录注册功能设计与实现

用户注册是用户从游客的身份变成会员的一个过程，用户通过注册之后就能享用本网站提供的更多的功能，并且能够与其他会员进行互动的操作。

当用户要注册的时候只要单击“注册”按钮就会跳转到注册页面，如图 17-2 所示，在注册页面会有一些友情提示，标注了用户哪些信息是必须要填写的。还可以对用户输入的数据进行校验，如果用户输入的数据不符合规定，就会提示出错误信息并且要求用户重新填写，用户的登录账号是唯一的，不能有重复的号码存在，所以在用户注册的时候就可以对其进行校验，看该用户名是否已经被使用过了。

图 17-2　用户注册页面

为了防止用户的重复提交，添加了验证码的功能，验证的校验就确保了用户提交的数据只进行了一次提交，这样也防止了机器代码的恶性注册。验证码是四个随机产生的字符组成的一张图片，首先定义字符组：

```
public static final char[] code = {'a', 'b', 'c', 'd', 'e', 'f', 'g', 'h','i', 'j', 'k', 'l', 'm', 'n', 'o', 'p', 'q', 'r', 's', 't', 'u','v', 'w', 'x', 'y', 'z', 'A', 'B', 'C', 'D', 'E', 'F', 'G', 'H','I', 'J', 'K', 'L', 'M', 'N', 'O', 'P', 'Q', 'R', 'S', 'T', 'U','V', 'W', 'X', 'Y', 'Z', '0', '1', '2', '3', '4', '5', '6', '7','8', '9' };
```

然后从数组中随机获得四个字符，放到新的数组 checkCode 里，把获得的字符写入 Session 中，在内存中生成图片，最后画出来就得到了验证码。

```
StringBuffer checkCode = new StringBuffer();
        for (int i = 0; i < 4; i++) {
                int gernated = (new Random()).nextInt(62);
                checkCode.append(code[gernated]);
        }
```

所有数据的输入都按照要求进行了填写，就会往数据库 Custome 表中添加一条新的记录，并且在页面上提示用户已经注册成功，可以进行登录享用其他的功能。

在用户浏览主页面的时候就会看到一个登录的输入框，当用户注册完成后就可以登录了，在输入框中输入用户已经注册过的账号和密码，单击“登录”按钮就可以完成了，如图 17-3 所示。

当用户输入数据后就会对该用户输入的数据进行校验，看用户输入的数据是否符合要求等，如果填写的输入无误，就会去数据库中查找是否存在对应信息的用户，存在就表示登录成功，并返回登录成功页面把用户的昵称显示出来，如图 17-4 所示。

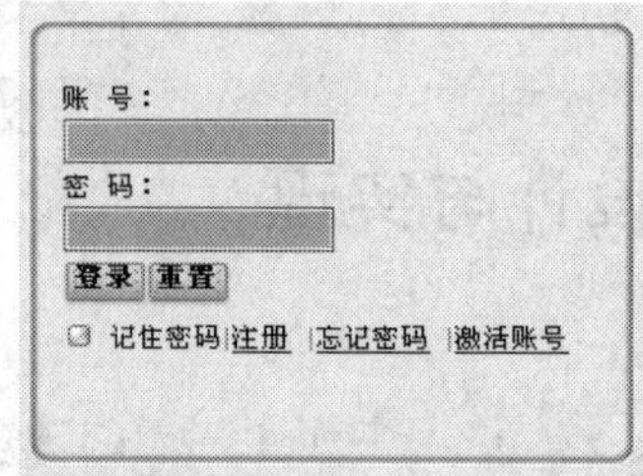

图 17-3　用户登录页面

图 17-4　用户登录成功页面

用户注册与登录功能流程如图 17-5 所示。

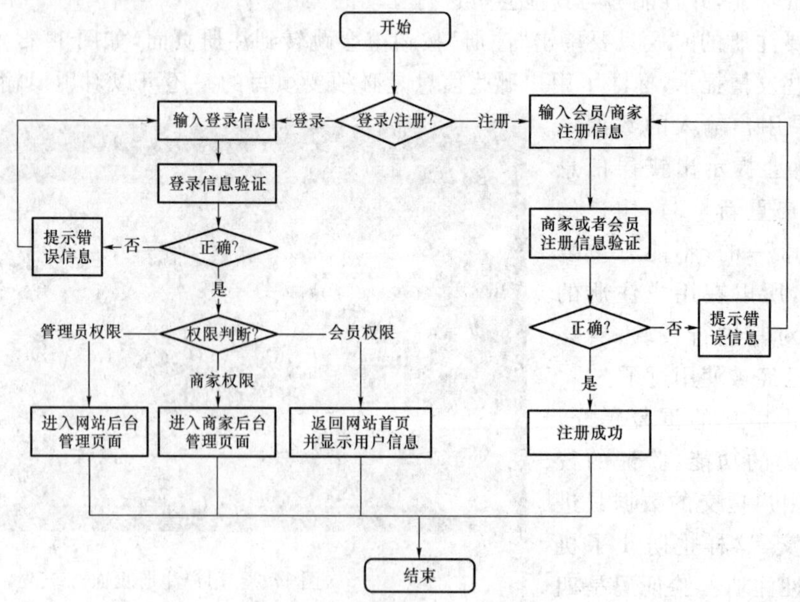

图 17-5　登录注册流程图

17.4.2 个人信息修改功能设计与实现

本网站是一个交友网站，所以要用户输入的信息就相对来说比较多一些，注册的时候只要求用户填写一些必要的信息，在注册成功并登录后用户就可以在个人信息修改页面中修改自己的详细信息，以及完善个人信息，以便其他会员了解。当用户单击要修改的内容的时候，用户以前输入的数据就会显示在上面，让用户知晓自己填写过哪些信息，这也是将软件做的比较人性化的一点。效果如图 17-6 所示。

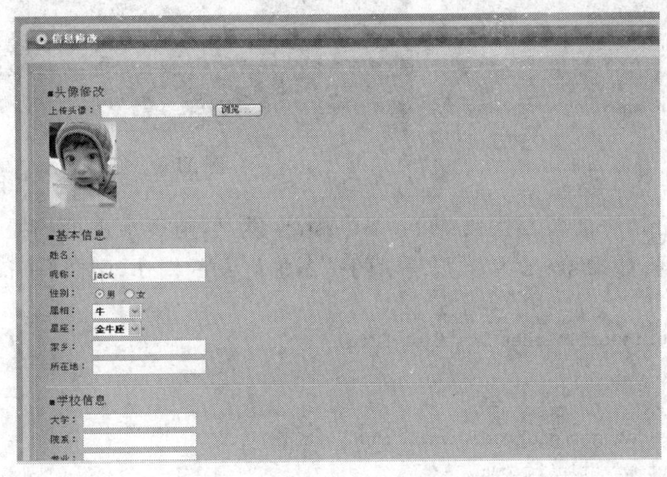

图 17-6　个人信息修改

17.4.3 好友查找功能设计与实现

好友查找分为两个部分：一个是低级查找，另一个是高级查找。低级查找的信息很广，不能进行精确查找，只能针对性别、年龄和地区三个条件来搜索注册会员，这个功能主要是给广大游客使用的，如图 17-7 所示。

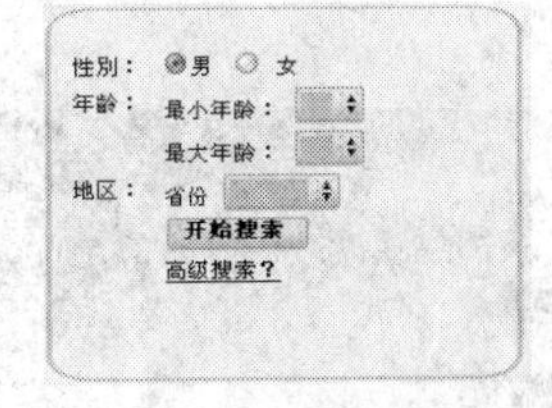

图 17-7　低级搜索

查找过程就是把前台页面输入的查询条件（性别、年龄、省份等）传到后台，后台代码将这些条件值作为 where 条件去查询数据库中的 customer 表，最后将查询出符合条件的数据返回到前台界面显示出来。

高级查找新增了昵称、学校、专业、账号等详细信息的查找，这样就可以精确到某一个人，但是高级查找是要先登录才可以使用，不进行登录而进行搜索就会报提示信息，查询方法和低级查询类似，如图 17-8 所示。

查找某个好友结果如图 17-9 所示。

17.4.4 给好友打招呼、留言和添加好友

当用户使用搜索功能后如果存在该用户搜索条件的会员，服务器就会把页面跳转到搜索好友结果（searchFriendResult）页面去，用户可以对搜索到的好友打招呼、留言、添加好友等操作。当用户按下浏览按钮后就会弹出一个输入框，用户就可以在输入框中输入要留言的信息，打招呼和添加好友按钮按下后只会触发一个时间，提示用户已经把消息传给好友，并向数据库中插入相关的数据。

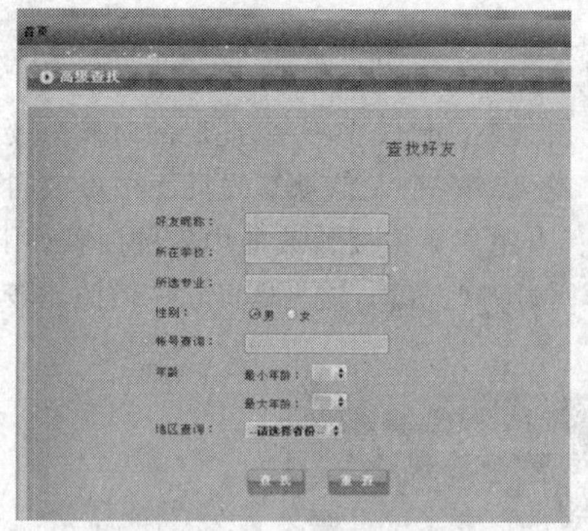

图 17-8　高级搜索

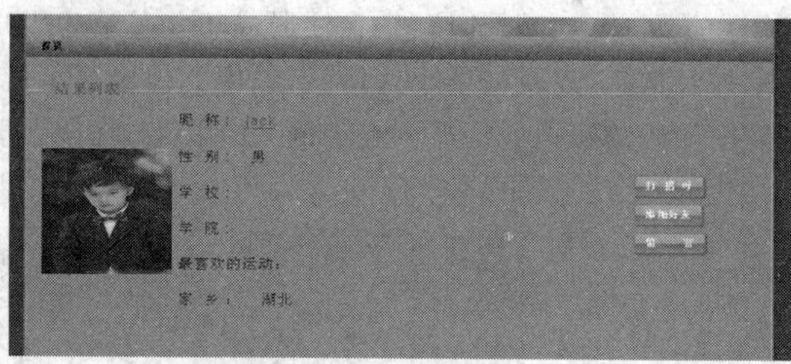

图 17-9　好友搜索结果

例如，给好友打招呼的核心代码如下，如果 state 为 1，则表示进行的操作是打招呼，则向 greet 表中插入数据；如果 state 为 2，则表示的是添加好友的操作，则向 friends 表中插入数据。

```
if(state == 1){
        flag = dao.insertToGreet(hostCid, FCid);
}
if(state == 2){
        int fgid = dao.getFgidFromFriendGroup(hostCid);
        System.out.println(fgid);
        flag = dao.insertToFreind(hostCid, FCid,fgid);
}
```

打招呼和添加好友效果如图 17-10 所示。

给好友留言效果如图 17-11 所示。

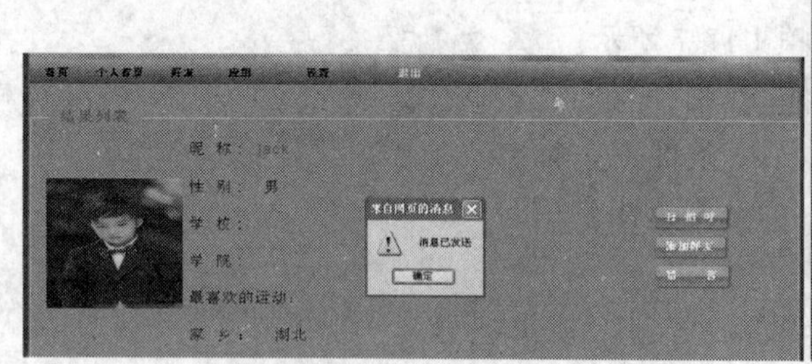

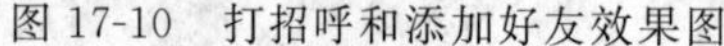

图 17-10　打招呼和添加好友效果图

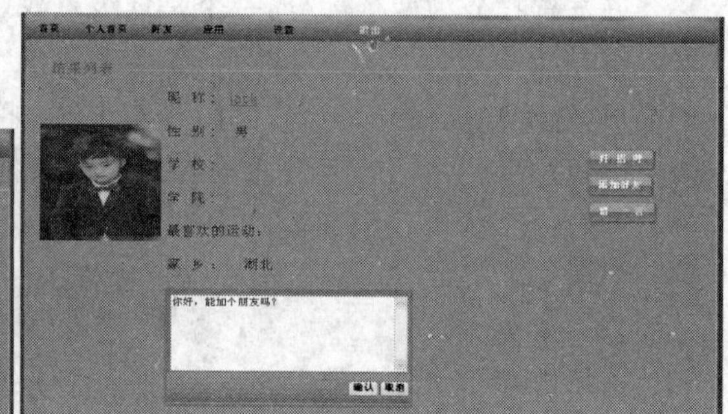

图 17-11　好友留言效果图

17.4.5　隐私设置功能设计与实现

为了保护会员的隐私对相应的信息作了权限的设置，分别对谁可以浏览我的个人主页、基本信息、学校信息、联系方式作了隐私设置。隐私权限有三种，分别是只有我可见、只对我的好友可见、对所有人可见。如果设置了只有我可见，那么所有人都不能看到用户设置的该项信息。对好友可见，就只能通过添加好友了才能看到该用户的某些信息。这也是保证了用户在使用的时候对个人隐私信息的保密。

隐私表和用户表是用一个中间表关联起来的，有一个独立的隐私表，里面记录了隐私的几种表现方式，中间表就是对应具体的用户设置了默写权限进行记录的，如图 17-12 所示。

17.4.6 交友活动发布与报名

交友活动的发布指在网站上面可以发布一些活动信息，比如什么时候去哪里玩，有哪些活动的内容等，都需要在上面做一个详细的说明，当会员看到上面的活动信息的时候觉得自己在哪个时间有空，并且活动的类型也是自己喜欢的，就可以报名参加相应的活动，如图 17-13 所示。

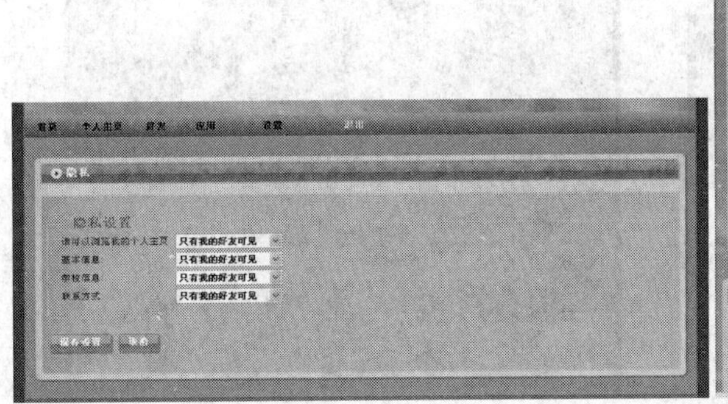

图 17-12　个人隐私设置

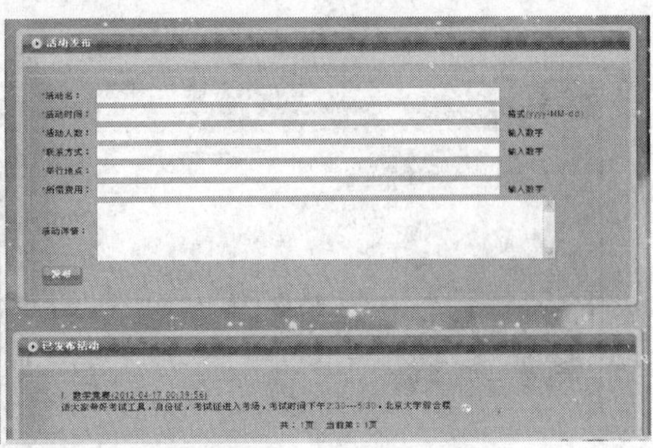

图 17-13　活动发布效果图

发布活动的时候要给活动起一个名字，也是这次活动的主旨，活动在某个时间举行，最适宜参加活动的人数，这也是对人数的一个控制，因为主办方有时考虑到场地或者其他的因素觉得参加的人数在某一个范围内是最为适宜的，就可以限定相应的人数。活动的举行地方是一个很重要的信息，因为这个网站是面对各个不同地区的人，所以在举办活动的时候并不是有想法就可以去的。在哪里举行这次活动也是一个很重要的因素。活动会有开销的，可以定义每个人应该缴纳的费用。如果还有一些需要说明的问题就可以在详情里面做具体的介绍。

活动发布的后台处理代码在 AnnounceEditServlet. java 中，活动可以发布或编辑，代码根据前台页面传过来的参数(editType =. getParameter("editType"))判断，editType = ="create"则表示创建新活动，会将活动数据插入活动信息表 activity 表中；如果 editType="edit"，则将前台传过来的活动相关数据更新到 activity 表。

用户登录后就可以浏览活动首页中的活动发布详细信息，并且可以报名，这里做了一个判断，只有用户在登录以后才可以进行报名参加该活动，这样就防止了空的数据和游客恶搞的行为。

当用户浏览每个活动的详细信息时就会把该活动的详情列在页面上面，以便用户参考。活动的主题、主办方是谁、聚会的时间、主办方的联系方式、活动的详细介绍以及参加报名的人数和已经报名的会员信息都可给用户提供参考。当用户单击"我要报名"按钮后，它会将用户的信息传递给后台，然后将报名情况显示在左边的报名名单中，如图 17-14 所示。

17.4.7 缘分匹配功能设计与实现

缘分匹配是按照用户的星座或者生肖来进行匹配的一个娱乐项目。在玩这个游戏的时候就需要用户先完善个人的资料，必须把生肖和星座的信息填写完整。这个游戏是按照不同的星座关系来查找数据库中的数据并显示出来，达到一个娱乐的效果。并且只能与好友进行匹配，所以在玩这个游戏的时候必须添加一些好友在上面。在页面的最下面会把用户所有的好友列出来，显示每个好友的基本信息，当用户单击好友的图像时就会自动地把该好友添加到匹配的对象框中，单击不同的按钮就可以进行不同的匹配，匹配结果会显示在中间，如图 17-15 所示。

12 星座和 12 生肖是已经在数据库里定义好的，各星座或生肖的匹配指数和结果也是定义好了的，用户在和好友匹配时，系统会获取双方的星座或生肖 ID，再到数据库中去查找相应的结果，最后在前台页面显示出来。

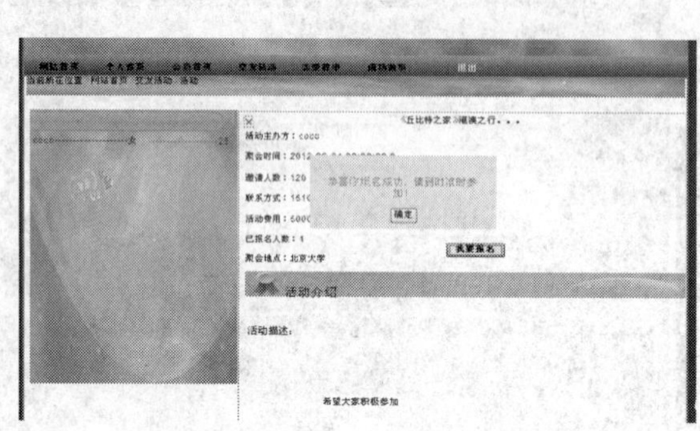

图 17-14　活动报名

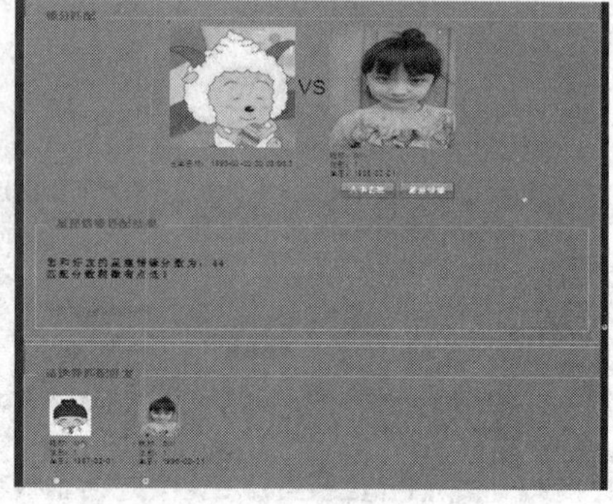

图 17-15　缘分匹配

数据库中星座数据表记录如图 17-16 所示。数据库中生肖数据表记录如图 17-17 所示。

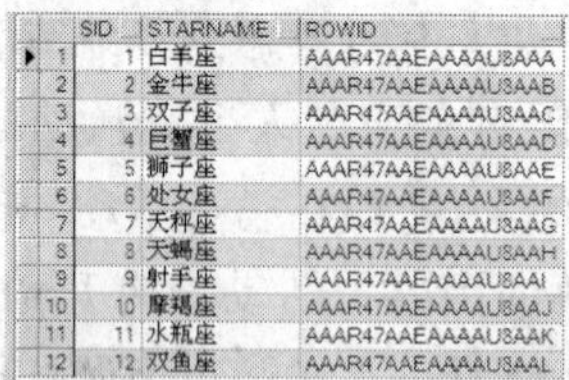

	SID	STARNAME	ROWID
1	1	白羊座	AAAR47AAEAAAAU8AAA
2	2	金牛座	AAAR47AAEAAAAU8AAB
3	3	双子座	AAAR47AAEAAAAU8AAC
4	4	巨蟹座	AAAR47AAEAAAAU8AAD
5	5	狮子座	AAAR47AAEAAAAU8AAE
6	6	处女座	AAAR47AAEAAAAU8AAF
7	7	天秤座	AAAR47AAEAAAAU8AAG
8	8	天蝎座	AAAR47AAEAAAAU8AAH
9	9	射手座	AAAR47AAEAAAAU8AAI
10	10	摩羯座	AAAR47AAEAAAAU8AAJ
11	11	水瓶座	AAAR47AAEAAAAU8AAK
12	12	双鱼座	AAAR47AAEAAAAU8AAL

图 17-16　星座数据表

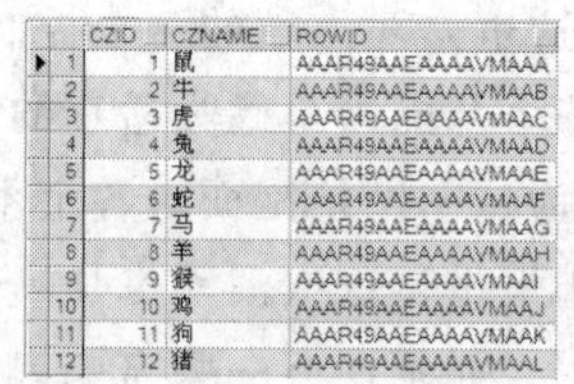

	CZID	CZNAME	ROWID
1	1	鼠	AAAR49AAEAAAAVMAAA
2	2	牛	AAAR49AAEAAAAVMAAB
3	3	虎	AAAR49AAEAAAAVMAAC
4	4	兔	AAAR49AAEAAAAVMAAD
5	5	龙	AAAR49AAEAAAAVMAAE
6	6	蛇	AAAR49AAEAAAAVMAAF
7	7	马	AAAR49AAEAAAAVMAAG
8	8	羊	AAAR49AAEAAAAVMAAH
9	9	猴	AAAR49AAEAAAAVMAAI
10	10	鸡	AAAR49AAEAAAAVMAAJ
11	11	狗	AAAR49AAEAAAAVMAAK
12	12	猪	AAAR49AAEAAAAVMAAL

图 17-17　生肖数据表记录

数据库中星座匹配数据表记录如图 17-18 所示。数据库中八字匹配数据表记录如图 17-19 所示。

	MSID	FSID	RESULT	ROWID
1	1	1	90	AAAR5NAAEAAAAPMAAA
2	1	2	64	AAAR5NAAEAAAAPMAAB
3	1	3	86	AAAR5NAAEAAAAPMAAC
4	1	4	22	AAAR5NAAEAAAAPMAAD
5	1	5	94	AAAR5NAAEAAAAPMAAE
6	1	6	65	AAAR5NAAEAAAAPMAAF
7	1	7	83	AAAR5NAAEAAAAPMAAG
8	1	8	44	AAAR5NAAEAAAAPMAAH
9	1	9	93	AAAR5NAAEAAAAPMAAI
10	1	10	25	AAAR5NAAEAAAAPMAAJ
11	1	11	84	AAAR5NAAEAAAAPMAAK
12	1	12	46	AAAR5NAAEAAAAPMAAL
13	2	1	64	AAAR5NAAEAAAAPMAAM
14	2	2	91	AAAR5NAAEAAAAPMAAN
15	2	3	83	AAAR5NAAEAAAAPMAAO
16	2	4	41	AAAR5NAAEAAAAPMAAP
17	2	5	16	AAAR5NAAEAAAAPMAAQ
18	2	6	94	AAAR5NAAEAAAAPMAAR
19	2	7	48	AAAR5NAAEAAAAPMAAS
20	2	8	85	AAAR5NAAEAAAAPMAAT
21	2	9	66	AAAR5NAAEAAAAPMAAU
22	2	10	93	AAAR5NAAEAAAAPMAAV

图 17-18　星座匹配数据表

	MCZID	FCZID	RESULT	ROWID
1	3	11	可以结成夫妇，且能融洽相处，双方有共同的目标，能够	AAAR5KAAEAAAAOcAAA
2	3	12	可以生活在一起。她了解和仰慕你，且有足够能力去照料	AAAR5KAAEAAAAOcAAB
3	4	1	生活不太平顺，你有大男人的性格，所以会忽略家庭和妻	AAAR5KAAEAAAAOcAAC
4	4	2	是桩美满的婚姻，因为丈夫乐于听从妻子的安排。家庭生	AAAR5KAAEAAAAOcAAD
5	4	3	婚姻不太和谐，因为她的心态十分复杂，而你则较脆弱，	AAAR5KAAEAAAAOcAAE
6	4	4	婚姻相当理想，但双方必须抛弃幼稚的想法，逐步使自己	AAAR5KAAEAAAAOcAAF
7	4	5	可以结成连理，但她要作出一些牺牲，勤俭持家，不能产	AAAR5KAAEAAAAOcAAG
8	4	6	可生活在一起。但双方的思想或许会产生不快，需多注意。	AAAR5KAAEAAAAOcAAH
9	4	7	爱情的存在与否主要由她操纵，她如果不感厌倦，婚姻是	AAAR5KAAEAAAAOcAAI
10	4	8	良缘佳偶，她的风采吸引住你。此外，他们有共同的才华，	AAAR5KAAEAAAAOcAAJ
11	4	9	生活不乏味，双方乐观的心理使他们时常合作一起去作弄	AAAR5KAAEAAAAOcAAK
12	4	10	婚姻不能永恒，生活在她的家里，你会感到压抑，最后你	AAAR5KAAEAAAAOcAAL
13	4	11	天生的一对，她的诚实使你能与她相处，而你又能补她	AAAR5KAAEAAAAOcAAM
14	4	12	十分美妙的一对，当然她要满足于平谈安逸的生活。	AAAR5KAAEAAAAOcAAN
15	5	1	这种配对比较理想。你最善解人意，并懂得如何尊敬他人，	AAAR5KAAEAAAAOcAAO
16	5	2	你不会感到她的爱情温馨，而偷偷的向外发展去。	AAAR5KAAEAAAAOcAAP
17	5	3	婚姻较为幸福，长期生活或许会出现不协调，但她对此表	AAAR5KAAEAAAAOcAAQ
18	5	4	是一段幸福的婚姻。她有很强的社交能力，和精明的办事	AAAR5KAAEAAAAOcAAR
19	5	5	最好是分手，两人都太虚妄，相处久了，难免会争吵，烦	AAAR5KAAEAAAAOcAAS
20	5	6	最佳的搭配，你会因妻子的美丽而骄傲，不过她的打扮并	AAAR5KAAEAAAAOcAAT
21	5	7	美丽的情爱却带有短暂性，一切都会按梦想顺利进行，但	AAAR5KAAEAAAAOcAAU
22	5	8	虽然配对不利于你的事业，但感情上却十分融洽。	AAAR5KAAEAAAAOcAAV

图 17-19　八字匹配数据表

17.4.8 相册创建功能设计与实现

相册是保存相片的一种方式。创建相册的时候要给相册起名，这个相册名就会标示这个相册的一个命名空间。一次性可以上传5张相片，这也就减少了用户上传的次数，方便用户上传多张图片。当相册创建之后，相册的封面图像就是第一张图片。相册创建后上传的图片保存在服务器中，不直接保存在数据库中，在数据库中只产生一个路径指向创建相册所放图片的文件夹。

创建相册：获取前台要上传的五张图片、相册名及用户信息。

```
String photo1 = req.getParameter("photo1");
String photo2 = req.getParameter("photo2");
...
String photo5 = req.getParameter("photo5");
String albumName = req.getParameter("albumName");
Customer customer = (Customer)session.getAttribute("customer");
```

然后获取服务器目录和用户ID，在服务器目录下新建一个文件夹用来存放该用户的图片。

```
String filePath = getServletContext().getRealPath("/");
int cid = customer.getId();
PhotoOper.createAlbum(cid, albumName, " ");
PhotoAlbum alb = PhotoOper.getAlbum(cid, albumName);
String path = alb.getId() + "";
PhotoOper.editAlbum(alb.getId(), path);
String parentPath = filePath + "MyLove\\" + customer.getId() + "\\PhotoAlbums\\" + path;
File parentFile = new File(parentPath);
```

创建相册效果如图17-20所示。

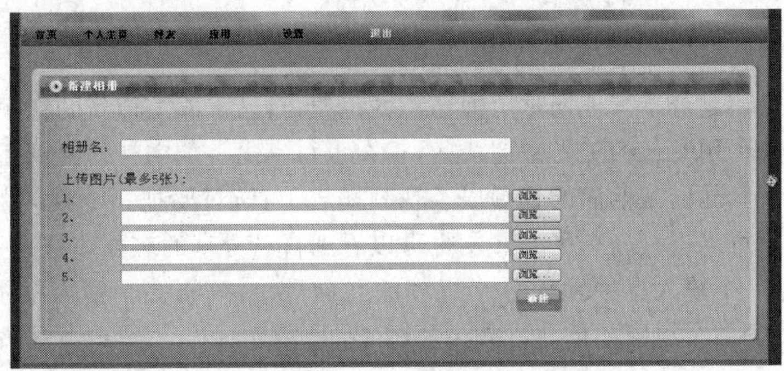

图17-20 创建相册

创建完相册后显示效果如图17-21所示。

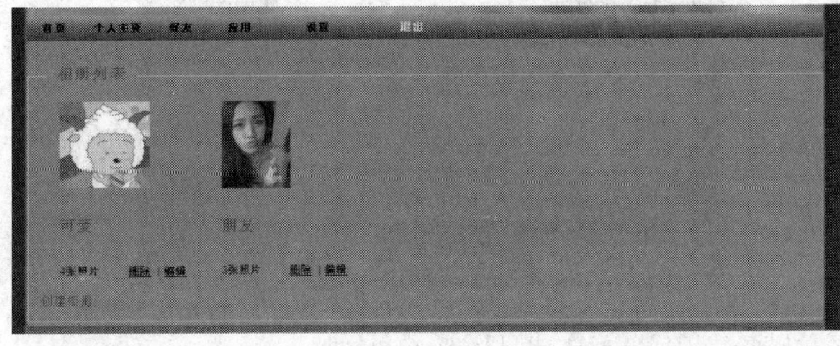

图17-21 显示相册

该图片浏览不是采用传统的图片浏览方式，即一张张显示给用户观看，这里是采用了一个插件，直接把这个插件嵌入到这个页面中去，这个插件是一个由 Flash 做的小软件，把图片的路径直接生成 XML 文件，就可以自动解析文件并显示出来。用这个插件的好处就是图片可以随意拖动，而且比较美观。

```
<embed
src = "polaroid.swf" quality = "high" type = "/x-shockwave-flash" width = "800" height = "600">
</embed><br>
```

查看相册效果如图 17-22 所示。

图 17-22　查看相册

17.4.9　视频分享功能设计与实现

视频分享一般都是分享其他网站上面已有的视频，自己不能上传新的视频到服务器。

视频播放也是引用其他的工具来完成的，现在也写不出一个完整的视频播放软件，这个视频播放是直接引用其他网站上面的视频以及视频播放工具，只要把一个视频的分享地址复制到视频分享栏中就可以进行分享了。好友也可以看到自己分享的东西。这是一个很简单的视频分享功能，在第一个输入框中输入分享视频的名称，然后再第二个输入框中输入视频的地址，就可以自行找到那个视频并播放。效果如图 17-23 所示。

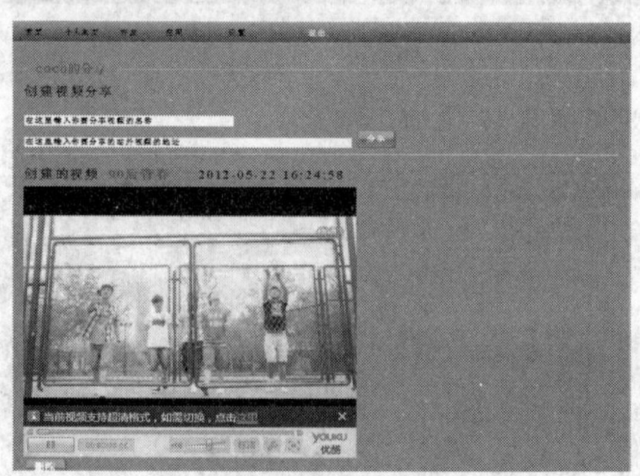

图 17-23　视频分享

第18章 DIY商品电子交易平台设计与实现

18.1 关键技术解析

本章是以 MyEclipse 为开发平台，采用 MySQL 数据库，利用全新的富媒体 Flex 技术作为前台，以 JSP 动态网站开发技术做后台，高效的 JSON 作为通信，开发出一套能用于商业运营的 DIY 商品的电子交易平台系统。同时在编程过程中，还用到了 Hibernate 和 Spring 框架。

现在市场上的电子商务网站已经有一些简单 DIY 功能，主要是通过 JavaScript＋CSS 技术实现，尽管能表现出 DIY 的功能，但是表现力比 Flex 差。Flex 是当今技术线上最为流行的富媒体技术。使用 Flex 开发 DIY 电子商务平台的前台部分，不仅能将需要的 DIY 功能淋漓尽致地表现出来，还可以大幅度降低前台页面的开发和设计成本。

18.1.1 Flex 技术

Flex 是 Adobe 公司推出的开放源码框架。Flex 是通过 Java 或者. net 等非 Flash 途径，解释. mxml 文件组织 components，并生成相应的. swf 文件。Flex 的 component 和 Flash 的 component 很相似，但是有所改进增强。

Flex 主要支持两种开发语言，一种是 ActionScript，而另一种是专门用于网络者开发的 mxml 注释语言，而本网站主要是通过 mxml，配合 JSP 的后台技术实现的一个电子商务平台。

18.1.2 Flex 异步

同步和异步都是针对和其他资源进行交互的一种应答方式，同步就是在同一个时间里实时的应答，而异步就是应答方可以在不同的时间点给予回应。

简单的解释就是你提供一个回调函数，并且当数据到达时，该回调函数将被调用并且你可以访问相应的下载数据。通过这种技术，就可以对页面局部进行刷新，Ajax 的技术基础就是这个。但是由于 Ajax 是通过 HTML 和 JavaScript 实现的，所以不可避免地带来的是系统和浏览器的兼容性问题，而 Flex 是通过 Flash 虚拟机来实现的，所以跨平台的特性使它具有自己的优势。

18.1.3 JSON

JSON(JavaScript Object Notation)是一种轻量级的数据交换格式，易于人阅读和编写，同时也易于机器解析和生成。它基于 JavaScript 的一个子集。JSON 采用完全独立于语言的文本格式，但是也使用了类似于 C 语言家族的习惯。这些特性使 JSON 成为理想的数据交换语言。

JSON 和 XML 的可读性可谓不相上下，一边是简易的语法，另一边是规范的标签形式，很难分出胜负。XML 天生有很好的扩展性，JSON 当然也有，没有什么是 XML 能扩展 JSON 不能的。不过 JSON 在 JavaScript 主场作战，可以存储 JavaScript 复合对象，有着 XML 不可比拟的优势。XML 有丰富的编码工具，比如 Dom4j、JDom 等，JSON 也有 json. org 提供的工具。

无工具的情况下，相信熟练的开发人员一样能很快写出想要的 XML 文档和 JSON 字符串。不过，XML 文档要多很多结构上的字符。

简单的解释就是，JSON 通过诸如大括号、中括号、引号来代替并优化 XML 复杂度与字符数量，并通过简单的编解码技术，提高了信息的传送效率。XML 与 JSON 优势对比如图 18-1 所示。

```
<? xml version = "1.0" encoding = "utf - 8"? >
<country>
  <name>互动百科</name>
  <province>
    <name>百科词条</name>
    <citys>
    <city>自然</city>
    <city>生活</city>
    </citys>
  </province>
</country>
```

```
{
  name:"互动百科",
  province:[
  {
    name:"百科词条",
    citys:{
city:["自然","生活"]
}
},
]
}
```

图 18-1　XML 与 JSON 优势对比

18.2　系统功能分析

18.2.1　功能概述

DIY 商品购物网站从功能上大体上分为三部分：电子商务网站基本功能、DIY 功能、物流功能。系统功能如图 18-2 所示。系统流程如图 18-3 所示。

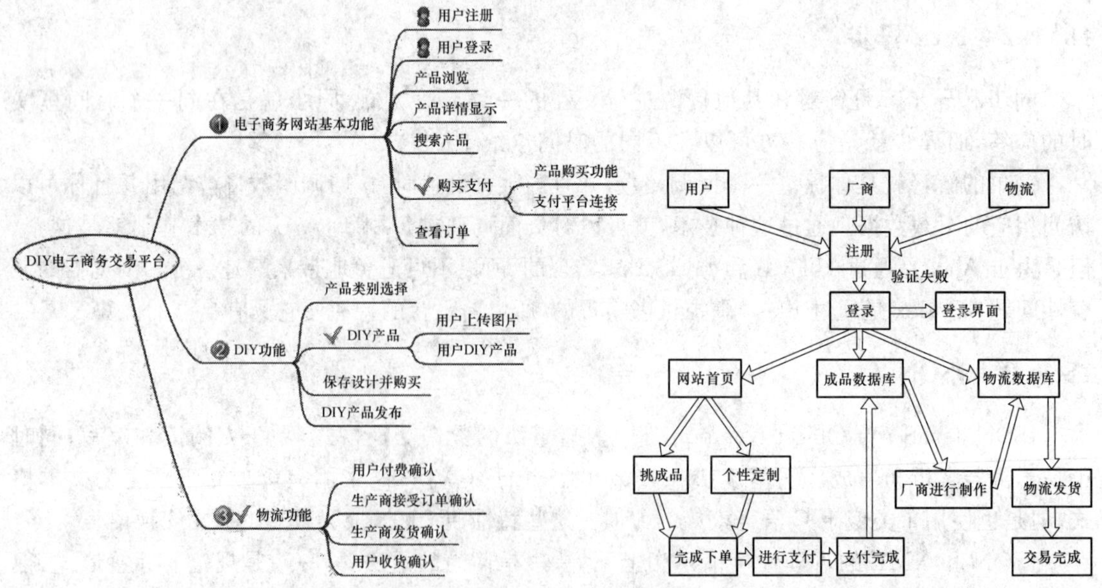

图 18-2　DIY 商品电子交易平台的功能　　图 18-3　DIY 商品电子交易平台的流程

18.2.2 电子商务网站基本功能

(1) 用户注册

用户登录网站首先需要注册,注册功能能够完成用户基本信息的录入和修改。在注册时需对用户输入信息进行一些判断,比如验证码、用户名、密码、邮箱等是否正确或符合规则。用户注册流程如图 18-4 所示。

(2) 用户登录

用户在 DIY 产品或购买产品前需要先进行登录,登录时需对用户输入信息进行一些判断,比如验证码、用户名、密码是否正确,如果正确则登录成功,系统会在 session 范围内记录该用户 DIY 的产品和购买的产品。用户注册流程如图 18-5 所示。

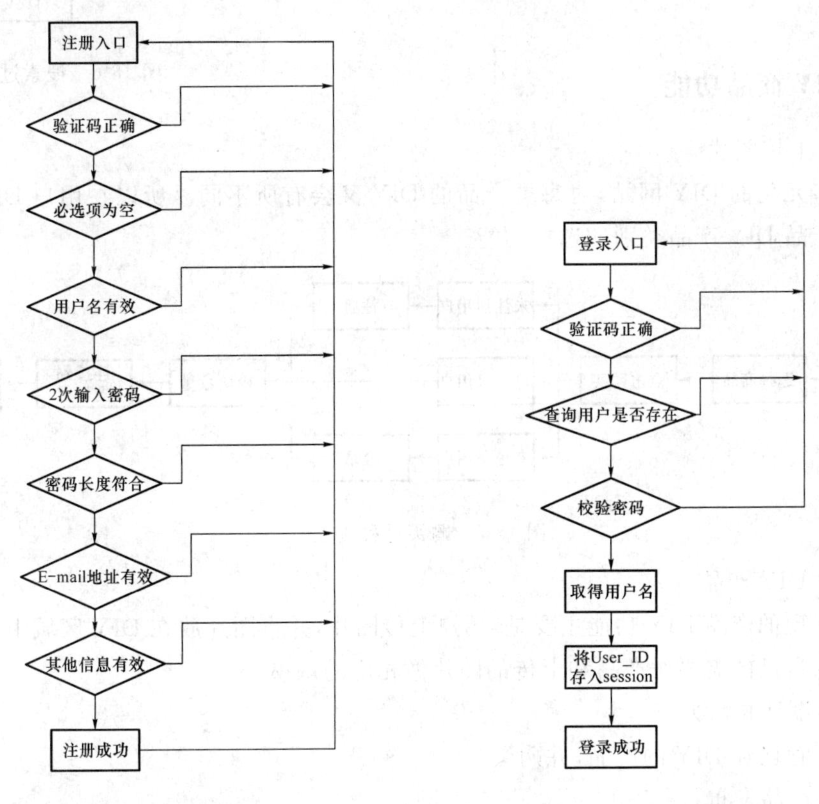

图 18-4 注册过程流程　　　　图 18-5 登录过程逻辑流程

(3) 产品浏览

在用户未登录和登录状态下,都可以在首页上和购买列表上浏览现有的 DIY 成品。

(4) 产品详情显示

在首页和产品列表页上,也可以单击相应产品,在弹出的对话框上显示相应的产品信息,如产品名称、价格和发布人名称。

(5) 搜索产品

所有登录与非登录用户都可以通过产品名称搜索查找自己所需的产品。用户搜索产品流程如图 18-6 所示。

(6) 购买支付

① 产品的购买功能

确定购买产品的已登录用户通过购买功能，确定购买，同时连接到支付平台，付款后产品系统确认付款。

② 支付平台接口

在确定购买后，通过支付平台接口，直接将页面转到支付平台。该项目中连接的支付平台是支付宝。

用户购买产品流程如图 18-7 所示。

(7) 查看订单

当购买完成后，可以在订单信息中查看所有订单和订单的物流情况。

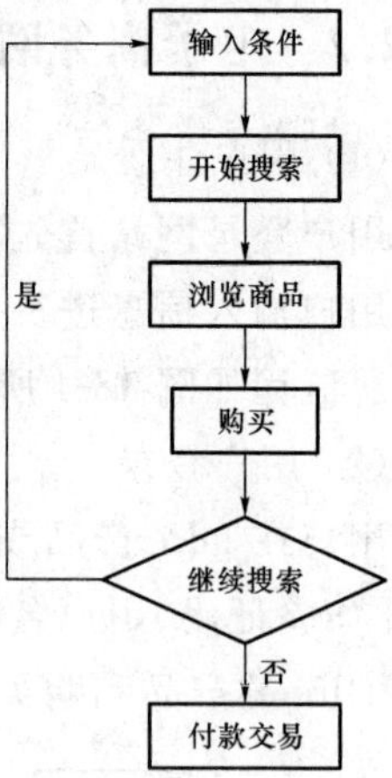

输入条件
开始搜索
浏览商品
购买
继续搜索
是
否
付款交易

图 18-6　搜索过程流程

18.2.3　DIY 商品功能

(1) 用户上传图片

由于是多元化的 DIY 网站，对每类产品的 DIY 又会有所不同。所以在用户 DIY 时应该提供用户对产品 DIY 产品类别的选择功能。

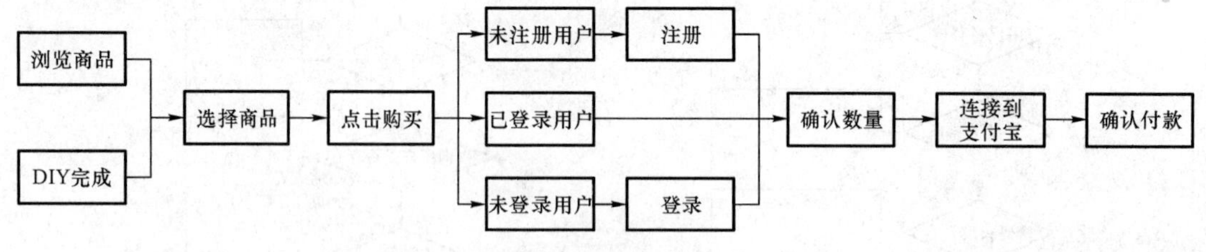

图 18-7　购买过程流程

(2) 用户 DIY 产品

现阶段实现的产品 DIY 功能主要是：用户上传图片，并将图片放在 DIY 区域中。

用户根据自己的需要对产品和上传的图片做相应的调整。

(3) 保存设计并购买

用户能保存已经 DIY 的产品，并购买。

(4) DIY 产品发布

当用户完成 DIY 后，产品将自动发布在首页和列表页上。

用户 DIY 商品流程如图 18-8 所示。

18.2.4　物流功能

(1) 用户付费确认

当用户通过支付平台付费完成后，系统要确认用户付费，并记录。这个数据产品生产商应该可以看到。

(2) 生产厂商收到订单确认

生产商看到产品付费完成后确认订单已经接收。

(3) 生产厂商发货确认

生产厂商确认发货后，通过物流功能确认发货。

(4) 用户收货确认

用户收到货后确认已经收货，所有交易完成。

物流模块流程如图 18-9 所示。

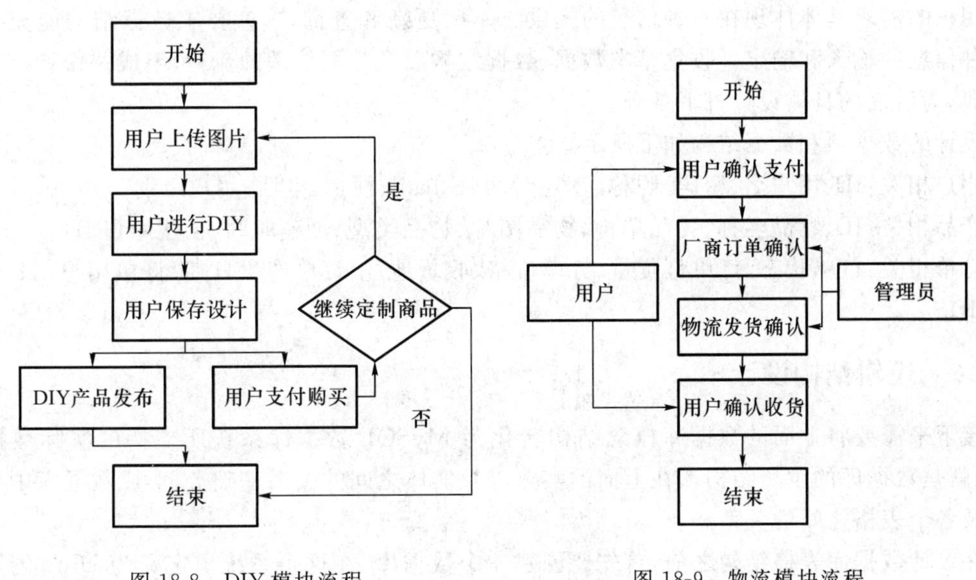

图 18-8 DIY 模块流程　　　图 18-9 物流模块流程

18.2.5 各功能间的关系

三大功能模块之间是相辅相成，并且相对统一的，不是独立的，这样在数据库设计阶段，才能保证将数据库设计得相对简单，减少数据冗余。

首先从功能上来看，三部分的功能是针对三部分参与交易的用户人群来确定的。首先用户对应着产品的定制；产品数据库相对应的是生产厂商，而物流则对应着成品仓库。而用户厂商和物流之间的流程通过平台体现在了产品的定制、产品数据库、成品仓库之间的数据通信上。三大功能之间的关系如图 18-10 所示。

图 18-10 三大功能的关系

通过这个模式，产品之间的整合系统就被完整地移植到了整个电子商务平台上。有了这个模块化的定位，首先为网站以后的运营和代码重构奠定了好的基础；其次就是可以针对这三类人群，在对应的三类主要的网站产品上做用户体验的改进提升，为以后的营销奠定了基础。

18.3 数据库表设计

18.3.1 概念结构设计

用户的需求具体体现在各种信息的提供、保存、更新和查询，这就要求数据结构能充分满足各种信息的输入和输出。收集基本数据、数据结构以及数据处理的流程，组成一份相近的数据字典，为后面的具体设计打下基础。

设计的数据项和数据结构如下所示。

用户相关：ID、用户名、密码、昵称、创建时间、E-mail、性别、电话、用户级别。

产品相关：ID、物品名称、物品单价、物品图片、物品类型、创建时间、创建用户 ID。

订单相关：订单状态、订单订货量、订单价格、收货地址、订单产生日期、订单用户 ID、订单物品 ID。

18.3.2 逻辑结构设计

接下来需要将上面的数据库概念结构转化为 MySQL 数据库系统所支持的实际数据模型，也就是数据库的逻辑结构。在上面的实体以及实体之间的关系基础上，形成数据库中的表格以及各个表格之间的关系。

在设计数据库表格结构之前，首先要创建一个数据库，在这个系统里定义为 DIY，创建数据库的代码如下所示。

```
create database if not exists diy;
```

使用并进入这个新建立的数据库，代码如下所示。

```
USE diy;
```

(1) 创建用户表 diy_user。

用户表的各字段结构如表 18-1 所示。

表 18-1 用户表 diy_user

编号	字段名称	数据类型	长度	默认
1	id	varchar	32	
2	account	varchar	20	
3	password	varchar	20	
4	name	varchar	50	
5	create_data	varchar	10	
6	email	varchar	38	
7	sex	varchar	2	M
8	tel	varchar	30	
9	level	varchar	1	

创建 diy_user 表的代码如下所示。

```
CREATE TABLE diy_user (
  id varchar(32) NOT NULL,
  account varchar(20) default NULL,
```

```
    password varchar(20) default NULL,
    name varchar(50) character set utf8 collate utf8_bin default NULL,
    create_date varchar(10) default NULL,
    email varchar(38) default NULL,
    sex varchar(2) default 'M',
    tel varchar(30) default NULL,
    level varchar(1) default '1',
    PRIMARY KEY  (id)
);
```

(2) 创建产品表 diy_goods。

产品表的各字段结构如表 18-2 所示。

表 18-2　产品表 diy_goods

编号	字段名称	数据类型	长度	默认
1	id	varchar	32	
2	goods_name	varchar	100	
3	goods_price	int	9	0
4	goods_img	varchar	50	
5	create_data	varchar	50	
6	goods_type	varchar	4	1001
7	goods_create_date	varchar	19	
8	user_id	varchar	32	

创建 diy_goods 表的代码如下所示。

```
CREATE TABLE diy_goods (
    id varchar(32) NOT NULL,
    goods_name varchar(100) character set utf8 collate utf8_bin default NULL,
    goods_price int(9) default '0',
    goods_img varchar(50) default NULL,
    goods_type varchar(4) default '1001',
    goods_create_date varchar(19) default NULL,
    user_id varchar(32) default NULL,
    PRIMARY KEY  (id)
);
```

(3) 创建订单表 diy_order。

产品表的各字段结构如表 18-3 所示。

表 18-3　订单表 diy_order

编号	字段名称	数据类型	长度	默认
1	id	varchar	32	
2	order_status	varchar	4	
3	order_quantity	int	9	
4	order_price	int	9	
5	order_address	varchar	200	
6	order_create_date	varchar	19	
7	user_id	varchar	32	
8	goods_id	varchar	32	

创建 diy_order 表的代码如下所示。

```
CREATE TABLE diy_order (
  id varchar(32) NOT NULL,
  order_status varchar(4) default NULL,
  order_quantity int(9) default NULL,
  order_price int(9) default NULL,
  order_address varchar(200) character set utf8 collate utf8_bin default NULL,
  order_create_date varchar(19) default NULL,
  user_id varchar(32) default NULL,
  goods_id varchar(32) default NULL,
  PRIMARY KEY  (id)
);
```

18.4 各模块功能设计与实现

18.4.1 项目的文件结构

项目用到的文件结构如图 18-11 所示。

cn. airia. diy. core. model 为数据模型层类包，cn. airia. diy. core. manager 为数据持久层类包，cn. airia. diy. core. ctrl 为控制层类包，cn. airia. diy. core. service 为服务层类包，控制层是服务层调用持久层访问模型层数据的一个中转站，主要处理数据库操作的业务逻辑。service 包内包含接口类和实现类，xxxxService 是接口类，xxxxServiceImpl 是实现类。

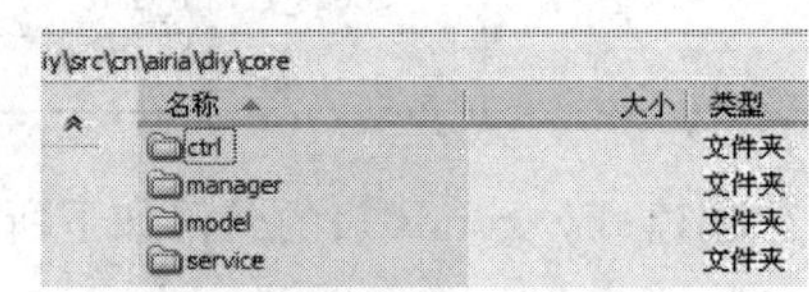

图 18-11　文件结构图

18.4.2 前后台的数据通信

由于 Flex 技术的特殊性，它具有非常优秀的封装属性，这就导致了一个技术问题，传统 HTML 页面的地址传参的通信方式不能使用，所以对于 Flex 与 JSP 通信来说 XML 类型的通信技术就成为主要方式。但是 XML 最大的问题在于数据量，由于 XML 有大量的标签，就导致文件变大，而如果通过 JSON 技术通信，在保有了 XML 的优势的基础上大大简化了通信文件的大小，提高了通信质量。

依据 JSON 和 Flex 的技术特点，设计了一个请求的基本流程，如图 18-12 所示。

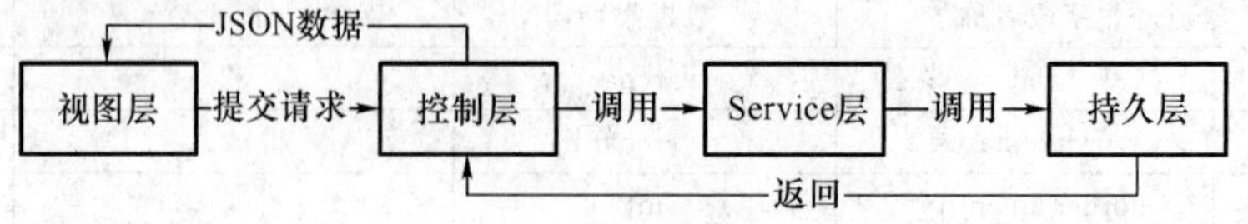

图 18-12　数据通信基本流程

视图层提交请求到控制层，控制层调用 Service 层，如果需要访问数据库，Service 层继续调用持久层，将持久层获得的数据返回给控制层，控制层将获得的数据组装成 JSON 格式的字符串返回给视图层，视图层将拿到的数据以需要的形式渲染出来。这样就完成一个一个简单的通信过程。整个网站的数据通信都是基于这个技术原理的。

首先要说明的是，所有 Ctrl 类都继承一个基类 BaseCtrl，所有 JSON 相关操作都在控制层（Ctrl 包里的类）完成，Ctrl 类构造 JSON 数据都是调用 CtrlUtils 里的静态方法完成的。

BaseCtrl 类中有两个主要函数，这两个函数与用户的所有操作都紧密联系，代码如下所示。

```
public User getCurrentUser(HttpServletRequest req) {
    if(req.getSession(false) ! = null) {
        return (User) req.getSession().getAttribute("user");
    }return null;
} /* *获得当前用户 */
public void checkSession(HttpServletRequest req) {//判定用户状态
    if(getCurrentUser(req) == null)
    throw new SeedException(SeedException.SESSION_TIME_OUT);
    }/* *判断 Session 是否过期 */
```

CtrlUtils 类中构造 JSON 的方法是简单地将 JSONConvert 的数据传入，通过指针构造出 JSON 文件格式，核心代码如下所示。

```
public static void putJSONListByModel(JSONConvert jsonConvert, Object object,
List jsonAwareList, HttpServletResponse res) {
JSONArray jsonArray = jsonConvert.modelCollect2JSONArray(list,
jsonAwareList); putJSONModel(jsonArray, res, null);}
public static void putJSONModel(JSONArray jsonArray, HttpServletResponse res, Map map) {
        map.put("success", new Boolean(true));
        map.put("data", jsonArray);
        putJSON(map, res);}
```

JSONUtil 类中用户构造 JSON 的函数，代码如下所示。

```
public static String assembleArrayEnum(String key, String value)
{
return '['+ JSONUtils.quote(key) + ','+ JSONUtils.quote(value) + ']';
}
```

所有控制层的类都继承自 BaseCtrl 类，用来控制数据、产品、用户登录、订单、更新、用户状态。以 GoodsCtrl 为例，核心代码如下所示。

```
if (req.getParameter("userId") ! = null) {
UserInfo ui = new UserInfo();
ui.setIdStr(req.getParameter("userId"));
goods.setUserInfo(ui);}
page = goodsService.findPage(CtrlUtils.getPageParam("createDate", req), goods);
List<String> jsonAwareList = new LinkedList<String>();
jsonAwareList.add("userInfo");
CtrlUtils.putJSONPage(super.jsonConvert, page, jsonAwareList, res);
```

如果需要将数据模型或者数据模型集合构造成 JSON 数据，还需要使用到 JSONConvert 类，这个类中定义了用于将 Java 对象转换成 JSON 数据的方法。JSONConvert 类中的 json2ModelCollect()函数把 JSON 字符串转换成对象集合。核心代码如下所示。

```
Class paramType = method.getParameterType()[0];
String propertyName = ModelUtils.getPropertyName(method.getName());
ModelUtils.invokeSetMethod(bean,method,jsonObj.get(propertyName));
JSONArray jarr = jsonObj.getJSONArray(propertyName);
Object arr = Array.newInstance(getType(paramType),jarr.size());
ModelUtils.invokeSetMethod(bean,method,new
Date((long)jsonObj.getDouble(propertyName)));
```

18.4.3 电子商务交易模块设计与实现

1. 首页商品动态展示效果实现

Flex 最大的优点就是绚丽的表现力和流畅的动画效果。所以为了在页面上发挥 Flex 的强大的表现力,更好地吸引用户的关注,在前台我们展示产品的时候,使用全系的动态展示方式,所有已生成的图片都是以动态循环的形式展现,通过算法,将图片形成一个三维空间的圆圈,用户通过可视化动态操作,逐个选择浏览。网站首页设计如图 18-13 所示。网站首页实际界面效果如图 18-14 所示。

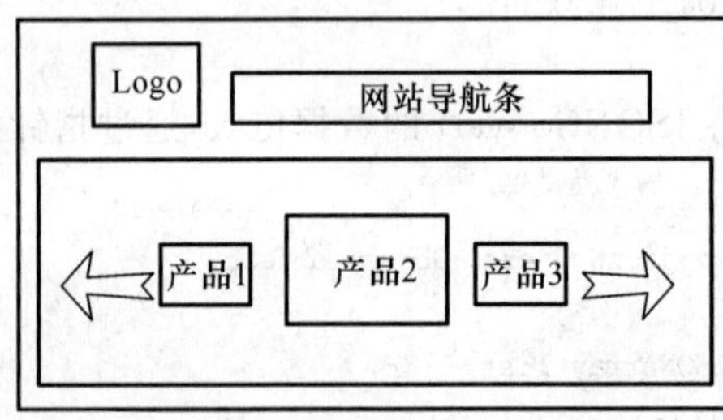

图 18-13 网站首页设计图

图 18-14 网站首页实际效果图

cn.airia.diy.view 包的 Home.mxml 实现了这个功能,其中用到了 com 包中的 CarouselContainer 组件。

整个视觉效果是通过一套算法实现的,算法原理是:设定当前视角和焦点为默认,通过焦点和视角判定其他图片和该图片之间的位置关系,从而判断周围图片的旋转变形程度和遮挡。核心代码如下所示。

```
p.container.visible = true;
var zPosition:Number = Math.sin(i * anglePer) * radius;
var xPosition:Number = Math.cos(i * anglePer) * radius;
var yRotation:Number = (-i * anglePer) * (180/Math.PI) + 270;
p.x = xPosition;   p.z = zPosition;   p.rotationY = yRotation;
var reflection:DisplayObject3D = lookupReflection(child);
reflection.x = xPosition;   reflection.z = zPosition;
reflection.y = -child.height-2;   reflection.rotationY = yRotation;
```

以上是旋转的基本规则,下面是当用户焦点变化后的变换规则,代码如下所示。

```
var bm:EdgeMetrics = borderMetrics;
selectedChild.x = unscaledWidth/2-selectedChild.width/2-bm.top;
selectedChild.y = unscaledHeight/2-selectedChild.height/2-bm.left;
selectedChild.visible = false;
var cameraAngle:Number = anglePer * selectedIndex;
_angle + = Math.PI * 2;或者_angle- = Math.PI * 2;
camera.zoom = 1 + 20/unscaledWidth;
camera.focus = unscaledWidth/2;
```

2. 用户登录注册功能

(1) 数据库连接

一个动态网站最基本的第一步就是连接数据库,我们使用的数据库是 MySQL,数据持久化使用的是 Hibernate,所以当 JSP 网站工程建设完成后,在\webapp\WEB-INF\classes 下为

jdbc.properties 的文件中进行属性设置，编写代码如下所示。

```
hibernate.dialect = org.hibernate.dialect.MySQLDialect
hibernate.connection.driver_class = com.mysql.jdbc.Driver
hibernate.connection.url = jdbc:mysql://localhost:3306/diy? user = root&password = 82
0826&useUnicode = true&characterEncoding = UTF-8
hibernate.connection.username = root
hibernate.connection.password = 123456
```

这样就通过 Hibernate 完成了数据库连接的代码工作。

(2) 用户注册

用户注册窗口显示效果如图 18-15 所示。

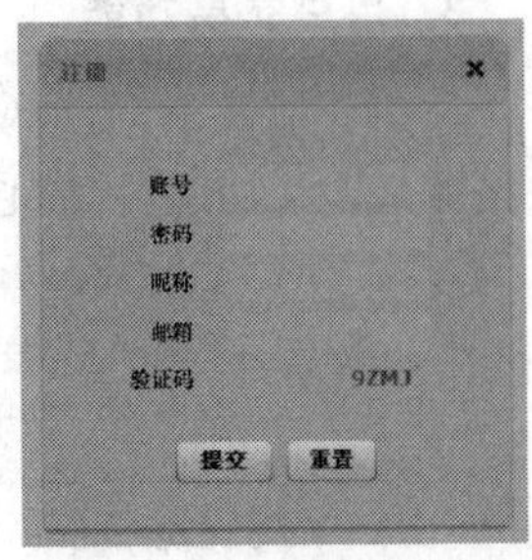

图 18-15　注册窗口

cn.airia.diy.view 包中的 Regist.mxml 实现前台字段的验证效果，核心代码如下所示。

```
if (! RegExpUtil.numOrLetterOnly(txt_account.text)) {
Alert.show("账号必须是 6-16 位字母或数字", "提示");}
var data:URLVariables = new URLVariables();
data.account = txt_account.text;
data.password = txt_password.text;
regLoader.addEventListener(Event.COMPLETE, regCompleteHandler);
```

在后台两个控制数据通信的方法为 getCode 和 codeCompleteHandler，核心代码如下所示。

```
private function getCode(event:MouseEvent = null):void {
codeReq.url = '/diy/json/getCheckCode.login? random = ' + Math.random();
codeLoader.addEventListener(Event.COMPLETE, codeCompleteHandler);
```

UserCtrl 类中的 regist 方法是与注册相关的函数，其中基本信息验证部分代码如下所示。

```
CtrlUtils.checkParameter(req.getParameter("account"));
CtrlUtils.checkParameter(req.getParameter("password"));
user.setAccount(req.getParameter("account"));
user.setPassword(req.getParameter("password"));
userService.checkAccount(user.getAccount());
user = (User)userService.save(user).clone();
session.setAttribute("user", user);
user.setPassword(null);
```

验证结束后，开启信息的 JSON 通信，核心代码如下所示。

```
if (isSuccess)  CtrlUtils.putJSONListByModel(jsonConvert, user, null, res);
Else  CtrlUtils.putJSONResult(isSuccess, msg, res);
```

(3) 用户登录

用户登录窗口显示效果如图 18-16 所示。

前台 Flex 显示效果的核心代码如下所示。

```
cn.airia.diy.view 包中的 Login.mxml 实现前台。
(! RegExpUtil.numOrLetterOnly(txt_password.text))
var data:URLVariables = new URLVariables();
data.password = txt_password.text;
loginLoader.addEventListener(Event.COMPLETE, loginCompleteHandler);
loginLoader.load(loginReq);
```

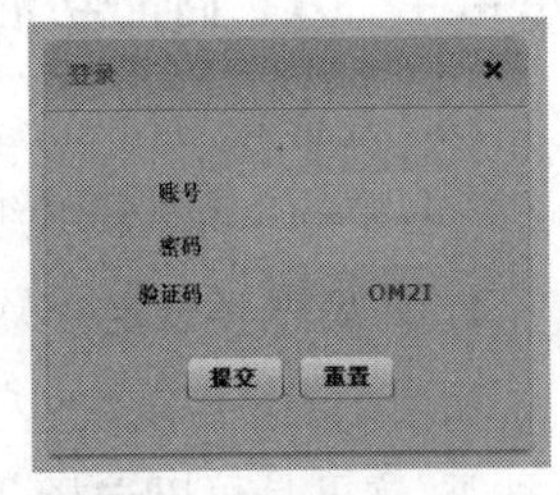

图 18-16　登录窗口

在后台需验证账号、密码和验证码，正确的情况下才能进行以后的购物，如果输入的密码不正确，则不能进行定购。如果用户以浏览者的身份进入网站，则只能进行一般的商品浏览和搜索。UserCtrl 类中的 LoginCtrl 方法是登录相关的函数，核心代码如下所示。

```
CtrlUtils.checkParameter(user.getAccount());
CtrlUtils.checkParameter(user.getPassword());
user = (User)userService.checkUser(user).clone();
session.setAttribute("user", user);
CtrlUtils.putJSONListByModel(jsonConvert, user, null, res);
else if (msg.equals(SeedException.HACKER_WARNING))
CtrlUtils.writeStr2Res("<script src = 'script/kill.js'></script>", res);
elseCtrlUtils.putJSONResult(isSuccess, msg, res);
```

3. 用户交易功能

交易功能是由 OrderCtrl 类中的 service 和 manager 函数实现的。OrderCtrl 类中的 pay()方法是完成购买功能的，核心代码如下所示。

```
param.setStatus(Resource.ORDER_STATUS_PAID);
try {param.setIdStr(req.getParameter("orderId"));
orderService.update(param);
} catch (SeedException ex) {isSuccess = false;
  msg = ex.getMessage();}
CtrlUtils.putJSONResult(isSuccess, msg, res);
```

4. 支付功能

支付平台一般由两部分组成，即接入部分与通知返回部分。接入部分即为传递参数等信息组合成超级链接，并用该链接来进行跳转。通知返回部分则是支付宝服务器对该笔订单处理完毕后，通知与返回该笔订单的详细信息到商户服务器，商户服务器接收到后，并对其进行数据处理。

(1) index 页面是创建支付功能的 URL，使用 ItemUrl 方法拼凑一个 URL。index 页面的参数已经是必要参数，可以稍微调整，把本系统的相应变量赋值给后面对应的参数即可。

(2) alipay_notify.jsp 为对支付宝返回通知处理，服务器将消息 post 到这个页面，对应给 notify_url 这个参数赋值。

(3) alipay_return.jsp 为对支付宝返回通知处理，浏览器跳转通知，只要支付成功，支付宝通过 get 方式跳转到这个地址，并且带有参数给这个页面。

5. 管理员管理模块

diy_user 表中的 level 字段定义了普通用户和管理员的区别(管理员:0;普通用户:1)，Java 相关的模型类是 User 类，根据登录用户的权限不同，订单管理页面的操作接口也会不同。

18.4.4 DIY 商品功能模块设计与实现

DIY 功能模块由 cn.airia.diy.view 包中的 DiyFactory.mxml 实现，其中用到了 cn.airia.diy.ui 包中的 ImageBox 组件以及 cn.airia.diy.event 包中的自定义事件类。

1. 商品种类设定

如图 18-17 所示，进入 DIY 界面后，就可以从上部左边的下拉菜单中选择所要定制的商品种类，这里是可以选择 T 恤或是马克杯。

在 DiyFactory.mxml 中，定义 DIY 物品的分类，分别有 T 恤和马克杯两种商品可以选择，如果想要更加丰富的商品类型，可以在{label:"XX", data:1001}中自行添加，现阶段所设置的商品种类只有这两种。实现方法是调用图片素材，这些素材存储在资源库的 image 文件中，对应的代码如下所示。

```
public var typeArray:ArrayCollection = new ArrayCollection([
{label:"T 恤", data:1001},
{label:"马克杯", data:1002}
]);
```

2. 商品自身属性设定

如图 18-18 所示，设定商品自身属性后，就可以在 DIY 界面上部右侧的下拉菜单中选择商品的颜色。

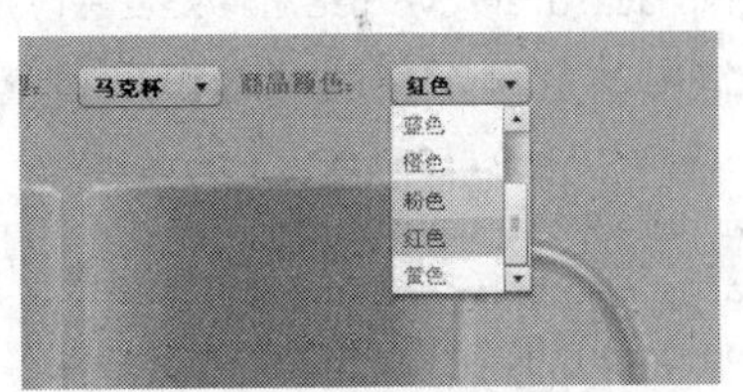

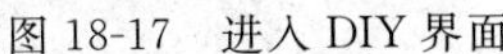

图 18-17　进入 DIY 界面

图 18-18　商品属性选择

例如定义物品的颜色，这些数据以 PNG 图片的形式存储在 image 文件夹下，对应的代码如下所示。

```
public var colorArray:ArrayCollection = new ArrayCollection([
{label:"黑色", data:'images/base/tsBlack.png'},
{label:"白色", data:'images/base/tsWhite.png'},
{label:"绿色", data:'images/base/tsGreen.png'}
]);
```

3. 图片上传功能

如图 18-19 所示，在 DIY 界面完成对商品的类型和颜色的选择后，即可在界面的下部左侧选择上传图片，则会弹出对话框，此时就可以选择所要上传的图片了，图片格式仅限于 PNG 格式。

如图 18-20 所示，选择一张 PNG 格式的图片单击上传，之后图片会被上传到了商品的表面，至此图片上传成功。

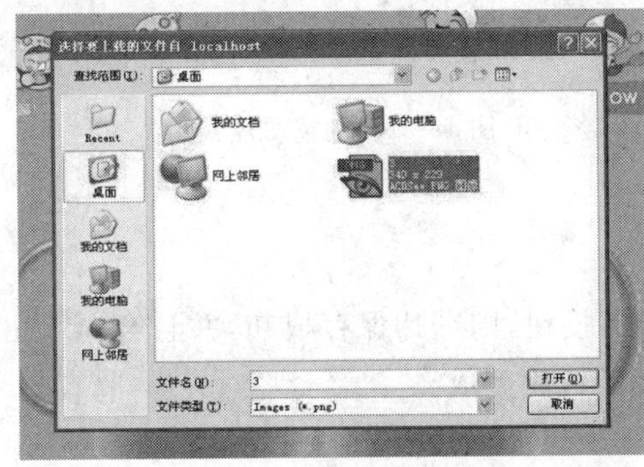

图 18-19　上传图片选择

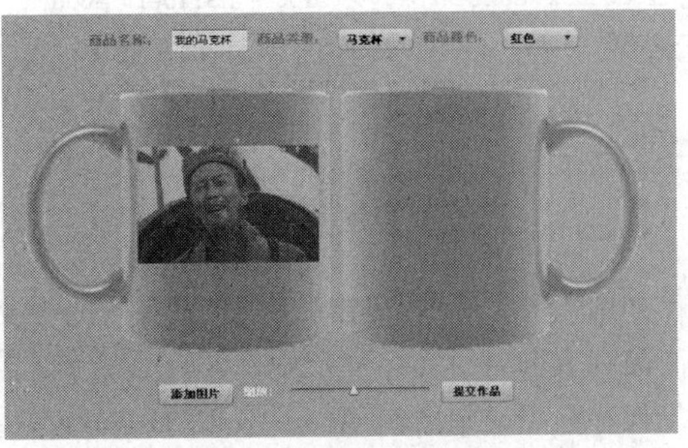

图 18-20　图片上传成功

首先对要上传的图片构造图片文件名，代码如下所示。

```
fileTypes = new FileFilter("Images (*.png)", "*.png;");
```

其次在 DIY 界面上对其添加监听，代码如下所示。

```
this.cvs_pic.addEventListener(DiyEvent.DIY_CLICK, clickDiyHandler);
this.cvs_pic.addEventListener(DiyEvent.DIY_REMOVE, removeDiyHandler);
this.cvs_pic.addEventListener(DiyEvent.DIY_TOP, topDiyHandler);
```

selectHandler 方法对上传文件作限制判定，代码如下所示。

```
if (userSO.data.user == null) {Alert.show('您尚未登录或者会话已过期', '提示');
if (file.size > 1024 * 1024) {Alert.show('最大可上传 1M 文件', '提示');
```

然后构造图片文件，并进行图层合并，代码如下所示。

```
userSO = SharedObject.getLocal('user', '/');
ImageBox(currentDiy).tbar.visible = false;
var bitmapData:BitmapData = new BitmapData(cvs_pic.width, cvs_pic.height, true,
0x000000);
bitmapData.draw(cvs_pic,new Matrix());
```

字符串与二维图像的基本操作包括为图片的存储作编码定义，代码如下所示。

```
data.userId = userSO.data.user.idStr;
data.name = txt_name.text;
data.type = combo_type.value;
data.pic = img64;//为图片的存储作编码定义
data.random = Math.random();
uploadReq.data = data;
uploadLoader.addEventListener(Event.COMPLETE, uploadCompleteHandler);
uploadLoader.load(uploadReq);
```

4. 图片控制功能

如图 18-21 所示，拖动 DIY 界面下部的控制条即可改变所上传的图片的大小。控制条上也会有相应的数字显示以供参考。

缩放是由 mx:HSlider 组件来控制，当选中一个图层（即一张已经上传的图片）为当前可操作图层时，拖动屏幕下方的缩放组件即可改变图层大小。HSlider 是 mxml 中的一种空间，只需定义目标对象，将目标对象与缩放比例、缩放范围传入方法即可，代码如下所示。

```
hs_zoom_changeHandler(){
ImageBox(currentDiy).width = HSlider(event.
target).value;
ImageBox(currentDiy).height = ImageBox(cur-
rentDiy).height * HSlider(event.target).value /
Width;}
```

图 18-21 调整图片大小

5. 图片保存功能

如图 18-22 所示，单击 DIY 下部右侧的提交作品按钮，则图片保存成功，并且会同步出现在商品列表和首页商品展示中。至此步骤，商品 DIY 过程完成。

保存是提交请求由 GoodsCtrl 的 save 方法来完成的，代码如下所示。

```
String msg = "上传成功";
```

```
    try {
    Goods goods = new Goods();
    EditorUtils.convertObj(req, goods);
    UserInfo ui = new UserInfo();
    ui.setIdStr(req.getParameter("userId"));
    goods.setUserInfo(ui);
    goodsService.save(goods, req.getParameter("pic"),this.get-
ServletContext().
    getRealPath("/"));
    }
    CtrlUtils.putJSONResult(isSuccess, msg, res);
```

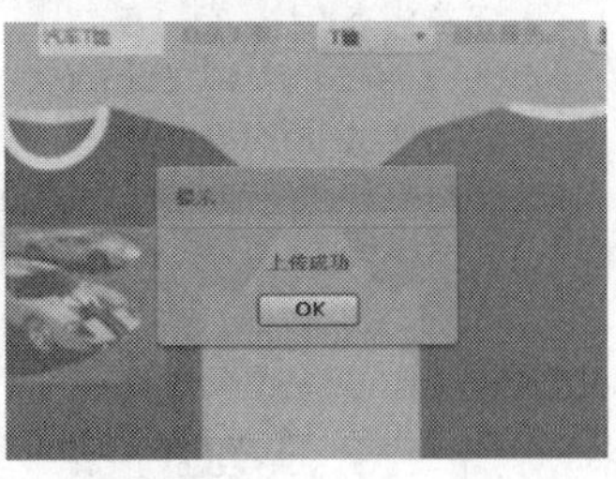

图 18-22　图片保存成功

save()方法主要通过这个 goodsService.save()来实现的。其中参数包含图片返回信息和无偏名字符串信息。应该说这是最为关键的一步。之后就是转码的过程。

cn.airia.diy.util.Base.as 是转码的方法，负责整个转码过程，base64 转码将图片转码成二进制字符串然后提交给 save 方法，save 方法中再解码二进制字符串成图片文件保存，这就完成一个转码的过程。

由此可以得知，当用户觉得 DIY 完成的商品并非所需而需要更改之前的 DIY 产品的时候，可以逆向转码，回到图层分层状态，重新进行图片操作。

18.4.5　物流功能模块设计与实现

物流跟踪模块的实现主要是基于数据库商品状态的设置和不同阶段操作时商品状态的改变。商品状态的改变分别由用户和管理员共同操作完成，管理员在数据库中设置 level 为 1 的权限，用户设置的 level 为 0，用以区别。

1. 商品状态设定

如图 18-23 所示，商品 DIY 完成后，就可以在订单管理中看到所有商品的商品状态。

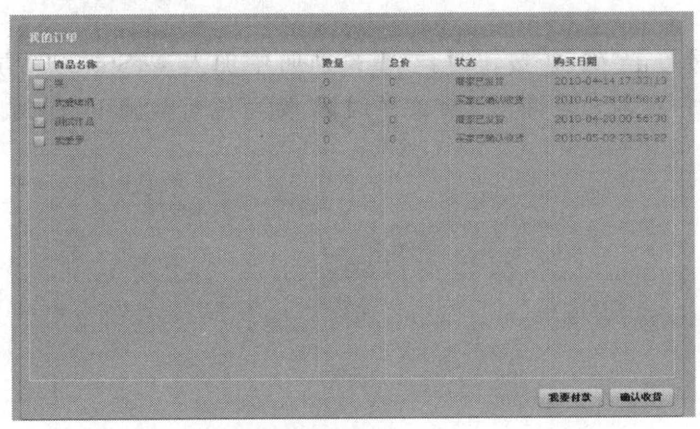

图 18-23　订单状态查询界面

所有 DIY 完成后商品的物流状态存储在 diy_order 表的 order_status 字段中，如图 18-24 所示。

在 cn.airia.diy.util.Resource 类中定义了四个状态，分别是已提交、已付款、已发货和交易完成。数据库中存储的代码如下所示。

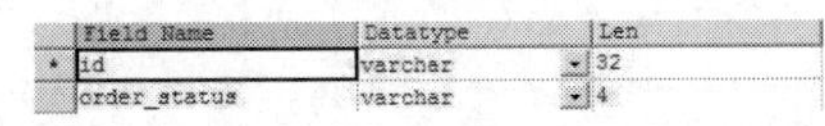

Field Name	Datatype	Len
id	varchar	32
order_status	varchar	4

图 18-24　物流状态存储

```
/*订单状态 已提交 */
public static final String ORDER_STATUS_ORDERED = "1001";
/*订单状态 已付款 */
public static final String ORDER_STATUS_PAID = "1002";
/*订单状态 已发货 */
public static final String ORDER_STATUS_SEND = "1003";
/*订单状态 完成 */
public static final String ORDER_STATUS_COMPLETE = "1004";
```

2. 商品状态改变

如图 18-25 所示，选定商品并进行状态改变操作后，即可成功改变商品状态。

当读取数据库数据并且开始装载数据到 Order 类时，会自动根据这个 status 值来给 Order 类的 statusDesc 属性赋值(中文的状态描述)，每次对订单的操作都会修改 status 值，经过上述过程，则可以达到商品状态的改变。

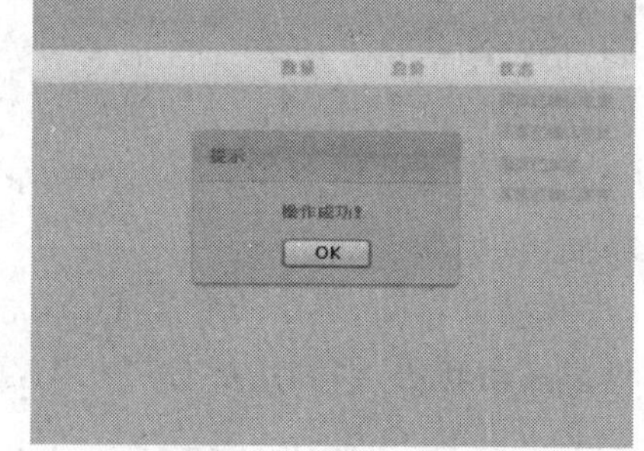

图 18-25　商品状态改变

Order 类中 setStatus()方法用来改变订单状态。

```
public void setStatus(String status) {
this.status = status;
if (Resource.ORDER_STATUS_PAID.equals(status)) {
this.statusDesc = "订单已提交";
}
if (Resource.ORDER_STATUS_PAID.equals(status)) {
this.statusDesc = "买家已付款";
} else if (Resource.ORDER_STATUS_SEND.equals(status)) {
this.statusDesc = "商家已发货";
} else if (Resource.ORDER_STATUS_COMPLETE.equals(status)) {
this.statusDesc = "买家已确认收货";
}
```

当用户或管理员单击“确认”按钮时，在事件监听中加入 setStatus()方法，从而改变了物流状态。此时，当用户在前台查询物流状态的时候，则可以直接调用当前数据库中的状态。